"十三五"普通高等教育规划教材

现代控制理论

朱玉华　庄殿铮　编著

机械工业出版社

本书主要介绍现代控制理论的基础知识，包括系统的状态空间描述、系统状态方程建立及求解、系统的能控性、能观测性、李雅普诺夫稳定性、极点配置、状态观测器设计、线性二次型最优控制等。在介绍系统分析和控制系统设计方法的同时，适当地给出了相应的MATLAB函数，便于读者利用MATLAB软件来有效求解控制系统的一些计算和仿真问题，以加深对概念和方法的理解，有利于培养学生利用计算机解决实际问题的能力。

本书适用于高等院校电气工程及其自动化专业、自动化专业及测控技术与仪器专业的本科生和非控制理论学科的硕士，也可供其他相关专业的本科生及相关领域的工程技术人员学习参考。

图书在版编目(CIP)数据

现代控制理论/朱玉华，庄殿铮编著.—北京:机械工业出版社,2018.2
“十三五”普通高等教育规划教材
ISBN 978-7-111-58837-5

Ⅰ.①现… Ⅱ.①朱… ②庄… Ⅲ.①现代控制理论-高等学校-教材
Ⅳ.①O231

中国版本图书馆CIP数据核字(2018)第004058号

机械工业出版社(北京市百万庄大街22号　邮政编码　100037)
策划编辑：汤　枫　　责任编辑：汤　枫
责任校对：张艳霞　　责任印制：李　昂

河北鹏盛贤印刷有限公司印刷

2018年2月第1版·第1次印刷
184mm×260mm·16印张·382千字
0001-2500册
标准书号：ISBN 978-7-111-58837-5
定价:49.00元

凡购本书,如有缺页、倒页、脱页,由本社发行部调换

电话服务
服务咨询热线:(010)88379833
读者购书热线:(010)88379649

网络服务
机 工 官 网:www.cmpbook.com
机 工 官 博:weibo.com/cmp1952
教育服务网:www.cmpedu.com
金 书 网:www.golden-book.com

前　言

与其他控制理论一样，现代控制理论研究的问题与人类有目的的活动密切相关，它不但要认识事物运动的客观规律，而且要将之用于改造世界。现代控制理论所包含的内容很多，范围也很广，而且与控制理论其他分支的交叉融合越来越强。根据教学大纲的要求，本书只重点介绍现代控制理论的一些最基本的内容和方法，为本书读者的后续课程以及日后深入学习其他相关内容打好基础。

本课程是自动化类专业的一门专业基础课。现代控制理论是一门理论性较强的课程，结合该课程的特点及应用型本科人才培养的需要，编写本书时编者注重对学生创新创业能力和综合素质的培养，对现代控制理论课程，按照“学时少、内容新、水平高、效果好”的原则，在不破坏理论的严谨性和系统性的前提下，不刻意追求定理证明中数学上的严密性，而是突出物理概念，理论阐述力求严谨、实用、简练易懂。每一个理论点都附有相应的例题和习题，以便读者掌握基本概念和基本方法便于自学。全书内容共分6章，结构贯穿一条主线，即控制系统的状态空间描述（数学模型）、状态方程的求解、能控性、能观测性和稳定性（基本性质分析）、状态反馈和状态观测器设计（系统的综合与设计）、最优控制。本书力求使学生由浅入深、抓住重点，对现代控制理论基础有较全面和较深入的理解。

本书在编写过程中突出了先进性，将计算机辅助工具MATLAB的内容融入现代控制理论教材中，用于对系统的分析、计算、设计与仿真。使用MATLAB语言进行现代控制理论的计算仿真是方便有效的，也有利于将理论知识与工程实际联系起来，顺应现代科技的发展潮流，给现代控制理论教材注入新的活力。

本书在编写过程中，得到了自动化专业同行的大力支持并给以宝贵意见，在此一并表示衷心感谢。

由于编者水平有限，书中不足之处在所难免，恳请读者对本书提出批评与指正，以便进一步修订与完善。

编　者

目　录

绪　论

随着科学技术的发展，自动控制理论越来越显得重要。它已经被广泛地应用于工业、农业生产、交通运输、国防建设和航空、航天事业及科研等各领域之中，而且在经济学、生物学和医学领域也受到了极大的重视。它对于促进科学技术的迅速发展和繁荣起着极其重要的作用。随着生产和科学技术的发展，自动控制技术至今已渗透到各学科领域，成为促进当代生产发展和科学技术进步的重要因素。同时，科学技术的进步，反过来也深深地影响着自动控制理论本身，使它有了很大的突破和飞跃。

0.1　控制理论的发展过程

控制理论是一门技术科学，它研究按被控对象和环境的特性，通过能动地采集和运用信息，施加控制作用而使系统在变化或不确定的条件下保持或达到预定的功能。

人类使用自动装置的历史可以追溯到古代，早在 3000 年前，中国就已发明了用来自动计时的“铜壶滴漏”装置。根据可靠的历史记载，中国在公元前 2 世纪就发明了用来模拟天体运动和研究天体运动规律的“浑天仪”。“指南车”在中国已有 2100 年以上的历史。此后一直到 18 世纪工业革命开始之前仅偶尔出现一些自动装置，如中国的水运仪象台、欧洲古老的钟表机构和水力及风力磨坊的速度调节装置等。在 1788 年英国机械师瓦特制造蒸汽离心调速器之后的一个半世纪中，人们开始大量采用各种自动调节装置来解决生产和军事中的简单控制问题，同时还开始研究调节器的稳定性等理论问题，但尚未形成统一的理论。1868 年，英国科学家麦克斯韦首先解释了瓦特速度控制系统中出现的不稳定现象，指出振荡现象的出现与系统导出的一个代数方程根的分布形态有密切关系，开辟了用数学方法研究控制系统中运动现象的途径。英国数学家劳斯和德国数学家赫尔维茨推进了麦克斯韦的工作，分别在 1877 年和 1895 年独立建立了直接根据代数方程的系数判别系统稳定性的准则。直到 20 世纪中期，科学家们把自动控制技术在工程实践中的一些规律加以总结提高，进而以此去指导和推进工程实践，形成所谓的自动控制理论，并作为一门独立的学科而存在和发展。

控制理论经过长期的发展已逐步形成了一些完整的理论。而控制技术的进步依赖于控制理论的发展。目前国内外学术界普遍认为控制理论经历了三个发展阶段：经典控制理论、现代控制理论、大系统理论和智能控制理论，这种阶段性的发展过程是由简单到复杂、由量变到质变的辩证发展过程。并且，这三个阶段不是相互排斥的，而是相互补充、相辅相成的，各有其应用领域，各自还在不同程度地继续发展着。

0.1.1　经典控制理论阶段

自动控制的思想发源很早，但它发展成为一门独立的学科还是在 20 世纪 40 年代。远在控制理论形成之前，就有蒸汽机的飞轮调速器、鱼雷的航向控制系统、航海罗径的稳定器、放大电路的镇定器等自动化系统和装置出现，这些都是不自觉地应用了反馈控制概念而构成自动控制器件和系统的成功例子。但是在控制理论尚未形成的漫长岁月中，由于缺乏正确理论的指导，控制系统出现了不稳定等问题，使得系统无法正常工作。

20 世纪 40 年代，很多科学家致力于这方面的研究，他们的工作为控制理论作为一门独立学科的诞生奠定了基础。1949 年出版了自动控制原理的第一本教材《伺服机原理》，1948 年，美国的维纳（N. Wiener）发表了名著《控制论》，标志着经典控制理论的形成。同年，美国埃文斯（W. R. Evans）提出了根轨迹法，进一步充实了经典控制理论。1954 年，中国著名科学家钱学森的《工程控制论》一书出版，为控制理论的工程应用做出了卓越贡献。

20 世纪四五十年代，经典控制理论的发展与应用使全世界的科学技术水平得到了快速的提高。当时几乎在工业、农业、交通、国防等国民经济领域都热衷于采用自动控制技术。

经典控制理论主要是以单输入单输出的线性定常系统作为主要的研究对象，以传递函数作为系统的基本数学描述，以频率法和根轨迹法作为分析和综合系统的主要方法。基本内容是研究系统的稳定性，在给定输入下系统的分析和在指定指标下系统的综合，它可以解决相当大范围的控制问题，但在其发展和应用过程中，逐步显现出它的局限性。

由于经典控制理论研究的控制系统的分析与设计是建立在某种近似的和试探的基础上的，控制对象一般是单输入单输出、线性定常系统；对多输入多输出系统、时变系统、非线性系统等，则无能为力。随着生产技术水平的不断提高，这种局限性越来越不适应现代控制工程所提出的新的更高要求。

0.1.2 现代控制理论阶段

20 世纪 50 年代末和 60 年代初，控制理论又进入了一个迅猛发展时期。这时由于导弹制导、数控技术、核能技术、空间技术发展的需要和电子计算机技术的成熟，控制理论发展到了一个新的阶段，产生了现代控制理论。

1956 年，苏联的庞特里亚金发表《最优过程的数学理论》，提出极大值原理；1961 年，庞特里亚金的《最优过程的数学理论》一书正式出版。1956 年，美国的贝尔曼（R. L. Bellman）发表《动态规划理论在控制过程中的应用》，1957 年，贝尔曼的《动态规划》一书正式出版；1960 年，美籍匈牙利人卡尔曼（R. E. Kalman）发表了《控制系统的一般理论》等论文，引入状态空间法分析系统，提出可控性、可观测性、最佳调节器和卡尔曼滤波等概念，从而奠定了现代控制理论的基础。此外，1892 年，俄国李雅普诺夫提出的判别系统稳定性的方法也被广泛应用于现代控制理论。

现代控制理论和经典控制理论相比不论在数学模型上、应用范围上、研究方法上都有很大不同。现代控制理论是建立在状态空间上的一种分析方法，所谓状态空间法，本质上是一种时域分析方法，它不仅描述系统的外部特性，而且揭示了系统的内部状态性能。现代控制理论分析和综合系统的目标是在揭示其内在规律的基础上，实现系统在某种意义上的最优比，同时使控制系统的结构不再限于单纯的闭环形式。它的数学模型主要是状态方程，控制系统的分析与设计是精确的。控制对象可以是单输入单输出控制系统，也可以是多输入多输出控制系统，可以是线性定常控制系统，也可以是非线性时变控制系统，可以是连续控制系统，也可以是离散或数字控制系统。因此，现代控制理论的应用范围更加广泛。主要的控制策略有极点配置、状态反馈、输出反馈等。由于现代控制理论的分析与设计方法的精确性，现代控制可以得到最优控制。但这些控制策略大多是建立在已知系统的基础之上的。严格来说，大部分的控制系统是一个完全未知或部分未知系统，这里包括系统本身参数未知、系统状态未知两个方面，同时被控制对象还受外界干扰、环境变化等的因素影响。

能控性、能观测性概念的提出，庞特里亚金极值原理，卡尔曼滤波为现代控制理论产生的三大标志。

0.1.3 大系统理论和智能控制理论阶段

20 世纪 60 年代末，控制理论进入了一个多样化发展的时期。它不仅涉及系统辨识和建模、统计估计和滤波、最优控制、鲁棒控制、自适应控制、智能控制及控制系统 CAD 等理论和方法。同时，它在社会经济、环境生态、组织管理等决策活动，生物医学中诊断及控制，信号处理、软计算等邻近学科相交叉中又形成了许多新的研究分支。

例如，20 世纪 70 年代以来形成的大系统理论主要是解决大型工程和社会经济系统中信息处理、可靠性控制等综合优化的设计问题。这是控制理论向广度和深度发展的结果。

大系统是指规模庞大、结构复杂、变量众多的信息与控制系统。它的研究对象、研究方法已超出了原有控制论的范畴，它还在运筹学、信息论、统计数学、管理科学等更广泛的范畴中与控制理论有机地结合起来。

智能控制是一种能更好地模仿人类智能的、非传统的控制方法，是针对控制系统（被控对象、环境、目标、任务）的不确定性和复杂性产生的不依赖于或不完全依赖于控制对象的数学模型，以知识、经验为基础，模仿人类智能的非传统控制方法。它和空间技术、原子能技术并列为 20 世纪三大科技成就的人工智能技术的发展，促进了自动控制理论向智能控制方向发展。它突破了传统的控制中对象有明确的数学描述和控制目标是可以数量化的限制。它采用的理论方法则主要来自自动控制理论、人工智能、模糊集、神经网络和运筹学等学科分支。内容包括最优控制、自适应控制、鲁棒控制、神经网络控制、模糊控制、仿人控制、H_∞ 控制等；其控制对象可以是已知系统也可以是未知系统，大多数的控制策略不仅能抑制外界干扰、环境变化、参数变化的影响，且能有效地消除模型化误差的影响。

大系统理论和智能控制理论，尽管目前尚处在不断发展和完善过程中，但已受到广泛的重视和注意，并开始得到一些应用。

0.1.4 经典控制理论与现代控制理论的联系与比较

经典控制理论与现代控制理论是在自动化学科发展的历史中形成的两种不同的对控制系统分析、综合的方法。经典控制理论适用于单输入单输出（单变量）线性定常系统；现代控制理论适用于多输入多输出（多变量）、线性或非线性、定常或时变系统。

经典控制理论以表达系统外部输入-输出关系的传递函数作为主要的动态数学模型，以根轨迹和伯德（Bode）图为主要工具，以系统输出对特定输入响应的“稳”“快”“准”性能为研究重点，常借助图表分析设计系统。综合方法主要为输出反馈和期望频率特性校正（包括在主反馈回路内部的串联校正、反馈校正，和在主反馈回路以外的前置校正、干扰补偿校正），而校正装置由能实现典型控制规律的调节器（如 PI、PD、PID）构成，所设计的系统能保证输出稳定，且具有满意的“稳”“快”“准”性能，但并非某种意义上的最优控制系统。

现代控制理论的状态空间法本质上是时域方法，以揭示系统内部状态与外部输入-输出关系的状态空间表达式为动态数学模型、状态空间分析法为主要工具、在多种约束条件下寻找使系统某个性能指标泛函取极值的最优控制律为研究重点，借助计算机分析设计系统。综合方法主要为状态反馈、极点配置、各种综合目标的最优化。所设计的系统能运行在接近某种意义下的最优状态。

表0.1从几个方面给出了经典控制理论与现代控制理论的区别。

表0.1 经典控制理论与现代控制理论的区别

区别内容	经典控制理论	现代控制理论
产生年代	20世纪40~60年代	20世纪60年代开始，60年代中期成熟
研究的对象	单输入单输出（SISO）线性、定常系统	可以研究多输入多输出（MIMO）时变、非线性系统
数学模型	微分方程、传递函数；由一元 n 阶微分方程在零初始条件下取拉普拉斯变换得传递函数	状态空间表达式；由 n 元一阶微分方程组，用矩阵理论建立状态空间表达式，可以同时考虑初始条件的影响
主要研究方法	主要是频域法，还有时域法、根轨迹法；研究系统的外部（输入输出）特性	主要是时域分析法（状态空间分析法）；研究系统的内部（包括外部）特性
研究的主要内容	系统的分析和综合（稳定性）；主要是稳定性，以及对给定输入的性能指标	完成实际系统所要求的某种最优化问题
主要控制装置	自动控制器	计算机

现代控制理论与经典控制理论虽然在方法和思路上显著不同，但这两种理论均基于描述动态系统的数学模型，是有内在联系的。经典控制理论以拉普拉斯变换为主要数学工具，采用传递函数这一描述动力学系统运动的外部模型；现代控制理论的状态空间法以矩阵论为主要数学工具，采用状态空间表达式这一描述动力学系统运动的内部模型，而描述动力学系统运动的微分方程则是联系传递函数和状态空间表达式的桥梁。

0.2 现代控制理论的主要内容

现代控制理论的主要内容包括下列几个方面：

0.2.1 线性系统的一般理论

它是现代控制理论的基础。这部分内容包括系统状态空间表达式的建立和状态方程的求解，系统的能控性和能观性分析，系统的稳定性分析，状态反馈和极点配置、状态观测器等。这是现代控制理论中最基础的部分。

0.2.2 系统辨识

所谓系统辨识，就是如何通过测得的系统的输入输出数据建立系统的数学模型。由于大量的工程控制问题的复杂性，控制对象的数学模型很难由解析的方法直接建立，而主要是通过实验数据来估算得到。当模型的结构及其参数都未知，同时确定两者时称为系统辨识问题。所谓模型结构主要指模型的阶次、控制延迟时间等。求出系统数学模型的目的主要在于用它来求解最优控制律，所以数学模型不仅在工程问题中起到重要作用，而且已被广泛地应用到控制以外的各个领域，如社会经济系统中，数学模型已被用来作为经济预测、建设规划、决策分析和政策分析，所以系统辨识工作有着广泛的实用意义。

0.2.3 最优控制

这是现代控制理论的重要组成部分。现代控制理论和经典控制理论之间的一个重要差别表现在控制设计的优良指标上。在经典控制理论中，工程设计的主要目标是系统的稳定性问题，这确是一个自动控制系统能够正常工作的最基本要求。对于一个自动控制系统的设计和构成，自然会提出一定的技术要求（指标），例如系统必须是稳定的，在典型的输入作用下稳态误差要小（或者等于零），调节过程的时间不能太长以及被控变量（系统输出）不能在调节过程中超调（Overshooting）太多等。如果选用经典控制理论中的 PID 控制器来控制，则控制器的比例、积分和微分的三个系数可以有很多种组合，都能达到相同的技术要求指标。然而在有些自动控制系统中，提出的技术要求就更高了。例如对于经常需要起动、反转的大型电力拖动的卷扬机、轧钢机等而言，希望大型电动机的起动、反转或制动的所需时间越短越好（电动机拖动最速控制系统）；对于航天飞行器则希望同样的飞行所消耗的燃料越少越好（最省燃料的航天器飞行控制系统）。这一类的自动控制系统中对于控制都有一定的技术指标，但与以往不同的是：通过设计控制作用要使这个技术指标达到极值（极大或极小）。这样的控制称为最优控制（Optimal Control），它的控制作用的变化规律是唯一的。工业上应用的例子还有：化学工业的过程控制中，选择一个被控反应塔（釜）的温度的控制规律和相应的原料配比使化工反应过程的产量最多。

在经典控制理论中所采用的最普遍的调节方式是引入输出量的反馈，靠给定量和输出量的偏差进行控制，达到输出调节的目的。例如人们要控制一个电炉的温度为 1000℃，如果测量温度值高于 1000℃，就随即降低输入电压，反之则升高输入电压。按这种调节方式，如果某一时刻温度低于 1000℃，但由于热惯性的作用，温度还在继续升高，可能并不需要增加电压就会在短时间内按给定值上升到 1000℃，如果这时再升高电压，反而会导致超调。最优控制的设计思想则不仅把控制作用看作是输出值的函数，而且还要考虑到系统反应的发展趋势。好像一只聪明的猎狗在追捕野兔时不是被动地紧随其后，而是不断地判断野兔的未来位置，并向着未来位置扑去，这样能够更有效地捕捉到目标。如果控制对象的动态过程是用一个常微分方程来描述的，根据方程解的唯一性条件，未来的运动就可以唯一地确定下来。这个初始条件就是该时刻系统的“状态”，因而最优控制不再是输出值的反馈，而是状态变量的反馈，即控制作用是状态变量的函数。

最优控制器的设计要应用庞特里亚金的极大值原理（Maximum Principle）和 R. 贝尔曼的动态规划（Dynamic Programming）等方法。

0.2.4 自适应控制

所谓自适应控制，就是在控制对象的特性和系统运行的环境不完全确定的条件下，寻求适当的控制规律，使达到的性能指标尽可能地接近和保持最优。这里有两种情况，一种情况是系统本身的数学模型是不确定的，例如施加自适应控制，称为确定性自适应系统；另一种是，不仅被控的对象数学模型不确定，而且系统还工作在随机干扰环境之下，这种情况下的自适应控制称为随机自适应控制系统。当随机扰动和量测噪声都比较小时，对于参数未知的控制，可以近似按确定性自适应控制问题来处理。

最优控制所要解决的问题是在被控对象的数学模型已知的条件下寻求最优控制规律。自适应控制所要解决的问题也是寻求最优控制律，不同的是，自适应控制所依据的数学模型由于先验知识缺少，需要在系统运行过程中去提取有关模型的信息，使模型逐渐完善。具体地说，可以根据对象的输入输出数据，不断地辨识模型的结构和参数，即进行在线辨识，随着生产过程的不断进行，通过在线辨识，模型会变得越来越准确，越来越接近于实际。由于模型在不断改进，从而使控制系统具有一定的自适应能力。

当被控对象的内部结构和参数以及外部的环境特性和扰动存在不确定时，系统自身能在线量测和处理有关信息，在线相应地修改控制器的结构和参数，以保持系统所要求的最佳性能，自适应控制的两大基本类型是模型参考自适应和自校正控制。近期自适应理论的发展包括广义预测控制、万用镇定器机理、鲁棒稳定的自适应系统以及引入了人工智能技术的自适应控制等。

0.2.5　最优滤波

为了实现最优控制，要进行状态反馈。但状态量与输出量不同，在许多情况下状态量并不是都能全部可测取的，这样就产生了如何从输出量来估计状态量问题，对于没有随机干扰的确定性系统，可由状态观测器来实现系统的状态重构，在有随机干扰的情况下，如何从被随机噪声干扰的输出中来获得状态变量，这就是最优滤波或称最优估计问题。

最优估计的早期工作是维纳在 20 世纪 40 年代完成的，称为维纳滤波器。它是对平稳随机过程按均方意义为最优的估计器。维纳滤波器的局限性在于只适用于平稳过程并且要求知道过程的较多统计资料，因此这些滤波器的适用范围窄且要求计算机具有很大的存储容量。卡尔曼在 1916 年提出的最优估计理论有效地克服了上述维纳滤波器的局限性，它仅以有限时间的数据作为计算的依据，只要求较少的统计资料，不要求信号和噪声的平稳性，计算过程简单而直接，它的递推计算的特点，特别适合于在数字计算机上计算。

0.2.6　鲁棒控制

一个系统在存在不确定性的情况下，如果能使系统仍保持预期的性能，使模型的不确定性和外干扰造成的系统的性能改变是可以接受的，则称该控制系统是稳健的，有很强的适应能力的，又常简单地称这个控制系统为鲁棒控制系统。鲁棒控制在控制中越来越受到人们的重视。所谓鲁棒性，粗略地讲就是指系统对不确定性的强健程度。这里所说的不确定性并不是一无所知或变幻莫测，而是指对系统的某些部分了解不全面，只知道片段的不完整的信息。通俗地说，鲁棒控制问题就是如何将这些已知的不完整信息利用到系统设计中。事实上，早在精度控制理论中，鲁棒性问题就已经引起人们的重视。就稳定性而言，使系统频率特性具有足够的稳定裕度，就是为了保证稳定性不受到不确定性的破坏。不过直至现代控制理论发展的后期，对鲁棒控制问题的研究还停留在定性分析的程度。从 20 世纪 80 年代起，在现代控制理论的框架上迅速发展起来的鲁棒控制，则开始在建立数学模型和设计控制器的过程中积极地考虑不确定性，并对其影响给出定量的结论。

0.2.7 非线性系统理论

非线性系统理论主要研究非线性系统状态的运动规律和改变这些规律的可能性与实施方法，建立和揭示系统结构、参数、行为和性能之间的关系，主要包括能控、能观测性、稳定性、线性化、解耦以及反馈控制、状态估计等理论。

非线性系统理论的研究对象是非线性现象，它反映出非线性系统运动本质的一类现象，如频率对振幅的依赖性、多值响应和跳跃谐振、分谐波振荡、自激振荡、频率插足、异步抑制、分岔和混沌等，这些不能采用线性系统的理论来解释。非线性系统的一个最重要的特性是不能采用叠加原理来进行分析，这就决定了在研究上的复杂性。20 世纪 70 年代中期以来，由微分几何理论得出的某些方法为分析某些类型的非线性系统提供了有力的理论工具，但至今还没有一种通用的方法可用来处理所有类型的非线性系统。

第1章　控制系统的状态空间描述

经典控制理论中，对一个线性定常系统，可用常微分方程或传递函数加以描述。用传递函数的方法描述系统有两个局限性，第一，它只能描述定常线性系统；第二，它只能表现系统的输入-输出关系，反映系统的外部联系，而对系统的内部结构不能提供任何信息，也就是不能反映系统内部各物理量的变化，从而不能完全揭示系统的全部运动状态，此外，用传递函数描述系统时又仅仅考虑零初始条件，而不足以揭示系统的全部特征。然而，现代工程系统日趋复杂，精度要求越来越高，因此对系统的描述应该更加精细。对一个复杂系统的分析与综合，不仅需要了解它的输入-输出关系，而且要求知道它的内部结构。经常遇到的受控对象，不仅是定常的，而且还有许多时变的；不仅是线性的，也可能是非线性的；不仅是确定性的，也可能是随机的。总之，对象的多样性，要求描述系统的数学工具应具有一定的适应性。尤其是现代许多复杂系统中，往往都需要有数字电子计算机参与工作。因此，为适应控制系统理论这种发展趋势的要求，在描述系统的数学方法上，需要进一步改进。控制理论发展到20世纪50年代末60年代初便产生了一种新的描述方法——状态空间法。

在现代控制理论中，通常采用状态空间表达式作为系统的数学模型。用时域分析法分析和研究系统的动态特性。状态空间表达式是一阶向量-矩阵微分方程组，它描述了系统的输入、输出与内部状态之间的关系，揭示了系统内部状态的运动规律，反映了控制系统动态特性的全部信息。同时采用矩阵表示方法可使系统的数学表达式简洁明了，易于计算机求解。此外，状态空间法还可以方便地处理初始条件，可以应用于非线性系统、时变系统、随机过程和采样数据系统等，也为多输入多输出及时变系统的分析研究提供了有力的工具。

1.1　控制系统中状态的基本概念

1.1.1　系统的状态和状态变量

控制系统的状态是指系统过去、现在和将来的状况。例如，由做直线运动的质点所构成的系统，它的状态就是质点的位置和速度。

状态变量是指能完全表征系统运动状态的最小一组变量，或者能完全描述系统时域行为的一个最小变量组。所谓完全表征是指：在任何时刻 $t=t_0$，这组状态变量的值 $x_1(t_0)$，$x_2(t_0)$，$x_3(t_0)$，…，$x_n(t_0)$就表示系统在该时刻的状态；当 $t\geqslant t_0$时的输入 $\boldsymbol{u}(t)$给定，且上述初始状态确定时，状态变量能完全确定系统在 $t\geqslant t_0$时的行为。

所谓完全描述指的是当给定了这个最小变量组在初始时刻 $t=t_0$的值和 $t\geqslant t_0$时刻系统的输入函数，那么系统在 $t\geqslant t_0$任何时刻的行为就可以完全确定。

必须指出，系统在 $t(t\geqslant t_0)$ 时刻的状态是由 t_0时刻的系统状态（初始状态）和 $t\geqslant t_0$时的输入唯一确定的，而与 t_0时刻以前的状态和输入无关。

状态变量是构成系统状态的变量，是指能完全描述系统行为的最小变量组中的每个变量。或者说足以完全表征系统运动状态的最小个数的一组变量为状态变量。一个用 n 阶微分方程描述的系统，就有 n 个独立的变量。当这 n 个独立变量的时间响应都求得时，系统的运动状态也就被确定无疑了。因此，可以说该系统的状态变量就是 n 阶系统的 n 个独立变量。

同一个系统，究竟选取哪些变量作为独立变量，这不是唯一的，重要的是这些变量是相互独立的，且其个数应等于微分方程的阶数；又由于微分方程的阶数唯一地取决于系统的独立储能元件的个数，因此状态变量的个数就应等于系统独立储能元件的个数。众所周知，n 阶微分方程式要有唯一确定的解，必须知道 n 个独立的初始条件。很明显，这 n 个独立的初始条件就是一组状态变量在初始时刻 t_0的值。

综上所述，状态变量是既足以完全确定系统运动状态而个数又是最小的一组变量，当其在 $t=t_0$时刻的值已知时，则在给定 $t\geqslant t_0$时间的输入作用下，便能完全确定系统在任何 $t\geqslant t_0$时间的行为。

应该注意，系统状态变量并非一定是系统的输出变量，也不一定是物理上可测量的或可观测的。但在实际应用时，状态变量通常还是选择容易测量的量。

1.1.2 状态向量

若一个系统有 n 个彼此独立的状态变量为 $x_1(t)$，$x_2(t)$，$x_3(t)$，…，$x_n(t)$，那么用它们作为分量所构成的向量，就称为状态向量，记作

$$\boldsymbol{x}(t)=\begin{pmatrix} x_1(t) \\ x_2(t) \\ \vdots \\ x_n(t) \end{pmatrix}=[\,x_1(t) \quad x_2(t) \quad \cdots \quad x_n(t)\,]^{\mathrm{T}}$$

1.1.3 状态空间

以状态空间变量 $x_1(t)$，$x_2(t)$，$x_3(t)$，…，$x_n(t)$ 为坐标轴所构成的 n 维空间，称为状态空间。

状态空间中的每一个点，对应于系统的某一特定状态。反过来，系统在任何时刻的状态，都可以用状态空间中的一个点来表示。如果给定了初始时刻 t_0的状态 $x(t_0)$ 和 $t\geqslant t_0$时的输入函数，随着时间的推移，$x(t)$将在状态空间中描绘出一条轨迹，称为状态轨迹。状态向量的状态空间表示将代数表示和几何概念联系起来。

状态方程指的是把系统的状态变量与输入之间的关系用一组一阶微分方程来描述的数学模型。

输出方程是指系统输出变量与状态变量、输入变量之间关系的数学表达式。

状态方程和输出方程组合起来，构成对一个系统动态行为的完整描述，称为系统的状态空间表达式。

1.2 控制系统的状态空间表达式

1.2.1 状态空间表达式

设系统的 r 个输入变量为 $u_1(t)$，$u_2(t)$，…，$u_r(t)$，m 个输出变量为 $y_1(t)$，$y_2(t)$，…，$y_m(t)$，系统的状态变量为 $x_1(t)$，$x_2(t)$，…，$x_n(t)$。

把系统的状态变量与输入变量之间的关系用一组一阶微分方程来描述，称之为系统的状态方程，即

$$\frac{\mathrm{d}x_1(t)}{\mathrm{d}t}=\dot{x}_1(t)=f_1[x_1(t),x_2(t),\cdots,x_n(t);u_1(t),u_2(t),\cdots,u_r(t);t]$$

$$\frac{\mathrm{d}x_2(t)}{\mathrm{d}t}=\dot{x}_2(t)=f_2[x_1(t),x_2(t),\cdots,x_n(t);u_1(t),u_2(t),\cdots,u_r(t);t]$$

$$\vdots$$

$$\frac{\mathrm{d}x_n(t)}{\mathrm{d}t}=\dot{x}_n(t)=f_n[x_1(t),x_2(t),\cdots,x_n(t);u_1(t),u_2(t),\cdots,u_r(t);t]$$

用向量矩阵表示，得到一个一阶向量-矩阵微分方程为

$$\dot{\boldsymbol{x}}(t)=\boldsymbol{f}[\boldsymbol{x}(t),\boldsymbol{u}(t),t] \tag{1.1}$$

式中，$\boldsymbol{x}(t)$为系统的 n 维状态向量；$\boldsymbol{u}(t)$为系统的 r 维输入（控制）向量；$\boldsymbol{f}[\cdot]$为 n 维向量函数，即

$$\boldsymbol{f}[\cdot]=[f_1(\cdot),f_2(\cdot),\cdots,f_n(\cdot)]^{\mathrm{T}}$$

系统输出变量与状态变量、输入变量之间的数学表达式称为系统的输出方程，即

$$y_1(t)=g_1[x_1(t),x_2(t),\cdots,x_n(t);u_1(t),u_2(t),\cdots,u_r(t);t]$$

$$y_2(t)=g_2[x_1(t),x_2(t),\cdots,x_n(t);u_1(t),u_2(t),\cdots,u_r(t);t]$$

$$\vdots$$

$$y_m(t)=g_m[x_1(t),x_2(t),\cdots,x_n(t);u_1(t),u_2(t),\cdots,u_r(t);t]$$

用向量矩阵方程表示为

$$\boldsymbol{y}(t)=g[\boldsymbol{x}(t),\boldsymbol{u}(t),t] \tag{1.2}$$

式中，$\boldsymbol{y}(t)$为系统的 m 维输出向量；$\boldsymbol{g}[\cdot]$为 m 维向量函数，$\boldsymbol{g}[\cdot]=[g_1(\cdot),g_2(\cdot),\cdots,g_n(\cdot)]^{\mathrm{T}}$。

描述系统输入变量、状态变量和输出变量之间关系的状态方程和输出方程总合起来构成对系统动态行为的完整描述，称为系统的状态空间表达式。

例 1.1 对于如图 1.1 所示的 *RLC* 电路，试列写以 $u(t)$为输入，$u_{\mathrm{C}}(t)$为输出的状态空间表达式。

解 系统有两个独立的储能元件，即电容 C 和电感 L；有两个状态变量，选取电容电压 $u_{\mathrm{C}}(t)$和电感电流 $i_{\mathrm{L}}(t)$作为状态变量，根据电路原理有下列微分方程组：

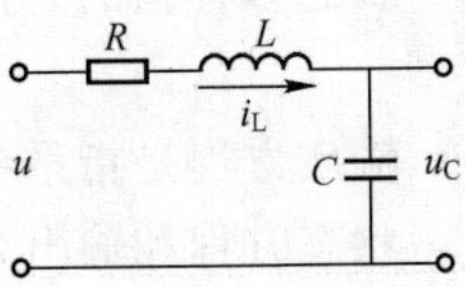

图 1.1 *RLC* 电路

$$L\frac{\mathrm{d}i_{\mathrm{L}}(t)}{\mathrm{d}t}+Ri_{\mathrm{L}}(t)+u_{\mathrm{C}}(t)=u(t)$$

$$C\frac{\mathrm{d}u_{\mathrm{C}}(t)}{\mathrm{d}t}=i_{\mathrm{L}}(t)$$

令 $x_1(t)=i_{\mathrm{L}}(t)$，$x_2(t)=u_{\mathrm{C}}(t)$，写出一阶矩阵微分方程形式，则状态方程为

$$\begin{pmatrix}\dot{x}_1(t)\\ \dot{x}_2(t)\end{pmatrix}=\begin{pmatrix}-\frac{R}{L} & -\frac{1}{L}\\ \frac{1}{C} & 0\end{pmatrix}\begin{pmatrix}x_1(t)\\ x_2(t)\end{pmatrix}+\begin{pmatrix}\frac{1}{L}\\ 0\end{pmatrix}u(t) \tag{1.3}$$

系统的输出方程为

$$y(t)=u_{\mathrm{C}}(t)=(0\quad 1)\begin{pmatrix}\dot{x}_1(t)\\ \dot{x}_2(t)\end{pmatrix} \tag{1.4}$$

这两个方程构成了系统的状态空间描述。其中，第一个方程描述了电路的状态变量和输入量之间的关系，称为该电路的状态方程，这是一个矩阵微分方程；如果将电容上的电压作为电路的输出量，则第二个方程是联系输出量和状态变量关系的方程，称为该电路的输出方程或观测方程，这是一个矩阵代数方程。

式（1.3）和式（1.4）可写成

$$\begin{cases}\dot{\boldsymbol{x}}(t)=\boldsymbol{A}\boldsymbol{x}(t)+\boldsymbol{B}u(t)\\ y(t)=\boldsymbol{C}\boldsymbol{x}(t)\end{cases} \tag{1.5}$$

式中

$$\boldsymbol{x}(t)=\begin{pmatrix}x_1(t)\\ x_2(t)\end{pmatrix} \tag{1.6}$$

$$\boldsymbol{A}=\begin{pmatrix}-\frac{R}{L} & -\frac{1}{L}\\ \frac{1}{C} & 0\end{pmatrix}$$

$$\boldsymbol{B}=\begin{pmatrix}\frac{1}{L}\\ 0\end{pmatrix} \tag{1.7}$$

$$\boldsymbol{C}=(0\quad 1)$$

式（1.5）为 *RLC* 系统的状态空间表达式。

若取电感电流 $i_{\mathrm{L}}(t)$ 和电容电荷 $q_{\mathrm{C}}(t)$ 作为状态变量，则有微分方程组

$$L\frac{\mathrm{d}i_{\mathrm{L}}(t)}{\mathrm{d}t}+Ri_{\mathrm{L}}(t)+\frac{1}{C}q_{\mathrm{C}}(t)=u(t) \tag{1.8}$$

$$\frac{\mathrm{d}q_{\mathrm{C}}(t)}{\mathrm{d}t}=i_{\mathrm{L}}(t) \tag{1.9}$$

令 $x_1(t)=i_{\mathrm{L}}(t)$，$x_2(t)=q_{\mathrm{C}}(t)$，写出一阶矩阵微分方程形式，则状态方程为

$$\begin{pmatrix}\dot{x}_1(t)\\ \dot{x}_2(t)\end{pmatrix}=\begin{pmatrix}-\frac{R}{L} & -\frac{1}{LC}\\ 1 & 0\end{pmatrix}\begin{pmatrix}x_1(t)\\ x_2(t)\end{pmatrix}+\begin{pmatrix}1\\ 0\end{pmatrix}u(t) \tag{1.10}$$

系统的输出方程为

$$y(t)=u_C(t)=\frac{1}{C}q_C(t)=\begin{pmatrix}0 & \frac{1}{C}\end{pmatrix}\begin{pmatrix}\dot{x}_1(t)\\ \dot{x}_2(t)\end{pmatrix} \tag{1.11}$$

式中

$$\boldsymbol{x}(t)=\begin{pmatrix}x_1(t)\\ x_2(t)\end{pmatrix} \tag{1.12}$$

$$\begin{cases}\boldsymbol{A}=\begin{pmatrix}-\frac{R}{L} & -\frac{1}{LC}\\ 1 & 0\end{pmatrix}\\ \boldsymbol{B}=\begin{pmatrix}1\\ 0\end{pmatrix}\\ \boldsymbol{C}=\begin{pmatrix}0 & \frac{1}{C}\end{pmatrix}\end{cases} \tag{1.13}$$

通过以上例题，我们讨论并得出以下几个结论：

1）状态变量的选取和非唯一性。状态变量是表征系统内部信息的一组信息，选取不是唯一的，不同的状态变量，使得状态空间描述也不相同。一般而言，状态变量的选取可以不一定具有实际物理意义或可以测量的量，但是从工程角度，应该选取能充分表征系统特性的量为状态变量，如电路中的电容电压和电感电流，机械系统中的位移、速度和角度等。

2）状态变量的独立性。状态变量必须要求具有独立性，一个 n 阶的系统应该有 n 个独立的状态变量，否则得到的方程将是线性相关的。

3）状态变量的个数。由于状态变量的选取不是唯一的，因此状态方程、输出方程、动态方程也都不是唯一的。但是，用独立变量所描述的系统的阶数应该是确定的，状态变量的个数应该等于系统的阶数。

4）对于系统的描述性。动态方程对于系统的描述是充分的和完整的，即系统中的任何一个变量均可用状态方程和输出方程来描述。

5）不同状态变量选取之间的关系。由于选取不同的状态变量导致了不同的状态方程和输出方程，两者之间明显不同，但是都描述了同一个 *RLC* 电路的特性，它们之间有何关系？

假设系统的状态向量为 $\boldsymbol{x}$，对应的状态空间描述为$\begin{cases}\dot{\boldsymbol{x}}=\boldsymbol{Ax}+\boldsymbol{Bu}\\ \boldsymbol{y}=\boldsymbol{Cx}+\boldsymbol{Du}\end{cases}$

第二组状态向量为 $\tilde{\boldsymbol{x}}$，与第一组状态向量之间必可通过非奇异线性变换进行相互变换，即存在非奇异矩阵 $\boldsymbol{P}$ 使得

$$\boldsymbol{x}=\boldsymbol{P}\tilde{\boldsymbol{x}}$$

或

$$\tilde{\boldsymbol{x}}=\boldsymbol{P}^{-1}\boldsymbol{x} \tag{1.14}$$

其中，$\boldsymbol{P}$ 是 $n\times n$ 非奇异变换矩阵，那么与此对应状态空间描述为

$$\begin{aligned}\dot{\tilde{\boldsymbol{x}}}&=\boldsymbol{P}^{-1}\dot{\boldsymbol{x}}=\boldsymbol{P}^{-1}(\boldsymbol{Ax}+\boldsymbol{Bu})\\ &=\boldsymbol{P}^{-1}\boldsymbol{AP}\tilde{\boldsymbol{x}}+\boldsymbol{P}^{-1}\boldsymbol{Bu}\\ &=\tilde{\boldsymbol{A}}\tilde{\boldsymbol{x}}+\tilde{\boldsymbol{B}}\boldsymbol{u}\end{aligned}$$

$$\begin{aligned} \boldsymbol{y} &= \boldsymbol{C}\boldsymbol{x}+\boldsymbol{D}\boldsymbol{u} \\ &= \boldsymbol{C}\boldsymbol{P}\widetilde{\boldsymbol{x}}+\boldsymbol{D}\boldsymbol{u} \\ &= \widetilde{\boldsymbol{C}}\widetilde{\boldsymbol{X}}+\widetilde{\boldsymbol{D}}\boldsymbol{u} \end{aligned} \tag{1.15}$$

$$\begin{cases} \dot{\widetilde{\boldsymbol{x}}} = \widetilde{\boldsymbol{A}}\widetilde{\boldsymbol{x}}+\widetilde{\boldsymbol{B}}\boldsymbol{u} \\ \boldsymbol{y} = \widetilde{\boldsymbol{C}}\widetilde{\boldsymbol{x}}+\widetilde{\boldsymbol{D}}\boldsymbol{u} \end{cases} \tag{1.16}$$

式中

$$\begin{cases} \widetilde{\boldsymbol{A}} = \boldsymbol{P}^{-1}\boldsymbol{A}\boldsymbol{P} \\ \widetilde{\boldsymbol{B}} = \boldsymbol{P}^{-1}\boldsymbol{B} \\ \widetilde{\boldsymbol{C}} = \boldsymbol{C}\boldsymbol{P} \\ \widetilde{\boldsymbol{D}} = \boldsymbol{D} \end{cases} \tag{1.17}$$

以上例子表明，系统状态变量的选取是不唯一的，对同一个系统可选取不同组的状态变量，但不管如何选择，状态变量的个数是唯一的，必须等于系统的阶数，即系统中独立储能元件的个数。

显而易见，同一系统中，状态变量选取的不同，状态方程也不同。

从理论上说，并不要求状态变量在物理上一定是可以测量的量。但在工程实践上，仍以选取那些容易测量的量作为状态变量为宜，因为在最优控制中，往往需要将状态变量作为反馈量。

1.2.2 状态空间表达式的一般形式

对于具有 r 个输入、m 个输出、n 个状态变量的系统，不管系统是线性、非线性，时变的还是定常的，其状态空间表达式的一般形式为

$$\begin{cases} \dot{\boldsymbol{x}}(t) = \boldsymbol{f}[\boldsymbol{x}(t),\boldsymbol{u}(t),t] \\ \boldsymbol{y}(t) = \boldsymbol{g}[\boldsymbol{x}(t),\boldsymbol{u}(t),t] \end{cases} \tag{1.18}$$

式中，$\boldsymbol{x}(t)$ 为 $n\times1$ 状态向量，即

$$\boldsymbol{x}(t) = \begin{pmatrix} x_1(t) \\ x_2(t) \\ \vdots \\ x_n(t) \end{pmatrix}, \quad \boldsymbol{x} \in \mathbf{R}^n$$

$\boldsymbol{u}(t)$ 为 $r\times1$ 输入（控制）向量，即

$$\boldsymbol{u}(t) = \begin{pmatrix} u_1(t) \\ u_2(t) \\ \vdots \\ u_r(t) \end{pmatrix}, \quad \boldsymbol{u} \in \mathbf{R}^r$$

$\boldsymbol{y}(t)$ 为 $m\times1$ 输出向量，即

$$\boldsymbol{y}(t) = \begin{pmatrix} y_1(t) \\ y_2(t) \\ \vdots \\ y_m(t) \end{pmatrix}, \quad \boldsymbol{y} \in \mathbf{R}^m$$

$\boldsymbol{f}$ 为 $n\times1$ 函数阵，$\boldsymbol{f}=[f_1,f_2,\cdots,f_n]^{\mathrm{T}}$；$\boldsymbol{g}$ 为 $m\times1$ 函数阵，$\boldsymbol{g}=[g_1,g_2,\cdots,g_m]^{\mathrm{T}}$。

若按线性、非线性、时变和定常划分，系统可分为非线性时变系统、非线性定常系统、线性时变系统和线性定常系统。

1. 非线性时变系统

对于非线性时变系统，向量函数 $\boldsymbol{f}$ 和 $\boldsymbol{g}$ 的各元是状态变量和输入变量的非线性时变函数，表示系统参数随时间变化，状态方程和输出方程是非线性时变函数。状态空间表达式只能用下式表示，即

$$
\begin{gathered}
f_i[x_1(t),x_2(t),\cdots,x_n(t);u_1(t),u_2(t),\cdots,u_r(t);t],\quad i=1,2,\cdots,n\\
g_j[x_1(t),x_2(t),\cdots,x_n(t);u_1(t),u_2(t),\cdots,u_r(t);t],\quad j=1,2,\cdots,m\\
\begin{cases}\dot{\boldsymbol{x}}(t)=\boldsymbol{f}[\boldsymbol{x}(t),\boldsymbol{u}(t),t]\\ \boldsymbol{y}(t)=\boldsymbol{g}[\boldsymbol{x}(t),\boldsymbol{u}(t),t]\end{cases}
\end{gathered}
\tag{1.19}
$$

2. 非线性定常系统

非线性定常系统中，向量函数 $\boldsymbol{f}$ 和 $\boldsymbol{g}$ 不依赖于时间变量 t，因此，状态空间表达式可写为

$$
\begin{cases}\dot{\boldsymbol{x}}(t)=\boldsymbol{f}[\boldsymbol{x}(t),\boldsymbol{u}(t)]\\ \boldsymbol{y}(t)=\boldsymbol{g}[\boldsymbol{x}(t),\boldsymbol{u}(t)]\end{cases}
\tag{1.20}
$$

3. 线性时变系统

线性时变系统中，向量函数 f 和 g 的各元是 x_1，x_2，$\cdots$，x_n；u_1，u_2，$\cdots$，u_r；t 的线性函数。根据线性系统的叠加原理，并考虑到系统的时变性，状态方程和输出方程可写为

$$
\begin{cases}
\dot{x}_1(t)=a_{11}(t)x_1+a_{12}(t)x_2+\cdots+a_{1n}(t)x_n+b_{11}(t)u_1+b_{12}(t)u_2+\cdots+b_{1r}(t)u_r\\
\dot{x}_2(t)=a_{21}(t)x_1+a_{22}(t)x_2+\cdots+a_{2n}(t)x_n+b_{21}(t)u_1+b_{22}(t)u_2+\cdots+b_{2r}(t)u_r\\
\vdots\\
\dot{x}_n(t)=a_{n1}(t)x_1+a_{n2}(t)x_2+\cdots+a_{nn}(t)x_n+b_{n1}(t)u_1+b_{n2}(t)u_2+\cdots+b_{nr}(t)u_r
\end{cases}
\tag{1.21}
$$

$$
\begin{cases}
y_1(t)=c_{11}(t)x_1+c_{12}(t)x_2+\cdots+c_{1n}(t)x_n+d_{11}(t)u_1+d_{12}(t)u_2+\cdots+d_{1r}(t)u_r\\
y_2(t)=c_{21}(t)x_1+c_{22}(t)x_2+\cdots+c_{2n}(t)x_n+d_{21}(t)u_1+d_{22}(t)u_2+\cdots+d_{2r}(t)u_r\\
\vdots\\
y_m(t)=c_{m1}(t)x_1+c_{m2}(t)x_2+\cdots+c_{mn}(t)x_n+d_{m1}(t)u_1+d_{m2}(t)u_2+\cdots+d_{mr}(t)u_r
\end{cases}
\tag{1.22}
$$

将式（1.21）和式（1.22）用矩阵方程的形式表示，可得出线性时变系统的状态空间表达式为

$$
\begin{cases}\dot{\boldsymbol{x}}(t)=\boldsymbol{A}(t)\boldsymbol{x}(t)+\boldsymbol{B}(t)\boldsymbol{u}(t)\\ \boldsymbol{y}(t)=\boldsymbol{C}(t)\boldsymbol{x}(t)+\boldsymbol{D}(t)\boldsymbol{u}(t)\end{cases}
\tag{1.23}
$$

式中，$\boldsymbol{A}(t)$ 为 $n\times n$ 系统矩阵，表示系统内部状态变量之间的联系，取决于被控系统的作用机理、结构、参数，即

$$
\boldsymbol{A}(t)=\begin{pmatrix}a_{11}(t) & a_{12}(t) & \cdots & a_{1n}(t)\\ a_{21}(t) & a_{22}(t) & \cdots & a_{2n}(t)\\ \vdots & \vdots & & \vdots\\ a_{n1}(t) & a_{n2}(t) & \cdots & a_{nn}(t)\end{pmatrix}
$$

$\boldsymbol{B}(t)$ 为 $n\times r$ 输入矩阵（控制矩阵），表示各个输入变量如何控制状态变量，即

$$
\boldsymbol{B}(t)=\begin{pmatrix} b_{11}(t) & b_{12}(t) & \cdots & b_{1r}(t) \\ b_{21}(t) & b_{22}(t) & \cdots & b_{2r}(t) \\ \vdots & \vdots & & \vdots \\ b_{n1}(t) & b_{n2}(t) & \cdots & b_{nr}(t) \end{pmatrix}
$$

$\boldsymbol{C}(t)$为 $m\times n$ 输出矩阵（观测矩阵），表示输出变量如何反映状态变量，即

$$
\boldsymbol{C}(t)=\begin{pmatrix} c_{11}(t) & c_{12}(t) & \cdots & c_{1n}(t) \\ c_{21}(t) & c_{22}(t) & \cdots & c_{2n}(t) \\ \vdots & \vdots & & \vdots \\ c_{m1}(t) & c_{m2}(t) & \cdots & c_{mn}(t) \end{pmatrix}
$$

$\boldsymbol{D}(t)$为 $m\times r$ 直接传递矩阵，表示输入对输出的直接作用，即

$$
\boldsymbol{D}(t)=\begin{pmatrix} d_{11}(t) & d_{12}(t) & \cdots & d_{1r}(t) \\ d_{21}(t) & d_{22}(t) & \cdots & d_{2r}(t) \\ \vdots & \vdots & & \vdots \\ d_{m1}(t) & d_{m2}(t) & \cdots & d_{mr}(t) \end{pmatrix}
$$

4. 线性定常系统

对于线性定常系统，状态空间表达式中各元素均是常数，与时间无关，即 $\boldsymbol{A}(t)$、$\boldsymbol{B}(t)$、$\boldsymbol{C}(t)$、$\boldsymbol{D}(t)$为常数矩阵。状态空间表达式为

$$
\begin{cases} \dot{\boldsymbol{x}}(t)=\boldsymbol{A}\boldsymbol{x}(t)+\boldsymbol{B}\boldsymbol{u}(t) \\ \boldsymbol{y}(t)=\boldsymbol{C}\boldsymbol{x}(t)+\boldsymbol{D}\boldsymbol{u}(t) \end{cases} \tag{1.24}
$$

式中

$$
\boldsymbol{A}=\begin{pmatrix} a_{11} & a_{12} & \cdots & a_{1n} \\ a_{21} & a_{22} & \cdots & a_{2n} \\ \vdots & \vdots & & \vdots \\ a_{n1} & a_{n2} & \cdots & a_{nn} \end{pmatrix}
$$

$$
\boldsymbol{B}=\begin{pmatrix} b_{11} & b_{12} & \cdots & b_{1r} \\ b_{21} & b_{22} & \cdots & b_{2r} \\ \vdots & \vdots & & \vdots \\ b_{n1} & b_{n2} & \cdots & b_{nr} \end{pmatrix}
$$

$$
\boldsymbol{C}=\begin{pmatrix} c_{11} & c_{12} & \cdots & c_{1n} \\ c_{21} & c_{22} & \cdots & c_{2n} \\ \vdots & \vdots & & \vdots \\ c_{m1} & c_{m2} & \cdots & c_{mn} \end{pmatrix}
$$

$$
\boldsymbol{D}=\begin{pmatrix} d_{11} & d_{12} & \cdots & d_{1r} \\ d_{21} & d_{22} & \cdots & d_{2r} \\ \vdots & \vdots & & \vdots \\ d_{m1} & d_{m2} & \cdots & d_{mr} \end{pmatrix}
$$

对于单输入单输出线性定常系统，u 和 y 是一维的，即为标量，其状态空间表达式表示为

$$\begin{cases}\dot{\boldsymbol{x}}(t)=\boldsymbol{A}\boldsymbol{x}(t)+\boldsymbol{B}\boldsymbol{u}(t)\\ y(t)=\boldsymbol{C}\boldsymbol{x}(t)+du(t)\end{cases} \tag{1.25}$$

1.2.3 状态空间表达式的系统结构图

类似于经典控制理论，对于线性系统，状态方程和输出方程可以用结构图表式，它形象地表明了系统中信号传递的关系。

图 1.2 为 n 阶线性系统的结构图，图中双线箭头表示通道中传递的是矢量信号。图 1.3 为系统的信号流图。

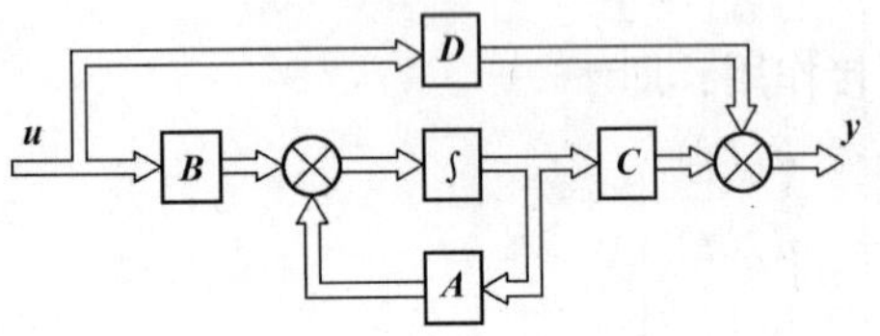

图 1.2 线性系统结构图

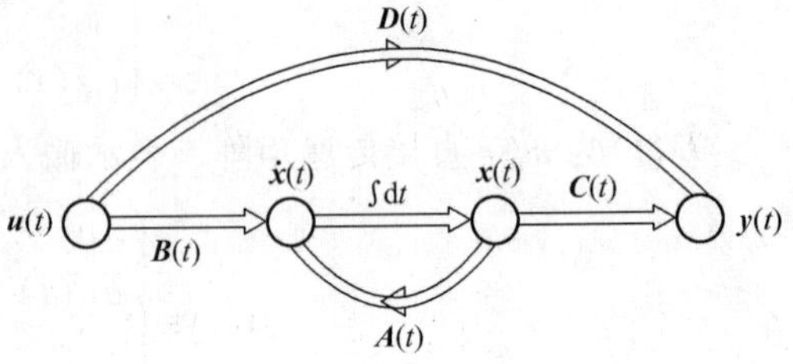

图 1.3 线性系统信号流图

由上述的系统结构图、信号流图可清楚地看出。它们既表示了输入变量对系统内部状态的因果关系，又反映了内部状态变量对输出变量的影响，所以状态空间表达式是对系统的一种完全描述。

1.2.4 状态空间表达式的模拟结构图

在状态空间分析中，仿照模拟计算机的模拟结构图，通常采用模拟结构图来反映系统各状态变量之间的信息传递关系，这种图为系统提供了一种清晰的物理图像，有助于加深对状态空间概念的理解。另外，模拟结构图也是系统实现电路的基础。

绘制模拟结构图的步骤是，首先在适当的位置画出积分器，积分器的数目为状态变量的个数，每个积分器的输出表示对应的状态变量；然后根据所给的状态方程和输出方程，画出相应的加法器和比例器；最后用箭头线表示出信号的传递关系。

例 1.2 已知三阶系统的状态空间表达式为

$$\begin{cases}\dot{x}_1=x_2\\ \dot{x}_2=x_3\\ \dot{x}_3=-a_1x_1-a_2x_2-a_3x_3+u\\ y=c_1x_1+c_2x_2\end{cases}$$

系统的模拟结构图如图 1.4 所示。

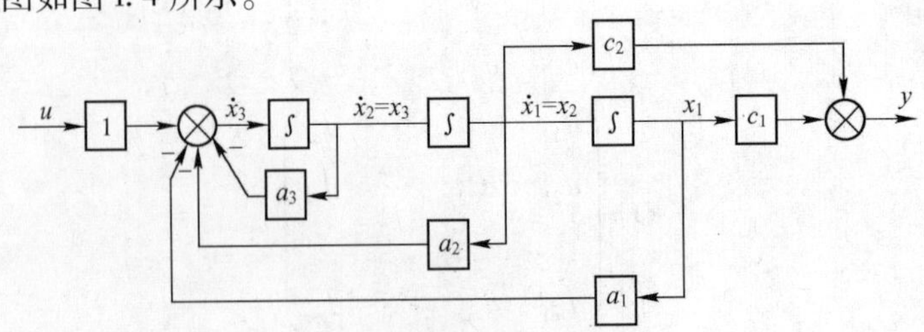

图 1.4 系统的模拟结构图

1.3　系统状态空间表达式的建立

1.3.1　从系统的机理出发建立状态空间表达式

建立某个给定系统的状态空间表达式，应该说，这是一个极为重要的问题。因为采用状态空间法对系统进行分析时，首先要有状态空间表达式所描述的数学模型，这是分析和综合问题的依据。

一般常见的控制系统，按其能量属性可分为电气、机械、机电、气动液压、热力等系统。根据其物理规律，如基尔霍夫定律、牛顿定律、能量守恒定律等，即可建立系统的状态方程。当指定系统的输出时，也很容易写出系统的输出方程。

例 1.3　试列写如图 1.5 所示 *RLC* 网络，以流过电阻 R_2的电流 i_2为输出的状态空间表达式。

解　根据基尔霍夫第一定律和第二定律列写网络的两回路和一节点方程，得

$$\begin{cases} R_1 i_1 + L_1 \dfrac{\mathrm{d}i_1}{\mathrm{d}t} + u_C = u \\ L_2 \dfrac{\mathrm{d}i_2}{\mathrm{d}t} + R_2 i_2 - u_C = 0 \\ C\dfrac{\mathrm{d}u_C}{\mathrm{d}t} + i_2 - i_1 = 0 \end{cases} \tag{1.26}$$

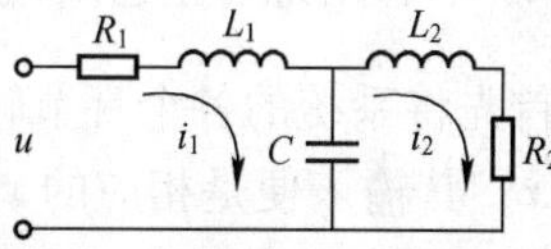

图 1.5　例 1.3 的 *RLC* 网络图

考虑到三个变量 i_1、i_2、u_C 是独立的，故可以确定为系统的状态变量，即令

$$x_1 = i_1,\ x_2 = i_2,\ x_3 = u_C$$

将 x_1、x_2、x_3状态变量代入并整理，得到状态空间表达式为

$$\begin{cases} \dot{x}_1 = -\dfrac{R_1}{L_1}x_1 - \dfrac{1}{L_1}x_3 + \dfrac{1}{L_1}u \\ \dot{x}_2 = -\dfrac{R_2}{L_2}x_2 + \dfrac{1}{L_2}x_3 \\ \dot{x}_3 = \dfrac{1}{C}x_1 - \dfrac{1}{C}x_2 \end{cases} \tag{1.27}$$

写成矩阵形式即得

$$\begin{pmatrix} \dot{x}_1 \\ \dot{x}_2 \\ \dot{x}_3 \end{pmatrix} = \begin{pmatrix} -\dfrac{R_1}{L_1} & 0 & -\dfrac{1}{L_1} \\ 0 & -\dfrac{R_2}{L_2} & \dfrac{1}{L_2} \\ \dfrac{1}{C} & -\dfrac{1}{C} & 0 \end{pmatrix} \begin{pmatrix} x_1 \\ x_2 \\ x_3 \end{pmatrix} + \begin{pmatrix} \dfrac{1}{L_1} \\ 0 \\ 0 \end{pmatrix} u \tag{1.28}$$

输出方程为

$$y = (0\quad 1\quad 0)\begin{pmatrix} x_1 \\ x_2 \\ x_3 \end{pmatrix} \tag{1.29}$$

其中

$$A=\begin{pmatrix} -\frac{R_1}{L_1} & 0 & -\frac{1}{L_1} \\ 0 & -\frac{R_2}{L_2} & \frac{1}{L_2} \\ \frac{1}{C} & -\frac{1}{C} & 0 \end{pmatrix},\ B=\begin{pmatrix} \frac{1}{L_1} \\ 0 \\ 0 \end{pmatrix},\ C=(0\quad 1\quad 0)$$

列写状态空间表达式的一般步骤如下：

1）确定输入变量、输出变量。

2）将系统划分为若干个子系统，列其微分方程。

3）根据各子系统微分方程阶次，选择状态变量写出向量微分方程的形式，得到状态方程。

4）按照输出变量是状态变量的线性组合，写出向量代数方程即输出方程。

1.3.2 从系统的框图求状态空间表达式

首先将系统的各个环节转换成相应的模拟结构图，并把每个积分器的输出选作一个状态变量 $\boldsymbol{x}$，其输入便是相应的 $\dot{\boldsymbol{x}}$；然后，由模拟图直接写出系统的状态方程和输出方程。

例 1.4 系统框图如图 1.6 所示。输入为 u，输出为 y，试求其状态空间表达式。

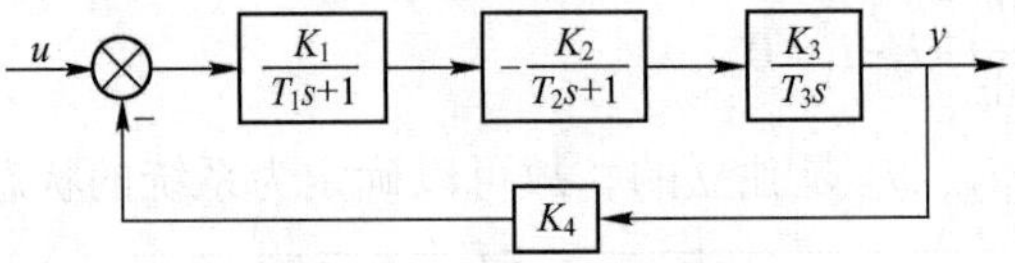

图 1.6 例 1.4 系统框图

解 对于惯性环节

$$\frac{K}{Ts+1}=\frac{C(s)}{R(s)}$$

有 $\frac{C(s)}{R(s)}=\frac{\frac{K}{T}}{s+\frac{1}{T}}=\frac{b}{s+a}$ 或 $sC(s)+aC(s)=bR(s)$。

取拉普拉斯反变换并设初值为零得

$$\dot{c}(t)=-ac(t)+br(t)$$

所以惯性环节的模拟结构图如图 1.7 所示。

这样，图 1.6 所对应的模拟结构图如图 1.8 所示。

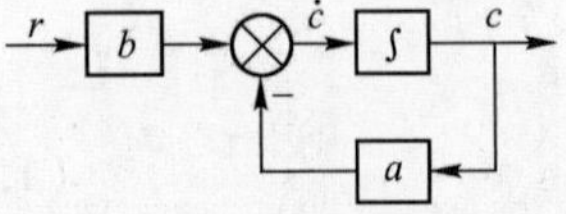

图 1.7 惯性环节的模拟结构图

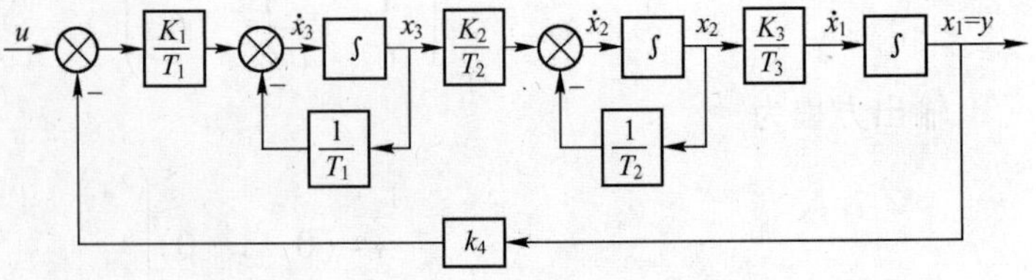

图 1.8 例 1.4 系统的模拟结构图

从图可知

$$\begin{cases} \dot{x}_1 = \dfrac{K_3}{T_3}x_2 \\ \dot{x}_2 = -\dfrac{1}{T_2}x_2 + \dfrac{K_2}{T_2}x_3 \\ \dot{x}_3 = -\dfrac{1}{T_1}x_3 - \dfrac{K_1K_4}{T_1}x_1 + \dfrac{K_1}{T_1}u \\ y = x_1 \end{cases} \tag{1.30}$$

写出矩阵形式为

$$\begin{pmatrix} \dot{x}_1 \\ \dot{x}_2 \\ \dot{x}_3 \end{pmatrix} = \begin{pmatrix} 0 & \dfrac{K_3}{T_3} & 0 \\ 0 & -\dfrac{1}{T_2} & \dfrac{K_2}{T_2} \\ -\dfrac{K_1K_4}{T_1} & 0 & -\dfrac{1}{T_1} \end{pmatrix} \begin{pmatrix} x_1 \\ x_2 \\ x_3 \end{pmatrix} + \begin{pmatrix} 0 \\ 0 \\ \dfrac{K_1}{T_1} \end{pmatrix} u \tag{1.31}$$

输出方程为

$$y = (1 \quad 0 \quad 0) \begin{pmatrix} x_1 \\ x_2 \\ x_3 \end{pmatrix} \tag{1.32}$$

对于含有零点的环节，可将其展开成部分分式，从而得到等效框图，再得模拟结构图，从图可得系统的状态空间表达式。

例 1.5　求图 1.9 所示系统的状态空间表达式。

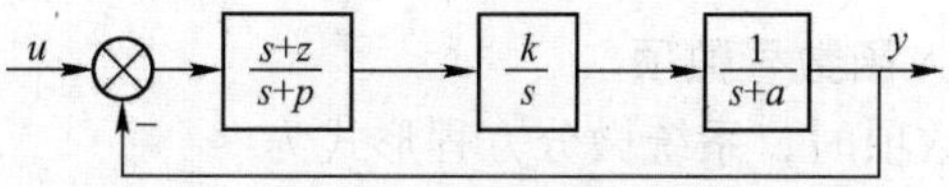

图 1.9　例 1.5 系统框图

解　这是一个含有零点的系统，应先将带零点的环节展开成部分分式，即

$$\frac{s+z}{s+p} = 1 + \frac{z-p}{s+p}$$

从而得等效框图如图 1.10 所示。

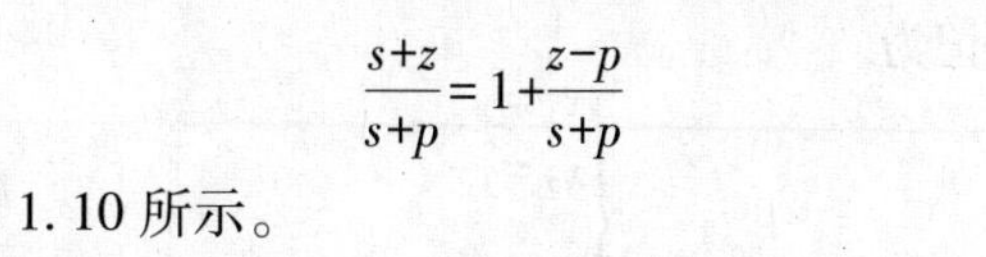

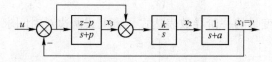

图 1.10　例 1.5 系统等效框图

再画出系统的模拟结构图如图 1.11 所示。

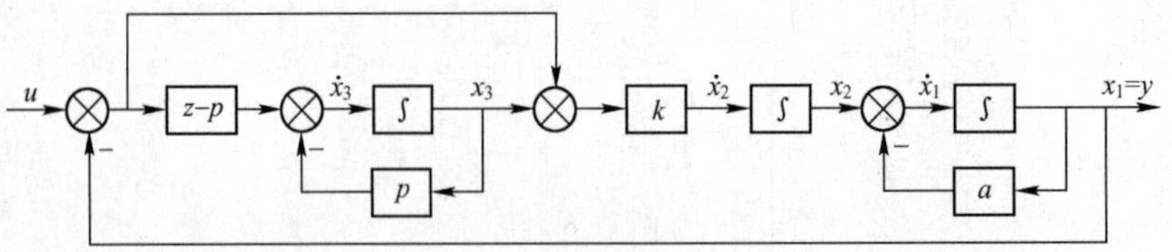

图 1.11　例 1.5 系统模拟结构图

由图可写出

$$\begin{cases}\dot{x}_1=-ax_1+x_2\\ \dot{x}_2=-kx_1+kx_3+ku\\ \dot{x}_3=(p-z)x_1-px_3+(z-p)u\\ y=x_1\end{cases} \tag{1.33}$$

从而可得状态空间表达式的矩阵形式为

$$\begin{pmatrix}\dot{x}_1\\ \dot{x}_2\\ \dot{x}_3\end{pmatrix}=\begin{pmatrix}-a & 1 & 0\\ -k & 0 & k\\ p-z & 0 & -p\end{pmatrix}\begin{pmatrix}x_1\\ x_2\\ x_3\end{pmatrix}+\begin{pmatrix}0\\ k\\ z-p\end{pmatrix}u \tag{1.34}$$

输出方程为

$$y=(1\quad 0\quad 0)\begin{pmatrix}x_1\\ x_2\\ x_3\end{pmatrix} \tag{1.35}$$

1.3.3　根据系统微分方程建立状态空间表达式

在经典控制理论中，系统输入-输出关系常采用微分方程或传递函数来描述，如何从系统的输入-输出关系建立起系统状态空间表达式，是现代控制理论中的基本问题之一。将高阶微分方程转换为状态空间表达式应保持原系统输入-输出关系不变。从分析可看到，这种变换方式并不是唯一的。

1. 微分方程中不含输入函数导数项

当输入函数中不含导数项时，系统微分方程形式为

$$y^{(n)}+a_{n-1}y^{(n-1)}+\cdots+a_1\dot{y}+a_0y=bu \tag{1.36}$$

若给定初始条件 $y(0),\dot{y}(0),\cdots,y^{(n-1)}(0)$ 及 $t\geqslant 0$ 的输入 $u(t)$，则上述微分方程的解是唯一的。或者说，该系统的时域行为是完全确定的，于是，可以取 $y(t),\dot{y}(t),\cdots,y^{(n-1)}(t)$ 等 n 个变量为状态变量，记为

$$\begin{cases}x_1=y\\ x_2=y\\ \vdots\\ x_n=y^{(n-1)}\end{cases}$$

为了得到每个状态变量的一阶导数表达式，将上式两边对时间求导，有

$$\begin{cases}\dot{x}_1=\dot{y}\\ \dot{x}_2=\ddot{y}\\ \vdots\\ \dot{x}_n=y^{(n)}\end{cases}$$

表示成

$$\begin{cases}\dot{x}_1=x_2\\ \dot{x}_2=x_3\\ \quad\vdots\\ \dot{x}_n=-a_nx_1-a_{n-1}x_2\cdots-a_1x_n+bu\end{cases}$$

或写成向量矩阵形式

$$\begin{cases}\dot{\boldsymbol{x}}=\boldsymbol{A}\boldsymbol{x}+\boldsymbol{B}u\\ y=\boldsymbol{C}\boldsymbol{x}\end{cases}\tag{1.37}$$

式中

$$\boldsymbol{x}=\begin{pmatrix}x_1\\x_2\\\vdots\\x_n\end{pmatrix}\quad \boldsymbol{A}=\begin{pmatrix}0&1&0&\cdots&0\\0&0&1&\cdots&0\\\vdots&\vdots&\vdots&&\vdots\\0&0&0&\cdots&1\\-a_n&-a_{n-1}&-a_{n-2}&\cdots&-a_1\end{pmatrix}$$

$$\boldsymbol{B}=\begin{pmatrix}0\\0\\\vdots\\b\end{pmatrix}\quad \boldsymbol{C}=(1\quad 0\quad 0\quad \cdots\quad 0)$$

系统的状态空间表达式为

$$\dot{\boldsymbol{x}}=\boldsymbol{A}\boldsymbol{x}+\boldsymbol{B}u$$
$$y=\boldsymbol{C}\boldsymbol{x}$$

例 1.6 设系统微分方程为 $\dddot{y}+6\ddot{y}+8\dot{y}+5y=6u$，求系统的状态空间表达式。

解 选择状态变量为

$$\begin{cases}x_1=y\\x_2=\dot{y}\\x_3=\ddot{y}\end{cases}\Rightarrow\begin{cases}\dot{x}_1=x_2\\ \dot{x}_2=x_3\\ \dot{x}_3=-5x_1-8x_2-6x_3+6u\end{cases}$$

系统输出方程为

$$y=x_1$$

则系统的状态空间表达式为

$$\begin{cases}\begin{pmatrix}\dot{x}_1\\\dot{x}_2\\\dot{x}_3\end{pmatrix}=\begin{pmatrix}0&1&0\\0&0&1\\-5&-8&-6\end{pmatrix}\begin{pmatrix}x_1\\x_2\\x_3\end{pmatrix}+\begin{pmatrix}0\\0\\6\end{pmatrix}u\\ y=(1\quad 0\quad 0)\begin{pmatrix}x_1\\x_2\\x_3\end{pmatrix}\end{cases}$$

例 1.7 设系统微分方程为 $\dddot{y}+6\ddot{y}+41\dot{y}+7y=6u$，求系统的状态空间表达式。

解 选取状态变量为

$$\begin{cases}x_1=y\\ x_2=\dot{y}=\dot{x}_1\\ x_3=\ddot{y}=\dot{x}_2\end{cases}$$

由微分方程得

$$\begin{cases}\dot{x}_1=x_2\\ \dot{x}_2=x_3\\ \dot{x}_3=-7x_1-41x_2-6x_3+6u\end{cases}$$

系统输出方程为

$$y=x_1$$

最后写成矩阵形式，则系统的状态空间表达式为

$$\begin{cases}\begin{pmatrix}\dot{x}_1\\ \dot{x}_2\\ \dot{x}_3\end{pmatrix}=\begin{pmatrix}0&1&0\\0&0&1\\-7&-41&-6\end{pmatrix}\begin{pmatrix}x_1\\x_2\\x_3\end{pmatrix}+\begin{pmatrix}0\\0\\6\end{pmatrix}u\\ y=(1\quad 0\quad 0)\begin{pmatrix}x_1\\x_2\\x_3\end{pmatrix}\end{cases}$$

2. 微分方程中包含输入函数导数项

当输入函数包含导数项时，系统微分方程的形式为

$$y^{(n)}+a_1y^{(n-1)}+\cdots+a_{n-1}\dot{y}+a_ny=b_0u^{(n)}+b_1u^{(n-1)}+\cdots+b_{n-1}\dot{u}+b_nu \tag{1.38}$$

在这种情况下，不能选用 $y(t),\dot{y}(t),\cdots,y^{(n-1)}(t)$ 作为系统的状态变量，此时方程中包含有输入信号 u 的导数项，它可能导致系统在状态空间中的运动出现无穷大的跳变，方程解存在性和唯一性被破坏。因此，通常选用输出 y 和输入 u 以及它们的各阶导数组成状态变量。

对于图 1.12 所示的模拟结构图，若取每个积分器的输出为状态变量 $x_1,x_2,\cdots,x_n$，即有

$$\begin{cases}x_1=y-\beta_0u\\ x_2=\dot{x}_1-\beta_1u=\dot{y}-\beta_0\dot{u}-\beta_1u\\ \vdots\\ x_n=\dot{x}_{n-1}-\beta_{n-1}u=y^{(n-1)}-\beta_0u^{(n-1)}-\beta_1u^{(n-2)}-\cdots-\beta_{n-1}u\end{cases}$$

将上面各式两边对时间求导，有

$$\begin{cases}\dot{x}_1=\dot{y}-\beta_0\dot{u}=x_2+\beta_1u\\ \dot{x}_2=\ddot{y}-\beta_0\ddot{u}-\beta_1\dot{u}=x_3+\beta_2u\\ \vdots\\ \dot{x}_n=y^{(n)}-\beta_0u^{(n)}-\beta_1u^{(n-1)}-\cdots-\beta_{n-1}\dot{u}=-a_nx_1-a_{n-1}x_2-\cdots-a_1x_n+\beta_nu\end{cases}$$

或写成矩阵形式为

$$\dot{\boldsymbol{x}}=\boldsymbol{Ax}+\boldsymbol{B}u$$

$$\begin{pmatrix}\dot{x}_1\\ \dot{x}_2\\ \vdots\\ \dot{x}_{n-1}\\ \dot{x}_n\end{pmatrix}=\begin{pmatrix}0 & 1 & 0 & \cdots & 0\\ 0 & 0 & 1 & \cdots & 0\\ \vdots & \vdots & \vdots & & \vdots\\ 0 & 0 & 0 & \cdots & 1\\ -a_n & -a_{n-1} & -a_{n-2} & \cdots & -a_1\end{pmatrix}\begin{pmatrix}x_1\\ x_2\\ \vdots\\ x_{n-1}\\ x_n\end{pmatrix}+\begin{pmatrix}\beta_1\\ \beta_2\\ \vdots\\ \beta_{n-1}\\ \beta_n\end{pmatrix}u \tag{1.39}$$

系统输出方程为

$$y=x_1+\beta_0 u$$

写成矩阵形式为 $y=\boldsymbol{Ax}+\boldsymbol{B}u$，即

$$y=(1\quad 0\quad 0\quad \cdots\quad 0)\begin{pmatrix}x_1\\ x_2\\ \vdots\\ x_{n-1}\\ x_n\end{pmatrix}+\beta_0 u \tag{1.40}$$

为便于记忆，系数 $\beta_0,\beta_1,\cdots,\beta_{n-1},\beta_n$ 可写成如下矩阵形式：

$$\begin{pmatrix}b_0\\ b_1\\ \vdots\\ b_{n-1}\\ b_n\end{pmatrix}=\begin{pmatrix}1 & 0 & 0 & \cdots & 0 & 0\\ a_1 & 1 & 0 & \cdots & 0 & 0\\ \vdots & \vdots & \vdots & & \vdots & \vdots\\ a_{n-1} & a_{n-2} & a_{n-3} & \cdots & 1 & 0\\ a_n & a_{n-1} & a_{n-2} & \cdots & a_1 & 1\end{pmatrix}\begin{pmatrix}\beta_1\\ \beta_2\\ \vdots\\ \beta_{n-1}\\ \beta_n\end{pmatrix} \tag{1.41}$$

前面已经提到，实现是非唯一的。从图 1.12 可以看出，输入函数的各阶导数进行适当的等效移动可以用图 l.13 表示，只要 β_0、β_1、β_2、β_3 系数选择适当，从系统的输入输出看，两者是完全等效的。将综合点等效地移到前面，得到等效模拟结构图如图 1.14 所示。

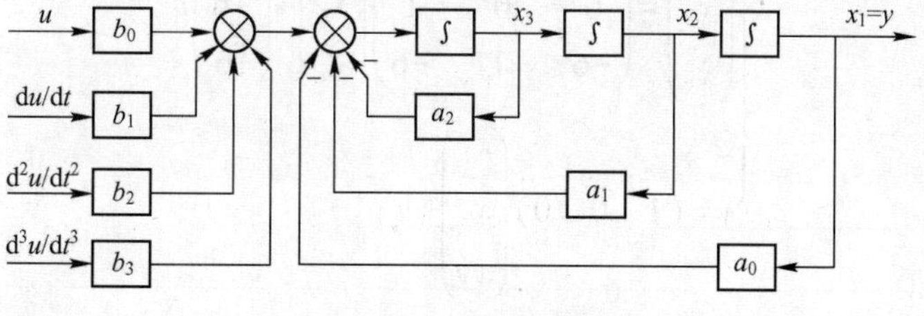

图 1.12　模拟结构图

例 1.8　已知系统的微分方程为 $\dddot{y}+6\ddot{y}+11\dot{y}+6y=\dddot{u}+8\ddot{u}+17\dot{u}+8u$，试列写状态空间表达式。

解　对照式（1.38），微分方程中各项的系数

$$a_1=6,\ a_2=11,\ a_3=6$$

$$b_0=1,\ b_1=8,\ b_2=17,\ b_3=8$$

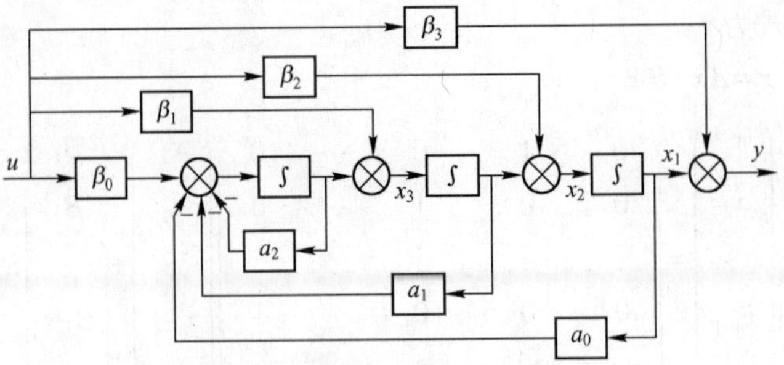

图 1.13　模拟结构图的等效移动

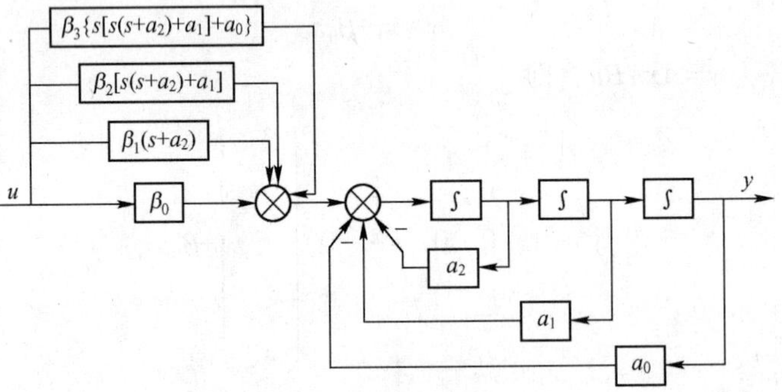

图 1.14　等效模拟结构图

可得系数

$$\begin{cases}\beta_0=b_0=1\\ \beta_1=b_1-a_1\beta_0=2\\ \beta_2=b_2-a_1\beta_1-a_2\beta_0=-6\\ \beta_3=b_3-a_1\beta_2-a_2\beta_1-a_3\beta_0=16\end{cases}$$

根据式（1.39）和式（1.40），可得状态空间表达式为

$$\begin{cases}\begin{pmatrix}\dot{x}_1\\ \dot{x}_2\\ \dot{x}_3\end{pmatrix}=\begin{pmatrix}0 & 1 & 0\\ 0 & 0 & 1\\ -6 & -11 & -6\end{pmatrix}\begin{pmatrix}x_1\\ x_2\\ x_3\end{pmatrix}+\begin{pmatrix}2\\ -6\\ 16\end{pmatrix}u\\ y=(1\quad 0\quad 0)\begin{pmatrix}x_1\\ x_2\\ x_3\end{pmatrix}+u\end{cases}$$

1.3.4　由系统传递函数求状态空间表达式

与微分方程一样，系统的传递函数也是经典控制理论中描述系统的一种常用的数学模型，从传递函数建立系统状态空间表达式方法之一是把传递函数化为微分方程，再用前面介绍的方法求得状态空间表达式。当然也可由传递函数直接推导出系统的状态空间表达式。这里介绍三种简单的方法：直接分解法、串联分解法和并联分解法。介绍之前先考虑下面一个问题。

对于实际的物理系统，传递函数分子多项式的阶次小于或等于分母多项式的阶次。系统的传递函数为

$$\frac{Y(s)}{U(s)}=\frac{b_0s^m+b_1s^{m-1}\cdots+b_{m-1}s+b_m}{s^n+a_1s^{n-1}+\cdots+a_{n-1}s+a_n},\quad m\leqslant n \tag{1.42}$$

1. 直接分解法

设 n 阶单输入单输出线性定常系统传递函数为

$$G(s)=\frac{Y(s)}{U(s)}=\frac{b_1s^{n-1}+\cdots+b_{n-1}s+b_n}{s^n+a_1s^{n-1}+\cdots+a_{n-1}s+a_n} \tag{1.43}$$

将式（1.43）的分子分母同除以 s^n，可得输出函数 $Y(s)$ 为

$$Y(s)=U(s)\frac{b_1s^{-1}+\cdots+b_{n-1}s^{-(n-1)}+b_ns^{-n}}{1+a_1s^{-1}+\cdots+a_{n-1}s^{-(n-1)}+a_ns^{-n}} \tag{1.44}$$

令中间变量

$$E(s)=U(s)\frac{1}{1+a_1s^{-1}+\cdots+a_{n-1}s^{-(n-1)}+a_ns^{-n}} \tag{1.45}$$

或

$$E(s)=U(s)-a_1s^{-1}E(s)-a_2s^{-2}E(s)-\cdots-a_ns^{-n}E(s) \tag{1.46}$$

可得

$$Y(s)=b_1s^{-1}E(s)+b_2s^{-2}E(s)+\cdots+b_{n-1}s^{-(n-1)}E(s)+b_ns^{-n}E(s) \tag{1.47}$$

选择各个积分器的输出作为系统的状态变量 $x_1,x_2,\cdots,x_n$，则系统的状态空间表达式为

$$\begin{pmatrix}\dot{x}_1\\ \dot{x}_2\\ \vdots\\ \dot{x}_n\end{pmatrix}=\begin{pmatrix}0 & 1 & \cdots & 0\\ \vdots & \vdots & & \vdots\\ 0 & 0 & \cdots & 1\\ -a_n & -a_{n-1} & \cdots & -a_1\end{pmatrix}\begin{pmatrix}x_1\\ x_2\\ \vdots\\ x_n\end{pmatrix}+\begin{pmatrix}0\\ \vdots\\ 0\\ 1\end{pmatrix}u \tag{1.48}$$

$$y=\begin{pmatrix}b_n & b_{n-1} & \cdots & b_1\end{pmatrix}\begin{pmatrix}x_1\\ x_2\\ \vdots\\ x_n\end{pmatrix}+b_0u \tag{1.49}$$

2. 串联分解法

串联分解法适用于传递函数已被分解为因式相乘的形式，如

$$G(s)=\frac{b_1(s-z_1)(s-z_2)\cdots(s-z_{n-1})}{(s-p_1)(s-p_2)\cdots(s-p_n)} \tag{1.50}$$

式中，p_1，p_2，$\cdots$，p_n和 z_1，z_2，$\cdots$，z_n分别为系统的零点和极点。

下面以一个三阶传递函数为例子以说明，设

$$G(s)=\frac{Y(s)}{U(s)}=\frac{b_1(s-z_2)(s-z_3)}{(s-p_1)(s-p_2)(s-p_3)}=\frac{b_1}{(s-p_1)}\,\frac{(s-z_2)(s-z_3)}{(s-p_2)(s-p_3)} \tag{1.51}$$

式中

$$\frac{s-z}{s-p}=\frac{s-p+p-z}{s-p}=1+\frac{p-z}{s-p}=1+(p-z)\frac{\frac{1}{s}}{1-\frac{1}{s}p} \tag{1.52}$$

显然这个系统可以看作3个一阶系统串联而成。选择各个积分器的输出作为系统的状态变量 x_1，x_2，…，x_n，则系统的状态空间表达式为

$$\begin{pmatrix}\dot{x}_1\\ \dot{x}_2\\ \dot{x}_3\end{pmatrix}=\begin{pmatrix}p_1 & 0 & 0\\ 1 & p_2 & 0\\ 1 & p_2-z_2 & p_3\end{pmatrix}\begin{pmatrix}x_1\\ x_2\\ x_3\end{pmatrix}\begin{pmatrix}b_1\\ 0\\ 0\end{pmatrix}u \tag{1.53}$$

$$y=(1 \quad p_2-z_2 \quad p_3-z_3)\begin{pmatrix}x_1\\ x_2\\ x_3\end{pmatrix} \tag{1.54}$$

3. 并联分解法

把传递函数展成部分分式也是求取状态空间表达式的常用方法，现分两种情况讨论。

(1) 传递函数的极点两两相异的情况

假设传递函数为

$$G(s)=\frac{Y(s)}{U(s)}=\frac{N(s)}{D(s)} \tag{1.55}$$

式中，$Y(s)$为系统输出；$U(s)$为系统输入；$N(s)$为分子多项式；$D(s)$为分母多项式，$D(s)$可以分解为 $D(s)=(s-p_1)(s-p_2)\cdots(s-p_n)$。

在 $p_i(i=1,2,\cdots,n)$ 互不相同的情况下，传递函数可以展开为

$$\begin{aligned}G(s)=N(s)/D(s)&=\frac{N(s)}{(s-p_1)(s-p_2)\cdots(s-p_n)}\\ &=\frac{c_1}{(s-p_1)}+\frac{c_2}{(s-p_2)}+\cdots+\frac{c_n}{(s-p_n)}\end{aligned} \tag{1.56}$$

式中

$$c_i=\lim_{s\to p_i}(s-p_i)G(s),\quad i=1,2,\cdots,n \tag{1.57}$$

所以有

$$Y(s)=\frac{c_1}{s-p_1}U(s)+\frac{c_2}{s-p_2}U(s)+\cdots+\frac{c_n}{s-p_n}U(s) \tag{1.58}$$

选择状态变量的拉普拉斯变换式为

$$X_i(s)=\frac{1}{(s-p_i)}U(s),\quad i=1,2,\cdots,n \tag{1.59}$$

将式（1.59）整理，并进行拉普拉斯反变换，可得状态方程为

$$\dot{x}_i(t)=p_ix_i(t)+u(t)\quad i=1,2,\cdots,n \tag{1.60}$$

将式（1.59）代入式（1.58），有

$$Y(s)=c_1X_1(s)+c_2X_2(s)+\cdots+c_nX_n(s) \tag{1.61}$$

将式（1.61）整理，并进行拉普拉斯反变换，可得输出方程为

$$y(t)=c_1x_1(t)+c_2x_2(t)+\cdots+c_nx_n(t) \tag{1.62}$$

将状态方程式（1.60）和输出方程式（1.62）写成向量方程形式，得系统的矩阵式表达式为

$$\begin{cases}\begin{pmatrix}\dot{x}_1\\ \dot{x}_2\\ \vdots\\ \dot{x}_n\end{pmatrix}=\begin{pmatrix}p_1 & 0 & \cdots & 0\\ 0 & p_2 & \ddots & \vdots\\ \vdots & \vdots & \ddots & 0\\ 0 & \cdots & 0 & p_n\end{pmatrix}\begin{pmatrix}x_1\\ x_2\\ \vdots\\ x_n\end{pmatrix}+\begin{pmatrix}1\\ \vdots\\ 1\\ 1\end{pmatrix}u\\ y=(c_1 \quad c_2 \quad \cdots \quad c_n)\begin{pmatrix}x_1\\ x_2\\ \vdots\\ x_n\end{pmatrix}\end{cases} \tag{1.63}$$

（2）传递函数有重极点的情况

为简单起见，先只设有一个重根 p_1，个数为 r，则其传递函数的部分展开式为

$$G(s)=\frac{c_{11}}{(s-p_1)^r}+\frac{c_{12}}{(s-p_1)^{r-1}}+\cdots+\frac{c_{1r}}{(s-p_1)}+\frac{c_{r+1}}{(s-p_{r+1})}+\cdots+\frac{c_n}{(s-p_n)} \tag{1.64}$$

式中，单极点对应的系数 $c_i(i=r+1,\cdots,n)$ 仍按照式（1.57）计算，而 r 重极点对应的系数 c_{1j} $(j=1,2,\cdots,r)$ 则按下式计算

$$c_{1j}=\frac{1}{(j-1)!}\lim_{s\to p_1}\frac{\mathrm{d}^{j-1}}{\mathrm{d}s^{j-1}}\{(s-p_1)^rG(s)\},\quad j=1,2,\cdots,r \tag{1.65}$$

选择状态变量的拉普拉斯变换为

$$\begin{cases}X_1(s)=U(s)/(s-p_1)^r\\ X_2(s)=U(s)/(s-p_1)^{r-1}\\ \qquad\vdots\\ X_r(s)=U(s)/(s-p_1)\\ X_{r+1}(s)=U(s)/(s-p_{r+1})\\ \qquad\vdots\\ X_n(s)=U(s)/(s-p_n)\end{cases} \tag{1.66}$$

由此可得

$$\begin{cases}X_1(s)=X_2(s)/s-p_1\\ X_2(s)=X_3(s)/s-p_1\\ \qquad\vdots\\ X_{r-1}(s)=X_r(s)/s-p_1\\ X_r(s)=U(s)/s-p_1\\ X_{r+1}(s)=U(s)/s-p_{r+1}\\ \qquad\vdots\\ X_n(s)=U(s)/s-p_n\end{cases} \tag{1.67}$$

将以上各式化为状态变量的一阶方程组，则状态方程为

$$\begin{cases}\dot{x}_1=p_1x_1+x_2\\ \dot{x}_2=p_1x_2+x_3\\ \quad\vdots\\ \dot{x}_r=p_1x_r+u\\ \dot{x}_{r+1}=p_{r+1}x_{r+1}+u\\ \quad\vdots\\ \dot{x}_n=p_nx_n+u\end{cases}\tag{1.68}$$

输出方程的拉普拉斯变换为

$$Y(s)=c_{11}X_1(s)+c_{12}X_2(s)+\cdots+c_{1r}X_r(s)+c_{r+1}X_{r+1}(s)+\cdots+c_nX_n(s)\tag{1.69}$$

将式（1.69）进行拉普拉斯反变换，可得输出方程为

$$y(t)=c_{11}x_1(t)+c_{12}x_2(t)+\cdots+c_{1r}x_r(t)+c_{r+1}x_{r+1}(t)+\cdots+c_nx_n(t)\tag{1.70}$$

将状态方程式（1.68）和输出方程式（1.70）写成向量方程形式，可得系统的矩阵式表达为

$$\begin{cases}\begin{pmatrix}\dot{x}_1\\ \dot{x}_2\\ \vdots\\ \dot{x}_r\\ \dot{x}_{r+1}\\ \vdots\\ \dot{x}_n\end{pmatrix}=\begin{pmatrix}p_1 & 1 & & & & & 0\\ & p_1 & \ddots & & & & \\ & & \ddots & 1 & & & \\ & & & p_1 & & & \\ & & & & p_{r+1} & & \\ & 0 & & & & \ddots & \\ & & & & & & p_n\end{pmatrix}\begin{pmatrix}x_1\\ x_2\\ \vdots\\ x_r\\ x_{r+1}\\ \vdots\\ x_n\end{pmatrix}+\begin{pmatrix}0\\ 0\\ \vdots\\ 1\\ 1\\ \vdots\\ 1\end{pmatrix}u\\ y=\begin{pmatrix}c_{11} & c_{12} & \cdots & c_{1r} & c_{r+1} & \cdots & c_n\end{pmatrix}\begin{pmatrix}x_1\\ x_2\\ \vdots\\ x_r\\ x_{r+1}\\ \vdots\\ x_n\end{pmatrix}\end{cases}\tag{1.71}$$

下面给出系统状态空间表达式的能控标准型、对角线标准型（或约当标准型）。

4. 化为能控标准型

将 $G(s)$ 写为 $G(s)=\dfrac{Y(s)X(s)}{X(s)U(s)}$，并令

$$\frac{Y(s)}{X(s)}=b_0s^m+b_1s^{m-1}+\cdots+b_{m-1}s+b_m$$

$$\frac{X(s)}{U(s)}=\frac{1}{s^n+a_1s^{n-1}+\cdots+a_{n-1}s+a_n}$$

在初始条件为零的情况下，上两式对应的微分方程为

$$\begin{cases}y(t)=b_0x^{(m)}+b_1x^{(m-1)}+\cdots+b_{m-1}\dot{x}+b_mx\\ u(t)=x^{(n)}+a_1x^{(n-1)}+\cdots+a_{n-1}\dot{x}+a_nx\\ x^{(n)}(0)=x^{(n-1)}(0)=\cdots=\dot{x}(0)=x(0)=0\end{cases}\tag{1.72}$$

取 $x_1=x,\dot{x}_1=x_2,\dot{x}_2=x_3,\cdots,\dot{x}_{n-1}=x_n,\dot{x}_n=x^{(n)}=-a_nx_1-a_{n-1}x_2-\cdots-a_1x_n+u$

则得

$$\begin{pmatrix}\dot{x}_1\\ \dot{x}_2\\ \vdots\\ \dot{x}_{n-1}\\ \dot{x}_n\end{pmatrix}=\begin{pmatrix}0 & 1 & 0 & \cdots & 0\\ 0 & 0 & 1 & \cdots & 0\\ \vdots & \vdots & \vdots & & \vdots\\ 0 & 0 & 0 & \cdots & 1\\ -a_n & -a_{n-1} & -a_{n-2} & \cdots & -a_1\end{pmatrix}\begin{pmatrix}x_1\\ x_2\\ \vdots\\ x_{n-1}\\ x_n\end{pmatrix}+\begin{pmatrix}0\\ 0\\ \vdots\\ 0\\ 1\end{pmatrix}u=\boldsymbol{Ax}+\boldsymbol{B}u \tag{1.73}$$

由 $\boldsymbol{A}$、$\boldsymbol{B}$ 矩阵的形式可知，这种实现是能控标准型。

输出方程为

$$y=(b_m \quad b_{m-1} \quad \cdots \quad b_1 \quad b_0 \quad 0 \quad \cdots \quad 0)\begin{pmatrix}x_1\\ x_2\\ \vdots\\ x_n\end{pmatrix} \tag{1.74}$$

下列状态空间表达式为能控标准型：

$$\begin{cases}\begin{pmatrix}\dot{x}_1\\ \dot{x}_2\\ \vdots\\ \dot{x}_{n-1}\\ \dot{x}_n\end{pmatrix}=\begin{pmatrix}0 & 1 & 0 & \cdots & 0\\ 0 & 0 & 1 & \cdots & 0\\ \vdots & \vdots & \vdots & & \vdots\\ 0 & 0 & 0 & \cdots & 1\\ -a_n & -a_{n-1} & -a_{n-2} & \cdots & -a_1\end{pmatrix}\begin{pmatrix}x_1\\ x_2\\ \vdots\\ x_{n-1}\\ x_n\end{pmatrix}+\begin{pmatrix}0\\ 0\\ \vdots\\ 0\\ 1\end{pmatrix}u\\ y=(b_n-a_nb_0 \,\vdots\, b_{n-1}-a_{n-1}b_0 \,\vdots\, \cdots \,\vdots\, b_1-a_1b_0)\begin{pmatrix}x_1\\ x_2\\ \vdots\\ x_n\end{pmatrix}+b_0u\end{cases} \tag{1.75}$$

这种形式的状态空间表达式代表了一种标准形式，称为能控标准型，其特点是矩阵 $\boldsymbol{A}$ 主对角线上方的元素全为 1，最后一行的元素由微分方程系数 $a_i(i=0,1,\cdots,n-1)$ 取负号构成，其余元素皆为 0，又称为友矩阵；矩阵 $\boldsymbol{B}$ 的最后一个元素为 1，其余为 0。关于能控的概念和能控标准型将在第 3 章加以详述。

在讨论控制系统设计的极点配置方法时，这种能控标准型是非常重要的。

下列状态空间表达式为能观测标准型：

$$\begin{cases}\begin{pmatrix}\dot{x}_1\\ \dot{x}_2\\ \vdots\\ \dot{x}_n\end{pmatrix}=\begin{pmatrix}0 & 0 & \cdots & 0 & -a_n\\ 1 & 0 & \cdots & 0 & -a_{n-1}\\ \vdots & \vdots & & \vdots & \vdots\\ 0 & 0 & \cdots & 1 & -a_1\end{pmatrix}\begin{pmatrix}x_1\\ x_2\\ \vdots\\ x_n\end{pmatrix}+\begin{pmatrix}b_n-a_nb_0\\ b_{n-1}-a_{n-1}b_0\\ \cdots\\ b_1-a_1b_0\end{pmatrix}u\\ y=(0 \quad 0 \quad \cdots \quad 0 \quad 1)\begin{pmatrix}x_1\\ x_2\\ \vdots\\ x_{n-1}\\ x_n\end{pmatrix}+b_0u\end{cases} \tag{1.76}$$

注意，式（1.76）给出的状态方程中 $n\times n$ 维系统矩阵是式（1.75）所给出的相应矩阵的转置。

这种形式的状态空间表达式代表了另一种标准形式，称为能观测标准型，其特点是矩阵 $\boldsymbol{A}$ 主对角线下方的元素全为1，最后一列的元素由微分方程系数 $a_i(i=0,1,\cdots,n-1)$ 取负号构成，其余元素皆为0；矩阵 $\boldsymbol{C}$ 的最后一个元素为1，其余为0。关于能观测的概念和能观测标准型将在第3章加以详述。

用（$\boldsymbol{A}_c$，$\boldsymbol{B}_c$，$\boldsymbol{C}_c$）表示能控标准型，用（$\boldsymbol{A}_o$，$\boldsymbol{B}_o$，$\boldsymbol{C}_o$）表示能观测标准型，存在如下下关系：

$$\boldsymbol{A}_c=\boldsymbol{A}_o^{\mathrm{T}},\boldsymbol{B}_c=\boldsymbol{C}_o^{\mathrm{T}},\boldsymbol{C}_c=\boldsymbol{B}_o^{\mathrm{T}}$$

5. 对角线标准型

参考由式（1.42）定义的传递函数。这里，考虑分母多项式中只含相异根的情况。对此，式（1.42）可写成

$$\begin{aligned}\frac{Y(s)}{U(s)}&=\frac{b_0s^n+b_1s^{n-1}+\cdots+b_{n-1}s+b_n}{(s+p_1)(s+p_2)\cdots(s+p_n)}\\&=b_0+\frac{c_1}{s+p_1}+\frac{c_2}{s+p_2}+\cdots+\frac{c_n}{s+p_n}\end{aligned}\tag{1.77}$$

该系统的状态空间表达式的对角线标准型由式（1.78）确定：

$$\begin{cases}\begin{pmatrix}\dot{x}_1\\\dot{x}_2\\\vdots\\\dot{x}_n\end{pmatrix}=\begin{pmatrix}-p_1 & & & 0\\ & -p_2 & & \\ & & \ddots & \\ 0 & & & -p_n\end{pmatrix}\begin{pmatrix}x_1\\x_2\\\vdots\\x_n\end{pmatrix}+\begin{pmatrix}1\\1\\\vdots\\1\end{pmatrix}u\\ y=(c_1\quad c_2\quad\cdots\quad c_n)\begin{pmatrix}x_1\\x_2\\\vdots\\x_n\end{pmatrix}+b_0u\end{cases}\tag{1.78}$$

6. 约当标准型

下面考虑式（1.42）的分母多项式中含有重根的情况。对此，必须将前面的对角线标准型修改为约当标准型。例如，假设除了前3个 $p_1=p_2=p_3$ 相等外，其余极点 p_i 相异。于是，$Y(s)/U(s)$ 因式分解后为

$$\frac{Y(s)}{U(s)}=\frac{b_0s^n+b_1s^{n-1}+\cdots+b_{n-1}s+b_n}{(s+p_1)^3(s+p_4)(s+p_5)\cdots(s+p_n)}$$

该式的部分分式展开式为

$$\frac{Y(s)}{U(s)}=b_0+\frac{c_1}{(s+p_1)^3}+\frac{c_2}{(s+p_1)^2}+\frac{c_3}{(s+p_1)}+\frac{c_4}{s+p_4}+\cdots+\frac{c_n}{s+p_n}$$

该系统状态空间表达式的约当标准型由式（1.79）确定：

$$
\begin{cases}
\begin{pmatrix}\dot{x}_1\\ \dot{x}_2\\ \dot{x}_3\\ \dot{x}_4\\ \vdots\\ \dot{x}_n\end{pmatrix}=\begin{pmatrix}-p_1 & 1 & 0 & 0 & \cdots & 0\\ 0 & -p_1 & 1 & \vdots & & \vdots\\ 0 & 0 & -p_1 & 0 & \cdots & 0\\ 0 & \cdots & 0 & -p_4 & & 0\\ \vdots & & \vdots & & \ddots & \\ 0 & \cdots & 0 & 0 & & -p_n\end{pmatrix}\begin{pmatrix}x_1\\ x_2\\ x_3\\ x_4\\ \vdots\\ x_n\end{pmatrix}+\begin{pmatrix}0\\ 0\\ 1\\ 1\\ \vdots\\ 1\end{pmatrix}\\
y=(c_1\quad c_2\quad \cdots\quad c_n)\begin{pmatrix}x_1\\ x_2\\ \vdots\\ x_n\end{pmatrix}+b_0u
\end{cases}
\tag{1.79}
$$

例 1.9 考虑由下式确定的系统：

$$
\frac{Y(s)}{U(s)}=\frac{s+3}{s^2+3s+2}
$$

试求其状态空间表达式的能控标准型、能观测标准型和对角线标准型。

解 能控标准型为

$$
\begin{pmatrix}\dot{x}_1(t)\\ \dot{x}_2(t)\end{pmatrix}=\begin{pmatrix}0 & 1\\ -2 & -3\end{pmatrix}\begin{pmatrix}x_1(t)\\ x_2(t)\end{pmatrix}+\begin{pmatrix}0\\ 1\end{pmatrix}u(t)
$$

$$
y(t)=(3\quad 1)\begin{pmatrix}x_1(t)\\ x_2(t)\end{pmatrix}
$$

能观测标准型为

$$
\begin{pmatrix}\dot{x}_1(t)\\ \dot{x}_2(t)\end{pmatrix}=\begin{pmatrix}0 & -2\\ 1 & -3\end{pmatrix}\begin{pmatrix}x_1(t)\\ x_2(t)\end{pmatrix}+\begin{pmatrix}3\\ 1\end{pmatrix}u(t)
$$

$$
y(t)=(0\quad 1)\begin{pmatrix}x_1(t)\\ x_2(t)\end{pmatrix}
$$

对角线标准型为

$$
\begin{pmatrix}\dot{x}_1(t)\\ \dot{x}_2(t)\end{pmatrix}=\begin{pmatrix}-1 & 0\\ 0 & -2\end{pmatrix}\begin{pmatrix}x_1(t)\\ x_2(t)\end{pmatrix}+\begin{pmatrix}1\\ 1\end{pmatrix}u(t)
$$

$$
y(t)=(2\quad -1)\begin{pmatrix}x_1(t)\\ x_2(t)\end{pmatrix}
$$

1.4 系统状态空间表达式的特征标准型

在建立系统的状态空间模型时，由于状态变量选择的非唯一性，可以得到不同形式的状态空间表达式。那么，描述同一系统的不同状态变量之间有什么关系？同一系统的不同形式的状态空间表达式是否可以相互转换？是否能得到系统状态空间表达式的标准型？本节对这些问题进行阐述。

1.4.1 系统状态的线性变换

对状态变量的不同选取，其实是状态向量的一种线性变换，或称坐标变换。

对于一个 n 阶控制系统，$x_1,x_2,\cdots,x_n$ 和$\tilde{x}_1,\tilde{x}_2,\cdots,\tilde{x}_n$ 是描述同一系统的两组不同的状态变量，则两组状态变量之间存在着非奇异线性变换关系，即

$$\begin{cases}\boldsymbol{x}=\boldsymbol{P}\tilde{\boldsymbol{x}} & (1.80)\\ \tilde{\boldsymbol{x}}=\boldsymbol{P}^{-1}\boldsymbol{x} & (1.81)\end{cases}$$

其中，$\boldsymbol{P}$ 是 $n\times n$ 非奇异变换矩阵，即

$$\boldsymbol{P}=\begin{pmatrix}p_{11} & p_{12} & \cdots & p_{1n}\\ p_{21} & p_{22} & \cdots & p_{2n}\\ \vdots & \vdots & & \vdots\\ p_{n1} & p_{n2} & \cdots & p_{nn}\end{pmatrix} \tag{1.82}$$

于是有如下线性方程：

$$\begin{cases}x_1=p_{11}\tilde{x}_1+p_{12}\tilde{x}_2+\cdots+p_{1n}\tilde{x}_n\\ x_2=p_{21}\tilde{x}_1+p_{22}\tilde{x}_2+\cdots+p_{2n}\tilde{x}_n\\ \quad\vdots\\ x_n=p_{n1}\tilde{x}_1+p_{n2}\tilde{x}_2+\cdots+p_{nn}\tilde{x}_n\end{cases} \tag{1.83}$$

$\tilde{x}_1,\tilde{x}_2,\cdots,\tilde{x}_n$ 的线性组合就是 $x_1,x_2,\cdots,x_n$，并且这种组合具有唯一的对应关系，尽管状态变量选择不同，但状态向量 $\boldsymbol{x}$ 和 $\tilde{\boldsymbol{x}}$ 均能完全描述同一系统的行为。

状态向量 $\boldsymbol{x}$ 和 $\tilde{\boldsymbol{x}}$的变换，称为状态的线性变换或等价变换，其实质是状态空间的基底变换，也就是坐标的变换。状态向量 $\boldsymbol{x}$ 在标准基下的坐标为$(x_1,x_2,\cdots,x_n)^{\mathrm{T}}$，而在另一组基底$\boldsymbol{P}=(\boldsymbol{P}_1,\boldsymbol{P}_2,\cdots,\boldsymbol{P}_n)$下的坐标为$(\tilde{x}_1,\tilde{x}_2,\cdots,\tilde{x}_n)^{\mathrm{T}}$。

状态线性变换后，其状态空间表达式也发生变换。设线性定常系统的状态空间表达式为

$$\begin{cases}\dot{\boldsymbol{x}}=\boldsymbol{A}\boldsymbol{x}+\boldsymbol{B}\boldsymbol{u}\\ \boldsymbol{y}=\boldsymbol{C}\boldsymbol{x}+\boldsymbol{D}\boldsymbol{u}\end{cases} \tag{1.84}$$

状态的线性变换为

$$\begin{aligned}\boldsymbol{x}&=\boldsymbol{P}\tilde{\boldsymbol{x}}\\ \tilde{\boldsymbol{x}}&=\boldsymbol{P}^{-1}\boldsymbol{x}\end{aligned} \tag{1.85}$$

其中，$\boldsymbol{P}$ 是 $n\times n$ 非奇异变换矩阵。将式（1.84）代入式（1.85），可得状态 $\tilde{\boldsymbol{x}}$ 下的状态空间表达式为

$$\begin{cases}\dot{\tilde{\boldsymbol{x}}}=\boldsymbol{P}^{-1}\boldsymbol{A}\boldsymbol{P}\tilde{\boldsymbol{x}}+\boldsymbol{P}^{-1}\boldsymbol{B}\boldsymbol{u}\\ \boldsymbol{y}=\boldsymbol{C}\boldsymbol{p}\tilde{\boldsymbol{x}}+\boldsymbol{D}\boldsymbol{u}\end{cases} \tag{1.86}$$

或

$$\begin{cases}\dot{\tilde{\boldsymbol{x}}}=\tilde{\boldsymbol{A}}\tilde{\boldsymbol{x}}+\tilde{\boldsymbol{B}}\boldsymbol{u}\\ \boldsymbol{y}=\tilde{\boldsymbol{C}}\tilde{\boldsymbol{x}}+\tilde{\boldsymbol{D}}\boldsymbol{u}\end{cases} \tag{1.87}$$

式中

$$\begin{cases}\widetilde{A}=P^{-1}AP\\ \widetilde{B}=P^{-1}B\\ \widetilde{C}=CP\\ \widetilde{D}=D\end{cases} \tag{1.88}$$

式（1.87）是以$\widetilde{x}$为状态变量的状态空间表达式，它和式（1.84）描述同一线性系统，具有相同的维数，称它们为状态空间表达式的线性交换（等价变换）；式（1.88）表明线性变换的状态空间表达式各相应系数矩阵之间的关系。

由于坐标变换或线性交换矩阵 P 是非奇异的。因此，状态空间表达式中的系统矩阵 A 与$\widetilde{A}$是相似矩阵，而相似矩阵具有相同的基本特性：行列式相同、秩相同、迹相同、特征多项式相同和特征值相同等。为此，常常通过线性变换把系统矩阵 A 化为一些特定的标准型，如对角线阵或约当阵等，对应的状态空间表达式称为标准型状态空间表达式。

例 1.10 设系统的状态空间表达式为

$$\begin{cases}\begin{pmatrix}\dot{x}_1\\ \dot{x}_2\end{pmatrix}=\begin{pmatrix}0 & 1\\ -2 & -3\end{pmatrix}\begin{pmatrix}x_1\\ x_2\end{pmatrix}+\begin{pmatrix}1\\ 2\end{pmatrix}u\\ y=(3\quad 0)\begin{pmatrix}x_1\\ x_2\end{pmatrix}\end{cases}$$

将该系统进行状态的线性变换。

解 若取线性变换阵

$$P=\begin{pmatrix}1 & 1\\ 1 & -1\end{pmatrix}$$

则有

$$P^{-1}=\begin{pmatrix}\frac{1}{2} & \frac{1}{2}\\ \frac{1}{2} & -\frac{1}{2}\end{pmatrix}$$

设新的状态变量为$\widetilde{x}=P^{-1}x$，则有

$$\begin{pmatrix}\widetilde{x}_1\\ \widetilde{x}_2\end{pmatrix}=\begin{pmatrix}\frac{1}{2} & \frac{1}{2}\\ \frac{1}{2} & -\frac{1}{2}\end{pmatrix}\begin{pmatrix}x_1\\ x_2\end{pmatrix}=\begin{pmatrix}\frac{1}{2}x_1+\frac{1}{2}x_2\\ \frac{1}{2}x_1-\frac{1}{2}x_2\end{pmatrix}$$

在新状态变量下，系统状态空间表达式为

$$\dot{\widetilde{x}}=P^{-1}AP\,\widetilde{x}+P^{-1}Bu=\begin{pmatrix}\frac{1}{2} & \frac{1}{2}\\ \frac{1}{2} & -\frac{1}{2}\end{pmatrix}\begin{pmatrix}0 & 1\\ -2 & -3\end{pmatrix}\begin{pmatrix}1 & 1\\ 1 & -1\end{pmatrix}\widetilde{x}+\begin{pmatrix}\frac{1}{2} & \frac{1}{2}\\ \frac{1}{2} & -\frac{1}{2}\end{pmatrix}\begin{pmatrix}1\\ 2\end{pmatrix}u$$

$$=\begin{pmatrix}-2 & 0\\ 3 & -1\end{pmatrix}\widetilde{x}+\begin{pmatrix}\frac{3}{2}\\ -\frac{1}{2}\end{pmatrix}u$$

$$y=\boldsymbol{CP}\tilde{\boldsymbol{x}}=(3\quad 0)\begin{pmatrix}1 & 1\\ 1 & -1\end{pmatrix}\tilde{\boldsymbol{x}}=(3\quad 3)\tilde{\boldsymbol{x}}$$

1.4.2 系统的特征值

1. 定义

设 $\boldsymbol{A}$ 是一个 $n\times n$ 的矩阵，若在向量空间中存在一非零向量，使

$$\boldsymbol{A}\boldsymbol{v}=\lambda\boldsymbol{v} \tag{1.89}$$

则称 λ 为 $\boldsymbol{A}$ 的特征值,任何满足式(1.89)的非零向量 $\boldsymbol{v}$ 称为 $\boldsymbol{A}$ 的对应于特征值 λ 的特征向量。

根据上述定义可以求出 $\boldsymbol{A}$ 的特征值,为此,将式(1.89)改写为

$$(\lambda\boldsymbol{I}-\boldsymbol{A})\boldsymbol{v}=0 \tag{1.90}$$

式中，$\boldsymbol{I}$ 是 $n\times n$ 单位矩阵。

式（1.90）是一个齐次线性方程，要使这个齐次线性方程有非零解，其必要和充分条件是

$$|\lambda\boldsymbol{I}-\boldsymbol{A}|=0 \tag{1.91}$$

式（1.91）称为 $\boldsymbol{A}$ 阵的特征方程，而行列式 $\det(\lambda\boldsymbol{I}-\boldsymbol{A})$ 的展开式

$$\det(\lambda\boldsymbol{I}-\boldsymbol{A})=\lambda^n+a_{n-1}\lambda^{n-1}+\cdots+a_1\lambda+a_0 \tag{1.92}$$

称为 $\boldsymbol{A}$ 阵的特征多项式。

显然，$n\times n$ 阶方阵 $\boldsymbol{A}$ 有 n 个特征值。

例如，考虑下列矩阵：

$$\boldsymbol{A}=\begin{pmatrix}0 & 1 & 0\\ 0 & 0 & 1\\ -6 & -11 & -6\end{pmatrix}$$

特征方程为

$$\begin{aligned}|\lambda\boldsymbol{I}-\boldsymbol{A}| &= \begin{vmatrix}\lambda & -1 & 0\\ 0 & \lambda & -1\\ 6 & 11 & \lambda+6\end{vmatrix}\\ &=\lambda^3+6\lambda^2+11\lambda+6\\ &=(\lambda+1)(\lambda+2)(\lambda+3)=0\end{aligned}$$

这里 $\boldsymbol{A}$ 的特征值就是特征方程的根，即−1、−2 和−3。

2. 系统特征值的不变性

设线性定常系统的状态方程为 $\dot{\boldsymbol{x}}=\boldsymbol{A}\boldsymbol{x}+\boldsymbol{B}\boldsymbol{u}$，系统状态经 $\boldsymbol{x}=\boldsymbol{P}\tilde{\boldsymbol{x}}$ 线性变换后，其状态方程为

$$\dot{\tilde{\boldsymbol{x}}}=\boldsymbol{P}^{-1}\boldsymbol{A}\boldsymbol{P}\tilde{\boldsymbol{x}}+\boldsymbol{P}^{-1}\boldsymbol{B}\boldsymbol{u}$$

为证明线性变换下特性值的不变性，需证明 $|\lambda\boldsymbol{I}-\boldsymbol{A}|$ 和 $|\lambda\boldsymbol{I}-\boldsymbol{P}^{-1}\boldsymbol{A}\boldsymbol{P}|$ 的特征多项式相同。

由于乘积的行列式等于各行列式的乘积，故

$$|\lambda\boldsymbol{I}-\boldsymbol{P}^{-1}\boldsymbol{A}\boldsymbol{P}|=|\lambda\boldsymbol{P}^{-1}\boldsymbol{P}-\boldsymbol{P}^{-1}\boldsymbol{A}\boldsymbol{P}|$$

$$
\begin{aligned}
&= |\boldsymbol{P}^{-1}(\lambda\boldsymbol{I}-\boldsymbol{A})\boldsymbol{P}| \\
&= |\boldsymbol{P}^{-1}\|\lambda\boldsymbol{I}-\boldsymbol{A}\|\boldsymbol{P}| \\
&= |\boldsymbol{P}^{-1}\|\boldsymbol{P}\|\lambda\boldsymbol{I}-\boldsymbol{A}|
\end{aligned}
$$

注意到行列式$|\boldsymbol{P}^{-1}|$和$|\boldsymbol{P}|$的乘积等于乘积$|\boldsymbol{P}^{-1}\boldsymbol{P}|$的行列式，从而

$$
\begin{aligned}
|\lambda\boldsymbol{I}-\boldsymbol{P}^{-1}\boldsymbol{A}\boldsymbol{P}| &= |\boldsymbol{P}^{-1}\boldsymbol{P}\|\lambda\boldsymbol{I}-\boldsymbol{A}| \\
&= |\lambda\boldsymbol{I}-\boldsymbol{A}| \\
&= \lambda^n+a_{n-1}\lambda^{n-1}+\cdots+a_1\lambda+a_0
\end{aligned} \tag{1.93}
$$

这就证明了在线性变换下矩阵$\boldsymbol{A}$的特征值是不变的。

由于这个缘故，所以特征多项式的系数$a_{n-1},\cdots,a_1,a_0$唯一确定，这些量经奇异变换是不变的，则特征值也是不变的。

1.4.3 状态空间表达式变换为对角线标准型

对于线性系统

$$
\begin{cases}\dot{\boldsymbol{x}}=\boldsymbol{A}\boldsymbol{x}+\boldsymbol{B}\boldsymbol{u}\\ \boldsymbol{y}=\boldsymbol{C}\boldsymbol{x}\end{cases} \tag{1.94}
$$

若$\boldsymbol{A}$的特征值是互异的，则必存在非奇异变换矩阵$\boldsymbol{P}$

$$
\boldsymbol{x}=\boldsymbol{P}\widetilde{\boldsymbol{x}} \tag{1.95}
$$

使之将原状态空间表达式变换为对角线标准型

$$
\begin{cases}\dot{\widetilde{\boldsymbol{x}}}=\widetilde{\boldsymbol{A}}\widetilde{\boldsymbol{x}}+\widetilde{\boldsymbol{B}}\boldsymbol{u}\\ \boldsymbol{y}=\widetilde{\boldsymbol{C}}\widetilde{\boldsymbol{x}}\end{cases} \tag{1.96}
$$

其中

$$
\begin{cases}\widetilde{\boldsymbol{A}}=\boldsymbol{P}^{-1}\boldsymbol{A}\boldsymbol{P}=\begin{pmatrix}\lambda_1 & & & 0\\ & \lambda_2 & & \\ & & \ddots & \\ 0 & & & \lambda_n\end{pmatrix}\\ \widetilde{\boldsymbol{B}}=\boldsymbol{P}^{-1}\boldsymbol{B}\\ \widetilde{\boldsymbol{C}}=\boldsymbol{C}\boldsymbol{P}\end{cases} \tag{1.97}
$$

式中，$\lambda_i(i=1,2,\cdots,n)$是矩阵$\boldsymbol{A}$的特征值，$\boldsymbol{P}$由$\boldsymbol{A}$的特征向量$v_1,v_2,\cdots,v_n$构成，即$\boldsymbol{P}=(v_1,v_2,\cdots,v_n)$；$v_1,v_2,\cdots,v_n$分别为对应于特征值$\lambda_i(i=1,2,\cdots,n)$的特征向量。

将变换矩阵$\boldsymbol{P}$两边乘$\boldsymbol{A}$，有

$$
\boldsymbol{A}\boldsymbol{P}=(\boldsymbol{A}v_1,\boldsymbol{A}v_2,\cdots,\boldsymbol{A}v_n)
$$

由特征向量的定义

$$
\boldsymbol{A}v_i=\lambda_i v_i,\quad i=1,2,\cdots,n
$$

有

$$
\boldsymbol{A}\boldsymbol{P}=(\lambda_1 v_1,\ \lambda_2 v_2,\cdots,\lambda_n v_n)
$$

$$= (v_1, v_2, \cdots, v_n)\begin{pmatrix} \lambda_1 & & & 0 \\ & \lambda_2 & & \\ & & \ddots & \\ 0 & & & \lambda_n \end{pmatrix} = P\begin{pmatrix} \lambda_1 & & & 0 \\ & \lambda_2 & & \\ & & \ddots & \\ 0 & & & \lambda_n \end{pmatrix}$$

两边左乘 P^{-1}，得

$$P^{-1}AP = \begin{pmatrix} \lambda_1 & & & 0 \\ & \lambda_2 & & \\ & & \ddots & \\ 0 & & & \lambda_n \end{pmatrix}$$

如果一个具有相异特征值的 $n\times n$ 维矩阵 A 由下式给出：

$$A = \begin{pmatrix} 0 & 1 & 0 & \cdots & 0 \\ 0 & 0 & 1 & \cdots & 0 \\ \vdots & \vdots & \vdots & & \vdots \\ 0 & 0 & 0 & \cdots & 1 \\ -a_n & -a_{n-1} & -a_{n-2} & \cdots & -a_1 \end{pmatrix} \tag{1.98}$$

并且其特征值 $\lambda_1, \lambda_2, \cdots, \lambda_n$ 互异，则化 A 为对角线标准型矩阵 A 的变换矩阵 P 为范德蒙德（Vandermonde）矩阵，即做如下非奇异线性变换 $x = Pz$，其中

$$P = \begin{pmatrix} 1 & 1 & \cdots & 1 \\ \lambda_1 & \lambda_2 & \cdots & \lambda_n \\ \vdots & \vdots & & \vdots \\ \lambda_1^{n-1} & \lambda_2^{n-1} & \cdots & \lambda_n^{n-1} \end{pmatrix}$$

这里，$\lambda_1, \lambda_2, \cdots, \lambda_n$ 是系统矩阵 A 的 n 个相异特征值。将 $P^{-1}AP$ 变换为对角线矩阵，即

$$P^{-1}AP = \begin{pmatrix} \lambda_1 & & & 0 \\ & \lambda_2 & & \\ & & \ddots & \\ 0 & & & \lambda_n \end{pmatrix}$$

如果由式（1.98）定义的矩阵 A 含有重特征值，则不能将上述矩阵对角线化。例如，3×3 维矩阵

$$A = \begin{pmatrix} 0 & 1 & 0 \\ 0 & 0 & 1 \\ -a_3 & -a_2 & -a_1 \end{pmatrix}$$

有特征值 λ_1，λ_2，λ_3，做非奇异线性变换 $x = Pz$，其中

$$P = \begin{pmatrix} 1 & 0 & 1 \\ \lambda_1 & 1 & \lambda_3 \\ \lambda_1^2 & 2\lambda_1 & \lambda_3^2 \end{pmatrix}$$

得到

$$P^{-1}AP=\begin{pmatrix}\lambda_1 & 1 & 0\\ 0 & \lambda_1 & 0\\ 0 & 0 & \lambda_3\end{pmatrix}$$

该式是一个约当标准型。

例 1.11 考虑下列系统的状态空间表达式：

$$\begin{pmatrix}\dot{x}_1\\ \dot{x}_2\\ \dot{x}_3\end{pmatrix}=\begin{pmatrix}0 & 1 & 0\\ 0 & 0 & 1\\ -6 & -11 & -6\end{pmatrix}\begin{pmatrix}x_1\\ x_2\\ x_3\end{pmatrix}+\begin{pmatrix}0\\ 0\\ 6\end{pmatrix}u \tag{1.99}$$

$$y=(1\quad 0\quad 0)\begin{pmatrix}x_1\\ x_2\\ x_3\end{pmatrix} \tag{1.100}$$

将其变换为对角线标准型。

解 式（1.99）和式（1.100）可写为如下标准形式：

$$\begin{cases}\dot{\boldsymbol{x}}=\boldsymbol{A}\boldsymbol{x}+\boldsymbol{B}u\\ y=\boldsymbol{C}\boldsymbol{x}\end{cases} \tag{1.101}$$

式中

$$\boldsymbol{A}=\begin{pmatrix}0 & 1 & 0\\ 0 & 0 & 1\\ -6 & -11 & -6\end{pmatrix},\quad \boldsymbol{B}=\begin{pmatrix}0\\ 0\\ 6\end{pmatrix},\quad \boldsymbol{C}=(1\quad 0\quad 0)$$

矩阵 $\boldsymbol{A}$ 的特征值为

$$\lambda_1=-1,\quad \lambda_2=-2,\quad \lambda_3=-3$$

因此，这 3 个特征值相异。如果进行变换

$$\begin{pmatrix}x_1\\ x_2\\ x_3\end{pmatrix}=\begin{pmatrix}1 & 1 & 1\\ -1 & -2 & -3\\ 1 & 4 & 9\end{pmatrix}\begin{pmatrix}z_1\\ z_2\\ z_3\end{pmatrix}$$

或

$$\boldsymbol{x}=\boldsymbol{P}\boldsymbol{z} \tag{1.102}$$

定义一组新的状态变量 z_1、z_2和 z_3，式中

$$\boldsymbol{P}=\begin{pmatrix}1 & 1 & 1\\ \lambda_1 & \lambda_2 & \lambda_3\\ \lambda_1^2 & \lambda_2^2 & \lambda_3^2\end{pmatrix} \tag{1.103}$$

那么，通过将式（1.102）代入式（1.101），可得

$$\boldsymbol{P}\dot{\boldsymbol{z}}=\boldsymbol{A}\boldsymbol{P}\boldsymbol{z}+\boldsymbol{B}u$$

将上式两端左乘 $\boldsymbol{P}^{-1}$，得

$$\dot{\boldsymbol{z}}=\boldsymbol{P}^{-1}\boldsymbol{A}\boldsymbol{P}\boldsymbol{z}+\boldsymbol{P}^{-1}\boldsymbol{B}u \tag{1.104}$$

或者

$$\begin{pmatrix}\dot{z}_1\\ \dot{z}_2\\ \dot{z}_3\end{pmatrix}=\begin{pmatrix}3 & 2.5 & 0.5\\ -3 & -4 & -1\\ 1 & 1.5 & 0.5\end{pmatrix}\begin{pmatrix}0 & 1 & 0\\ 0 & 0 & 1\\ -6 & -11 & -6\end{pmatrix}\begin{pmatrix}1 & 1 & 1\\ -1 & -2 & -3\\ 1 & 4 & 9\end{pmatrix}\begin{pmatrix}z_1\\ z_2\\ z_3\end{pmatrix}+$$

$$\begin{pmatrix}3 & 2.5 & 0.5\\ -3 & -4 & -1\\ 1 & 1.5 & 0.5\end{pmatrix}\begin{pmatrix}0\\ 0\\ 6\end{pmatrix}u$$

化简得

$$\begin{pmatrix}\dot{z}_1\\ \dot{z}_2\\ \dot{z}_3\end{pmatrix}=\begin{pmatrix}-1 & 0 & 0\\ 0 & -2 & 0\\ 0 & 0 & -3\end{pmatrix}\begin{pmatrix}z_1\\ z_2\\ z_3\end{pmatrix}+\begin{pmatrix}3\\ -6\\ 3\end{pmatrix}u \tag{1.105}$$

式（1.105）也是一个状态方程，它描述了由式（1.99）定义的同一个系统。

输出方程可修改为

$$y=\boldsymbol{CPz}$$

或

$$y=(1\quad 0\quad 0)\begin{pmatrix}1 & 1 & 1\\ -1 & -2 & -3\\ 1 & 4 & 9\end{pmatrix}\begin{pmatrix}z_1\\ z_2\\ z_3\end{pmatrix}$$

$$=(1\quad 1\quad 1)\begin{pmatrix}z_1\\ z_2\\ z_3\end{pmatrix} \tag{1.106}$$

注意：由式（1.103）定义的变换矩阵 $\boldsymbol{P}$ 将 $\boldsymbol{z}$ 的系统矩阵转变为对角线矩阵。由式（1.105）显然可看出，3 个标量状态方程是解耦的。注意式（1.104）中的矩阵 $\boldsymbol{P}^{-1}\boldsymbol{AP}$ 的对角线元素和矩阵 $\boldsymbol{A}$ 的 3 个特征值相同。此处强调 $\boldsymbol{A}$ 和 $\boldsymbol{P}^{-1}\boldsymbol{AP}$ 的特征值相同，这一点非常重要。

1.4.4 状态变量组的非唯一性

前面已阐述过，给定系统的状态变量组不是唯一的。设 $x_1, x_2, \cdots, x_n$ 是一组状态变量，可取任意一组函数

$$\hat{x}_1=X_1(x_1,x_2,\cdots,x_n)$$
$$\hat{x}_2=X_2(x_1,x_2,\cdots,x_n)$$
$$\vdots$$
$$\hat{x}_n=X_n(x_1,x_2,\cdots,x_n)$$

作为系统的另一组状态变量，这里假设每一组变量 $\hat{x}_1, \hat{x}_2, \cdots, \hat{x}_n$ 都对应于唯一的一组 $x_1, x_2, \cdots, x_n$ 的值，反之亦然。因此，如果 $\boldsymbol{x}$ 是一个状态向量，则

$$\hat{\boldsymbol{x}}=\boldsymbol{Px}$$

也是一个状态向量，这里假设变换矩阵 $\boldsymbol{P}$ 是非奇异的。显然，这两个不同的状态向量都能

表达同一系统之动态行为的同一信息。

1.5 传递函数与传递函数矩阵

前面介绍的数学模型具有两种模式，一种是输入-输出模式的数学模型，它包括微分方程和传递函数；另一类是状态变量模式的数学模型，即状态空间描述，又称为动态方程。同一系统的两种不同模式的数学模型之间存在着内在的联系，并且可以互相转换。

对于单输入单输出线性定常系统的状态空间表达式为

$$\begin{cases}\dot{\boldsymbol{x}}(t)=\boldsymbol{A}\boldsymbol{x}(t)+\boldsymbol{B}u(t)\\ y(t)=\boldsymbol{C}\boldsymbol{x}(t)+Du(t)\end{cases}$$

其中，$\boldsymbol{x}$ 为系统的状态向量，u 为系统的输入，y 为系统的输出。当系统为多输入多输出时，需要讨论传递函数矩阵。

零初始条件下，输出向量的拉普拉斯变换式与输入向量拉普拉斯变换式之比称为传递函数矩阵。令初始条件为零，对上式两边进行拉普拉斯变换，可得

$$s\boldsymbol{X}(s)=\boldsymbol{A}\boldsymbol{X}(s)+\boldsymbol{B}\boldsymbol{U}(s)$$

$$\boldsymbol{Y}(s)=\boldsymbol{C}\boldsymbol{X}(s)+\boldsymbol{D}\boldsymbol{U}(s)$$

经整理得

$$(s\boldsymbol{I}-\boldsymbol{A})\boldsymbol{X}(s)=\boldsymbol{B}\boldsymbol{U}(s)$$

两边同时左乘$(s\boldsymbol{I}-\boldsymbol{A})^{-1}$，得

$$\boldsymbol{X}(s)=(s\boldsymbol{I}-\boldsymbol{A})^{-1}\boldsymbol{B}\boldsymbol{U}(s)$$

代入输出方程可得

$$\boldsymbol{Y}(s)=[\boldsymbol{C}(s\boldsymbol{I}-\boldsymbol{A})^{-1}\boldsymbol{B}+\boldsymbol{D}]\boldsymbol{U}(s)$$

即可得系统的传递函数矩阵

$$\boldsymbol{G}(s)=\frac{\boldsymbol{Y}(s)}{\boldsymbol{U}(s)}=\boldsymbol{C}(s\boldsymbol{I}-\boldsymbol{A})^{-1}\boldsymbol{B}+\boldsymbol{D}$$

传递函数（矩阵）描述和状态空间描述的比较如下：

1）传递函数（矩阵）是系统在初始条件为零的前提下输入-输出间的关系描述，初始条件非零系统，不能应用这种描述；状态空间表达式既可以描述初始松弛条件为零的系统，也可以描述初始条件非零系统。

2）传递函数（矩阵）仅适用于线性定常系统；而状态空间表达式既可以在定常系统中应用，也可以在时变系统中应用。

3）对于数学模型不明的线性定常系统，难以建立状态空间表达式；用实验法获得频率特性，进而可以获得传递函数（矩阵）。

4）传递函数仅适用于单输入单输出系统；状态空间表达式可用于多输入多输出系统的描述。

5）传递函数（矩阵）只能给出系统的输出信息；而状态空间表达式不仅给出输出信息，还能够提供系统内部状态信息。

综上所述，传递函数（矩阵）和状态空间表达式这两种描述各有所长，在系统分析和设计中都得到广泛应用。

例 1.12 以例 1.1 的 *RLC* 电路系统为例，求该系统的传递函数。

$$\boldsymbol{A}=\begin{pmatrix}-\dfrac{R}{L} & -\dfrac{1}{L}\\ \dfrac{1}{C} & 0\end{pmatrix},\quad \boldsymbol{B}=\begin{pmatrix}\dfrac{1}{L}\\ 0\end{pmatrix},\quad \boldsymbol{C}=(0\quad 1)$$

$$G(s)=\frac{Y(s)}{U(s)}=\boldsymbol{C}(s\boldsymbol{I}-\boldsymbol{A})^{-1}\boldsymbol{B}+\boldsymbol{D}$$

$$=(0\quad 1)\begin{pmatrix}s+\dfrac{R}{L} & \dfrac{1}{L}\\ -\dfrac{1}{C} & s\end{pmatrix}^{-1}\begin{pmatrix}\dfrac{1}{L}\\ 0\end{pmatrix}=(0\quad 1)\frac{\begin{pmatrix}s & -\dfrac{1}{L}\\ \dfrac{1}{C} & s+\dfrac{R}{L}\end{pmatrix}}{s^2+\dfrac{R}{L}s+\dfrac{1}{LC}}\begin{pmatrix}\dfrac{1}{L}\\ 0\end{pmatrix}$$

$$=\frac{\dfrac{1}{LC}}{s^2+\dfrac{R}{L}s+\dfrac{1}{LC}}=\frac{1}{LCs^2+RCs+1}$$

同理，当 $\boldsymbol{A}=\begin{pmatrix}-\dfrac{R}{L} & -\dfrac{1}{LC}\\ 1 & 0\end{pmatrix}$，$\boldsymbol{B}=\begin{pmatrix}1\\ 0\end{pmatrix}$，$\boldsymbol{C}=\begin{pmatrix}0 & \dfrac{1}{C}\end{pmatrix}$ 时

$$G(s)=\frac{Y(s)}{U(s)}=\boldsymbol{C}(s\boldsymbol{I}-\boldsymbol{A})-1\boldsymbol{B}+\boldsymbol{D}$$

$$=\begin{pmatrix}0 & \dfrac{1}{C}\end{pmatrix}\begin{pmatrix}s+\dfrac{R}{L} & \dfrac{1}{LC}\\ -1 & s\end{pmatrix}^{-1}\begin{pmatrix}1\\ 0\end{pmatrix}=\begin{pmatrix}0 & \dfrac{1}{C}\end{pmatrix}\frac{\begin{pmatrix}s & -\dfrac{1}{LC}\\ 1 & s+\dfrac{R}{L}\end{pmatrix}}{s^2+\dfrac{R}{L}s+\dfrac{1}{LC}}\begin{pmatrix}1\\ 0\end{pmatrix}$$

$$=\frac{\dfrac{1}{LC}}{s^2+\dfrac{R}{L}s+\dfrac{1}{LC}}=\frac{1}{LCs^2+RCs+1}$$

例 1.13 设系统状态空间表达式为

$$\begin{pmatrix}\dot{x}_1\\ \dot{x}_2\end{pmatrix}=\begin{pmatrix}0 & 1\\ -5 & -4\end{pmatrix}\begin{pmatrix}x_1\\ x_2\end{pmatrix}+\begin{pmatrix}0\\ 1\end{pmatrix}u,\quad y=(1\quad 1)\begin{pmatrix}x_1\\ x_2\end{pmatrix}$$

求系统传递函数。

解 这是一个单输入单输出系统，所以只存在传递函数。

$$G(s)=\frac{Y(s)}{U(s)}=\boldsymbol{C}(s\boldsymbol{I}-\boldsymbol{A})^{-1}\boldsymbol{B}$$

$$=(1\quad 1)\begin{pmatrix} s & -1 \\ 5 & s+4 \end{pmatrix}^{-1}\begin{pmatrix} 0 \\ 1 \end{pmatrix}=(1\quad 1)\frac{\begin{pmatrix} s+4 & 1 \\ -5 & s \end{pmatrix}}{s^2+4s+5}\begin{pmatrix} 0 \\ 1 \end{pmatrix}$$

$$=\frac{s+1}{s^2+4s+5}$$

例 1.14 线性定常系统状态空间表达式为

$$\boldsymbol{x}=\begin{pmatrix} 0 & 1 & 0 \\ 0 & -4 & 3 \\ -1 & -1 & -2 \end{pmatrix}\begin{pmatrix} x_1 \\ x_2 \\ x_3 \end{pmatrix}+\begin{pmatrix} 0 & 0 \\ 1 & 0 \\ 0 & 1 \end{pmatrix}\boldsymbol{u},\quad \boldsymbol{y}=\begin{pmatrix} 1 & 0 & 0 \\ 0 & 0 & 1 \end{pmatrix}\begin{pmatrix} x_1 \\ x_2 \\ x_3 \end{pmatrix}$$

求系统传递函数矩阵。

解 这是一个多输入多输出系统，输入、输出皆为二维，传递函数矩阵不仅适用于单输入单输出系统，对多输入多输出系统同样有效。

$$\boldsymbol{G}(s)=\frac{\boldsymbol{Y}(s)}{\boldsymbol{U}(s)}=\boldsymbol{C}(s\boldsymbol{I}-\boldsymbol{A})-1\boldsymbol{B}$$

$$=\begin{pmatrix} 1 & 0 & 0 \\ 0 & 0 & 1 \end{pmatrix}\begin{pmatrix} s & -1 & 0 \\ 0 & s+4 & -3 \\ 1 & 1 & s+2 \end{pmatrix}^{-1}\begin{pmatrix} 0 & 0 \\ 1 & 0 \\ 0 & 1 \end{pmatrix}$$

$$=\begin{pmatrix} 1 & 0 & 0 \\ 0 & 0 & 1 \end{pmatrix}\frac{\begin{pmatrix} s^3+6s^2+11s & s+2 & 3 \\ s^2+2s & s(s+2) & 3s \\ s+4 & -9 & s(s+4) \end{pmatrix}}{s^3+6s^2+11s+3}\begin{pmatrix} 0 & 0 \\ 1 & 0 \\ 0 & 1 \end{pmatrix}$$

$$=\frac{1}{s^3+6s^2+11s+3}\begin{pmatrix} s+2 & 3 \\ -(s+1) & s(s+4) \end{pmatrix}$$

1.6 离散系统的状态空间表达式

离散系统与连续系统的区别是，在连续系统中，系统各处的信号都是时间 t 的连续函数，而在离散系统中，系统的一处或多处的信号是离散的，它可以是脉冲序列或数字序列。

对离散系统进行状态空间分析需要建立状态空间表达式，本书中将要讨论它的形式和建立方法。

在古典控制理论中，离散时间系统通常由高阶差分方程来描述输出和输入变量采样值之间的特性关系，如

$$\begin{aligned} & y(k+n)+a_1y(k+n-1)+\cdots+a_{n-1}y(k+1)+a_ny(k) \\ & = b_0u(k+n)+b_1u(k+n-1)+\cdots+b_{n-1}u(k+1)+b_nu(k) \end{aligned} \tag{1.107}$$

式中，k 表示第 k 个采样时刻。也可以用 z 变换法，将输入-输出关系用脉冲传递函数来表示为

$$\frac{y(z)}{u(z)}=\frac{b_0z^n+b_1z^{n-1}+\cdots+b_{n-1}z+b_n}{z^n+a_1z^{n-1}+\cdots+a_{n-1}z+a_n} \tag{1.108}$$

把差分方程化为状态空间表达式的过程，和将微分方程化为状态空间表达式的过程类似。

1）差分方程的输入函数中不包含差分的情况，这类方程具有如下形式：

$$y(k+n)+a_1y(k+n-1)+\cdots+a_{n-1}y(k+1)+a_ny(k)=b_nu(k) \tag{1.109}$$

选择状态变量

$$\begin{cases}x_1(k)=y(k)\\x_2(k)=y(k+1)\\x_3(k)=y(k+2)\\\quad\vdots\\x_n(k)=y(k+n-1)\end{cases} \tag{1.110}$$

把高阶差分方程化为一阶差分方程组

$$\begin{cases}x_1(k+1)=y(k+1)=x_2(k)\\x_2(k+1)=y(k+2)=x_3(k)\\\quad\vdots\\x_{n-1}(k+1)=y(k+n-1)=x_n(k)\\x_n(k+1)=y(k+n)=-a_nx_1(k)-a_{n-1}x_2(k)-\cdots-a_1x_n(k)+b_nu(k)\\y(k)=x_1(k)\end{cases} \tag{1.111}$$

将式（1.111）写成矩阵形式，即

$$\begin{cases}\boldsymbol{x}(k+1)=\boldsymbol{G}\boldsymbol{x}(k)+\boldsymbol{H}u(k)\\y(k)=\boldsymbol{C}\boldsymbol{x}(k)\end{cases} \tag{1.112}$$

式中，$\boldsymbol{G}$ 为系统矩阵；$\boldsymbol{H}$ 为控制矩阵；$\boldsymbol{C}$ 为输出矩阵，并有

$$\boldsymbol{G}=\begin{pmatrix}0&1&&0\\\vdots&&\ddots&\\0&0&&1\\-a_n&-a_{n-1}&\cdots&-a_1\end{pmatrix}$$

$$\boldsymbol{H}=\begin{pmatrix}0\\\vdots\\0\\1\end{pmatrix}$$

$$\boldsymbol{C}=(1\quad0\quad\cdots\quad0)$$

2）差分方程的输入函数中包含差分项的情况，此时差分方程为

$$\begin{aligned}&y(k+n)+a_1y(k+n-1)+\cdots+a_{n-1}y(k+1)+a_ny(k)\\&=b_0u(k+n)+b_1u(k+n-1)+\cdots+b_{n-1}u(k+1)+b_nu(k)\end{aligned} \tag{1.113}$$

仿照连续时间系统拉普拉斯变换的方法，对式（1.113）两边取 z 变换，根据 z 变换的法则并考虑零值初始条件，得到

$$z^ny(z)+a_1z^{n-1}y(z)+\cdots+a_{n-1}zy(z)+a_ny(z)$$

$$= b_0 z^n u(z) + b_1 z^{n-1} u(z) + \cdots + b_{n-1} z u(z) + b_n u(z) \tag{1.114}$$

由此得脉冲传递函数

$$G(z) = \frac{Y(z)}{U(z)} = \frac{b_0 z^n + b_1 z^{n-1} + \cdots + b_{n-1} z + b_n}{z^n + a_1 z^{n-1} + \cdots + a_{n-1} z + a_n}$$

$$= b_0 + \frac{\beta_1 z^{n-1} + \beta_2 z^{n-2} + \cdots + \beta_{n-1} z + \beta_n}{z^n + a_1 z^{n-1} + \cdots + a_{n-1} z + a_n} \tag{1.115}$$

可见，连续系统状态空间表达式的建立方法完全适用于离散系统。

令中间变量 $Q(z)$ 为

$$Q(z) = \frac{1}{z^n + a_1 z^{n-1} + \cdots + a_{n-1} z + a_n} U(z) \tag{1.116}$$

并进行 z 反变换得到

$$q(k+n) + a_1 q(k+n-1) + \cdots + a_{n-1} q(k+1) + a_n q(k) = u(k) \tag{1.117}$$

若取状态变量

$$\begin{cases} x_1(k) = q(k) \\ x_2(k) = q(k+1) = x_1(k+1) \\ x_3(k) = q(k+2) = x_2(k+1) \\ \qquad \vdots \\ x_n(k) = q(k+n-1) = x_{n-1}(k+1) \end{cases} \tag{1.118}$$

则式（1.118）可写成

$$x_n(k+1) = q(k+n) = -a_n x_1(k) - a_{n-1} x_2(k) - \cdots - a_1 x_n(k) + u(k) \tag{1.119}$$

而将状态变量代入式（1.115）并进行 z 反变换，有

$$y(k) = \beta_n x_1(k) + \beta_{n-1} x_2(k) + \cdots + \beta_1 x_n(k) + b_0 u(k) \tag{1.120}$$

于是可得离散系统状态空间表达式的矩阵形式为

$$\begin{cases} \begin{pmatrix} x_1(k+1) \\ x_2(k+1) \\ \vdots \\ x_{n-1}(k+1) \\ x_n(k+1) \end{pmatrix} = \begin{pmatrix} 0 & 1 & & 0 \\ 0 & & & \\ \vdots & & \ddots & \\ 0 & 0 & & 1 \\ -a_n & -a_{n-1} & \cdots & -a_1 \end{pmatrix} \begin{pmatrix} x_1(k) \\ x_2(k) \\ \vdots \\ x_{n-1}(k) \\ x_n(k) \end{pmatrix} + \begin{pmatrix} 0 \\ 0 \\ \vdots \\ 0 \\ 1 \end{pmatrix} u(k) \\ y(k) = (\beta_n \quad \beta_{n-1} \quad \cdots \quad \beta_1) \begin{pmatrix} x_1(k) \\ \vdots \\ x_{n-1}(k) \\ x_n(k) \end{pmatrix} + b_0 u(k) \end{cases} \tag{1.121}$$

也可简化为

$$\begin{cases} \boldsymbol{x}(k+1) = \boldsymbol{G}\boldsymbol{x}(k) + \boldsymbol{H}u(k) \\ y(k) = \boldsymbol{C}\boldsymbol{x}(k) + \boldsymbol{D}u(k) \end{cases} \tag{1.122}$$

式中，$\boldsymbol{G}$、$\boldsymbol{H}$、$\boldsymbol{C}$、$\boldsymbol{D}$ 所具有的形式与连续系统能控型对应相同。此则为离散系统的能控标准型。从这里也可看出离散系统的状态方程描述了（k+1）采样时刻的状态与第 k 采样时刻

的状态及输入量之间的关系。

例 1.15 设某线性离散系统的差分方程为

$$y(k+2)+y(k+1)+0.16y(k)=u(k+1)+2u(k)$$

试写出系统的状态空间表达式。

解 先做 z 变换得

$$\frac{Y(z)}{U(z)}=\frac{z+2}{z^2+z+0.16}$$

由此可得，状态空间表达式为

$$\begin{cases}\begin{pmatrix}x_1(k+1)\\x_2(k+1)\end{pmatrix}=\begin{pmatrix}0&1\\-0.16&-1\end{pmatrix}\begin{pmatrix}x_1(k)\\x_2(k)\end{pmatrix}+\begin{pmatrix}0\\1\end{pmatrix}u(k)\\ y(k)=(2\quad 1)\begin{pmatrix}x_1(k)\\x_2(k)\end{pmatrix}\end{cases}$$

对于多变量离散系统的状态空间表达式则为

$$\boldsymbol{x}(k+1)=\boldsymbol{G}\boldsymbol{x}(k)+\boldsymbol{H}\boldsymbol{u}(k)$$
$$\boldsymbol{y}(k)=\boldsymbol{C}\boldsymbol{x}(k)+\boldsymbol{D}\boldsymbol{u}(k)$$

式中，$\boldsymbol{G}$、$\boldsymbol{H}$、$\boldsymbol{C}$、$\boldsymbol{D}$ 为相应维数的矩阵。与连续系统一样，离散系统状态空间表达式的结构图如图 1.15 所示。图中单位延迟的输入为 $(k+1)T$ 时刻的状态，输出为延迟一个采样周期 kT 时刻的状态。

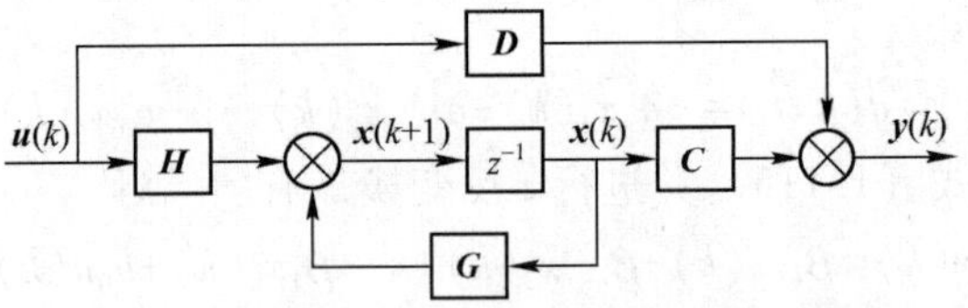

图 1.15 离散系统状态空间表达式的结构图

1.7 利用 MATLAB 进行系统模型之间的相互转换

MATLAB 的全称为 Matri Laboratory（矩阵实验室），是美国 MathWorks 公司的产品，是一种将复数数组（阵列）作为计算基本处理单位的高级科学分析与计算软件。它以强大的科学计算能力和可视化功能、简单易用的编程语言以及开放式的编程环境等一些显著的优点，使得它在当今许许多多科学技术领域中成为计算机辅助分析和设计、算法研究和应用开发的基本工具和首选平台。在本书中，用它作为系统分析和设计的软件平台，更显示出其独特的优势。

本节将讨论系统模型由传递函数变换为状态方程，反之亦然。现讨论如何由传递函数变换为状态方程。

将闭环传递函数写为

$$\frac{Y(s)}{U(s)}=\frac{\text{含 } s \text{ 的分子多项式}}{\text{含 } s \text{ 的分母多项式}}=\frac{num}{den}$$

当有了这一传递函数表达式后，使用如下 MATLAB 命令：

[A,B,C,D]=tf2ss(num,den)

就可给出状态空间表达式。应着重强调，任何系统的状态空间表达式都不是唯一的。对于同一系统，可有许多个（无穷多个）状态空间表达式。上述 MATLAB 命令仅给出了一种可能的状态空间表达式。

1.7.1 由传递函数到状态空间表达式的变换

考虑以下传递函数：

$$\frac{Y(s)}{U(s)}=\frac{s}{(s+10)(s^2+4s+16)}=\frac{s}{s^3+14s^2+56s+160} \tag{1.123}$$

对该系统，有多个（无穷多个）可能的状态空间表达式，其中一种可能的状态空间表达式为

$$\begin{cases}\begin{pmatrix}\dot{x}_1\\ \dot{x}_2\\ \dot{x}_3\end{pmatrix}=\begin{pmatrix}0 & 1 & 0\\ 0 & 0 & 1\\ -160 & -56 & -14\end{pmatrix}\begin{pmatrix}x_1\\ x_2\\ x_3\end{pmatrix}+\begin{pmatrix}0\\ 1\\ -14\end{pmatrix}u\\ y=(1\quad 0\quad 0)\begin{pmatrix}x_1\\ x_2\\ x_3\end{pmatrix}+(0)u\end{cases}$$

另外一种可能的状态空间表达式（在无穷个中）为

$$\begin{pmatrix}\dot{x}_1\\ \dot{x}_2\\ \dot{x}_3\end{pmatrix}=\begin{pmatrix}-14 & -56 & -160\\ 1 & 0 & 0\\ 0 & 1 & 0\end{pmatrix}\begin{pmatrix}x_1\\ x_2\\ x_3\end{pmatrix}+\begin{pmatrix}1\\ 0\\ 0\end{pmatrix}u \tag{1.124}$$

$$y=(0\quad 1\quad 0)\begin{pmatrix}x_1\\ x_2\\ x_3\end{pmatrix}+(0)u \tag{1.125}$$

MATLAB 将式（1.123）给出的传递函数变换为由式（1.124）和式（1.125）给出的状态空间表达式。对于此处考虑的系统，以下 MATLAB 程序将产生矩阵 ***A***、***B***、***C*** 和 ***D***。

```
Num=[0  0  1  0];
Den=[1  14  56  160];
[A,B,C,D] = tf2ss(num,den)
```

显示结果如下：

```
A =
   -14   -56   -160
     1     0      0
     0     1      0
```

```
B=
  1
  0
  0
C=
  0 1 0
D=
  0
```

1.7.2 由状态空间表达式到传递函数的变换

为了从状态空间方程得到传递函数，采用以下命令：

[num,den]=ss2tf [A,B,C,D,iu]

对多输入的系统，必须具体化 iu。例如，如果系统有 3 个输入(u1,u2,u3)，则 iu 必须为 1、2 或 3 中的一个，其中 1 表示 u1，2 表示 u2，3 表示 u3。

如果系统只有一个输入，则可采用

[num,den] = ss2tf (A,B,C,D)

或

[num,den] = sstf (A,B,C,D,1)

例 1.16 试求下列状态方程所定义的系统的传递函数：

$$\begin{cases}\begin{pmatrix}\dot{x}_1\\ \dot{x}_2\\ \dot{x}_3\end{pmatrix}=\begin{pmatrix}0 & 1 & 0\\ 0 & 0 & 1\\ -5.008 & -25.1026 & -5.03247\end{pmatrix}\begin{pmatrix}x_1\\ x_2\\ x_3\end{pmatrix}+\begin{pmatrix}0\\ 25.04\\ -121.005\end{pmatrix}u\\ y=(1\quad 0\quad 0)\begin{pmatrix}x_1\\ x_2\\ x_3\end{pmatrix}\end{cases}$$

以下 MATLAB 程序将产生给定系统的传递函数。所得传递函数为

$$\frac{Y(s)}{U(s)}=\frac{25.04s+5.008}{s^3+5.0325s^2+25.1026s+5.008}$$

```
A=[0  1  0;  00 1;  -5.008  -25.1026  -5.032471];
B=[0;  25.04;  -121.005];
C=[1  0  0];
D=[0];
[num,den]=ss2tf(A,B,C,D)
num=
          0   -0.0000   25.0400   5.0080
den=
          1.0000   5.0325   25.1026   5.0080
%***** The same result can be obtained by entering the following command *****
[num,den]=ss2tf(A,B,C,D,1)
```

```
num =
      0   -0.0000   25.0400   5.0080
den =
   1.0000   5.0325   25.1026   5.0080
```

例 1.17 考虑一个多输入多输出系统。当系统输出多于一个时，MATLAB 命令为

$$[\text{num}, \text{den}] = \text{ss2tf}(A, B, C, D, iu)$$

对每个输入产生所有输出的传递函数（分子系数转变为具有与输出相同行的矩阵 NUM）。考虑由下式定义的系统：

$$\begin{cases} \begin{pmatrix} \dot{x}_1 \\ \dot{x}_2 \end{pmatrix} = \begin{pmatrix} 0 & 1 \\ -25 & -4 \end{pmatrix} \begin{pmatrix} x_1 \\ x_2 \end{pmatrix} + \begin{pmatrix} 1 & 1 \\ 0 & 1 \end{pmatrix} \begin{pmatrix} u_1 \\ u_2 \end{pmatrix} \\ \begin{pmatrix} y_1 \\ y_2 \end{pmatrix} = \begin{pmatrix} 1 & 0 \\ 0 & 1 \end{pmatrix} \begin{pmatrix} x_1 \\ x_2 \end{pmatrix} + \begin{pmatrix} 0 & 0 \\ 0 & 0 \end{pmatrix} \begin{pmatrix} u_1 \\ u_2 \end{pmatrix} \end{cases}$$

该系统有两个输入和两个输出，包括 4 个传递函数：$Y_1(s)/U_1(s)$、$Y_2(s)/U_1(s)$、$Y_1(s)/U_2(s)$ 和 $Y_2(s)/U_2(s)$（当考虑输入 u_1 时，可设 u_2 为零，反之亦然）可用以下 MATLAB 程序计算：

```
A=[0  1; -25-4];
B=[1  1; 0  1];
C=[1  0; 0  1];
D=[0  0; 0  0]
[NUM,den]=ss2tf(A,B,C,D,1)

NUM=

    0  1  4
0     0  -25

den=

1  4  25

[NUM,den]=ss2tf(A,B,C,D,2)

NUM=

    0  1.0000     5.0000
    0  1.0000     -25.000

den=

    1     4     25
```

得到下列 4 个传递函数的 MATLAB 表达式：

$$\frac{Y_1(s)}{U_1(s)}=\frac{s+4}{s^2+4s+25} \qquad \frac{Y_2(s)}{U_1(s)}=\frac{-25}{s^2+4s+25}$$

$$\frac{Y_1(s)}{U_2(s)}=\frac{s+5}{s^2+4s+25} \qquad \frac{Y_2(s)}{U_2(s)}=\frac{s-25}{s2+4s+25}$$

1.7.3 系统的线性非奇异变换与标准型状态空间表达式

1. 系统的线性非奇异变换

MATLAB 中函数 ss2ss( )可实现对系统的线性非奇异变换。其调用格式为

GT=ss2ss(G,T)

其中，G、GT 分别为变换前、后系统的状态空间模型，T 为线性非奇异变换阵。或为

[At,Bt,Ct,Dt]=ss2ss(A,B,C,D,T)

其中，(A,B,C,D)、(At,Bt,Ct,Dt)=(TAT^{-1},TB,CT^{-1},D)分别为变换前、后系统的状态空间模型的系数阵，T 为线性非奇异变换阵。

例 1.18 已知系统状态空间表达式的系数阵为

$$\boldsymbol{A}=\begin{pmatrix}2&-1&-1\\0&-1&0\\0&2&1\end{pmatrix},\quad \boldsymbol{B}=\begin{pmatrix}7\\2\\3\end{pmatrix},\quad \boldsymbol{C}=(0\quad 0\quad 1),\quad D=0$$

试应用 ss2ss( )函数进行系统的线性非奇异变换。

解 变换阵 $\boldsymbol{T}$ 只要保证其非奇异即可，在此选择单位反对角阵作为变换阵。MATLAB 程序如下：

```
A=[2 -1 -1;0 -1 0;0 2 1];
B=[7;2;3];
C=[0 0 1];
D=0;
G1=ss(A,B,C,D);          %建立变换前原状态空间模型 G1
T=fliplr(eye(3));        %构造线性非奇异变换阵 T 为单位反对角阵
GT=ss2ss(G1,T)           %获得变换后状态空间模型 GT
```

程序运行结果略。

MATLAB 没有提供将一般状态空间表达式化为约当标准型的函数，但可先利用其计算约当标准型函数 jordan( )求出化为约当标准型的变换阵，再利用函数 ss2ss( )得到约当标准型。jordan( )的调用格式为

[T,J]=jordan(A)

执行以上语句，可得到化 $\boldsymbol{A}$ 为约当标准型 $\boldsymbol{J}$ 的变换阵 $\boldsymbol{T}$，即 $\boldsymbol{J}=\boldsymbol{T}^{-1}\boldsymbol{AT}$，$\boldsymbol{T}$ 由 $\boldsymbol{A}$ 的线性独立特征向量、广义特征向量为列向量构成。

例 1.19 用 MATLAB 程序将下列系统的状态空间表达式变换为约当标准型：

$$\begin{cases}\dot{\boldsymbol{x}}=\begin{pmatrix}0&1&0\\0&0&1\\2&3&0\end{pmatrix}\boldsymbol{x}+\begin{pmatrix}0\\0\\1\end{pmatrix}u\\ y=(1\quad 0\quad 0)\boldsymbol{x}\end{cases}$$

解 求解本例题的 MATLAB 程序如下。

```
A=[0 1 0;0 0 1;2 3 0];
B=[0;0;1];
C=[1 0 0];
D=0;
G=ss(A,B,C,D);              %建立变换前状态空间模型
[T,J]=jordan(A);            %求化 A 为约当标准型的变换阵 T 及约当阵
JGT=ss2ss(G,inv(T))         %状态空间模型变换,变换阵为 T^-1
```

程序运行结果略。

2. 标准型状态空间表达式的实现

MATLAB 提供了标准型状态空间表达式的实现函数 canon( )，以得到 LTI 系统模型 sys 的标准型状态空间表达式的实现。其调用格式为

G1=canon(sys,type)

若 LTI 系统模型 sys 为对应状态向量 $\boldsymbol{x}$ 的状态空间模型，可应用函数 canon( )将其变换为在新的状态向量 $\boldsymbol{x}$ 下的标准型状态空间表达式，其调用格式为

[G1,P]=canon(sys,type)

其中，sys 为原系统状态空间模型，$\boldsymbol{p}$ 是返回的线性非奇异状态变换阵，满足 $\bar{\boldsymbol{x}}=\boldsymbol{P}\boldsymbol{x}$ 关系。或为

[At,Bt,Ct,Dt,P]=canon(A,B,C,D,type)

其中，(A,B,C,D)为对应 $\boldsymbol{x}$ 的原系统状态空间模型的系数阵，(At,Bt,Ct,Dt)则为对应新状态向量 $\bar{\boldsymbol{x}}$（仍满足 $\bar{\boldsymbol{x}}=\boldsymbol{P}\boldsymbol{x}$）的标准型状态空间模型的系数阵。

以上函数 canon( )调用中的字符串 type 确定标准型类型。它可以是模态（Model）标准型，也可以是伴随（Companion）标准型形式。

例 1.20 用 MATLAB 程序将下列系统的状态空间表达式变换为模态标准型或对角标准型，并给出变换阵。

$$\boldsymbol{A}=\begin{pmatrix}5 & 2 & 1 & 0\\ 0 & 4 & 6 & 0\\ 0 & -3 & -5 & 0\\ 0 & -3 & -6 & -1\end{pmatrix},\quad \boldsymbol{B}=\begin{pmatrix}1\\2\\3\\4\end{pmatrix},\quad \boldsymbol{C}=(1\quad 2\quad 5\quad 2),\quad D=0$$

解 应用状态方程的规范实现函数 canon( )容易进行该变换，求解本例题的 MATLAB 程序如下：

```
A=[5 2 1 0;0 4 6 0;0 -3 -5 0;0 -3 -6 -1];
B=[1;2;3;4];C=[1 2 5 2];D=0;
sys=ss(A,B,C,D);
[G,T]=canon(sys,'modal')
```

程序运行结果略。

本章小结

本章主要内容如下：

1）控制系统状态的基本概念，包括状态、状态变量、状态向量、状态空间、状态方程、输出方程、状态空间表达式等；控制系统基本概念是学好这一章的基础。

2）状态空间表达式的一般形式、状态空间表达式的模拟结构图、状态变量的选取及状态空间表达式的建立过程。一个系统，状态变量的数目是唯一的，而状态变量的选取是非唯一的。由于状态变量的选取不同，建立的状态空间表达式亦各异。不同状态变量建立的状态空间表达式之间可以通过线性变换进行转换。

3）从系统的机理出发建立状态空间表达式、从系统的框图建立状态空间表达式、从系统的微分方程建立状态空间表达式、从系统的传递函数建立状态空间表达式等。状态空间表达式和各种数学模型之间的相互转换，建立系统的数学模型是控制系统分析设计的基础。

4）系统状态的线性变换、系统的特征值、系统状态空间表达式的线性变换及应用变换的方法获得几种标准型。线性变换的方法相当重要，本课程很多章节中均要应用。

5）本章传递函数及传递函数矩阵、传递函数及传递函数矩阵的描述与状态变量选择无关，即系统状态变量的选择不同，传递函数矩阵是不改变的。利用 MATLAB 实现了系统状态空间表达式和传递函数间的相互转换。

习题

1.1 已知电路如图 1.16 所示，设输入为 u_1，输出为 u_2，试选取状态变量列写状态空间表达式。

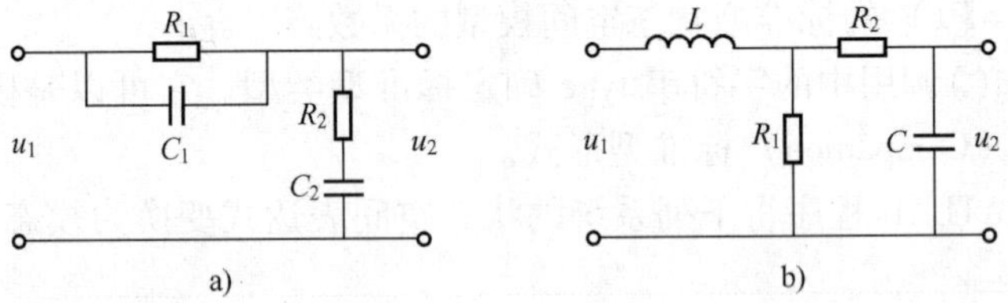

图 1.16　题 1.1 图

1.2 双水槽液位系统如图 1.17 所示，已知 u_1、u_2分别为水槽Ⅰ和Ⅱ的注水量，R_1、R_2分别为水槽Ⅰ和Ⅱ的液阻，h_1、h_2分别为水槽Ⅰ和Ⅱ的液位，C_1、C_2分别为水槽Ⅰ和Ⅱ的截面积。试写出系统状态空间表达式。

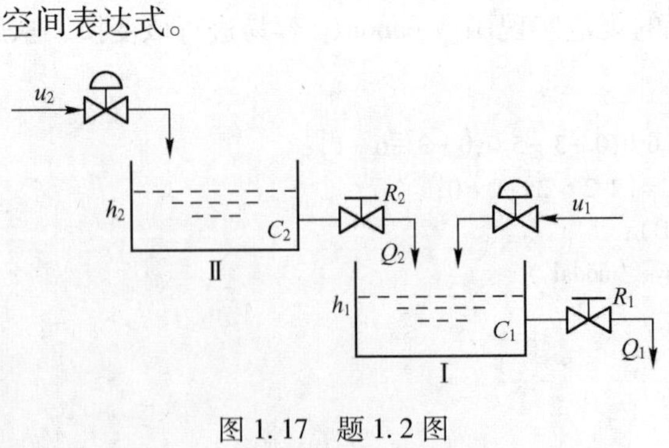

图 1.17　题 1.2 图

1.3 已知系统的微分方程为

(1) $\dddot{y}+11\ddot{y}+20\dot{y}+7y=8u$

(2) $\dddot{y}+6\ddot{y}+8\dot{y}+5y=6u$

(3) $\dddot{y}+2\ddot{y}+3\dot{y}+4y=\ddot{u}+2\dot{u}+3u$

(4) $\dddot{y}+4\ddot{y}+2\dot{y}+y=\ddot{u}+\dot{u}+3u$

写出它们的状态方程和输出方程。

1.4 已知系统的状态方程为

(1) $\begin{pmatrix}\dot{x}_1\\ \dot{x}_2\end{pmatrix}=\begin{pmatrix}0 & 1\\ -3 & -4\end{pmatrix}\begin{pmatrix}x_1\\ x_2\end{pmatrix}+\begin{pmatrix}0\\ 1\end{pmatrix}u$

(2) $\begin{pmatrix}\dot{x}_1\\ \dot{x}_2\end{pmatrix}=\begin{pmatrix}0 & 1\\ -5 & -6\end{pmatrix}\begin{pmatrix}x_1\\ x_2\end{pmatrix}+\begin{pmatrix}0\\ 1\end{pmatrix}u$

(3) $\begin{pmatrix}\dot{x}_1\\ \dot{x}_2\\ \dot{x}_3\end{pmatrix}=\begin{pmatrix}2 & -1 & -1\\ 0 & -1 & 0\\ 0 & 2 & 1\end{pmatrix}\boldsymbol{x}+\begin{pmatrix}1\\ 2\\ 3\end{pmatrix}u$

(4) $\begin{pmatrix}\dot{x}_1\\ \dot{x}_2\\ \dot{x}_3\end{pmatrix}=\begin{pmatrix}0 & 1 & 0\\ 3 & 0 & 2\\ -12 & -7 & -6\end{pmatrix}\begin{pmatrix}x_1\\ x_2\\ x_3\end{pmatrix}+\begin{pmatrix}2 & 3\\ 1 & 5\\ 7 & 1\end{pmatrix}\begin{pmatrix}u_1\\ u_2\end{pmatrix}$

试将它们化为对角标准型。

1.5 将下列状态方程化为约当标准型：

(1) $\begin{pmatrix}\dot{x}_1\\ \dot{x}_2\\ \dot{x}_3\end{pmatrix}=\begin{pmatrix}0 & 1 & 0\\ 0 & 0 & 1\\ 2 & 3 & 0\end{pmatrix}\begin{pmatrix}x_1\\ x_2\\ x_3\end{pmatrix}+\begin{pmatrix}0\\ 0\\ 1\end{pmatrix}u$

(2) $\begin{pmatrix}\dot{x}_1\\ \dot{x}_2\\ \dot{x}_3\end{pmatrix}=\begin{pmatrix}4 & 1 & -2\\ 1 & 0 & 2\\ 1 & -1 & 3\end{pmatrix}\begin{pmatrix}x_1\\ x_2\\ x_3\end{pmatrix}+\begin{pmatrix}3 & 1\\ 2 & 7\\ 5 & 3\end{pmatrix}\begin{pmatrix}u_1\\ u_2\end{pmatrix}$

1.6 考虑以下系统的传递函数：

$$\frac{Y(s)}{U(s)}=\frac{s+6}{s^2+5s+6}$$

试求该系统状态空间表达式的能控标准型和能观测标准型。

1.7 考虑下列单输入单输出系统：

$$\dddot{y}+6\ddot{y}+11\dot{y}+6y=6u$$

试求该系统状态空间表达式的对角线标准型。

1.8 考虑由下式定义的系统：

$$\begin{cases}\dot{\boldsymbol{x}}=\boldsymbol{A}\boldsymbol{x}+\boldsymbol{B}u\\ y=\boldsymbol{C}\boldsymbol{x}\end{cases}$$

式中

$$A=\begin{pmatrix}1 & 2\\ -4 & -3\end{pmatrix},\quad B=\begin{pmatrix}1\\ 2\end{pmatrix},\quad C=(1\quad 1)$$

试将该系统的状态空间表达式变换为能控标准型。

1.9 考虑由下式定义的系统：

$$\begin{cases}\dot{x}=Ax+Bu\\ y=Cx\end{cases}$$

式中

(1) $A=\begin{pmatrix}-1 & 0 & 1\\ 1 & -2 & 0\\ 0 & 0 & -3\end{pmatrix},\quad B=\begin{pmatrix}0\\ 0\\ 1\end{pmatrix},\quad C=(1\quad 1\quad 0)$

(2) $A=\begin{pmatrix}0 & 1 & 0\\ 0 & 0 & 1\\ -1 & -2 & -3\end{pmatrix},\quad B=\begin{pmatrix}10\\ 0\\ 0\end{pmatrix},\quad C=(1\quad 0\quad 0)$

试求其传递函数 $Y(s)/U(s)$。

1.10 已知系统状态空间表达式为

$$\begin{cases}\begin{pmatrix}\dot{x}_1\\ \dot{x}_2\\ \dot{x}_3\end{pmatrix}=\begin{pmatrix}-2 & 1 & 0\\ 0 & -3 & 0\\ 0 & 1 & -4\end{pmatrix}\begin{pmatrix}x_1\\ x_2\\ x_3\end{pmatrix}+\begin{pmatrix}-1 & -1\\ 1 & 4\\ 2 & -3\end{pmatrix}\begin{pmatrix}u_1\\ u_2\end{pmatrix}\\ y=\begin{pmatrix}1 & 1 & 1\\ -2 & -1 & 0\end{pmatrix}\begin{pmatrix}x_1\\ x_2\\ x_3\end{pmatrix}\end{cases}$$

试求其传递函数矩阵。

1.11 考虑下列矩阵：

$$A=\begin{pmatrix}0 & 1 & 0 & 0\\ 0 & 0 & 1 & 0\\ 0 & 0 & 0 & 1\\ 1 & 0 & 0 & 0\end{pmatrix}$$

试求矩阵 A 的特征值 λ_1、λ_2、λ_3 和 λ_4。再求变换矩阵 P，使得

$$P^{-1}AP=\mathrm{diag}(\lambda_1,\lambda_2,\lambda_3,\lambda_4)$$

1.12 系统的差分方程为

$$y(k+2)+2y(k+1)+3y(k)=u(k+1)+u(k)$$

求该系统的状态空间表达式。

1.13 已知离散系统的状态空间表达式为

$$\begin{cases}x_1(k+1)=x_2(k)\\ x_2(k+1)=x_1(k)+3x_2(k)+2u(k)\\ y(k)=x_1(k)+x_2(k)\end{cases}$$

求其脉冲传递函数。

第 2 章　线性系统状态方程的解

建立了控制系统状态空间表达式后，要全面了解系统的动态性能，就要基于其动态数学模型进行定量和定性的分析。定量分析指的是对系统的运动规律进行精确研究，定量地确定系统由外部激励作用引起的响应以及状态的运动轨迹，这是本章讨论的内容。

而定性分析则是分析系统行为和特征几个关键的性质，如能控性、能观测性和稳定性的研究，将分别在第 3 章和第 4 章进行讨论。本章重点讨论在给定系统的输入信号和初始状态下状态空间表达式中的状态方程的求解，状态方程属于微分方程，通过求解可以得到每个状态变量随时间变换的轨迹，为进一步分析系统的行为和特征提供了依据。对系统状态的运动规律和基本特征的深入了解，是分析和设计控制系统最主要的基础工作。并在此基础上定义状态转移矩阵，讨论状态转移矩阵的性质和计算方法。状态空间表达式的求解，有助于人们直观地了解和分析系统、获得描述系统所需的全部信息。

本章将重点讨论状态转移矩阵的定义、性质和计算方法，从而导出状态方程的求解公式。本章讨论的另一个重要问题是连续时间系统状态方程的离散化问题。无论对连续受控对象实行计算机的在线控制，或者采用计算机对连续时间状态方程求解，都要遇到这个问题。

2.1　线性定常系统状态方程的解

对于线性定常连续系统，状态空间表达式为

$$\begin{cases}\dot{\boldsymbol{x}}(t)=\boldsymbol{A}\boldsymbol{x}(t)+\boldsymbol{B}\boldsymbol{u}(t),\boldsymbol{x}(t_0)=\boldsymbol{x}_0,t\geqslant t_0\\ \boldsymbol{y}(t)=\boldsymbol{C}\boldsymbol{x}(t)+\boldsymbol{D}\boldsymbol{u}(t)\end{cases} \tag{2.1}$$

运动分析即为在给定初始状态 $\boldsymbol{x}_0$ 和输入向量 $\boldsymbol{u}(t)$ 条件下，求解式（2.1）中以向量微分方程形式描述的状态方程。线性系统有两个基本特性——齐次性和可加性，对于线性系统，根据叠加定理，可以把初始状态和输入向量作用下的运动分解为两个独立的运动，即初始状态引起的运动和输入作用引起的运动。

初始状态引起的运动即为式（2.1）中的齐次状态方程的解，称为零输入响应，该齐次方程即为

$$\dot{\boldsymbol{x}}(t)=\boldsymbol{A}\boldsymbol{x}(t),\boldsymbol{x}(t_0)=\boldsymbol{x}_0,t\geqslant t_0$$

输入向量引起的运动是零初始状态下的非齐次状态方程的解，称为零状态响应，该非齐次方程为

$$\dot{\boldsymbol{x}}(t)=\boldsymbol{A}\boldsymbol{x}(t)+\boldsymbol{B}\boldsymbol{u}(t),\boldsymbol{x}(t_0)=\boldsymbol{x}_0,t\geqslant t_0$$

2.1.1　线性定常系统齐次状态方程的解

齐次状态方程是系统的输入向量 $u(t)$ 为零的状态方程，可表示为

$$\dot{\boldsymbol{x}}(t)=\boldsymbol{A}\boldsymbol{x}(t),\boldsymbol{x}(t_0)=\boldsymbol{x}_0,t\geqslant t_0 \tag{2.2}$$

初始状态为 $\boldsymbol{x}_0$，$\boldsymbol{x}$ 为 n 维列向量，$\boldsymbol{A}$ 为 $n\times n$ 定常矩阵。

齐次状态方程的解又称为系统的自由解，所谓系统的自由解是指输入为零时，由初始状态引起的自由运动。亦称为零输入响应。

式（2.2）是一个一阶矩阵微分方程，求解方法与一阶标量微分方程类似。

$$\dot{\boldsymbol{x}}(t)=\boldsymbol{A}\boldsymbol{x}(t),\quad 则\ \mathrm{d}\boldsymbol{x}=\boldsymbol{A}\boldsymbol{x}(t)\mathrm{d}t$$

两边同时积分：$\int_{t_0}^{t}\mathrm{d}\boldsymbol{x}=\int_{t_0}^{t}\boldsymbol{A}\boldsymbol{x}(t)\mathrm{d}t$

故
$$\boldsymbol{x}(t)-\boldsymbol{x}(t_0)=\int_{t_0}^{t}\boldsymbol{A}\boldsymbol{x}(t)\mathrm{d}t,\boldsymbol{x}(t)=\boldsymbol{x}(t_0)+\int_{t_0}^{t}\boldsymbol{A}\boldsymbol{x}(t)\mathrm{d}t$$

取第一次近似解：

$$\boldsymbol{x}(t)\approx\boldsymbol{x}(t_0)$$

$$\boldsymbol{x}(t)\approx\boldsymbol{x}(t_0)+\int_{t_0}^{t}\boldsymbol{A}\boldsymbol{x}(t_0)\mathrm{d}t=\boldsymbol{x}(t_0)+\boldsymbol{A}\boldsymbol{x}(t_0)(t-t_0)$$
$$=[\boldsymbol{I}+\boldsymbol{A}(t-t_0)]x(t_0)$$

取第二次近似解：

$$\boldsymbol{x}(t)\approx[\boldsymbol{I}+\boldsymbol{A}(t-t_0)\boldsymbol{x}(t_0)]$$

$$\boldsymbol{x}(t)\approx\boldsymbol{x}(t_0)+\int_{t_0}^{t}\boldsymbol{A}[\boldsymbol{I}+\boldsymbol{A}(t-t_0)\boldsymbol{x}(t_0)]\mathrm{d}t=\boldsymbol{x}(t_0)+\left[\boldsymbol{A}(t-t_0)+\frac{1}{2}\boldsymbol{A}^2(t-t_0)^2\right]\boldsymbol{x}(t_0)$$
$$=\left[\boldsymbol{I}+\boldsymbol{A}(t-t_0)+\frac{1}{2}\boldsymbol{A}^2(t-t_0)^2\right]\boldsymbol{x}(t_0)$$

继续上述过程，可以得到第 $n+1$ 次近似解为

$$\boldsymbol{x}(t)\approx\left[\boldsymbol{I}+\boldsymbol{A}(t-t_0)+\frac{1}{2!}\boldsymbol{A}^2(t-t_0)^2+\cdots+\frac{1}{n!}\boldsymbol{A}^n(t-t_0)^n\right]\boldsymbol{x}(t_0)\tag{2.3}$$

经过无穷多次逼近，最后得一个矩阵形式的无穷多项级数。

对初始条件为 $x(t_0)$ 的标量齐次微分方程 $\dot{\boldsymbol{x}}(t)=a\boldsymbol{x}(t)$，解为

$$\boldsymbol{x}(t)=\left[\boldsymbol{I}+a(t-t_0)+\frac{1}{2!}a^2(t-t_0)^2+\cdots+\frac{1}{n!}a^n(t-t_0)^n\right]\boldsymbol{x}(t_0)\tag{2.4}$$

比较式（2.3）、式（2.4），两个级数在形式上完全一样，定义无穷矩阵指数

$$\boldsymbol{I}+\boldsymbol{A}(t-t_0)+\frac{1}{2!}\boldsymbol{A}^2(t-t_0)^2+\cdots+\frac{1}{n!}\boldsymbol{A}^n(t-t_0)^n+\cdots=\mathrm{e}^{\boldsymbol{A}(t-t_0)}\tag{2.5}$$

为矩阵指数函数，简称矩阵指数。故线性定常齐次方程的解为

$$\boldsymbol{x}(t)=\mathrm{e}^{\boldsymbol{A}(t-t_0)}\boldsymbol{x}(t_0)\tag{2.6}$$

式（2.6）表明，线性定常系统在无输入作用即 $u(t)\equiv0$ 时，任一时刻 t 的状态 $\boldsymbol{x}(t)$ 是由起始时刻 t_0 的初始状态 $x(t_0)$ 在 $t-t_0$ 时间内通过矩阵指数 $\mathrm{e}^{\boldsymbol{A}(t-t_0)}$ 演化而来的。鉴于此，将矩阵指数 $\mathrm{e}^{\boldsymbol{A}(t-t_0)}$ 称为状态转移矩阵，并记为

$$\boldsymbol{\Phi}(t-t_0)=\mathrm{e}^{\boldsymbol{A}(t-t_0)}\ 或\ \boldsymbol{\Phi}(t,t_0)=\mathrm{e}^{\boldsymbol{A}(t-t_0)}\tag{2.7}$$

式（2.7）的物理意义是：自由运动的解仅是初始状态的转移，状态转移矩阵包含系统自由运动的全部信息，其唯一决定了系统中各状态变量的自由运动。对线性定常系统而言，在某一确定时刻，其状态转移矩阵 $\boldsymbol{\Phi}(t-t_0)=\mathrm{e}^{\boldsymbol{A}(t-t_0)}$ 为 n 阶常数矩阵，式（2.7）所表达的 $\boldsymbol{x}(t_0)$ 与 $\boldsymbol{x}(t)$ 之间的转移关系在数学上可视为 n 维向量中的一种以状态转移矩阵 $\mathrm{e}^{\boldsymbol{A}(t-t_0)}$ 为变

换阵的线性变换。

结论：若初始时刻 t_0 的状态给定为 $\boldsymbol{x}(t_0)$，齐次状态方程 $\dot{\boldsymbol{x}}(t)=\boldsymbol{A}\boldsymbol{x}(t)$ 的解为

$$\boldsymbol{x}(t)=\mathrm{e}^{\boldsymbol{A}(t-t_0)}\boldsymbol{x}(t_0)\text{或}\boldsymbol{x}(t)=\boldsymbol{\Phi}(t-t_0)\boldsymbol{x}(t_0) \tag{2.8}$$

若初始时刻 $t_0=0$ 的状态给定为 $\boldsymbol{x}(0)$，齐次状态方程 $\dot{x}(t)=\boldsymbol{A}x(t)$ 的解为

$$\boldsymbol{x}(t)=\mathrm{e}^{\boldsymbol{A}t}\boldsymbol{x}(0)\text{或}\boldsymbol{x}(t)=\boldsymbol{\Phi}(t)\boldsymbol{x}(0) \tag{2.9}$$

2.1.2 线性定常系统非齐次状态方程的解

给定线性定常系统非齐次状态方程为

$$\Sigma:\dot{\boldsymbol{x}}(t)=\boldsymbol{A}\boldsymbol{x}(t)+\boldsymbol{B}\boldsymbol{u}(t) \tag{2.10}$$

其中，$\boldsymbol{x}(t)\in\mathbf{R}^n,\boldsymbol{u}(t)\in\mathbf{R}^r,\boldsymbol{A}\in\mathbf{R}^{n\times n},\boldsymbol{B}\in\mathbf{R}^{n\times r}$，且初始条件为 $\boldsymbol{x}(t)\mid_{t=0}=\boldsymbol{x}(0)$。

将式（2.10）写为

$$\dot{\boldsymbol{x}}(t)-\boldsymbol{A}\boldsymbol{x}(t)=\boldsymbol{B}\boldsymbol{u}(t)$$

在上式两边左乘 $\mathrm{e}^{-\boldsymbol{A}t}$，可得

$$\mathrm{e}^{-\boldsymbol{A}t}[\dot{\boldsymbol{x}}(t)-\boldsymbol{A}\boldsymbol{x}(t)]=\frac{\mathrm{d}}{\mathrm{d}t}[\mathrm{e}^{-\boldsymbol{A}t}\boldsymbol{x}(t)]=\mathrm{e}^{-\boldsymbol{A}t}\boldsymbol{B}\boldsymbol{u}(t)$$

将上式由 0 积分到 t，得

$$\mathrm{e}^{-\boldsymbol{A}t}\boldsymbol{x}(t)-\boldsymbol{x}(0)=\int_o^t\mathrm{e}^{-\boldsymbol{A}\tau}\boldsymbol{B}\boldsymbol{u}(\tau)\mathrm{d}\tau$$

故可求出其解为

$$\boldsymbol{x}(t)=\mathrm{e}^{\boldsymbol{A}t}\boldsymbol{x}(0)+\int_o^t\mathrm{e}^{\boldsymbol{A}(t-\tau)}\boldsymbol{B}\boldsymbol{u}(\tau)\mathrm{d}\tau \tag{2.11a}$$

或

$$\boldsymbol{x}(t)=\boldsymbol{\Phi}(t)\boldsymbol{x}(0)+\int_o^t\boldsymbol{\Phi}(t-\tau)\boldsymbol{B}\boldsymbol{u}(\tau)\mathrm{d}\tau \tag{2.11b}$$

式中，$\boldsymbol{\Phi}(t)=\mathrm{e}^{\boldsymbol{A}t}$ 为系统的状态转移矩阵。

对于线性时变系统非齐次状态方程

$$\dot{\boldsymbol{x}}(t)=\boldsymbol{A}(t)\boldsymbol{x}(t)+\boldsymbol{B}(t)\boldsymbol{u}(t) \tag{2.12}$$

类似可求出其解为

$$\boldsymbol{x}(t)=\boldsymbol{\Phi}(t,0)\boldsymbol{x}(0)+\int_o^t\boldsymbol{\Phi}(t,\tau)\boldsymbol{B}(\tau)\boldsymbol{u}(\tau)\mathrm{d}\tau \tag{2.13}$$

一般来说，线性时变系统的状态转移矩阵 $\boldsymbol{\Phi}(t,t_0)$ 只能表示成一个无穷项之和，只有在特殊情况下，才能写成矩阵指数函数的形式。

2.2 状态转移矩阵

2.2.1 状态转移矩阵的性质

定义 2.1 系统状态转移矩阵 $\boldsymbol{\Phi}(t,t_0)$ 是满足如下矩阵微分方程和初始条件

$$\begin{cases}\dot{\boldsymbol{\Phi}}(t,t_0)=\boldsymbol{A}(t)\boldsymbol{\Phi}(t,t_0)\\ \boldsymbol{\Phi}(t_0,t_0)=\boldsymbol{I}\end{cases} \tag{2.14}$$

的解。

下面不加证明地给出线性定常系统状态转移矩阵的几个重要性质：

1. 组合性质

$$\boldsymbol{\Phi}(t)\boldsymbol{\Phi}(\tau)=\boldsymbol{\Phi}(t+\tau)$$

$$\boldsymbol{\Phi}(t_2-t_1)\boldsymbol{\Phi}(t_1-t_0)=\boldsymbol{\Phi}(t_2-t_0)$$

这一性质表明，状态转移矩阵具有分解性，可以认为状态转移过程可分为若干个小的转移过程，上述从 t_0到 t_2的转移过程可认为从 t_0到 t_1，再由 t_1到 t_2转移的组合。

2. 不发生时间推移下的不变性

$$\boldsymbol{\Phi}(t,t)=\boldsymbol{I}$$

$$\boldsymbol{\Phi}(0)=\boldsymbol{I}$$

初始时刻 $t_0=0$ 的状态转移矩阵为单位矩阵，状态向量从 t 到 t，状态向量没有发生转移，状态向量是不变的。

3. 可逆性（逆转性）

$$\boldsymbol{\Phi}^{-1}(t)=\boldsymbol{\Phi}(-t)$$

$$\boldsymbol{\Phi}^{-1}(-t)=\boldsymbol{\Phi}(t)$$

这一性质表明，状态转移矩阵非奇异，系统状态的转移是双向、可逆的。t 时刻的状态 $x(t)$ 由初始状态 $x(0)$ 在时间 t 内通过状态转移矩阵 $\boldsymbol{\Phi}(t)$ 转移而来，即 $\boldsymbol{x}(t)=\boldsymbol{\Phi}(t)\boldsymbol{x}(0)$；则 $\boldsymbol{x}(0)$ 可由 $\boldsymbol{x}(t)$ 通过 $\boldsymbol{\Phi}(t)$ 的逆转移而来，即 $\boldsymbol{x}(0)=\boldsymbol{\Phi}^{-1}(t)\boldsymbol{x}(t)$。利用此性质，可以在已知的 $\boldsymbol{x}(t)$ 情况下，求出小于时刻 t 的 $\boldsymbol{x}(t_0)$ 初始状态。

4. 微分性

$$\dot{\boldsymbol{\Phi}}(t)=\boldsymbol{A}\boldsymbol{\Phi}(t)=\boldsymbol{\Phi}(t)\boldsymbol{A}$$

状态转移矩阵对时间的求导，$\boldsymbol{\Phi}(t)$ 与 $\boldsymbol{A}$ 可以交换。

1）矩阵 $\boldsymbol{A}$ 和 $\boldsymbol{\Phi}(t)$ 相乘可交换，结果不变。

2）$\dot{\boldsymbol{\Phi}}(0)=\boldsymbol{A}$。

3）$\boldsymbol{\Phi}(t)$ 是微分方程 $\dot{\boldsymbol{\Phi}}(t)=\boldsymbol{A}\boldsymbol{\Phi}(t)$，$\boldsymbol{\Phi}(0)=\boldsymbol{I}$ 的唯一解。

5. 倍时性

$$[\boldsymbol{\Phi}(t)]^k=\boldsymbol{\Phi}(kt)$$

状态转移矩阵的 k 次方等于该状态转移矩阵的时间自变量扩大为 k 倍。

6. 交换性

对于 $n\times n$ 阶方阵 $\boldsymbol{A}$ 和 $\boldsymbol{B}$ 是可交换的，即 $\boldsymbol{AB}=\boldsymbol{BA}$，则有 $\mathrm{e}^{(\boldsymbol{A}+\boldsymbol{B})t}=\mathrm{e}^{\boldsymbol{A}t}\mathrm{e}^{\boldsymbol{B}t}$。

若计算时变系统状态转移矩阵，采用下面的公式：

$$\boldsymbol{\Phi}(t,t_0)=\boldsymbol{I}+\int_{t_0}^{t}\boldsymbol{A}(\tau)\mathrm{d}\tau+\int_{t_0}^{t}\boldsymbol{A}(\tau_1)\left[\int_{t_0}^{\tau_1}\boldsymbol{A}(\tau_2)\mathrm{d}\tau_2\right]\mathrm{d}\tau_1+\cdots \tag{2.15}$$

式（2.15）一般不能写成封闭形式，可按精度要求，用数值计算的方法取有限项近似。特别地，只有当满足

$$\boldsymbol{A}(t)\left[\int_{t_0}^{t}\boldsymbol{A}(\tau)\mathrm{d}\tau\right]=\left[\int_{t_0}^{t}\boldsymbol{A}(\tau)\mathrm{d}\tau\right]\boldsymbol{A}(t)$$

即在矩阵乘法可交换的条件下，$\boldsymbol{\Phi}(t,t_0)$ 才可表示为如下矩阵指数函数形式：

$$\boldsymbol{\Phi}(t,t_0)=\exp\left\{\int_{t_0}^{t}\boldsymbol{A}(\tau)\mathrm{d}\tau\right\} \tag{2.16}$$

显然，定常系统的状态转移矩阵 $\boldsymbol{\Phi}(t-t_0)$ 不依赖于初始时刻 t_0，其性质仅是上述时变系统的特例。

2.2.2 几个特殊的状态转移矩阵

1）若 $\boldsymbol{A}$ 为对角矩阵，即

$$\boldsymbol{A}=\begin{pmatrix}\lambda_1 & & & \boldsymbol{0}\\ & \lambda_2 & & \\ & & \ddots & \\ \boldsymbol{0} & & & \lambda_n\end{pmatrix}$$

则 $\mathrm{e}^{\boldsymbol{A}t}$ 也为对角矩阵，且有

$$\mathrm{e}^{\boldsymbol{A}t}=\begin{pmatrix}\mathrm{e}^{\lambda_1 t} & & & \boldsymbol{0}\\ & \mathrm{e}^{\lambda_2 t} & & \\ & & \ddots & \\ \boldsymbol{0} & & & \mathrm{e}^{\lambda_n t}\end{pmatrix} \tag{2.17}$$

证明 把对角矩阵 $\boldsymbol{A}$ 代入定义式（2.5），有

$$\begin{aligned}\mathrm{e}^{\boldsymbol{A}t}&=\boldsymbol{I}+\boldsymbol{A}t+\frac{1}{2!}\boldsymbol{A}^2t^2+\cdots\\ &=\begin{pmatrix}1 & & & \boldsymbol{0}\\ & 1 & & \\ & & \ddots & \\ \boldsymbol{0} & & & 1\end{pmatrix}+\begin{pmatrix}\lambda_1 & & & \boldsymbol{0}\\ & \lambda_2 & & \\ & & \ddots & \\ \boldsymbol{0} & & & \lambda_n\end{pmatrix}t+\frac{1}{2!}\begin{pmatrix}\lambda_1^2 & & & \boldsymbol{0}\\ & \lambda_2^2 & & \\ & & \ddots & \\ \boldsymbol{0} & & & \lambda_n^2\end{pmatrix}t^2+\cdots\\ &=\begin{pmatrix}\sum\limits_{n=0}^{\infty}\frac{1}{n!}\lambda_1^n t^n & & & \boldsymbol{0}\\ & \sum\limits_{n=0}^{\infty}\frac{1}{n!}\lambda_2^n t^n & & \\ & & \ddots & \\ \boldsymbol{0} & & & \sum\limits_{n=0}^{\infty}\frac{1}{n!}\lambda_n^n t^n\end{pmatrix}=\begin{pmatrix}\mathrm{e}^{\lambda_1 t} & & & \boldsymbol{0}\\ & \mathrm{e}^{\lambda_2 t} & & \\ & & \ddots & \\ \boldsymbol{0} & & & \mathrm{e}^{\lambda_n t}\end{pmatrix}\end{aligned}$$

可见，当 $\boldsymbol{A}$ 为对角矩阵时，$\mathrm{e}^{\boldsymbol{A}t}$ 的计算很简单。

2）若 $\boldsymbol{A}$ 能通过非奇异变换为对角矩阵，即 $\boldsymbol{P}^{-1}\boldsymbol{A}\boldsymbol{P}=\lambda$，则

$$\mathrm{e}^{\boldsymbol{A}t}=\boldsymbol{P}\begin{pmatrix}\mathrm{e}^{\lambda_1 t} & & & & \boldsymbol{0}\\ & \mathrm{e}^{\lambda_2 t} & & & \\ & & \mathrm{e}^{\lambda_3 t} & & \\ & & & \ddots & \\ \boldsymbol{0} & & & & \mathrm{e}^{\lambda_n t}\end{pmatrix}\boldsymbol{P}^{-1} \tag{2.18}$$

3）若 $\boldsymbol{A}$ 为约当矩阵，即

$$\boldsymbol{A}=\begin{pmatrix}\lambda & 1 & & & \boldsymbol{0}\\ & \lambda & \ddots & & \\ & & \ddots & \ddots & \\ & & & \ddots & 1\\ \boldsymbol{0} & & & & \lambda\end{pmatrix}_{n\times n}$$

则矩阵指数 e^{At} 为

$$e^{At}=e^{\lambda t}\begin{pmatrix}1 & t & \frac{1}{2!}t^2 & \cdots & \frac{1}{(n-1)!}t^{n-1}\\ & 1 & t & \cdots & \frac{1}{(n-2)!}t^{n-2}\\ & & \ddots & \ddots & \vdots\\ & & & \ddots & t\\ \mathbf{0} & & & & 1\end{pmatrix} \tag{2.19}$$

设矩阵 $\boldsymbol{A}$ 是一个有多个约当块的约当矩阵，即

$$\boldsymbol{A}=\begin{pmatrix}\boldsymbol{A}_1 & & & & \mathbf{0}\\ & \boldsymbol{A}_2 & & & \\ & & \boldsymbol{A}_3 & & \\ & & & \ddots & \\ \mathbf{0} & & & & \boldsymbol{A}_n\end{pmatrix}$$

式中 $\boldsymbol{A}_1$、$\boldsymbol{A}2$、…、$\boldsymbol{A}_n$代表约当块，则

$$e^{At}=\begin{pmatrix}e^{A_1 t} & & & & \mathbf{0}\\ & e^{A_2 t} & & & \\ & & e^{A_3 t} & & \\ & & & \ddots & \\ \mathbf{0} & & & & e^{A_n t}\end{pmatrix} \tag{2.20}$$

4）$\boldsymbol{A}$ 为模态矩阵

$$\boldsymbol{A}=\begin{pmatrix}\sigma & \omega\\ -\omega & \sigma\end{pmatrix}$$

则

$$e^{At}=\begin{pmatrix}\cos\omega t & \sin\omega t\\ -\sin\omega t & \cos\omega t\end{pmatrix} \tag{2.21}$$

2.3 向量矩阵分析中的若干结果

本节将补充介绍在 2.4 节中将用到的有关矩阵分析中一些结果，即着重讨论凯莱-哈密顿（Caley-Hamilton）定理和最小多项式。

2.3.1 凯莱-哈密顿定理

在证明有关矩阵方程的定理或解决有关矩阵方程的问题时，凯莱-哈密顿定理是非常有用的。

考虑 $n\times n$ 维矩阵 $\boldsymbol{A}$ 及其特征方程

$$|\lambda\boldsymbol{I}-\boldsymbol{A}|=\lambda^n+a_1\lambda^{n-1}+\cdots+a_{n-1}\lambda+a_n=0$$

凯莱-哈密顿定理指出，矩阵 $\boldsymbol{A}$ 满足其自身的特征方程，即

$$\boldsymbol{A}^n+a_1\boldsymbol{A}^{n-1}+\cdots+a_{n-1}\boldsymbol{A}+a_n\boldsymbol{I}=0 \tag{2.22}$$

为了证明此定理，注意到（$\lambda\boldsymbol{I}-\boldsymbol{A}$）的伴随矩阵 adj($\lambda\boldsymbol{I}-\boldsymbol{A}$)是 λ 的 $n-1$ 次多项式，即

$$\mathrm{adj}(\lambda\boldsymbol{I}-\boldsymbol{A})=\boldsymbol{B}_1\lambda^{n-1}+\boldsymbol{B}_2\lambda^{n-2}+\cdots+\boldsymbol{B}_{n-1}\lambda+\boldsymbol{B}_n$$

式中，$\boldsymbol{B}_1=\boldsymbol{I}$。由于

$$(\lambda\boldsymbol{I}-\boldsymbol{A})\mathrm{adj}(\lambda\boldsymbol{I}-\boldsymbol{A})=[\mathrm{adj}(\lambda\boldsymbol{I}-\boldsymbol{A})](\lambda\boldsymbol{I}-\boldsymbol{A})=|\lambda\boldsymbol{I}-\boldsymbol{A}|\boldsymbol{I}$$

可得

$$\begin{aligned}|\lambda\boldsymbol{I}-\boldsymbol{A}|\boldsymbol{I}&=\boldsymbol{I}\lambda^n+a_1\boldsymbol{I}\lambda^{n-1}+\cdots+a_{n-1}\boldsymbol{I}\lambda+a_n\boldsymbol{I}\\&=(\lambda\boldsymbol{I}-\boldsymbol{A})(\boldsymbol{B}_1\lambda^{n-1}+\boldsymbol{B}_2\lambda^{n-2}+\cdots+\boldsymbol{B}_{n-1}\lambda+\boldsymbol{B}_n)\\&=(\boldsymbol{B}_1\lambda^{n-1}+\boldsymbol{B}_2\lambda^{n-2}+\cdots+\boldsymbol{B}_{n-1}\lambda+\boldsymbol{B}_n)(\lambda\boldsymbol{I}-\boldsymbol{A})\end{aligned}$$

从上式可看出，$\boldsymbol{A}$ 和 $\boldsymbol{B}_i(i=1,2,\cdots,n)$相乘的次序是可交换的。因此，如果($\lambda\boldsymbol{I}-\boldsymbol{A}$)及其伴随矩阵 adj($\lambda\boldsymbol{I}-\boldsymbol{A}$)中有一个为零，则其乘积为零。如果在上式中用 $\boldsymbol{A}$ 代替 λ，显然 $\lambda\boldsymbol{I}-\boldsymbol{A}$ 为零。这样

$$\boldsymbol{A}^n+a_1\boldsymbol{A}^{n-1}+\cdots+a_{n-1}\boldsymbol{A}+a_n\boldsymbol{I}=0$$

即证明了凯莱-哈密顿定理。

2.3.2 最小多项式

按照凯莱-哈密顿定理，任一 $n\times n$ 维矩阵 $\boldsymbol{A}$ 满足其自身的特征方程，然而特征方程不一定是 $\boldsymbol{A}$ 满足的最小阶次的标量方程。将矩阵 $\boldsymbol{A}$ 为其根的最小阶次多项式称为最小多项式，也就是说，定义 $n\times n$ 维矩阵 $\boldsymbol{A}$ 的最小多项式为最小阶次的多项式 $\phi(\lambda)$，即

$$\phi(\lambda)=\lambda^m+a_1\lambda^{m-1}+\cdots+a_{m-1}\lambda+a_m,\quad m\leqslant n$$

使得 $\phi(\boldsymbol{A})=0$，或者

$$\phi(\boldsymbol{A})=\boldsymbol{A}^m+a_1\boldsymbol{A}^{m-1}+\cdots+a_{m-1}\boldsymbol{A}+a_m\boldsymbol{I}=0$$

最小多项式在 $n\times n$ 维矩阵多项式的计算中起着重要作用。

假设 λ 的多项式 $d(\lambda)$是($\lambda\boldsymbol{I}-\boldsymbol{A}$)的伴随矩阵 adj($\lambda\boldsymbol{I}-\boldsymbol{A}$)的所有元素的最高公约式。可以证明，如果将 $d(\lambda)$的 λ 最高阶次的系数选为 1，则最小多项式 $\phi(\lambda)$由下式给出：

$$\phi(\lambda)=\frac{|\lambda\boldsymbol{I}-\boldsymbol{A}|}{d(\lambda)}\tag{2.23}$$

注意，$n\times n$ 维矩阵 $\boldsymbol{A}$ 的最小多项式 $\phi(\lambda)$可按下列步骤求出：

1）根据伴随矩阵 adj($\lambda\boldsymbol{I}-\boldsymbol{A}$)，写出作为 λ 的因式分解多项式的 adj($\lambda\boldsymbol{I}-\boldsymbol{A}$)的各元素。

2）确定作为伴随矩阵 adj($\lambda\boldsymbol{I}-\boldsymbol{A}$)各元素的最高公约式 $d(\lambda)$。选取 $d(\lambda)$的 λ 最高阶次系数为 1。如果不存在公约式，则 $d(\lambda)=1$。

3）最小多项式 $\phi(\lambda)$可由 $|\lambda\boldsymbol{I}-\boldsymbol{A}|$ 除以 $d(\lambda)$得到。

2.4 矩阵指数函数 $e^{\boldsymbol{A}t}$的计算

前已指出，状态方程的解实质上可归结为计算状态转移矩阵，即矩阵指数函数 $e^{\boldsymbol{A}t}$。如果给定矩阵 $\boldsymbol{A}$ 中所有元素的值，MATLAB 将提供一种计算 $e^{\boldsymbol{A}t}$的简便方法。

除了上述方法外，对 $e^{\boldsymbol{A}t}$的计算还有几种分析方法可供使用。这里介绍其中的 4 种计算方法。

2.4.1 直接计算法（级数展开法）

直接根据矩阵指数的定义式计算，即

$$e^{\boldsymbol{A}t}=\boldsymbol{I}+\boldsymbol{A}t+\frac{\boldsymbol{A}^2t^2}{2!}+\frac{\boldsymbol{A}^3t^3}{3!}+\cdots=\sum_{k=0}^{\infty}\frac{1}{k!}\boldsymbol{A}^kt^k \tag{2.24}$$

可以证明，对所有常数矩阵 $\boldsymbol{A}$ 和有限的 t 值来说，这个无穷级数都是收敛的。

故可以通过计算该矩阵级数的和来得到所要求的状态转移矩阵。该方法具有编程简单、适合计算机进行数值求解的优点，但若采用手工计算，因需对无穷级数求和，通常只能得到数值结果，难以获得解析表达式。

对于给定的 t 值，可以通过计算该矩阵级数的部分和得到状态转移矩阵的近似值，其精度取决于所取部分和的项数。以下给出当 $t=1$ 时，计算状态转移矩阵 $\boldsymbol{\Phi}(t)$ 的 MATLAB 程序：

```
Function E=expm2(A)
E=zeros(size(A));
F=eye(size(A));
K=1;
While norm(E + F-E,1)>0
E= E+F;
F=A * F/K;
K=K+1;
end
```

其中的 E 表示式（2.24）的部分和，F 表示要加到该部分和中的下一个项。注意：若以 c_k 表示式（2.24）的第 k 项，则 $c_{k+1}=(\boldsymbol{A}/K)c_k$。由于算法要比较的是 F 和 E，而不是 F 和零，因此用范数 norm(E+F−E,1)而不是 norm(F,1)来确定计算是否停止。norm 表示矩阵的 1−范数。

例 2.1 已知矩阵 $\boldsymbol{A}=\begin{pmatrix}0 & 1\\ -1 & 0\end{pmatrix}$，求矩阵指数 $e^{\boldsymbol{A}t}$ 及状态方程的解。

解 根据式（2.24）

$$\begin{aligned}\boldsymbol{\Phi}(t)&=e^{\boldsymbol{A}t}=\boldsymbol{I}+\boldsymbol{A}t+\frac{1}{2!}\boldsymbol{A}^2t^2+\cdots+\frac{1}{k!}\boldsymbol{A}^kt^k+\cdots\\&=\begin{pmatrix}1 & 0\\ 0 & 1\end{pmatrix}+\begin{pmatrix}0 & t\\ -t & 0\end{pmatrix}+\frac{1}{2!}\begin{pmatrix}-t^2 & 0\\ 0 & -t^2\end{pmatrix}+\frac{1}{3!}\begin{pmatrix}0 & -t^3\\ t^3 & 0\end{pmatrix}+\cdots\\&=\begin{pmatrix}1-\frac{t^2}{2!}+\frac{t^4}{4!}-\cdots & 1-\frac{t^3}{3!}+\frac{t^5}{5!}-\cdots\\ -\left(t-\frac{t^3}{3!}+\frac{t^5}{5!}-\cdots\right) & 1-\frac{t^2}{2!}+\frac{t^4}{4!}-\cdots\end{pmatrix}=\begin{pmatrix}\cos t & \sin t\\ -\sin t & \cos t\end{pmatrix}\end{aligned}$$

故根据式（2.9）可得齐次状态方程的解为

$$\begin{pmatrix}x_1(t)\\ x_2(t)\end{pmatrix}=\begin{pmatrix}\cos t & \sin t\\ -\sin t & \cos t\end{pmatrix}\begin{pmatrix}x_1(0)\\ x_2(0)\end{pmatrix}$$

2.4.2 对角线标准型与约当标准型法

通常情况下，矩阵 $\boldsymbol{A}$ 不是对角阵，如果矩阵 $\boldsymbol{A}$ 具有 n 个两两相异的特征值，或具有相同特征值，但是仍有 n 个线性无关的特征向量，即存在非奇异变换，可将矩阵 $\boldsymbol{A}$ 对角化，仍可方便地计算 $\boldsymbol{\Phi}(t)$。

给定 $n\times n$ 矩阵 $\boldsymbol{A}$，若存在非奇异变换矩阵 $\boldsymbol{P}$，可将矩阵 $\boldsymbol{A}$ 变换为对角线标准型，那么 $\mathrm{e}^{\boldsymbol{A}t}$ 可由下式给出：

$$\mathrm{e}^{\boldsymbol{A}t}=\boldsymbol{P}\mathrm{e}^{\boldsymbol{\Lambda}t}\boldsymbol{P}^{-1}=\boldsymbol{P}\begin{pmatrix}\mathrm{e}^{\lambda_1 t} & & & \\ & \mathrm{e}^{\lambda_2 t} & & 0 \\ & & \ddots & \\ & 0 & & \mathrm{e}^{\lambda_n t}\end{pmatrix}\boldsymbol{P}^{-1} \tag{2.25}$$

式中，$\boldsymbol{P}$ 是将 $\boldsymbol{A}$ 对角线化的非奇异线性变换矩阵。

例 2.2 已知系统的状态方程为

$$\begin{pmatrix}\dot{x}_1\\ \dot{x}_2\end{pmatrix}=\begin{pmatrix}0 & 1\\ -3 & -4\end{pmatrix}\begin{pmatrix}x_1\\ x_2\end{pmatrix}+\begin{pmatrix}0\\ 1\end{pmatrix}u$$

试求：(1) 化为对角标准型；(2) 计算 $\mathrm{e}^{\boldsymbol{A}t}$。

解 (1) 求矩阵 $\boldsymbol{A}$ 的特征值

$$|\lambda\boldsymbol{I}-\boldsymbol{A}|=\begin{vmatrix}\lambda & -1\\ 3 & \lambda+4\end{vmatrix}=\lambda(\lambda+4)+3=0$$

则特征值为：$\lambda_1=-1$，$\lambda_2=-3$。

因为矩阵 $\boldsymbol{A}$ 为友矩阵，则 $\boldsymbol{P}$ 取范德蒙德矩阵

$$\boldsymbol{P}=\begin{pmatrix}1 & 1\\ -1 & -3\end{pmatrix}$$

其逆矩阵为

$$\boldsymbol{P}^{-1}=\frac{1}{|\boldsymbol{P}|}\boldsymbol{P}^{*}=\frac{1}{-2}\begin{pmatrix}-3 & -1\\ 1 & 1\end{pmatrix}=\begin{pmatrix}\frac{3}{2} & \frac{1}{2}\\ -\frac{1}{2} & -\frac{1}{2}\end{pmatrix}$$

$$\overline{\boldsymbol{A}}=\boldsymbol{P}^{-1}\boldsymbol{A}\boldsymbol{P}=\begin{pmatrix}\frac{3}{2} & \frac{1}{2}\\ -\frac{1}{2} & -\frac{1}{2}\end{pmatrix}\begin{pmatrix}0 & 1\\ -3 & -4\end{pmatrix}\begin{pmatrix}1 & 1\\ -1 & -3\end{pmatrix}=\begin{pmatrix}-\frac{3}{2} & -\frac{1}{2}\\ \frac{3}{2} & \frac{3}{2}\end{pmatrix}\begin{pmatrix}1 & 1\\ -1 & -3\end{pmatrix}=\begin{pmatrix}-1 & 0\\ 0 & -3\end{pmatrix}$$

$$\overline{\boldsymbol{B}}=\boldsymbol{P}^{-1}\boldsymbol{B}=\begin{pmatrix}\frac{3}{2} & \frac{1}{2}\\ -\frac{1}{2} & -\frac{1}{2}\end{pmatrix}\begin{pmatrix}0\\ 1\end{pmatrix}=\begin{pmatrix}\frac{1}{2}\\ -\frac{1}{2}\end{pmatrix}$$

$$\begin{pmatrix}\dot{x}_1\\ \dot{x}_2\end{pmatrix}=\begin{pmatrix}-1 & 0\\ 0 & -3\end{pmatrix}\begin{pmatrix}x_1\\ x_2\end{pmatrix}+\begin{pmatrix}\dfrac{1}{2}\\ -\dfrac{1}{2}\end{pmatrix}u$$

（2）求 $e^{At}=Pe^{\lambda t}P^{-1}$

即

$$e^{At}=\begin{pmatrix}1 & 1\\ -1 & -3\end{pmatrix}\begin{pmatrix}e^{-t} & 0\\ 0 & e^{-3t}\end{pmatrix}\begin{pmatrix}\dfrac{3}{2} & \dfrac{1}{2}\\ -\dfrac{1}{2} & -\dfrac{1}{2}\end{pmatrix}=\begin{pmatrix}e^{-t} & e^{-3t}\\ -e^{-t} & -3e^{-3t}\end{pmatrix}\begin{pmatrix}\dfrac{3}{2} & \dfrac{1}{2}\\ -\dfrac{1}{2} & -\dfrac{1}{2}\end{pmatrix}$$

$$=\begin{pmatrix}\dfrac{3}{2}e^{-t}-\dfrac{1}{2}e^{-3t} & \dfrac{1}{2}e^{-t}-\dfrac{1}{2}e^{-3t}\\ -\dfrac{3}{2}e^{-t}+\dfrac{3}{2}e^{-3t} & -\dfrac{1}{2}e^{-t}+\dfrac{3}{2}e^{-3t}\end{pmatrix}$$

类似地，若矩阵 A 可变换为约当标准型，则 e^{At} 可由下式确定出：

$$e^{At}=Pe^{At}P^{-1} \tag{2.26}$$

$$P^{-1}AP=\begin{pmatrix}\lambda & 1 & & & \mathbf{0}\\ & \lambda & 1 & & \\ & & \ddots & \ddots & \\ & & & \lambda & 1\\ \mathbf{0} & & & & \lambda\end{pmatrix}$$

$$e^{At}=Pe^{\lambda t}\begin{pmatrix}1 & t & \dfrac{1}{2!}t^2 & \cdots & \dfrac{1}{(n-1)!}t^{n-1}\\ & 1 & t & \cdots & \dfrac{1}{(n-2)!}t^{n-2}\\ & & \ddots & \ddots & \vdots\\ & & & \ddots & t\\ \mathbf{0} & & & & 1\end{pmatrix}P^{-1} \tag{2.27}$$

例 2.3 考虑如下矩阵：

$$A=\begin{pmatrix}0 & 1 & 0\\ 0 & 0 & 1\\ 1 & -3 & 3\end{pmatrix}$$

解 该矩阵的特征方程为

$$|\lambda I-A|=\lambda^3-3\lambda^2+3\lambda-1=(\lambda-1)^3=0$$

因此，矩阵 A 有三个相重特征值 $\lambda=1$。可以证明，矩阵 A 也将具有三重特征向量（即有两个广义特征向量）。易知，将矩阵 A 变换为约当标准型的变换矩阵为

$$P=\begin{pmatrix}1 & 0 & 0\\ 1 & 1 & 0\\ 1 & 2 & 1\end{pmatrix}$$

矩阵 $\boldsymbol{P}$ 的逆为

$$\boldsymbol{P}^{-1}=\begin{pmatrix}1&0&0\\-1&1&0\\1&-2&1\end{pmatrix}$$

于是

$$\boldsymbol{P}^{-1}\boldsymbol{A}\boldsymbol{P}=\begin{pmatrix}1&0&0\\-1&1&0\\1&-2&1\end{pmatrix}\begin{pmatrix}0&1&0\\0&0&1\\1&-3&3\end{pmatrix}\begin{pmatrix}1&0&0\\1&1&0\\1&2&1\end{pmatrix}$$

$$=\begin{pmatrix}1&1&0\\0&1&1\\0&0&1\end{pmatrix}=\boldsymbol{J}$$

注意到

$$\mathrm{e}^{\boldsymbol{\Lambda}t}=\begin{pmatrix}\mathrm{e}^t&t\mathrm{e}^t&\frac{1}{2}t^2\mathrm{e}^t\\0&\mathrm{e}^t&t\mathrm{e}^t\\0&0&\mathrm{e}^t\end{pmatrix}$$

可得

$$\mathrm{e}^{\boldsymbol{A}t}=\boldsymbol{P}\mathrm{e}^{\boldsymbol{\Lambda}t}\boldsymbol{P}^{-1}$$

即

$$\begin{pmatrix}1&0&0\\1&1&0\\1&2&1\end{pmatrix}\begin{pmatrix}\mathrm{e}^t&t\mathrm{e}^t&\frac{1}{2}t^2\mathrm{e}^t\\0&\mathrm{e}^t&t\mathrm{e}^t\\0&0&\mathrm{e}^t\end{pmatrix}\begin{pmatrix}1&0&0\\-1&1&0\\1&-2&1\end{pmatrix}$$

$$=\begin{pmatrix}\mathrm{e}^t-t\mathrm{e}^t+\frac{1}{2}t^2\mathrm{e}^t&t\mathrm{e}^t-t^2\mathrm{e}^t&\frac{1}{2}t^2\mathrm{e}^t\\\frac{1}{2}t^2\mathrm{e}^t&\mathrm{e}^t-t\mathrm{e}^t-t^2\mathrm{e}^t&t\mathrm{e}^t+\frac{1}{2}t^2\mathrm{e}^t\\t\mathrm{e}^t+\frac{1}{2}t^2\mathrm{e}^t&-3t\mathrm{e}^t-t^2\mathrm{e}^t&\mathrm{e}^t+2t\mathrm{e}^t+\frac{1}{2}t^2\mathrm{e}^t\end{pmatrix}$$

一般情况下，矩阵 $\boldsymbol{A}$ 既具有多重特征值，又具有单特征值。若矩阵 $\boldsymbol{A}$ 有两重特征值 λ_1、三重特征值 λ_2 和单特征值 λ_3，且能找到非奇异变换矩阵 $\boldsymbol{P}$，使 $\boldsymbol{A}$ 约当化为

$$\boldsymbol{A}=\boldsymbol{P}\begin{pmatrix}\lambda_1&1&&&&\boldsymbol{0}\\&\lambda_1&&&&\\&&\lambda_2&1&&\\&&&\lambda_2&1&\\&&&&\lambda_2&\\\boldsymbol{0}&&&&&\lambda_3\end{pmatrix}\boldsymbol{P}^{-1}$$

则其状态转移矩阵具有如下形式：

$$
\boldsymbol{\Phi}(t)=\mathrm{e}^{\boldsymbol{A}t}=\boldsymbol{P}\begin{pmatrix} \mathrm{e}^{\lambda_1 t} & t\mathrm{e}^{\lambda_1 t} & 0 & 0 & 0 & 0 \\ 0 & \mathrm{e}^{\lambda_1 t} & 0 & 0 & 0 & 0 \\ 0 & 0 & \mathrm{e}^{\lambda_2 t} & t\mathrm{e}^{\lambda_2 t} & \dfrac{t^2}{2}\mathrm{e}^{\lambda_2 t} & 0 \\ 0 & 0 & 0 & \mathrm{e}^{\lambda_2 t} & t\mathrm{e}^{\lambda_2 t} & 0 \\ 0 & 0 & 0 & 0 & \mathrm{e}^{\lambda_2 t} & 0 \\ 0 & 0 & 0 & 0 & 0 & \mathrm{e}^{\lambda_3 t} \end{pmatrix}\boldsymbol{P}^{-1} \tag{2.28}
$$

例 2.4　已知矩阵 $\boldsymbol{A}=\begin{pmatrix} 0 & 1 & 0 \\ 0 & 0 & 1 \\ 2 & 3 & 0 \end{pmatrix}$，试计算矩阵指数 $\mathrm{e}^{\boldsymbol{A}t}$。

解　先求出矩阵 $\boldsymbol{A}$ 的特征多项式

$$
|\lambda\boldsymbol{I}-\boldsymbol{A}|=\begin{vmatrix} \lambda & -1 & 0 \\ 0 & \lambda & -1 \\ -2 & -3 & \lambda \end{vmatrix}=(\lambda+1)(\lambda+1)(\lambda-2)=0
$$

可得二重特征值 $\lambda_{1,2}=-1$，单特征值 $\lambda_3=2$，通过求出特征向量和广义特征向量得到非奇异变换矩阵使 $\boldsymbol{A}$ 约当化

$$
\boldsymbol{P}=\begin{pmatrix} 1 & 0 & 1 \\ -1 & 1 & 2 \\ 1 & -2 & 4 \end{pmatrix},\quad \boldsymbol{P}^{-1}=\frac{1}{9}\begin{pmatrix} 8 & -2 & -1 \\ 6 & 3 & -3 \\ 1 & 2 & 1 \end{pmatrix}
$$

根据式（2.28），可得状态转移矩阵为

$$
\boldsymbol{\Phi}(t)=\mathrm{e}^{\boldsymbol{A}t}=\boldsymbol{P}\begin{pmatrix} \mathrm{e}^{\lambda_1 t} & t\mathrm{e}^{\lambda_1 t} & 0 \\ 0 & \mathrm{e}^{\lambda_1 t} & 0 \\ 0 & 0 & \mathrm{e}^{\lambda_3 t} \end{pmatrix}\boldsymbol{P}^{-1}=\frac{1}{9}\begin{pmatrix} 1 & 0 & 1 \\ -1 & 1 & 2 \\ 1 & -2 & 4 \end{pmatrix}\begin{pmatrix} \mathrm{e}^{\lambda_1 t} & t\mathrm{e}^{\lambda_1 t} & 0 \\ 0 & \mathrm{e}^{\lambda_1 t} & 0 \\ 0 & 0 & \mathrm{e}^{\lambda_3 t} \end{pmatrix}\begin{pmatrix} 8 & -2 & -1 \\ 6 & 3 & -3 \\ 1 & 2 & 1 \end{pmatrix}
$$

$$
=\frac{1}{9}\begin{pmatrix} \mathrm{e}^{2t}+2(4+3t)\mathrm{e}^{-t} & 2\mathrm{e}^{2t}+(-2+3t)\mathrm{e}^{-t} & \mathrm{e}^{2t}-(1+3t)\mathrm{e}^{-t} \\ 2\mathrm{e}^{2t}-2(1+3t)\mathrm{e}^{-t} & 4\mathrm{e}^{2t}-(-5+3t)\mathrm{e}^{-t} & 2\mathrm{e}^{2t}+(-2+3t)\mathrm{e}^{-t} \\ 4\mathrm{e}^{2t}+2(-2+3t)\mathrm{e}^{-t} & 8\mathrm{e}^{2t}+(-8+3t)\mathrm{e}^{-t} & 4\mathrm{e}^{2t}-(-5+3t)\mathrm{e}^{-t} \end{pmatrix}
$$

2.4.3　拉普拉斯变换法

采用拉普拉斯变换法求解状态转移矩阵，这种方法实际上是用拉普拉斯变换法在频域中求齐次状态方程的解。

设线性定常齐次状态方程为

$$
\dot{\boldsymbol{x}}(t)=\boldsymbol{A}\boldsymbol{x}(t),\quad \boldsymbol{x}(0)=\boldsymbol{x}_0,\ t\geqslant t_0
$$

式中，$\boldsymbol{x}(0)$为初始条件。

对上式两边进行拉普拉斯变换，得

$$
s\boldsymbol{X}(s)-\boldsymbol{x}(0)=\boldsymbol{A}\boldsymbol{X}(s)
$$

整理得

$$
(s\boldsymbol{I}-\boldsymbol{A})\boldsymbol{X}(s)=\boldsymbol{x}(0)
$$

由此可解出

$$X(s) = (sI-A)^{-1}x(0)$$

对上式两边取拉普拉斯反变换，从而得到齐次微分方程的解为

$$x(t)=\mathscr{L}^{-1}[(sI-A)^{-1}]x(0)$$

把它与定义式（2.9）比较，根据定常微分方程解的唯一性，则有

$$e^{At}=\mathscr{L}^{-1}[(sI-A)^{-1}] \tag{2.29}$$

为了求出 e^{At}，关键是必须首先求出$(sI-A)$的逆。一般来说，当系统矩阵 A 的阶次较高时，可采用递推算法。

例 2.5 考虑下列矩阵：

$$A=\begin{pmatrix}0 & 1\\-2 & -3\end{pmatrix}$$

试利用拉普拉斯变换方法计算 e^{At}。

解 对于该系统

$$A=\begin{pmatrix}0 & 1\\-2 & -3\end{pmatrix}$$

其状态转移矩阵由下式确定

$$\Phi(t)=e^{At}=\mathscr{L}^{-1}[(sI-A)^{-1}]$$

由于

$$sI-A=\begin{pmatrix}s & 0\\0 & s\end{pmatrix}-\begin{pmatrix}0 & 1\\-2 & -3\end{pmatrix}=\begin{pmatrix}s & -1\\2 & s+3\end{pmatrix}$$

其逆矩阵为

$$(sI-A)^{-1}=\frac{1}{(s+1)(s+2)}\begin{pmatrix}s+3 & 1\\-2 & s\end{pmatrix}$$

$$=\begin{pmatrix}\dfrac{s+3}{(s+1)(s+2)} & \dfrac{1}{(s+1)(s+2)}\\[2ex]\dfrac{-2}{(s+1)(s+2)} & \dfrac{s}{(s+1)(s+2)}\end{pmatrix}$$

因此

$$\Phi(t)=e^{At}=\mathscr{L}^{-1}[(sI-A)^{-1}]$$

$$=\begin{pmatrix}2e^{-t}-e^{-2t} & e^{-t}-e^{-2t}\\-2e^{-t}+2e^{-2t} & -e^{-t}+2e^{-2t}\end{pmatrix}$$

例 2.6 考虑如下矩阵：

$$A=\begin{pmatrix}0 & 1\\0 & -2\end{pmatrix}$$

试用前面介绍的两种方法计算 e^{At}。

解 方法一：由于 A 的特征值为 0 和−2（$\lambda_1=0$，$\lambda_2=-2$），故可求得所需的变换矩阵 P 为

$$P=\begin{pmatrix}1 & 1\\0 & -2\end{pmatrix}$$

因此，可得

$$e^{At}=\begin{pmatrix}1&1\\0&-2\end{pmatrix}\begin{pmatrix}e^0&0\\0&e^{-2t}\end{pmatrix}\begin{pmatrix}1&\frac{1}{2}\\0&-\frac{1}{2}\end{pmatrix}=\begin{pmatrix}1&\frac{1}{2}(1-e^{-2t})\\0&e^{-2t}\end{pmatrix}$$

方法二：由于

$$s\boldsymbol{I}-\boldsymbol{A}=\begin{pmatrix}s&0\\0&s\end{pmatrix}-\begin{pmatrix}0&1\\0&-2\end{pmatrix}=\begin{pmatrix}s&-1\\0&s+2\end{pmatrix}$$

可得

$$(s\boldsymbol{I}-\boldsymbol{A})^{-1}=\begin{pmatrix}\frac{1}{s}&\frac{1}{s(s+2)}\\0&\frac{1}{s+2}\end{pmatrix}$$

因此

$$e^{At}=\mathscr{L}^{-1}[(s\boldsymbol{I}-\boldsymbol{A})^{-1}]=\begin{pmatrix}1&\frac{1}{2}(1-e^{-2t})\\0&e^{-2t}\end{pmatrix}$$

2.4.4 化 e^{At} 为 A 的有限项法（凯莱-哈密顿定理法）

利用凯莱-哈密顿定理，化 e^{At} 为 $\boldsymbol{A}$ 的有限项，然后通过求待定时间函数也可以获得 e^{At}。必须指出，这种方法相当系统，而且计算过程简单。

设 $\boldsymbol{A}$ 的最小多项式阶数为 m。可以证明，采用赛尔维斯特内插公式，通过求解行列式

$$\begin{vmatrix}1&\lambda_1&\lambda_1^2&\cdots&\lambda_1^{m-1}&e^{\lambda_1 t}\\1&\lambda_2&\lambda_2^2&\cdots&\lambda_2^{m-1}&e^{\lambda_2 t}\\\vdots&\vdots&\vdots&&\vdots&\vdots\\1&\lambda_m&\lambda_m^2&\cdots&\lambda_m^{m-1}&e^{\lambda_m t}\\\boldsymbol{I}&\boldsymbol{A}&\boldsymbol{A}^2&\cdots&\boldsymbol{A}^{m-1}&e^{At}\end{vmatrix}=0 \tag{2.30}$$

即可求出 e^{At}。利用式（2.30）求解时，所得 e^{At} 是以 $\boldsymbol{A}^k(k=0,1,2,\cdots,m-1)$ 和 $e^{\lambda_i t}$（$i=1$，2，3，…，m）的形式表示的。

此外，也可采用如下等价的方法。

将式（2.30）按最后一行展开，容易得到

$$e^{At}=\alpha_0(t)\boldsymbol{I}+\alpha_1(t)\boldsymbol{A}+\alpha_2(t)\boldsymbol{A}^2+\cdots+\alpha_{m-1}(t)\boldsymbol{A}^{m-1} \tag{2.31}$$

从而通过求解下列方程组：

$$\begin{aligned}&\alpha_0(t)+\alpha_1(t)\lambda_1+\alpha_2(t)\lambda_1^2+\cdots+\alpha_{m-1}(t)\lambda_1^{m-1}=e^{\lambda_1 t}\\&\alpha_0(t)+\alpha_1(t)\lambda_2+\alpha_2(t)\lambda_2^2+\cdots+\alpha_{m-1}(t)\lambda_2^{m-1}=e^{\lambda_2 t}\\&\qquad\vdots\\&\alpha_0(t)+\alpha_1(t)\lambda_m+\alpha_2(t)\lambda_m^2+\cdots+\alpha_{m-1}(t)\lambda_m^{m-1}=e^{\lambda_m t}\end{aligned} \tag{2.32}$$

可确定出 $\alpha_k(t)(k=0,1,2,\cdots,m-1)$，进而代入式（2.31）即可求得 e^{At}。

如果 $\boldsymbol{A}$ 为 $n\times n$ 维矩阵，且具有相异特征值，则所需确定的 $\alpha_k(t)$ 的个数为 $m=n$，即有

$$e^{At}=\alpha_0(t)I+\alpha_1(t)A+\alpha_2(t)A^2+\cdots+\alpha_{n-1}(t)A^{n-1} \tag{2.33}$$

如果 A 含有相重特征值，假设有个 r 重特征值，重根为 λ，但其最小多项式有单根，则所需确定的 $\alpha_k(t)$ 的个数小于 n，还需补加 $r-1$ 个方程。这 $r-1$ 个方程可通过依次对 λ 求导，直到 $r-1$ 次。

单根可列下列方程组：

$$\begin{gathered}
\alpha_0(t)+\alpha_1(t)\lambda_1+\alpha_2(t)\lambda_1^2+\cdots+\alpha_{m-1}(t)\lambda_1^{m-1}=e^{\lambda_1 t}\\
\alpha_0(t)+\alpha_1(t)\lambda_2+\alpha_2(t)\lambda_2^2+\cdots+\alpha_{m-1}(t)\lambda_2^{m-1}=e^{\lambda_2 t}\\
\vdots\\
\alpha_0(t)+\alpha_1(t)\lambda_m+\alpha_2(t)\lambda_m^2+\cdots+\alpha_{m-1}(t)\lambda_m^{m-1}=e^{\lambda_m t}
\end{gathered}$$

重根求导可列下列方程组：

$$\begin{gathered}
te^{\lambda t}=\alpha_1(t)+2\alpha_2(t)\lambda+\cdots+(m-1)\alpha_{m-1}(t)\lambda^{m-2}\\
t^2e^{\lambda t}=2\alpha_2(t)+6\alpha_3(t)\lambda+\cdots+(m-1)(m-2)\alpha_{m-1}(t)\lambda^{m-3}\\
\vdots\\
t^{r-1}e^{\lambda t}=(m-1)!\ \alpha_{m-1}(t)
\end{gathered}$$

可确定出 $\alpha_k(t)$（$k=0, 1, 2, \cdots, m-1$），进而代入式（2.31）即可求得 e^{At}。

如果 A 为 $n\times n$ 维矩阵，且具有相异特征值，则所需确定的 $\alpha_k(t)$ 的个数为 $m=n$，即有

$$e^{At}=\alpha_0(t)I+\alpha_1(t)A+\alpha_2(t)A^2+\cdots+\alpha_{n-1}(t)A^{n-1}$$

例 2.7 考虑如下矩阵：

$$A=\begin{pmatrix}0 & 1\\ 0 & -2\end{pmatrix}$$

试用化 e^{At} 为 A 的有限项法计算 e^{At}。

解 矩阵 A 的特征方程为

$$\det(\lambda I-A)=\lambda(\lambda+2)=0$$

可得相异特征值为 $\lambda_1=0$，$\lambda_2=-2$。

由式（2.30），可得

$$\begin{vmatrix}1 & \lambda_1 & e^{\lambda_1 t}\\ 1 & \lambda_2 & e^{\lambda_2 t}\\ I & A & e^{At}\end{vmatrix}=0$$

即

$$\begin{vmatrix}1 & 0 & 1\\ 1 & -2 & e^{-2t}\\ I & A & e^{At}\end{vmatrix}=0$$

将上述行列式展开，可得

$$-2e^{At}+A+2I-Ae^{-2t}=0$$

或

$$\begin{aligned}
e^{At}&=\frac{1}{2}(A+2I-Ae^{-2t})\\
&=\frac{1}{2}\left\{\begin{pmatrix}0 & 1\\ 0 & -2\end{pmatrix}+\begin{pmatrix}2 & 0\\ 0 & 2\end{pmatrix}-\begin{pmatrix}0 & 1\\ 0 & -2\end{pmatrix}e^{-2t}\right\}
\end{aligned}$$

$$=\begin{pmatrix}1 & \frac{1}{2}(1-e^{-2t}) \\ 0 & e^{-2t}\end{pmatrix}$$

另一种可选用的方法是采用式（2.31）。首先，由

$$\alpha_0(t)+\alpha_1(t)\lambda_1=e^{\lambda_1 t}$$

$$\alpha_0(t)+\alpha_1(t)\lambda_2=e^{\lambda_2 t}$$

确定待定时间函数 $\alpha_0(t)$ 和 $\alpha_1(t)$。由于 $\lambda_1=0$，$\lambda_2=-2$，上述两式变为

$$\alpha_0(t)=1$$

$$\alpha_0(t)-2\alpha_1(t)=e^{-2t}$$

求解此方程组，可得

$$\alpha_0(t)=1,\quad \alpha_1(t)=\frac{1}{2}(1-e^{-2t})$$

因此

$$e^{\boldsymbol{A}t}=\alpha_0(t)\boldsymbol{I}+\alpha_1(t)\boldsymbol{A}=\boldsymbol{I}+\frac{1}{2}(1-e^{-2t})\boldsymbol{A}=\begin{pmatrix}1 & \frac{1}{2}(1-e^{-2t}) \\ 0 & e^{-2t}\end{pmatrix}$$

例 2.8 考虑如下矩阵：

$$\boldsymbol{A}=\begin{pmatrix}0 & 1 & 0 \\ 0 & 0 & 1 \\ 2 & 3 & 0\end{pmatrix}$$

试用化 $e^{\boldsymbol{A}t}$ 为 $\boldsymbol{A}$ 的有限项法计算 $e^{\boldsymbol{A}t}$。

解 矩阵 $\boldsymbol{A}$ 的特征方程为

$$\det(\lambda\boldsymbol{I}-\boldsymbol{A})=(\lambda+1)^2(\lambda-2)=0$$

可得特征值为 $\lambda_1=\lambda_2=-1$，$\lambda_3=2$

对于 $\lambda_3=2$，有

$$e^{2t}=\alpha_0(t)+2\alpha_1(t)+4\alpha_2(t)$$

对于 $\lambda_1=\lambda_2=-1$，有

$$e^{-t}=\alpha_0(t)-\alpha_1(t)+\alpha_2(t)$$

因为 $\lambda_1=\lambda_2=-1$ 为二重特征根，需补充一个方程，需要对

$$e^{\lambda t}=\alpha_0(t)+\alpha_1(t)\lambda+\alpha_2(t)\lambda^2$$

求导得

$$te^{\lambda t}=\alpha_1(t)+2\alpha_2(t)\lambda$$

将 $\lambda_1=\lambda_2=-1$ 代入，即 $te^{-t}=\alpha_1(t)-2\alpha_2(t)$，联立方程可得

$$\begin{cases}e^{2t}=\alpha_0(t)+2\alpha_1(t)+4\alpha_2(t) \\ e^{-t}=\alpha_0(t)-\alpha_1(t)+\alpha_2(t) \\ te^{-t}=\alpha_1(t)-2\alpha_2(t)\end{cases}$$

求解

$$\begin{cases}\alpha_0(t)=\frac{1}{9}(e^{2t}+8e^{-t}+6te^{-t})\\ \alpha_1(t)=\frac{1}{9}(2e^{2t}-2e^{-t}+3te^{-t})\\ \alpha_2(t)=\frac{1}{9}(2e^{2t}-e^{-t}-3te^{-t})\end{cases}$$

从而可得

$$e^{At}=\alpha_0(t)\boldsymbol{I}+\alpha_1(t)\boldsymbol{A}+\alpha_2(t)\boldsymbol{A}^2$$

例 2.9 试求如下线性定常系统：

$$\begin{pmatrix}\dot{x}_1\\ \dot{x}_2\end{pmatrix}=\begin{pmatrix}0 & 1\\ -2 & -3\end{pmatrix}\begin{pmatrix}x_1\\ x_2\end{pmatrix}$$

的状态转移矩阵 $\boldsymbol{\Phi}(t)$ 和状态转移矩阵的逆 $\boldsymbol{\Phi}^{-1}(t)$。

解 对于该系统

$$\boldsymbol{A}=\begin{pmatrix}0 & 1\\ -2 & -3\end{pmatrix}$$

其状态转移矩阵由下式确定：

$$\boldsymbol{\Phi}(t)=e^{\boldsymbol{A}t}=\mathscr{L}^{-1}[(s\boldsymbol{I}-\boldsymbol{A})^{-1}]$$

由于

$$s\boldsymbol{I}-\boldsymbol{A}=\begin{pmatrix}s & 0\\ 0 & s\end{pmatrix}-\begin{pmatrix}0 & 1\\ -2 & -3\end{pmatrix}=\begin{pmatrix}s & -1\\ 2 & s+3\end{pmatrix}$$

其逆矩阵为

$$\begin{aligned}(s\boldsymbol{I}-\boldsymbol{A})^{-1}&=\frac{1}{(s+1)(s+2)}\begin{pmatrix}s+3 & 1\\ -2 & s\end{pmatrix}\\ &=\begin{pmatrix}\frac{s+3}{(s+1)(s+2)} & \frac{1}{(s+1)(s+2)}\\ \frac{-2}{(s+1)(s+2)} & \frac{s}{(s+1)(s+2)}\end{pmatrix}\end{aligned}$$

因此

$$\begin{aligned}\boldsymbol{\Phi}(t)&=e^{\boldsymbol{A}t}=\mathscr{L}^{-1}[(s\boldsymbol{I}-\boldsymbol{A})^{-1}]\\ &=\begin{pmatrix}2e^{-t}-e^{-2t} & e^{-t}-e^{-2t}\\ -2e^{-t}+2e^{-2t} & -e^{-t}+2e^{-2t}\end{pmatrix}\end{aligned}$$

由于 $\boldsymbol{\Phi}^{-1}(t)=\boldsymbol{\Phi}(-t)$，故可求得状态转移矩阵的逆为

$$\boldsymbol{\Phi}^{-1}(t)=e^{-\boldsymbol{A}t}=\begin{pmatrix}2e^{t}-e^{2t} & e^{t}-e^{2t}\\ -2e^{t}+2e^{2t} & -e^{t}+2e^{2t}\end{pmatrix}$$

例 2.10 求下列系统的时间响应：

$$\begin{pmatrix}\dot{x}_1\\ \dot{x}_2\end{pmatrix}=\begin{pmatrix}0 & 1\\ -2 & -3\end{pmatrix}\begin{pmatrix}x_1\\ x_2\end{pmatrix}+\begin{pmatrix}0\\ 1\end{pmatrix}u$$

式中，$u(t)$ 为 $t=0$ 时作用于系统的单位阶跃函数，即 $u(t)=1(t)$。

解 对于该系统

$$A=\begin{pmatrix}0 & 1\\ -2 & -3\end{pmatrix},\quad B=\begin{pmatrix}0\\1\end{pmatrix}$$

状态转移矩阵 $\boldsymbol{\Phi}(t)=e^{At}$已在例 2.5 中求得，即

$$\boldsymbol{\Phi}(t)=e^{At}=\begin{pmatrix}2e^{-t}-e^{-2t} & e^{-t}-e^{-2t}\\ -2e^{-t}+2e^{-2t} & -e^{-t}+2e^{-2t}\end{pmatrix}$$

因此，系统对单位阶跃输入的响应为

$$\boldsymbol{x}(t)=e^{At}\boldsymbol{x}(0)+\int_0^t\begin{pmatrix}2e^{-(t-\tau)}-e^{-2(t-\tau)} & e^{-(t-\tau)}-e^{-2(t-\tau)}\\ -2e^{-(t-\tau)}+2e^{-2(t-\tau)} & -e^{-(t-\tau)}+2e^{-2(t-\tau)}\end{pmatrix}\begin{pmatrix}0\\1\end{pmatrix}1(t)\,\mathrm{d}\tau$$

或

$$\begin{pmatrix}x_1(t)\\x_2(t)\end{pmatrix}=\begin{pmatrix}2e^{-t}-e^{-2t} & e^{-t}-e^{-2t}\\ -2e^{-t}+2e^{-2t} & -e^{-t}+2e^{-2t}\end{pmatrix}\begin{pmatrix}x_1(0)\\x_2(0)\end{pmatrix}+\begin{pmatrix}\frac{1}{2}-e^{-t}+\frac{1}{2}e^{-2t}\\ e^{-t}-e^{-2t}\end{pmatrix}$$

如果初始状态为零，即 $\boldsymbol{x}(0)=\boldsymbol{0}$，可将 $\boldsymbol{x}(t)$简化为

$$\begin{pmatrix}x_1(t)\\x_2(t)\end{pmatrix}=\begin{pmatrix}\frac{1}{2}-e^{-t}+\frac{1}{2}e^{-2t}\\ e^{-t}-e^{-2t}\end{pmatrix}$$

2.4.5 由状态转移矩阵求系统矩阵 A

前面系统地讨论了如何由系统矩阵 $\boldsymbol{A}$ 求矩阵指数 e^{At}即状态转移矩阵 $\boldsymbol{\Phi}(t)$的问题，下面简单地讨论它的逆问题，即在已知状态转移矩阵 $\boldsymbol{\Phi}(t)$的情况下如何确定系统矩阵 $\boldsymbol{A}$，归纳为以下几种方法：

（1）根据状态转移矩阵的性质求 $\boldsymbol{A}$

$$\boldsymbol{A}=\dot{\boldsymbol{\Phi}}(t)\boldsymbol{\Phi}(-t)$$

证明 $\dot{\boldsymbol{\Phi}}(t)=\boldsymbol{A}\boldsymbol{\Phi}(t),\ \boldsymbol{\Phi}^{-1}(t)=\boldsymbol{\Phi}(-t)$

故 $\boldsymbol{A}=\dot{\boldsymbol{\Phi}}(t)\boldsymbol{\Phi}^{-1}(t)=\dot{\boldsymbol{\Phi}}(t)\boldsymbol{\Phi}(-t)$

（2）根据 $A=\dot{\boldsymbol{\Phi}}(0)$求 $\boldsymbol{A}$

证明 由于 $\boldsymbol{\Phi}(t)=e^{At}$

则

$$\dot{\boldsymbol{\Phi}}(t)=\boldsymbol{A}e^{At}$$

$$\dot{\boldsymbol{\Phi}}(0)=\boldsymbol{A}$$

（3）根据 $\boldsymbol{\Phi}(t)=e^{At}=\mathscr{L}^{-1}[(s\boldsymbol{I}-\boldsymbol{A})^{-1}]$求 $\boldsymbol{A}$

证明 $(s\boldsymbol{I}-\boldsymbol{A})=[\mathscr{L}[\boldsymbol{\Phi}(t)]]^{-1}$

则有 $\boldsymbol{\Phi}(t)=\mathscr{L}^{1}[(s\boldsymbol{I}-\boldsymbol{A})^{-1}]$

$(s\boldsymbol{I}-\boldsymbol{A})^{-1}=\mathscr{L}[\boldsymbol{\Phi}(t)]$

$s\boldsymbol{I}-\boldsymbol{A}=[\mathscr{L}[\boldsymbol{\Phi}(t)]]^{-1}$

例 2.11 已知线性定常系统$\dot{x}=\boldsymbol{A}x$ 的状态转移矩阵

$$\boldsymbol{\Phi}(t)=e^{At}=\begin{pmatrix}2e^{-t}-e^{-2t} & e^{-t}-e^{-2t}\\ -2e^{-t}+2e^{-2t} & -e^{-t}+2e^{-2t}\end{pmatrix}$$

求系统矩阵 $\boldsymbol{A}$。

解 方法一：

$$\boldsymbol{A}=\dot{\boldsymbol{\Phi}}(t)\boldsymbol{\Phi}(-t)=\begin{pmatrix}-2\mathrm{e}^{-t}+2\mathrm{e}^{-2t} & -\mathrm{e}^{-t}+2\mathrm{e}^{-2t}\\ 2\mathrm{e}^{-t}-4\mathrm{e}^{-2t} & \mathrm{e}^{-t}-4\mathrm{e}^{-2t}\end{pmatrix}\begin{pmatrix}2\mathrm{e}^{t}-\mathrm{e}^{2t} & \mathrm{e}^{t}-\mathrm{e}^{2t}\\ -2\mathrm{e}^{t}+\mathrm{e}^{2t} & -\mathrm{e}^{t}+2\mathrm{e}^{2t}\end{pmatrix}$$

$$=\begin{pmatrix}0 & 1\\ -2 & -3\end{pmatrix}$$

方法二：$\boldsymbol{A}=\dot{\boldsymbol{\Phi}}(0)=\begin{pmatrix}-2\mathrm{e}^{-t}+2\mathrm{e}^{-2t} & -\mathrm{e}^{-t}+2\mathrm{e}^{-2t}\\ 2\mathrm{e}^{-t}-4\mathrm{e}^{-2t} & \mathrm{e}^{-t}-4\mathrm{e}^{-2t}\end{pmatrix}\Bigg|_{t=0}=\begin{pmatrix}0 & 1\\ -2 & -3\end{pmatrix}$

方法三：$(s\boldsymbol{I}-\boldsymbol{A})^{-1}=\mathscr{L}[\boldsymbol{\Phi}(t)]=\begin{pmatrix}\dfrac{2}{s+1}-\dfrac{1}{s+2} & \dfrac{1}{s+1}-\dfrac{1}{s+2}\\ -\dfrac{2}{s+1}+\dfrac{2}{s+2} & -\dfrac{1}{s+1}+\dfrac{2}{s+2}\end{pmatrix}$

$$=\begin{pmatrix}\dfrac{s+3}{(s+1)(s+2)} & \dfrac{1}{(s+1)(s+2)}\\ \dfrac{-2}{(s+1)(s+2)} & \dfrac{s}{(s+1)(s+2)}\end{pmatrix}$$

则

$$s\boldsymbol{I}-\boldsymbol{A}=[\mathscr{L}[\boldsymbol{\Phi}(t)]]^{-1}=\begin{pmatrix}\dfrac{s+3}{(s+1)(s+2)} & \dfrac{1}{(s+1)(s+2)}\\ \dfrac{-2}{(s+1)(s+2)} & \dfrac{s}{(s+1)(s+2)}\end{pmatrix}^{-1}$$

$$=\frac{1}{\dfrac{1}{(s+1)(s+2)}}\begin{pmatrix}\dfrac{s}{(s+1)(s+2)} & \dfrac{-1}{(s+1)(s+2)}\\ \dfrac{2}{(s+1)(s+2)} & \dfrac{s+3}{(s+1)(s+2)}\end{pmatrix}$$

$$=(s+1)(s+2)\begin{pmatrix}\dfrac{s}{(s+1)(s+2)} & \dfrac{-1}{(s+1)(s+2)}\\ \dfrac{2}{(s+1)(s+2)} & \dfrac{s+3}{(s+1)(s+2)}\end{pmatrix}$$

$$=\begin{pmatrix}s & -1\\ 2 & s+3\end{pmatrix}$$

故

$$\boldsymbol{A}=\begin{pmatrix}0 & 1\\ -2 & -3\end{pmatrix}$$

例 2.12 线性定常系统齐次状态方程为$\dot{\boldsymbol{x}}=\boldsymbol{A}\boldsymbol{x}$，其中 $\boldsymbol{A}$ 为 2×2 维的常数阵。已知当 $\boldsymbol{x}(0)=\begin{pmatrix}1\\ -1\end{pmatrix}$，状态方程的解 $x=\begin{pmatrix}\mathrm{e}^{-2t}\\ -\mathrm{e}^{-2t}\end{pmatrix}$；当 $\boldsymbol{x}(0)=\begin{pmatrix}2\\ -1\end{pmatrix}$，状态方程的解 $\boldsymbol{x}=\begin{pmatrix}2\mathrm{e}^{-t}\\ -\mathrm{e}^{-t}\end{pmatrix}$，求系统状态转移矩阵 $\boldsymbol{\Phi}(t)$ 及系统矩阵 $\boldsymbol{A}$。

解 对应初始状态 $\boldsymbol{x}(0)$，自由运动的解为 $\boldsymbol{x}(t)=\boldsymbol{\Phi}(t)\boldsymbol{x}(0)$。由题意得

$$\boldsymbol{x}=\begin{pmatrix} e^{-2t} \\ -e^{-2t} \end{pmatrix}=\boldsymbol{\Phi}(t)\begin{pmatrix} 1 \\ -1 \end{pmatrix}$$

$$\boldsymbol{x}=\begin{pmatrix} 2e^{-t} \\ -e^{-t} \end{pmatrix}=\boldsymbol{\Phi}(t)\begin{pmatrix} 2 \\ -1 \end{pmatrix}$$

$$\begin{pmatrix} e^{-2t} & 2e^{-t} \\ -e^{-2t} & -e^{-t} \end{pmatrix}=\boldsymbol{\Phi}(t)\begin{pmatrix} 1 & 2 \\ -1 & -1 \end{pmatrix}$$

则

$$\boldsymbol{\Phi}(t)=\begin{pmatrix} e^{-2t} & 2e^{-t} \\ -e^{-2t} & -e^{-t} \end{pmatrix}\begin{pmatrix} 1 & 2 \\ -1 & -1 \end{pmatrix}^{-1}=\begin{pmatrix} e^{-2t} & 2e^{-t} \\ -e^{-2t} & -e^{-t} \end{pmatrix}\begin{pmatrix} -1 & -2 \\ 1 & 1 \end{pmatrix}$$

$$=\begin{pmatrix} 2e^{-t}-e^{-2t} & 2e^{-t}-2e^{-2t} \\ -e^{-t}+e^{-2t} & -e^{-t}+2e^{-2t} \end{pmatrix}$$

$$\boldsymbol{A}=\dot{\boldsymbol{\Phi}}(t)\Big|_{t=0}=\begin{pmatrix} -2e^{-t}+2e^{-2t} & -2e^{-t}+4e^{-2t} \\ e^{-t}-2e^{-2t} & e^{-t}-4e^{-2t} \end{pmatrix}\Bigg|_{t=0}=\begin{pmatrix} 0 & 2 \\ -1 & -3 \end{pmatrix}$$

2.5 离散时间系统状态方程的解

离散时间系统状态方程有两种解法：递推法和 z 变换法。递推法对于定常系统和时变系统都是适用的。z 变换法则只能用于定常系统。

2.5.1 递推法

系统的状态为

$$\boldsymbol{x}(k+1)=\boldsymbol{G}(k)\boldsymbol{x}(k)+\boldsymbol{H}(k)\boldsymbol{u}(k) \tag{2.34}$$

在方程中依次令 $k=0$，1，2，…可递推求得

$$\begin{aligned} \boldsymbol{x}(1)&=\boldsymbol{G}(0)\boldsymbol{x}(0)+\boldsymbol{H}(0)\boldsymbol{u}(0) \\ \boldsymbol{x}(2)&=\boldsymbol{G}(1)\boldsymbol{x}(1)+\boldsymbol{H}(1)\boldsymbol{u}(1) \\ \boldsymbol{x}(3)&=\boldsymbol{G}(2)\boldsymbol{x}(2)+\boldsymbol{H}(2)\boldsymbol{u}(2) \\ &\vdots \end{aligned} \tag{2.35}$$

当给定初始状态 $\boldsymbol{x}(0)$ 和输入信号序列 $\boldsymbol{u}(0)$，$\boldsymbol{u}(1)$，…，$\boldsymbol{u}(k-1)$ 即可求得 $\boldsymbol{x}(k)$。

对于定常系统，$\boldsymbol{G}$ 和 $\boldsymbol{H}$ 都是常值矩阵，于是可得以下一系列方程：

$$\begin{aligned} &k=0 \quad \boldsymbol{x}(1)=\boldsymbol{Gx}(0)+\boldsymbol{Hu}(0) \\ &k=1 \quad \boldsymbol{x}(2)=\boldsymbol{Gx}(1)+\boldsymbol{Hu}(1)=\boldsymbol{G}^2\boldsymbol{x}(0)+\boldsymbol{GHu}(0)+\boldsymbol{Hu}(1) \\ &k=2 \quad \boldsymbol{x}(3)=\boldsymbol{Gx}(2)+\boldsymbol{Hu}(2)=\boldsymbol{G}^3\boldsymbol{x}(0)+\boldsymbol{G}^2\boldsymbol{Hu}(0)+\boldsymbol{GHu}(1)+\boldsymbol{Hu}(2) \\ &\qquad\vdots \end{aligned} \tag{2.36}$$

继续下去，运用归纳法，可以得到递推求解公式

$$\boldsymbol{x}(k)=\boldsymbol{G}^k\boldsymbol{x}(0)+\sum_{i=0}^{k-1}\boldsymbol{G}^{k-i-1}\boldsymbol{Hu}(i) \tag{2.37}$$

式（2.37）给出了式（2.34）的通解，称为离散时间定常系统的状态转移方程。

在此说明两点：①容易看出，离散时间系统的状态转移方程与连续系统状态转移方程是

对应且十分类似的，这是必然的结果。它由等式右边的第一部分和第二部分构成。前者是由初始状态所引起的响应，后者是由输入作用引起的响应。②第 k 个采样时刻的状态只取决于此时刻之前 $k-1$ 个输入采样值，而与第 k 个输入采样值及以后的采样值无关。

式（2.37）中的 $\boldsymbol{G}^k$ 称为线性离散时间定常系统的状态转移矩阵，记 $\boldsymbol{G}^k$ 为 $\boldsymbol{\Phi}(k)$，与连续系统状态转移矩阵相对应地有如下性质。

1）它满足矩阵差分方程

$$\boldsymbol{\Phi}(k+1)=\boldsymbol{G}\boldsymbol{\Phi}(k) \tag{2.38}$$

和初始条件

$$\boldsymbol{\Phi}(0)=\boldsymbol{I} \tag{2.39}$$

2）

$$\boldsymbol{\Phi}(k_2-k_0)=\boldsymbol{\Phi}(k_2-k_1)\boldsymbol{\Phi}(k_1-k_0) \tag{2.40}$$

3）

$$\boldsymbol{\Phi}^{-1}(k)=\boldsymbol{\Phi}(-k) \tag{2.41}$$

这三个性质的理由是很显然的。

利用状态转移矩阵 $\boldsymbol{\Phi}(k)$ 可将式（2.37）改写为

$$\boldsymbol{x}(k)=\boldsymbol{\Phi}(k)\boldsymbol{x}(0)+\sum_{i=0}^{k-1}\boldsymbol{\Phi}(k-i-1)\boldsymbol{H}\boldsymbol{u}(i) \tag{2.42}$$

或

$$\boldsymbol{x}(k)=\boldsymbol{\Phi}(k)\boldsymbol{x}(0)+\sum_{i=0}^{k-1}\boldsymbol{\Phi}(j)\boldsymbol{H}\boldsymbol{u}(k-j-1) \tag{2.43}$$

2.5.2 z 变换法

设定常离散时间系统的状态方程为

$$\boldsymbol{x}(k+1)=\boldsymbol{G}\boldsymbol{x}(k)+\boldsymbol{H}\boldsymbol{u}(k) \tag{2.44}$$

对上式两边进行 z 变换，可得

$$z\boldsymbol{x}(z)-z\boldsymbol{x}(0)=\boldsymbol{G}\boldsymbol{x}(z)+\boldsymbol{H}\boldsymbol{u}(z) \tag{2.45}$$

整理后得

$$\boldsymbol{x}(z)=(z\boldsymbol{I}-\boldsymbol{G})^{-1}z\boldsymbol{x}(0)+(z\boldsymbol{I}-\boldsymbol{G})^{-1}\boldsymbol{H}\boldsymbol{u}(z) \tag{2.46}$$

进行 z 反变换得到 $\boldsymbol{x}$ 的离散序列

$$\boldsymbol{x}(k)=\mathscr{Z}^{-1}[(z\boldsymbol{I}-\boldsymbol{G})^{-1}z]\boldsymbol{x}(0)+\mathscr{Z}^{-1}[(z\boldsymbol{I}-\boldsymbol{G})^{-1}\boldsymbol{H}\boldsymbol{u}(z)] \tag{2.47}$$

有解的唯一性，比较式（2.47）和式（2.37），应有

$$\mathscr{Z}^{-1}[(z\boldsymbol{I}-\boldsymbol{G})^{-1}z]=\boldsymbol{G}^k \tag{2.48}$$

$$\mathscr{Z}^{-1}[(z\boldsymbol{I}-\boldsymbol{G})^{-1}\boldsymbol{H}\boldsymbol{u}(z)]=\sum_{i=0}^{k-1}\boldsymbol{G}^{k-i-1}\boldsymbol{H}\boldsymbol{u}(i) \tag{2.49}$$

2.6 连续时间状态空间表达式的离散化

对于含有采样开关或数字计算机的系统，存在着两种信号：连续型的和离散型的。为了分析和设计这类系统，有必要将连续时间系统的状态空间表达式进行离散化，常用的方法有两种，现介绍如下。

2.6.1 近似离散化

设线性时变系统的状态方程为

$$\dot{x}(t)=A(t)x(t)+B(t)u(t) \tag{2.50}$$

在采样周期 T 较小，且对其精度要求不高时，通过近似离散化，可以把它变成线性时变离散状态方程，以便求出它的近似解，即在采样时刻的近似值。利用近似等式

$$\dot{x}(t)=\frac{1}{T}\{x[(k+1)T]-x(kT)\} \tag{2.51}$$

将式（2.51）代入式（2.50），并令 $t-KT$，则得

$$\frac{1}{T}\{x[(k+1)T]-x(kT)\}=A(kT)x(kT)+B(kT)u(kT)$$

或者写成

$$\begin{aligned} x[(k+1)T] &= [I+TA(kT)]x(kT)+TB(kT)u(k) \\ &= G(kT)x(kT)+H(kT)u(kT) \end{aligned} \tag{2.52}$$

式中，$G(kT)=I+TA(kT),H(kT)=TB(kT)$。

式（2.52）就是式（2.50）的近似离散化，通常当采样周期为系统最小时间常数的1/10左右，其近似度已是足够高了，所以这种方法可以在实际中采用。

2.6.2 线性定常系统状态方程的离散化

设线性定常系统的状态方程为

$$\dot{x}(t)=Ax+Bu \tag{2.53}$$

根据状态方程的求解公式，有

$$x(t)=e^{A(t-t_0)}x(t_0)+\int_{t_0}^{t}e^{A(t-\tau)}Bu(\tau)d\tau \tag{2.54}$$

为使之离散化，做如下假设：

1）离散按一个等采样周期 T 的采样过程处理，即时间 t 为 kT。

2）输入量 $u(t)$ 采样时刻发生变化，在一个采样周期内其值不便，即在每个采样周期内

$$u(t)=u(kT),\quad kT\leqslant t\leqslant(k+1)T \tag{2.55}$$

这一假设说明，为了平滑离散信号，假设在采样器后串联一零阶保持器，把输入信号变换为阶梯形信号。

现在只考查采样周期 $t=kT$ 与 $t=(k+1)T$ 这段时间内的状态响应。对于式（2.54）的积分上下限，有 $t_0=kT$ 和 $t=(k+1)T$，于是

$$x[(k+1)T]=e^{AT}x(kT)+\int_{kT_0}^{(k+1)T}e^{A[(k+1)T]}Bu(\tau)d\tau \tag{2.56}$$

考虑到 $x(\tau)$ 在这段时间区间内为常数，即 $u(\tau)=u(kT)$，式（2.56）变为

$$x[(k+1)T]=e^{AT}x(kT)+\int_{kT_0}^{(k+1)T}e^{A[(k+1)T]}Bd\tau\cdot u(kT) \tag{2.57}$$

在式中做变量代换，令 $t=(k+1)T-\tau$，则 $d\tau=dt$，且方程变为

$$\begin{aligned} x[(k+1)T] &= e^{AT}x(kT)+\int_{0}^{T}e^{At}Bdt\cdot u(kT) \\ &= e^{AT}x(kT)+\int_{1}^{T}e^{At}dt\cdot Bu(kT) \end{aligned} \tag{2.58}$$

若引用符号

$$G(T)=e^{AT} \tag{2.59}$$

$$\boldsymbol{H}(T)=\int_0^T \mathrm{e}^{\boldsymbol{A}t}\mathrm{d}t\cdot\boldsymbol{B} \tag{2.60}$$

则连续时间定常系统的离散化方程为

$$\boldsymbol{x}[(k+1)T]=\boldsymbol{G}(T)\boldsymbol{x}(kT)+\boldsymbol{H}(T)\boldsymbol{u}(kT) \tag{2.61}$$

例 2.13 求下列连续状态方程的离散化表达式：

$$\dot{\boldsymbol{x}}=\begin{pmatrix}0 & 1\\ 0 & 2\end{pmatrix}\boldsymbol{x}+\begin{pmatrix}0\\1\end{pmatrix}u$$

解 计算矩阵指数

$$\mathrm{e}^{\boldsymbol{A}t}=\mathscr{L}^{-1}[s\boldsymbol{I}-\boldsymbol{A}]=\begin{pmatrix}1 & \dfrac{1}{2}(1-\mathrm{e}^{-2t})\\ 0 & \mathrm{e}^{-2t}\end{pmatrix}$$

根据式（2.42）和式（2.43）求出

$$\boldsymbol{G}(T)=\mathrm{e}^{\boldsymbol{A}t}=\begin{pmatrix}1 & \dfrac{1}{2}(1-\mathrm{e}^{-2T})T\\ 0 & \mathrm{e}^{-2t}\end{pmatrix}$$

$$\boldsymbol{H}(T)=\int \mathrm{e}^{\boldsymbol{A}T}\mathrm{d}t\cdot\boldsymbol{B}=\begin{pmatrix}\dfrac{1}{2}T+\dfrac{1}{4}\mathrm{e}^{-2T}-\dfrac{1}{4}\\ -\dfrac{1}{2}\mathrm{e}^{-2T}+\dfrac{1}{2}\end{pmatrix}$$

于是离散化方程为

$$\boldsymbol{x}[(k+1)T]=\begin{pmatrix}1 & \dfrac{1}{2}(1-\mathrm{e}^{-2T})\\ 0 & \mathrm{e}^{-2T}\end{pmatrix}\boldsymbol{x}(kT)+\begin{pmatrix}\dfrac{1}{2}\left[T+\dfrac{1}{2}(\mathrm{e}^{-2T}-1)\right]\\ \dfrac{1}{2}(1-\mathrm{e}^{-2T})\end{pmatrix}u(kT)$$

2.7 利用 MATLAB 求解系统的状态方程

对于线性定常连续系统，其状态方程为

$$\dot{\boldsymbol{x}}=\boldsymbol{A}\boldsymbol{x}(t)+\boldsymbol{B}\boldsymbol{u}(t),\boldsymbol{x}(0)=\boldsymbol{x}_0,t\geqslant 0$$

式中变量、矩阵及其维数定义同前。上式的状态响应为

$$\boldsymbol{x}(t)=\boldsymbol{\Phi}(t)\boldsymbol{x}(0)+\int_0^t \boldsymbol{\Phi}(t-\tau)\boldsymbol{B}\boldsymbol{u}(\tau)\mathrm{d}\tau,\quad t\geqslant 0$$

对于线性定常系统，式中状态转移矩阵 $\boldsymbol{\Phi}(t)=\mathrm{e}^{\boldsymbol{A}t}$，则有

$$\boldsymbol{x}(t)=\mathrm{e}^{\boldsymbol{A}t}\boldsymbol{x}(0)+\int_0^t \mathrm{e}^{\boldsymbol{A}(t-\tau)}\boldsymbol{B}\boldsymbol{u}(\tau)\mathrm{d}\tau,\quad t\geqslant 0$$

1. expm 函数

利用 MATLAB 中的 expm 函数来计算给定时刻的状态转移矩阵。注意 expm(A)函数用来计算矩阵指数函数 e^{A}，而 exp(A)函数却是对 $\boldsymbol{A}$ 中每个元素 a_{ij} 计算 $\mathrm{e}^{a_{ij}}$。

例 2.14 一 *RC* 网络状态方程为

$$\begin{pmatrix}\dot{x}_1\\ \dot{x}_2\end{pmatrix}=\begin{pmatrix}0 & -2\\ 1 & -3\end{pmatrix}\begin{pmatrix}x_1\\ x_2\end{pmatrix}+\begin{pmatrix}2\\0\end{pmatrix}u,\boldsymbol{x}(0)=(1\quad 1)^{\mathrm{T}},u=0$$

试求当 $t=0.2$ s 时系统的状态响应。

解 1）计算 $t=0.2$ s 时的状态响应矩阵（即矩阵指数$\mathrm{e}^{At}\mid_{t=0.2}$）。

MATLAB 程序如下：

```
>>A=[0-2;1-3];B=[2;0];
>>expm(A*0.2)
```

运行结果如下：

```
ans =
    0.9671-0.2968
    0.1484 0.5219
```

2）计算 $t=0.2$ s 时系统的状态响应，因为 $u=0$，可得

$$\begin{pmatrix} x_1 \\ x_2 \end{pmatrix}_{t=0.2}=\begin{pmatrix} 0.9671 & -0.2968 \\ 0.1484 & 0.5219 \end{pmatrix}\begin{pmatrix} x_1 \\ x_2 \end{pmatrix}_{t=0}=\begin{pmatrix} 0.6703 \\ 0.6703 \end{pmatrix}$$

2. step 函数

在 MATLAB 控制工具箱中给出了一个函数 step( ) 直接求取阶跃输入时系统的状态响应，函数调用格式为[y,t,x]=step(G)

其中，G 为给定系统的 LTI 模型。当该函数被调用后，将同时返回自动生成的时间变量 t、系统输出 y 及系统状态响应向量 $\boldsymbol{x}$。

例 2.15 系统状态方程为

$$\dot{\boldsymbol{x}}(t)=\begin{pmatrix} -21 & 19 & -20 \\ 19 & -21 & 20 \\ 40 & -40 & -40 \end{pmatrix}\boldsymbol{x}(t)+\begin{pmatrix} 0 \\ 1 \\ 2 \end{pmatrix}u(t), \quad y(t)=(1 \quad 0 \quad 2)\boldsymbol{x}(t)$$

试求系统的状态响应曲线。

解 用 MATLAB 函数来求解状态响应曲线的程序如下：

```
>> A=[-21 19 -20; 19 -21 20; 40 -40 -40]; B=[0; 1; 2]; C=[1 0 2]; D=[0];
>> G=ss(A,B,C,D); [y,t,x]=step(G);
>> plot(t,x)
```

系统状态响应曲线如图 2.1 所示。

3. lsim 函数

可以用 MATLAB 控制系统工具箱中提供的 lsim 函数求取任意输入时系统的状态响应。这个函数调用格式为[y,t,x]=lsim(G,u,t)。

可见，这个函数的调用格式与 step 函数是很相似的，只是在这个函数的调用中多了一个向量 $\boldsymbol{u}$，它是系统输入在各个时刻的值。当系统状态初值为零时的响应（即零状态响应）可用 lsim 函数直接求得。

例 2.16 在例 2.15 系统中，当状态初值为零，控制输入 $u(t)=1+\mathrm{e}^{-t}\cos 5t$ 时系统的零状态响应。

解 可用下面的 MATLAB 语句直接求得：

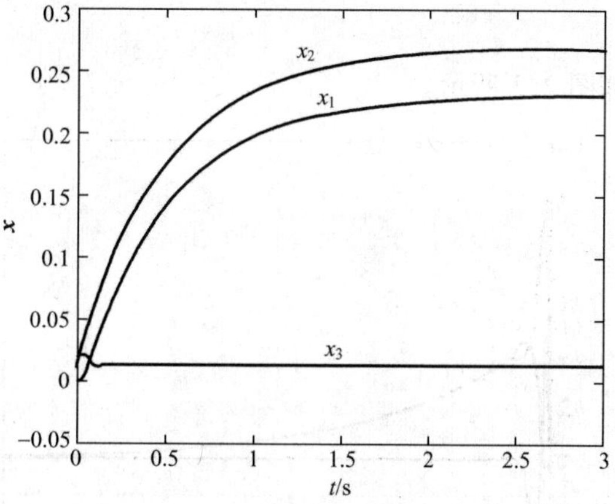

图 2.1　例 2.15 系统状态响应曲线

```
>> A=[-21 19 -20; 19 -21 20; 40 -40 -40]; B=[0; 1; 2]; C=[1 0 2]; D=[0];
>> t=[0:.04:4];u=1+exp(-t).*cos(5*t);G=ss(A,B,C,D);[y,t,x]=lsim(G,u,t);
>> plot(t,x)
```

系统状态响应曲线如图 2.2 所示。

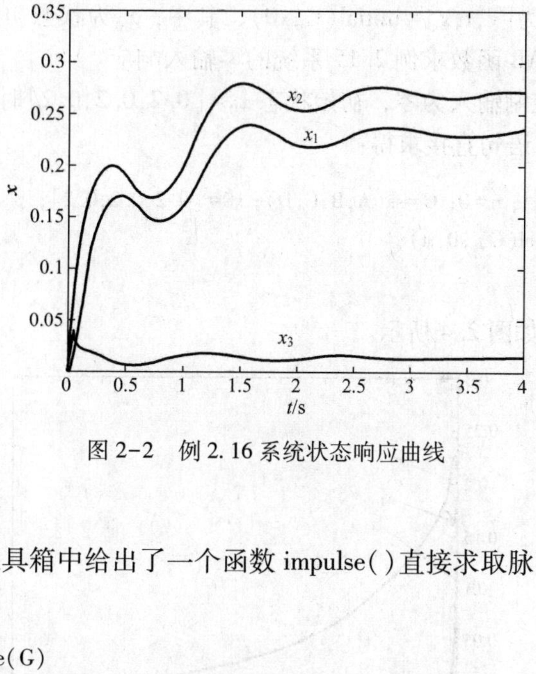

图 2-2　例 2.16 系统状态响应曲线

4. impulse 函数

在 MATLAB 控制工具箱中给出了一个函数 impulse( )直接求取脉冲输入时系统的状态响应，函数调用格式为

```
[y,t,x]= impulse(G)
```

其中，G 为给定系统的 LTI 模型。当该函数被调用后，将同时返回自动生成的时间变量 t、系统输出 y 及系统状态响应向量 $\boldsymbol{x}$。

例 2.17　用 MATLAB 函数求例 2.15 系统脉冲输入时的状态响应。

解　系统的脉冲响应曲线程序如下：

```
>> A=[-21 19 -20; 19 -21 20; 40 -40 -40]; B=[0; 1; 2]; C=[1 0 2]; D=[0];
>> G=ss(A,B,C,D); [y,t,x]= impulse(G);
```

```
>> plot(t,x)
```

系统状态响应曲线如图 2.3 所示。

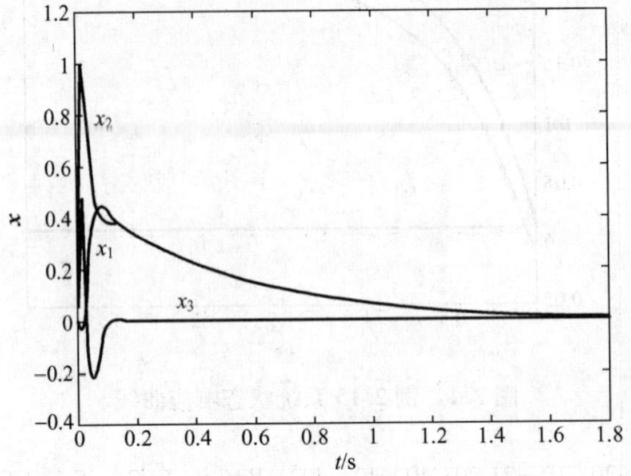

图 2.3　例 2.17 系统状态响应曲线

5. initial 函数

可用控制系统工具箱中提供的 initial 函数求取系统的零输入响应。

该函数的调用格式为[y,t,x]=initial(G,x0)，其中，$\boldsymbol{x}_0$为状态初值。

例 2.18　用 MATLAB 函数求例 2.15 系统的零输入响应。

例 2.15 系统中当控制输入为零，初始状态 x_0=[0.2,0.2,0.2]时，系统的零输入状态响应可用下面的 MATLAB 语句直接求得：

```
>> t=[0:.01:2]; u=0; G=ss(A,B,C,D); x0=[0.2,0.2,0.2];
>> [y,t,x]=initial(G, x0, t);
>> plot(t,x)
```

系统状态响应曲线如图 2.4 所示。

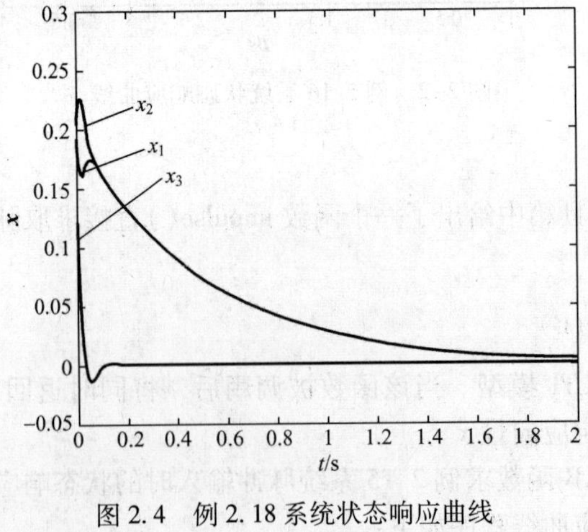

图 2.4　例 2.18 系统状态响应曲线

本章小结

本章对系统运动的分析是通过求系统方程的解来进行的。状态方程是矩阵微分（差分）方程，输出方程是矩阵代数方程。因此，求系统方程的解的关键在于求状态方程的解，而线性系统方程的解是借助状态转移矩阵来表示的。本章介绍了状态转移矩阵的定义、基本性质和求解方法；重点介绍了线性定常系统状态转移矩阵的四种计算方法；状态转移矩阵包含了系统运动的全部信息，它可以完全表征系统的动态特性。有了状态转移矩阵，就可以求出系统在初始状态激励下的自由运动（齐次状态方程的解）以及在输入向量作用下的强迫运动（非齐次状态方程的解）。应当指出，系统自由运动轨线的形态是由状态转移矩阵决定的，也就是由 $\boldsymbol{A}$ 唯一决定的。然而对一个系统来说，$\boldsymbol{A}$ 是一定的，因此只有靠人为地采取措施来改造自由运动的形态。状态 $\boldsymbol{x}(t)$ 求出后，即可求出系统的输出 $y(t)$。不同的输入向量，响应 $y(t)$ 不同。但是只要有了 $y(t)$ 就可以按经典控制理论中介绍的时域分析法来定量地分析系统的性能。由于这个响应 $y(t)$ 是针对某个控制 $u(t)$ 而言的，这就为用 $u(t)$ 来达到希望的 $y(t)$ 形态提供了可能。离散系统状态方程可以采用递推法和 z 变换法来求解，本章介绍了连续时间系统的离散化问题。最后介绍了用 MATLAB 求系统状态响应的方法。

习题

2.1 考虑下列矩阵：

（1）$\boldsymbol{A}=\begin{pmatrix}0 & 1\\ -2 & -3\end{pmatrix}$；（2）$\boldsymbol{A}=\begin{pmatrix}0 & 1\\ 0 & -2\end{pmatrix}$；（3）$\boldsymbol{A}=\begin{pmatrix}0 & 1\\ 0 & 0\end{pmatrix}$

试利用三种方法计算 $e^{\boldsymbol{A}t}$。

2.2 给定线性定常系统

$$\dot{\boldsymbol{x}}=\boldsymbol{A}\boldsymbol{x}$$

式中

$$\boldsymbol{A}=\begin{pmatrix}0 & 1\\ -3 & -2\end{pmatrix}$$

且初始条件为

$$\boldsymbol{x}(0)=\begin{pmatrix}1\\ -1\end{pmatrix}$$

试求该齐次状态方程的解 $\boldsymbol{x}(t)$。

2.3 计算下列对角矩阵和约当矩阵的矩阵指数：

（1）$\boldsymbol{A}=\begin{pmatrix}-2 & 0 & 0\\ 0 & -2 & 0\\ 0 & 0 & -2\end{pmatrix}$；（2）$\boldsymbol{A}=\begin{pmatrix}-2 & 0 & 0\\ 0 & -3 & 1\\ 0 & 0 & -3\end{pmatrix}$

2.4 已知矩阵

$$A=\begin{pmatrix}0&1&0&0\\0&0&1&0\\0&0&0&1\\0&0&0&0\end{pmatrix}$$

求矩阵指数。

2.5 试说明下列矩阵是否满足状态转移矩阵的条件，如果满足，试求与之对应的矩阵 $\boldsymbol{A}$。

(1) $\boldsymbol{A}=\begin{pmatrix}1&0&0\\0&\sin t&\cos t\\0&-\cos t&\sin t\end{pmatrix}$；(2) $\begin{pmatrix}2e^{-t}-e^{-2t}&2e^{-2t}-2e^{-t}\\e^{-t}-e^{-2t}&2e^{-2t}-e^{-t}\end{pmatrix}$

2.6 已知系统状态方程和初始状态为

$$\boldsymbol{A}=\begin{pmatrix}0&1\\-5&-6\end{pmatrix},\ \boldsymbol{x}(0)=\begin{pmatrix}1\\0\end{pmatrix}$$

(1) 试用拉普拉斯变换法求其状态转移矩阵；

(2) 试用线性变换法求其状态转移矩阵；

(3) 试用凯莱-哈密顿定理法求其状态转移矩阵；

(4) 根据所给初始条件，求齐次状态方程的解。

2.7 设某二阶系统的齐次状态方程为

$$\dot{\boldsymbol{x}}(t)=\boldsymbol{A}\boldsymbol{x}(t)$$

当 $\boldsymbol{x}(0)=\begin{pmatrix}1\\1\end{pmatrix}$ 时，$\boldsymbol{x}(t)=\begin{pmatrix}e^{-t}+2te^{-t}\\-e^{-t}+2te^{-t}\end{pmatrix}$；

当 $\boldsymbol{x}(0)=\begin{pmatrix}2\\1\end{pmatrix}$ 时，$\boldsymbol{x}(t)=\begin{pmatrix}2e^{-t}\\e^{-t}\end{pmatrix}$。

试求其状态转移矩阵 $\boldsymbol{\Phi}(t)$ 和系统矩阵 $\boldsymbol{A}$。

2.8 已知系统状态方程为

$$\dot{\boldsymbol{x}}=\begin{pmatrix}0&\omega\\-\omega&0\end{pmatrix}\boldsymbol{x}$$

试证明其状态转移矩阵为

$$\boldsymbol{\Phi}(t)=\begin{pmatrix}\cos\omega t&\sin\omega t\\-\sin\omega t&\cos\omega t\end{pmatrix}$$

2.9 已知系统状态空间表达式为

$$\dot{\boldsymbol{x}}=\begin{pmatrix}0&1\\-3&4\end{pmatrix}\boldsymbol{x}+\begin{pmatrix}1\\1\end{pmatrix}u$$

$$y=(1\quad 1)\boldsymbol{x}$$

(1) 求系统的单位阶跃响应；(2) 求系统的脉冲响应。

2.10 线性时变系统 $\dot{\boldsymbol{x}}(t)=\boldsymbol{A}(t)\boldsymbol{x}(t)$ 的系数矩阵如下，试求与之对应的状态转移矩阵。

(1) $\boldsymbol{A}(t)=\begin{pmatrix}0&1\\0&0\end{pmatrix}$；(2) $\boldsymbol{A}(t)=\begin{pmatrix}-2t&1\\1&2t\end{pmatrix}$

2.11 已知线性定常离散系统的差分方程如下：

$$y(k+2)+0.5y(k+1)+0.1y(k)=u(k)$$

试写出该系统的离散状态空间表达式，若设 $u(k)=1$，$y(0)=1$，$y(1)=0$，试用递推法求出 $y(k)$，$k=2,3,\cdots,10$。

2.12 设连续时间系统的状态方程为

$$\begin{pmatrix}\dot{x}_1\\ \dot{x}_2\end{pmatrix}=\begin{pmatrix}0 & 1\\ -2 & -3\end{pmatrix}\begin{pmatrix}x_1\\ x_2\end{pmatrix}+\begin{pmatrix}0\\ 1\end{pmatrix}u$$

假定采样周期 $T=0.2\,\text{s}$，试将该连续系统的状态方程离散化。

第 3 章　线性控制系统的能控性与能观测性

能控性（Controllability）和能观测性（Observability）深刻地揭示了系统的内部结构关系，是由卡尔曼（R. E. Kalman）于 20 世纪 60 年代初首先提出并研究的这两个重要概念，在现代控制理论的研究与实践中，它们具有极其重要的意义。在现代控制理论中，分析和设计一个控制系统时，必须研究这个系统的能控性和能观测性。事实上，能控性与能观测性通常决定了最优控制问题解的存在性。例如，在极点配置问题中，状态反馈的存在性将由系统的能控性决定；在观测器设计和最优估计中，将涉及系统的能观测性条件。

在控制工程中，有两个问题经常引起设计者的关心，其一是加入适当的控制作用后，能否在有限时间内将系统从任一初始状态转移到希望的状态上，即系统是否具有通过控制作用随意支配状态的能力；其二是通过在一段时间内对系统输出的观测，能否判断系统的初始状态，即系统是否具有通过观测系统输出来估计状态的能力。这便是线性系统的能控性与能观测性问题。

在经典控制理论中，用微分方程或传递函数描述系统的输入、输出特性，输出量即为被控量，只要系统是因果系统并且是稳定的，输出量便可以受控，且实际物理系统的输出量一般是能观测到的，因而不存在输入能否控制输出和输出能否观测的问题。现代控制理论中，用状态方程和输出方程描述系统，输入和输出构成系统的外部变量，而状态变量为系统的内部变量，这就存在着系统内所有状态变量是否可受输入影响和是否可由输出反映的问题。如果系统所有状态变量的运动都可以由输入来影响和控制而由任意的初态达到原点，则系统的状态就是完全能控的，简称系统能控；否则，就称系统是不完全能控的，简称系统不能控。相应地，如果系统所有状态变量的任意形式的运动均可由输出完全反映，则称系统的状态是完全能观测的，简称系统能观（测）；否则称系统的状态是不完全能观测的，简称系统不能观（测）。稳定性、能控性与能观测性均是系统的重要结构性质。

现代控制理论是建立在用状态空间描述的基础上，状态方程描述了输入 $\boldsymbol{u}(t)$ 引起状态 $\boldsymbol{x}(t)$ 的变化过程；输出方程则描述了由状态变化引起的输出 $\boldsymbol{y}(t)$ 的变化。能控性和能观测性正是分别分析 $\boldsymbol{u}(t)$ 对状态 $\boldsymbol{x}(t)$ 的控制能力以及 $\boldsymbol{y}(t)$ 对状态 $\boldsymbol{x}(t)$ 的反应能力，显然，这两个概念是与状态空间表达式对系统分段内部描述相对应的，是状态空间描述系统所带来的新概念，而经典控制理论只限于讨论控制作用（输入）对输出的控制，二者之间的关系唯一地由系统传递函数所确定，只要满足稳定性条件，系统对输出就是能控制的。而输出量本身就是被控制量，对一个实际物理系统而言，它一般是能观测到的。

本章中的讨论将限于线性系统。

本章首先介绍能控性与能观测性的概念及定义，在此基础上，介绍判别线性连续系统和离散系统能控性与能观测性的准则及能控性与能观测性的对偶原理，讨论如何通过线性非奇异变换将能控系统和能观测系统的状态空间表达式化为能控标准型和能观测标准型、能控性及能观测性与传递函数的关系。本章最后介绍 MATLAB 在系统能控性与能观测性分析中的应用。

3.1 线性定常连续系统的能控性

3.1.1 概述

能控性揭示系统输入对状态的制约能力，状态的能控性是指系统的输入能否控制状态的变化，即输入能否通过状态方程引起系统任一状态的变化，因此讨论能控性时只考虑描述系统的状态方程。

设线性时变系统的状态方程为

$$\dot{\boldsymbol{x}}=\boldsymbol{A}(t)\boldsymbol{x}(t)+\boldsymbol{B}(t)\boldsymbol{u}(t)$$

式中，$\boldsymbol{x}(t)$为 n 维状态向量；$\boldsymbol{u}(t)$为 r 维输入向量；$\boldsymbol{A}(t)$为 $n\times n$ 系统矩阵；$\boldsymbol{B}(t)$为 $n\times r$ 输入矩阵。

如果系统的每一个状态变量的运动都可以由输入来影响和控制，从任意的始点达到终点，则系统是状态能控的。

定义 3.1 若存在输入信号 $\boldsymbol{u}(t)$，能在有限时间 $t_f>t_0$ 内，将系统的任意一个初始状态 $\boldsymbol{x}(t_0)$转移到终端状态 $\boldsymbol{x}(t_f)$，那么，称该系统的状态变量 $\boldsymbol{x}(t_0)$在时刻 t_0是完全能控的，或简称系统在 t_0时刻是能控的。否则，系统就是不完全能控的，或简称不能控的。

如果在一个有限的时间间隔内施加一个无约束的控制向量，使得系统由初始状态 $\boldsymbol{x}(t_0)$转移到任一状态，则称该系统在时刻 t_0是能控的。

若系统的所有状态均满足上述条件，则称系统完全能控（见图 3.1）。

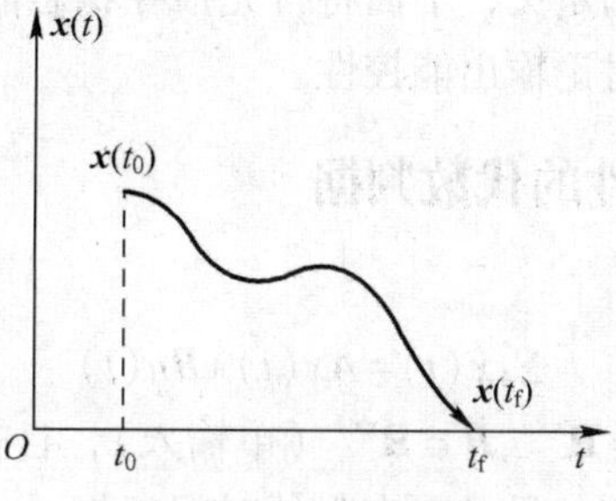

图 3.1　系统能控性

几点说明如下：

1）对上述定义中的初始状态 $\boldsymbol{x}(t_0)$和终端状态 $\boldsymbol{x}(t_f)$的值可以有两种假设，因而上述定义可分为两种情况来叙述。

① 把系统的初始状态 $\boldsymbol{x}(t_0)$规定为状态空间中的任意非零有限点，而终端状态 $\boldsymbol{x}(t_f)$规定为状态空间的原点，于是能控性定义将叙述为：

对于给定的线性定常系统$\dot{\boldsymbol{x}}=\boldsymbol{Ax}+\boldsymbol{Bu}$，若存在一个分段连续的输入 $\boldsymbol{u}(t)$，能在有限时间区间$[t_0,t_f]$内，将系统从任一初始状态 $\boldsymbol{x}(t_0)$转移到零状态，则称系统是状态完全能控的。

② 把系统的初始状态 $\boldsymbol{x}(t_0)$规定为状态空间的原点，终端状态 $\boldsymbol{x}(t_f)$规定为任意非零有限点，于是能控性定义将叙述为：

对于给定线性定常系统，若存在一个分段连续的输入 $\boldsymbol{u}(t)$，能在有限时间区间$[t_0,t_f]$内，将状态 $\boldsymbol{x}(t_0)$从零状态转移到任一指定终端状态 $\boldsymbol{x}(t_f)$，则称系统是能达的。

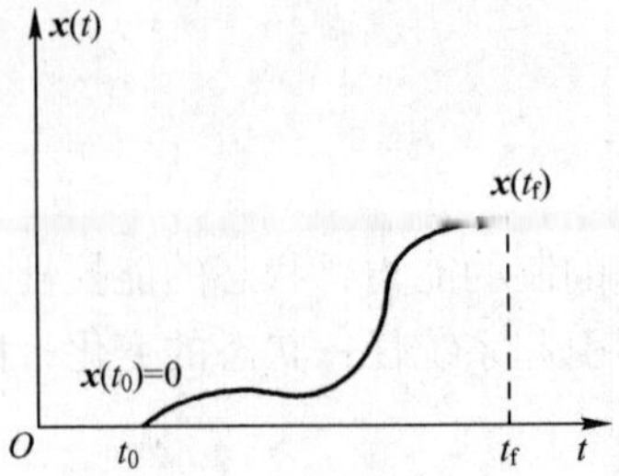

图 3.2　系统能达性

可以证明，对于线性定常连续系统，能控性与能达性是等价的，即可控系统一定是能达的，能达系统也一定是可控的。以后对能控性的分析讨论均按上述情况①，把终端状态规定为状态空间的原点。

2）定义仅要求输入 $\boldsymbol{u}(t)$能够在有限时间内将状态 $\boldsymbol{x}(t_0)$转移到 $\boldsymbol{x}(t_f)$，而不计较状态有什么转移轨迹。控制作用 $\boldsymbol{u}(t)$从理论上说是无约束的，其取值并非唯一的。

3）如果有一个初始状态 $\boldsymbol{x}(t_0)$，无论 t_f取多大，都不能找到一个输入 $\boldsymbol{u}(t)$，将 $\boldsymbol{x}(t_0)$转移到终端状态 $\boldsymbol{x}(t_f)=0$，则称系统在 t_0时刻是不能控的，也称为系统是不能控的。

前已指出，在用状态空间法设计控制系统时，这两个概念起到非常重要的作用。实际上，虽然大多数物理系统是能控和能观测的，然而其所对应的数学模型可能不具有能控性和能观测性。因此，必须了解系统在什么条件下是能控和能观测的。

上面给出了系统状态能控的定义，下面将首先推导状态能控性的代数判据，然后给出状态能控性的标准型判据，最后讨论输出能控性。

3.1.2　定常系统状态能控性的代数判据

考虑线性连续时间系统

$$\Sigma:\dot{\boldsymbol{x}}(t)=\boldsymbol{A}\boldsymbol{x}(t)+\boldsymbol{B}u(t) \tag{3.1}$$

式中，$\boldsymbol{x}(t)\in\mathbf{R}^n,u(t)\in\mathbf{R}^1,\boldsymbol{A}\in\mathbf{R}^{n\times n},\boldsymbol{B}\in\mathbf{R}^{n\times 1}$（单输入），且初始条件为$\boldsymbol{x}(t)|_{t=0}=\boldsymbol{x}(0)$。

如果施加一个无约束的控制信号，在有限的时间间隔 $t_0\leqslant t\leqslant t_f$内，使初始状态转移到任一终止状态，则称由式（3.1）描述的系统在 $t=t_0$时为状态（完全）能控的。如果每一个状态都能控，则称该系统为状态（完全）能控的。

下面推导状态能控的条件。不失一般性，设终止状态为状态空间原点，并设初始时刻为零，即 $t_0=0$。

由第 2 章的内容可知，式（3.1）的解为

$$\boldsymbol{x}(t)=\mathrm{e}^{\boldsymbol{A}t}x(0)+\int_0^t \mathrm{e}^{\boldsymbol{A}(t-\tau)}\boldsymbol{B}u(\tau)\mathrm{d}\tau$$

利用状态能控性的定义，可得

$$\boldsymbol{x}(t_1)=\boldsymbol{0}=\mathrm{e}^{\boldsymbol{A}t_1}\boldsymbol{x}(0)+\int_0^{t_1}\mathrm{e}^{\boldsymbol{A}(t_1-\tau)}\boldsymbol{B}u(\tau)\mathrm{d}\tau$$

或

$$x(0)=-\int_0^{t_1}e^{-A\tau}Bu(\tau)d\tau \tag{3.2}$$

将 $e^{-A\tau}$ 写为 A 的有限项的形式，即

$$e^{-A\tau}=\sum_{k=0}^{n-1}\alpha_k(\tau)A^k \tag{3.3}$$

将式（3.3）代入式（3.2），可得

$$x(0)=-\sum_{k=0}^{n-1}A^kB\int_0^{t_1}\alpha_k(\tau)u(\tau)d\tau \tag{3.4}$$

记

$$\int_0^{t_1}\alpha_k(\tau)u(\tau)d\tau=\beta_k$$

则式（3.4）成为

$$x(0)=-\sum_{k=0}^{n-1}A^kB\beta_k$$

$$=-(B\quad AB\quad\cdots\quad A^{n-1}B)\begin{pmatrix}\beta_0\\\beta_1\\\vdots\\\beta_{n-1}\end{pmatrix} \tag{3.5}$$

如果系统是状态能控的，那么给定任一初始状态 $x(0)$，都应满足式（3.5）。这就要求 $n\times n$ 维矩阵

$$Q=(B\quad AB\quad\cdots\quad A^{n-1}B)$$

的秩为 n。

由此分析，可将状态能控性的代数判据归纳为：当且仅当 $n\times n$ 维矩阵 Q 满秩，即

$$\text{rank}Q=\text{rank}(B\quad AB\quad\cdots\quad A^{n-1}B)=n$$

时，由式（3.1）确定的系统才是状态能控的。

上述结论也可推广到控制向量 u 为 r 维的情况。此时，如果系统的状态方程为

$$\dot{x}=Ax+Bu$$

式中，$x(t)\in\mathbf{R}^n,u(t)\in\mathbf{R}^r,A\in\mathbf{R}^{n\times n},B\in\mathbf{R}^{n\times r}$，那么可以证明，状态能控性的条件为 $n\times nr$ 维矩阵

$$Q=(B\quad AB\quad\cdots A^{n-1}B)$$

的秩为 n，或者说其中的 n 个列向量是线性无关的。通常，称矩阵

$$Q=(B\quad AB\quad\cdots\quad A^{n-1}B)$$

为能控性矩阵。

例 3.1 考虑由下式确定的系统的能控性：

$$\begin{pmatrix}\dot{x}_1\\\dot{x}_2\end{pmatrix}=\begin{pmatrix}1&1\\0&-1\end{pmatrix}\begin{pmatrix}x_1\\x_2\end{pmatrix}+\begin{pmatrix}1\\0\end{pmatrix}u$$

解 由于

$$\det Q=\det(B\quad AB)=\begin{vmatrix}1&1\\0&0\end{vmatrix}=0$$

即 $\boldsymbol{Q}$ 为奇异，所以该系统是状态不能控的。

例 3.2 考虑由下式确定的系统的能控性：

$$\begin{pmatrix}\dot{x}_1\\ \dot{x}_2\end{pmatrix}=\begin{pmatrix}1 & 1\\ 2 & -1\end{pmatrix}\begin{pmatrix}x_1\\ x_2\end{pmatrix}+\begin{pmatrix}0\\ 1\end{pmatrix}u$$

解 对于该情况

$$\det\boldsymbol{Q}=\det(\boldsymbol{B}\quad \boldsymbol{AB})=\begin{vmatrix}0 & 1\\ 1 & -1\end{vmatrix}\neq 0$$

即 $\boldsymbol{Q}$ 为非奇异，因此系统是状态能控的。

例 3.3 动态系统的状态方程如下，试判断其能控性。

$$\dot{\boldsymbol{x}}=\begin{pmatrix}0 & 1 & 0\\ 0 & 0 & 1\\ -a_0 & -a_1 & -a_2\end{pmatrix}\boldsymbol{x}+\begin{pmatrix}0\\ 0\\ 1\end{pmatrix}u$$

解 $\boldsymbol{B}=\begin{pmatrix}0\\ 0\\ 1\end{pmatrix},\boldsymbol{AB}=\begin{pmatrix}0\\ 1\\ -a_2\end{pmatrix},\boldsymbol{A}^2\boldsymbol{B}=\begin{pmatrix}1\\ -a_2\\ -a_1+a_2^2\end{pmatrix}$

故能控性矩阵

$$\boldsymbol{Q}=\begin{pmatrix}0 & 0 & 1\\ 0 & 1 & -a_2\\ 1 & -a_2 & -a_1+a_2^2\end{pmatrix}$$

它是一个三角形矩阵，斜对角线元素均为1，不论 a_2、a_1 取何值，其秩为3，即 $\text{rank}\boldsymbol{Q}=3=n$，故系统总是状态完全能控的。

3.1.3 状态能控性条件的标准型判据

关于定常系统能控性的判据很多。除了上述的代数判据外，本小节将给出一种相当直观的方法，这就是从标准型的角度给出的判据。

考虑如下的线性系统：

$$\dot{\boldsymbol{x}}=\boldsymbol{Ax}+\boldsymbol{Bu} \tag{3.6}$$

式中，$\boldsymbol{x}(t)\in\mathbf{R}^n,\boldsymbol{u}(t)\in\mathbf{R}^r,\boldsymbol{A}\in\mathbf{R}^{n\times n},\boldsymbol{B}\in\mathbf{R}^{n\times r}$。

如果 $\boldsymbol{A}$ 的特征向量互不相同，则可找到一个非奇异线性变换矩阵 $\boldsymbol{P}$，使得

$$\boldsymbol{P}^{-1}\boldsymbol{AP}=\boldsymbol{\Lambda}=\text{diag}\{\lambda_1,\lambda_2,\cdots,\lambda_n\}$$

注意，如果 $\boldsymbol{A}$ 的特征值相异，那么 $\boldsymbol{A}$ 的特征向量也互不相同；然而，反过来不成立。例如，具有相重特征值的 $n\times n$ 维实对称矩阵也有可能有 n 个互不相同的特征向量。还应注意，矩阵 $\boldsymbol{P}$ 的每一列是与 $\lambda_i(i=1,2,\cdots,n)$ 有联系的 $\boldsymbol{A}$ 的一个特征向量。

设

$$\boldsymbol{x}=\boldsymbol{Pz} \tag{3.7}$$

将式（3.7）代入式（3.6），可得

$$\dot{\boldsymbol{z}}=\boldsymbol{P}^{-1}\boldsymbol{APz}+\boldsymbol{P}^{-1}\boldsymbol{Bu} \tag{3.8}$$

定义

$$P^{-1}B=\Gamma=(f_{ij})_{n\times r}$$

则可将式（3.8）重写为

$$\begin{aligned}
\dot{z}_1&=\lambda_1 z_1+f_{11}u_1+f_{12}u_2+\cdots+f_{1r}u_r\\
\dot{z}_2&=\lambda_2 z_2+f_{21}u_1+f_{22}u_2+\cdots+f_{2r}u_r\\
&\vdots\\
\dot{z}_n&=\lambda_n z_n+f_{n1}u_1+f_{n2}u_2+\cdots+f_{nr}u_r
\end{aligned}$$

如果 $n\times r$ 维矩阵 $\boldsymbol{\Gamma}$ 的任一行元素全为零，那么对应的状态变量就不能由任一 u_i 来控制。由于状态能控的条件是 $\boldsymbol{A}$ 的特征向量互异，因此当且仅当输入矩阵 $\boldsymbol{\Gamma}=\boldsymbol{P}^{-1}\boldsymbol{B}$ 没有一行的所有元素均为零时，系统才是状态能控的。在应用状态能控性的这一条件时，应特别注意，必须将式（3.8）的矩阵 $\boldsymbol{P}^{-1}\boldsymbol{AP}$ 转换成对角线形式。

标准型能控性判据的优点为：如果系统本身是标准型很容易判断出能控性，且能将不能控的状态确定下来；缺点为：要进行线性变换。

例 3.4 用标准型判据判断以下系统是否可控：

$$\begin{pmatrix}\dot{x}_1\\ \dot{x}_2\end{pmatrix}=\begin{pmatrix}-4 & 5\\ 1 & 0\end{pmatrix}\begin{pmatrix}x_1\\ x_2\end{pmatrix}+\begin{pmatrix}-5\\ 1\end{pmatrix}u$$

解 把状态方程变换为标准型，先求其特征根

$$|\lambda\boldsymbol{I}-\boldsymbol{A}|=\begin{vmatrix}\lambda+4 & -5\\ -1 & \lambda\end{vmatrix}=\lambda^2+4\lambda-5=(\lambda+5)(\lambda-1)=0$$

$$\lambda_1=5,\lambda_2=1$$

再求变换矩阵 $\boldsymbol{P}=(p_1\quad p_2)=\begin{pmatrix}-5 & 1\\ 1 & 1\end{pmatrix},\boldsymbol{P}^{-1}=\begin{pmatrix}-\frac{1}{6} & \frac{1}{6}\\ \frac{1}{6} & \frac{5}{6}\end{pmatrix}$

则有

$$\boldsymbol{P}^{-1}\boldsymbol{B}=\begin{pmatrix}-\frac{1}{6} & \frac{1}{6}\\ \frac{1}{6} & \frac{5}{6}\end{pmatrix}\begin{pmatrix}-5\\ 1\end{pmatrix}=\begin{pmatrix}1\\ 0\end{pmatrix}$$

得变换后的状态方程为

$$\dot{\bar{\boldsymbol{x}}}=\bar{\boldsymbol{A}}\bar{\boldsymbol{x}}+\bar{\boldsymbol{B}}\boldsymbol{u}=\boldsymbol{P}^{-1}\boldsymbol{AP}\,\bar{\boldsymbol{x}}+\boldsymbol{P}^{-1}\boldsymbol{B}u=\begin{pmatrix}-5 & 0\\ 0 & 1\end{pmatrix}\bar{\boldsymbol{x}}+\begin{pmatrix}1\\ 0\end{pmatrix}u$$

$\bar{\boldsymbol{B}}$有一行元素为零，故系统是状态不完全能控的，即 x_2状态不可控。

例 3.5 判断以下系统的能控性。

$$\begin{pmatrix}\dot{x}_1\\ \dot{x}_2\end{pmatrix}=\begin{pmatrix}2 & 0\\ 0 & 2\end{pmatrix}\begin{pmatrix}x_1\\ x_2\end{pmatrix}+\begin{pmatrix}1\\ 2\end{pmatrix}u$$

解 初看系统是一个对角标准型，$\boldsymbol{B}$ 矩阵每一行不为 0，则判断系统状态是完全能控的。这是错误的结论。

$\boldsymbol{A}$ 矩阵虽然为对角标准型，但它的两个特征值是相同的，非互异，不符合标准型判据中

$\boldsymbol{A}$ 的特征值互异的条件，所以不能用标准型判据判断。只能采用代数判据判断。

$$\boldsymbol{A}=\begin{pmatrix}2 & 0\\0 & 2\end{pmatrix},\boldsymbol{B}=\begin{pmatrix}1\\2\end{pmatrix},\boldsymbol{AB}=\begin{pmatrix}2\\4\end{pmatrix}$$

$$\boldsymbol{Q}=(\boldsymbol{B}\quad\boldsymbol{AB})=\begin{pmatrix}1 & 2\\2 & 4\end{pmatrix}$$

$$\det\boldsymbol{Q}=\det(\boldsymbol{B}\quad\boldsymbol{AB})=\begin{vmatrix}1 & 2\\2 & 4\end{vmatrix}=0$$

系统状态是不完全能控的。

如果式（3.6）中的矩阵 $\boldsymbol{A}$ 不具有互异的特征向量，则不能将其化为对角线形式。在这种情况下，可将 $\boldsymbol{A}$ 化为约当标准型。例如，若 $\boldsymbol{A}$ 的特征值分别 λ_1，λ_1，λ_1，λ_4，λ_4，λ_6，…，λ_n，并且有 $n-3$ 个互异的特征向量，那么 $\boldsymbol{A}$ 的约当标准型为

$$\boldsymbol{J}=\begin{pmatrix}\lambda_1 & 1 & 0 & & & & & & & \boldsymbol{0}\\0 & \lambda_1 & 1 & & & & & & & \\0 & 0 & \lambda_1 & & & & & & & \\ & & & \lambda_4 & 1 & & & & & \\ & & & 0 & \lambda_4 & & & & & \\ & & & & & \lambda_6 & & & & \\ & & & & & & \ddots & & & \\ & & & & & & & \ddots & & \\ & & & & & & & & \ddots & \\\boldsymbol{0} & & & & & & & & & \lambda_n\end{pmatrix}$$

其中，在主对角线上的 3×3 和 2×2 子矩阵称为约当块。

假设能找到一个变换矩阵 $\boldsymbol{P}$，使得

$$\boldsymbol{P}^{-1}\boldsymbol{AP}=\boldsymbol{J}$$

如果利用

$$\boldsymbol{x}=\boldsymbol{Pz}\tag{3.9}$$

定义一个新的状态向量 $\boldsymbol{z}$，将式（3.9）代入式（3.6）中，可得到

$$\begin{aligned}\dot{\boldsymbol{z}}&=\boldsymbol{P}^{-1}\boldsymbol{APz}+\boldsymbol{P}^{-1}\boldsymbol{Bu}\\&=\boldsymbol{Jz}+\boldsymbol{\Gamma u}\end{aligned}\tag{3.10}$$

从而式（3.6）确定的系统的状态能控性条件可表述为：当且仅当①式（3.10）中的矩阵 $\boldsymbol{J}$ 中没有两个约当块与同一特征值有关；②与每个约当块最后一行相对应的 $\boldsymbol{\Gamma}=\boldsymbol{P}^{-1}\boldsymbol{B}$ 的任一行元素不全为零；③对应于不同特征值的 $\boldsymbol{\Gamma}=\boldsymbol{P}^{-1}\boldsymbol{B}$ 的每一行的元素不全为零时，则系统是状态能控的。

需要说明的是，由于任意一个 1 阶矩阵都是 1 阶约当块，所以对角线矩阵是约当矩阵的特例。

例 3.6 下列系统是状态能控的：

$$\begin{pmatrix}\dot{x}_1\\\dot{x}_2\end{pmatrix}=\begin{pmatrix}-1 & 0\\0 & -2\end{pmatrix}\begin{pmatrix}x_1\\x_2\end{pmatrix}+\begin{pmatrix}2\\5\end{pmatrix}u$$

$$\begin{pmatrix}\dot{x}_1\\ \dot{x}_2\\ \dot{x}_3\end{pmatrix}=\begin{pmatrix}-1&1&0\\0&-1&0\\0&0&-2\end{pmatrix}\begin{pmatrix}x_1\\x_2\\x_3\end{pmatrix}+\begin{pmatrix}0\\ \underline{4}\\ \underline{3}\end{pmatrix}u$$

$$\begin{pmatrix}\dot{x}_1\\ \dot{x}_2\\ \dot{x}_3\\ \dot{x}_4\\ x_5\end{pmatrix}=\begin{bmatrix}-2&1&0&0&0\\0&-2&1&0&0\\0&0&-2&0&0\\0&0&0&-5&1\\0&0&0&0&-5\end{bmatrix}\begin{pmatrix}x_1\\x_2\\x_3\\x_4\\x_5\end{pmatrix}+\begin{pmatrix}0&1\\0&0\\ \underline{3}&\underline{0}\\0&0\\ \underline{2}&\underline{1}\end{pmatrix}\begin{pmatrix}u_1\\u_2\end{pmatrix}$$

$$\dot{\boldsymbol{x}}=\left(\begin{array}{cc:c}\lambda_1&1&0\\0&\lambda_1&0\\ \hdashline 0&0&\lambda_3\end{array}\right)\boldsymbol{x}+\left(\begin{array}{c}0\\b_2\\ \hdashline b_3\end{array}\right)u$$

$$\dot{\boldsymbol{x}}=\left(\begin{array}{ccc:cc}\lambda_1&1&0&&\\0&\lambda_1&1&&\boldsymbol{0}\\0&0&\lambda_1&&\\ \hdashline &&&\lambda_2&1\\&\boldsymbol{0}&&0&\lambda_2\end{array}\right)\boldsymbol{x}+\left(\begin{array}{cc}0&1\\0&0\\3&0\\ \hdashline 0&0\\1&2\end{array}\right)\begin{pmatrix}u_1\\u_2\end{pmatrix}$$

下列系统是状态不能控的：

$$\begin{pmatrix}\dot{x}_1\\ \dot{x}_2\end{pmatrix}=\begin{pmatrix}-1&0\\0&-2\end{pmatrix}\begin{pmatrix}x_1\\x_2\end{pmatrix}+\begin{pmatrix}2\\ \underline{0}\end{pmatrix}u$$

$$\begin{pmatrix}\dot{x}_1\\ \dot{x}_2\\ \dot{x}_3\end{pmatrix}=\begin{pmatrix}-1&1&0\\0&-1&0\\0&0&-2\end{pmatrix}\begin{pmatrix}x_1\\x_2\\x_3\end{pmatrix}+\begin{pmatrix}4&2\\ \underline{0}&\underline{0}\\3&0\end{pmatrix}\begin{pmatrix}u_1\\u_2\end{pmatrix}$$

$$\begin{pmatrix}\dot{x}_1\\ \dot{x}_2\\ \dot{x}_3\\ \dot{x}_4\\ \dot{x}_5\end{pmatrix}=\begin{bmatrix}-2&1&0&0&0\\0&-2&1&0&0\\0&0&-2&0&0\\0&0&0&-5&1\\0&0&0&0&-5\end{bmatrix}\begin{pmatrix}x_1\\x_2\\x_3\\x_4\\x_5\end{pmatrix}+\begin{pmatrix}4\\2\\1\\3\\ \underline{0}\end{pmatrix}u$$

$$\dot{\boldsymbol{x}}=\left(\begin{array}{ccc:cc}\lambda_1&1&0&&\\0&\lambda_1&1&&\boldsymbol{0}\\0&0&\lambda_1&&\\ \hdashline &&&\lambda_2&1\\&\boldsymbol{0}&&0&\lambda_2\end{array}\right)\boldsymbol{x}+\left(\begin{array}{c}b_1\\b_2\\b_3\\ \hdashline b_4\\0\end{array}\right)u$$

$$\dot{x}=\left(\begin{array}{cc:c}\lambda_1 & 1 & 0\\ 0 & \lambda_1 & 0\\ \hdashline 0 & 0 & \lambda_3\end{array}\right)x+\left(\begin{array}{cc}b_{11} & b_{12}\\ 0 & 0\\ \hdashline b_{31} & b_{32}\end{array}\right)\begin{pmatrix}u_1\\ u_2\end{pmatrix}$$

例 3.7 已知系统的约当标准型为

$$\dot{x}=\begin{pmatrix}-2 & 1 & & & & & \\ 0 & -2 & & & & & \\ & & -2 & & & & \\ & & & -2 & & & \\ & & & & 3 & 1 & \\ & & & & 0 & 3 & \\ & & & & & & 3\end{pmatrix}x+\begin{pmatrix}0 & 0 & 0\\ 1 & 0 & 0\\ \hdashline 0 & 4 & 0\\ \hdashline 0 & 0 & 7\\ \hdashline 0 & 0 & 0\\ 1 & 1 & 0\\ \hdashline 0 & 4 & 1\end{pmatrix}u$$

试判断它的状态能控性。

解 找出对于相同特征根的各约当块的最后一行，并组成矩阵，可见，它们都是行线性无关的，所以系统为完全能控。

例 3.8 判断以下线性定常系统的能控性：

$$A=\begin{pmatrix}1 & 0 & 0\\ 0 & 2 & 0\\ 0 & 0 & 3\end{pmatrix},B=\begin{pmatrix}1\\ 1\\ 1\end{pmatrix}$$

其中，x 为三维状态向量，u 为一维控制标量。

解 （1）代数判据法

系统的能控性判别矩阵为 $Q=(B\quad AB\quad A^2B)$

$$AB=\begin{pmatrix}1 & 0 & 0\\ 0 & 2 & 0\\ 0 & 0 & 3\end{pmatrix}\begin{pmatrix}1\\ 1\\ 1\end{pmatrix}=\begin{pmatrix}1\\ 2\\ 3\end{pmatrix}$$

$$A^2B=AAB=\begin{pmatrix}1 & 0 & 0\\ 0 & 2 & 0\\ 0 & 0 & 3\end{pmatrix}\begin{pmatrix}1\\ 2\\ 3\end{pmatrix}=\begin{pmatrix}1\\ 4\\ 9\end{pmatrix}$$

$$Q=(B\quad AB\quad A^2B)=\begin{pmatrix}1 & 1 & 1\\ 1 & 2 & 4\\ 1 & 3 & 9\end{pmatrix}$$

可知，$\text{rank}Q=3$，由能控性秩判别定理可知系统是能控的。

（2）标准型系统的能控性直接判据

由于线性定常系统的状态矩阵 A 为对角线型，对角线上有三个特征值，它们之间两两互异；并且输入矩阵 B 中没有一行的元素全为零，因此线性定常系统状态完全能控。

例 3.9 判断以下线性定常系统的能控性：

$$\dot{x}=\begin{pmatrix}\lambda_1 & 1 & 0\\ 0 & \lambda_1 & 0\\ 0 & 0 & \lambda_2\end{pmatrix}x+\begin{pmatrix}0 & 0\\ 1 & 0\\ 0 & 1\end{pmatrix}u\quad（其中\ \lambda_1\neq\lambda_2）$$

$$y=(1\quad 0\quad 1)x$$

其中，x 为三维状态向量，u 为二维控制向量。

解　(1) 代数判别法

系统的能控性判别矩阵为

$$Q=(B\quad AB\quad A^2B)=\begin{pmatrix}0&0&1&0&2\lambda_1&0\\1&0&\lambda_1&0&\lambda_1^2&0\\0&1&0&\lambda_2&0&\lambda_2^2\end{pmatrix}$$

$$QQ^{\mathrm{T}}=\begin{pmatrix}0&0&1&0&2\lambda_1&0\\1&0&\lambda_1&0&\lambda_1^2&0\\0&1&0&\lambda_2&0&\lambda_2^2\end{pmatrix}\begin{pmatrix}0&1&0\\0&0&1\\1&\lambda_1&0\\0&0&\lambda_2\\2\lambda_1&\lambda_1^2&0\\0&0&\lambda_2^2\end{pmatrix}$$

$$=\begin{pmatrix}1+4\lambda_1^2&\lambda_1+2\lambda_1^3&0\\\lambda_1+2\lambda_1^3&1+\lambda_1^2+\lambda_1^4&0\\0&0&1+\lambda_2^2+\lambda_2^4\end{pmatrix}$$

容易看到，由于 $\lambda_1\neq\lambda_2$，因此矩阵 QQ^{T} 是非奇异的，即 $\mathrm{rank}(QQ^{\mathrm{T}})=3$。根据线性代数知识，$\mathrm{rank}Q=\mathrm{rank}(QQ^{\mathrm{T}})=3$，所以系统完全能控。

(2) 标准型系统的能控性直接判据

由于线性定常系统的状态矩阵 A 为约当型，有两个约当块，每个约当块所对应的特征值均不相同；并且输入矩阵 B 中与每个约当块所对应的最后一行中所有元素不全为零，因此线性定常系统状态完全能控。

结论：判别线性定常系统的能控性时，如果系统矩阵 A 为对角标准型或约当标准型，应考虑标准型判据，但同时考虑判据中所限定的条件是否满足。

若 A 既非对角阵也非约当阵，可以考虑用代数判据。

3.1.4　用传递函数矩阵表达的状态能控性条件

状态能控的条件也可用传递函数或传递矩阵描述。

状态能控性的充要条件是在传递函数或传递函数矩阵中不出现相约现象。如果发生相约，那么在被约去的模态中，系统不能控。

例 3.10　考虑下列传递函数：

$$\frac{X(s)}{U(s)}=\frac{s+2.5}{(s+2.5)(s-1)}$$

显然，在此传递函数的分子和分母中存在可约的因子 $(s+2.5)$（因此少了一阶）。由于分子、分母中有相约因子，所以该系统状态不能控。

当然，将该传递函数写为状态方程，可得到同样的结论。状态方程为

$$\begin{pmatrix}\dot{x}_1\\ \dot{x}_2\end{pmatrix}=\begin{pmatrix}0 & 1\\ 2.5 & -1.5\end{pmatrix}\begin{pmatrix}x_1\\ x_2\end{pmatrix}+\begin{pmatrix}1\\ 1\end{pmatrix}u$$

由于

$$(\boldsymbol{B}\quad \boldsymbol{AB})=\begin{pmatrix}1 & 1\\ 1 & 1\end{pmatrix}$$

即能控性矩阵$(\boldsymbol{B}\quad \boldsymbol{AB})$的秩为1，所以可得到状态不能控的同样结论。

3.1.5 输出能控性

系统能控性是针对系统的状态而言的。然而在控制系统的分析、设计和实际运行中，往往希望对系统的输出实行控制，因此，在研究状态能控性的同时，也有必要研究系统的输出能控性。

系统的被控量往往不是系统的状态，而是系统的输出，因此系统的输出量是否能控就成为一个重要的问题。

输出的能控性是指系统的输入能否控制系统的输出。

在实际的控制系统设计中，需要控制的是输出，而不是系统的状态。对于控制系统的输出，状态能控性既不是必要的，也不是充分的。因此，有必要再定义输出能控性。

1. 输出能控性定义

考虑下列状态空间表达式所描述的线性定常系统：

$$\begin{cases}\dot{\boldsymbol{x}}=\boldsymbol{Ax}+\boldsymbol{Bu} & (3.11)\\ \boldsymbol{y}=\boldsymbol{Cx}+\boldsymbol{Du} & (3.12)\end{cases}$$

式中，$\boldsymbol{x}\in\mathbf{R}^n,\boldsymbol{u}\in\mathbf{R}^r,\boldsymbol{y}\in\mathbf{R}^m,\boldsymbol{A}\in\boldsymbol{R}^{n\times n},\boldsymbol{B}\in\mathbf{R}^{n\times r},\boldsymbol{C}\in\mathbf{R}^{m\times n},\boldsymbol{D}\in\mathbf{R}^{m\times r}$。

如果能找到一个无约束的控制向量$\boldsymbol{u}(t)$，在有限的时间间隔$t_0\leqslant t\leqslant t_1$内，使任一给定的初始输出$\boldsymbol{y}(t_0)$转移到任一最终输出$\boldsymbol{y}(t_1)$，那么称由式（3.11）和式（3.12）所描述的系统为输出能控的。

2. 输出能控性判据

可以证明，系统输出能控的充要条件为：当且仅当$m\times(n+1)r$维输出能控性矩阵

$$\boldsymbol{Q}'=(\boldsymbol{CB}\quad \boldsymbol{CAB}\quad \boldsymbol{CA}^2\boldsymbol{B}\quad \cdots\quad \boldsymbol{CA}^{n-1}\boldsymbol{B}\quad \boldsymbol{D})$$

的秩为m时，由式（3.11）和式（3.12）所描述的系统为输出能控的。注意，在式（3.12）中存在$\boldsymbol{Du}$项，对确定输出能控性是有帮助的。

应该指出，对输出能控性来说，状态能控性既不是必要的，也不是充分的，即状态能控性与输出能控性之间没有必然的联系。

例 3.11 判断以下系统输出的能控性：

$$\begin{cases}\begin{pmatrix}\dot{x}_1\\ \dot{x}_2\end{pmatrix}=\begin{pmatrix}-4 & 5\\ 1 & 0\end{pmatrix}\begin{pmatrix}x_1\\ x_2\end{pmatrix}+\begin{pmatrix}-5\\ 1\end{pmatrix}u\\ y=(1\quad -1)\boldsymbol{x}+u\end{cases}$$

解 系统的输出能控性矩阵为

$$\boldsymbol{Q}'=(\boldsymbol{CB}\quad \boldsymbol{CAB}\quad \boldsymbol{D})$$

$$CB=(1\quad -1)\begin{pmatrix}-5\\1\end{pmatrix}=-6$$

$$CAB=(1\quad -1)\begin{pmatrix}-4 & 5\\1 & 0\end{pmatrix}\begin{pmatrix}-5\\1\end{pmatrix}=30$$

$$Q'=(CB\quad CAB\quad D)=(-6\quad 30\quad 1)$$

显然，输出能控性矩阵的秩等于 1，是行满秩的，故系统是输出能控的。

而例 3.4 中得到系统是状态不完全能控的。

3.2 线性定常连续系统的能观测性

现在讨论线性系统的能观测性。考虑零输入时的状态空间表达式

$$\begin{cases}\dot{x}=Ax & (3.13)\\ y=Cx & (3.14)\end{cases}$$

式中，$x\in\mathbf{R}^n, y\in\mathbf{R}^m, A\in\mathbf{R}^{n\times n}, C\in\mathbf{R}^{m\times n}$。

如果每一个状态 $x(t_0)$ 都可通过在有限时间间隔 $t_0\leqslant t\leqslant t_1$ 内，由 $y(t)$ 观测值确定，则称系统为（完全）能观测的。本节仅讨论线性定常系统。不失一般性，设 $t_0=0$。

能观测性的概念非常重要，这是由于在实际问题中，状态反馈控制遇到的困难是一些状态变量不易直接量测。因而在构造控制器时，必须首先估计出不可量测的状态变量。在“系统综合”部分将指出，当且仅当系统是能观测时，才能对系统状态变量进行观测或估计。

在下面讨论能观测性条件时，将只考虑由式（3.13）和式（3.14）给定的零输入系统。这是因为，若采用如下状态空间表达式

$$\begin{cases}\dot{x}=Ax+Bu\\ y=Cx+Du\end{cases}$$

则

$$x(t)=e^{At}x(0)+\int_0^t e^{A(t-\tau)}Bu(\tau)\,d\tau$$

从而

$$y(t)=Ce^{At}x(0)+C\int_0^t e^{A(t-\tau)}Bu(\tau)\,d\tau+Du$$

由于矩阵 A、B、C 和 D 均为已知，$u(t)$ 也已知，所以上式右端的最后两项为已知，因而它们可以从被量测值 $y(t)$ 中消去。能观测性表示的是 $y(t)$ 反映状态向量 $x(t)$ 的能力，与控制作用没有直接的关系，所以在分析能观测问题时，不妨令 $u=0$，这样只需从齐次状态方程和输出方程出发进行分析，因此，为研究能观测性的充要条件，只考虑式（3.13）和式（3.14）所描述的零输入系统就可以了。

3.2.1 定常系统状态能观测性的代数判据

考虑由式（3.13）和式（3.14）所描述的线性定常系统。将其重写为

$$\begin{cases}\dot{x}=Ax\\ y=Cx\end{cases}$$

易知，其输出向量为

$$y(t)=Ce^{At}x(0)$$

将 e^{At} 写为 A 的有限项的形式，即

$$e^{At}=\sum_{k=0}^{n-1}\alpha_k(t)A^k$$

因而

$$y(t)=\sum_{k=0}^{n-1}\alpha_k(t)CA^kx(0)$$

或

$$y(t)=\alpha_0(t)Cx(0)+\alpha_1(t)CAx(0)+\cdots+\alpha_{n-1}(t)CA^{n-1}x(0) \tag{3.15}$$

显然，如果系统是能观测的，那么在 $0\leqslant t\leqslant t_1$ 时间间隔内，给定输出 $y(t)$，就可由式（3.15）唯一地确定出 $x(0)$。可以证明，这就要求 $nm\times n$ 维能观测性矩阵

$$R=\begin{pmatrix} C \\ CA \\ \vdots \\ CA^{n-1} \end{pmatrix}$$

的秩为 n。

由上述分析，可将能观测的充要条件表述为：由式（3.13）和式（3.14）所描述的线性定常系统，当且仅当 $n\times nm$ 维能观测性矩阵

$$R^{T}=(C^{T}\quad A^{T}C^{T}\quad \cdots\quad (A^{T})^{n-1}C^{T})$$

的秩为 n，即 $\mathrm{rank}R^{T}=n$ 时，该系统才是能观测的。

例 3.12 试判断由式

$$\begin{cases}\begin{pmatrix}\dot{x}_1\\ \dot{x}_2\end{pmatrix}=\begin{pmatrix}1 & 1\\ -2 & -1\end{pmatrix}\begin{pmatrix}x_1\\ x_2\end{pmatrix}+\begin{pmatrix}0\\ 1\end{pmatrix}u \\ y=(1\quad 0)\begin{pmatrix}x_1\\ x_2\end{pmatrix}\end{cases}$$

所描述的系统是否为能控和能观测的。

解 由于能控性矩阵

$$Q=(B\quad AB)=\begin{pmatrix}0 & 1\\ 1 & -1\end{pmatrix}$$

的秩为 2，即 $\mathrm{rank}Q=2=n$，故该系统是状态能控的。

对于输出能控性，可由系统输出能控性矩阵的秩确定。由于

$$Q'=(CB\quad CAB\quad D)=(0\quad 1\quad 0)$$

的秩为 1，即 $\mathrm{rank}Q'=1=m$，故该系统是输出能控的。

为了检验能观测性条件，下面来验算能观测性矩阵的秩。由于

$$R^{T}=(C^{T}\quad A^{T}C^{T})=\begin{pmatrix}1 & 1\\ 0 & 1\end{pmatrix}$$

的秩为 2，$\mathrm{rank}R^{T}=2=n$，故此系统是能观测的。

例 3.13 试以三阶能观测标准型的系统为例，说明它必定是能观测的。

解 三阶能观测标准型

$$\dot{\boldsymbol{x}}=\begin{pmatrix}0&0&-a_0\\1&0&-a_1\\0&1&-a_2\end{pmatrix}\boldsymbol{x}$$

$$y=(0\quad 0\quad 1)\boldsymbol{x}$$

$$\boldsymbol{CA}=(0\quad 1\quad -a_2)$$

$$\boldsymbol{CA}^2=(1\quad -a_2\quad -a_1+a_2^2)$$

$$\boldsymbol{R}=\begin{pmatrix}\boldsymbol{C}\\\boldsymbol{CA}\\\boldsymbol{CA}^2\end{pmatrix}=\begin{pmatrix}0&0&1\\0&1&-a_2\\1&-a_2&-a_1+a_2^2\end{pmatrix}$$

显然，三角形矩阵 $\boldsymbol{R}$，不管 a_1、a_2 为何值，其秩均为 3，故系统总是能观测的。

例 3.14 已知系统的状态空间表达式为

$$\begin{cases}\dot{\boldsymbol{x}}=\boldsymbol{Ax}+\boldsymbol{B}u\\ y=\boldsymbol{Cx}\end{cases}$$

其中

$$\boldsymbol{A}=\begin{pmatrix}-4&1\\2&-3\end{pmatrix},\boldsymbol{B}=\begin{pmatrix}1\\2\end{pmatrix},\boldsymbol{C}=(1\quad 0)$$

试判定该系统是否为状态完全能控和能观测，该系统的输出是否能控。

解 (1) $\boldsymbol{AB}=\begin{pmatrix}-4&1\\2&-3\end{pmatrix}\begin{pmatrix}1\\2\end{pmatrix}=\begin{pmatrix}-2\\-4\end{pmatrix}$

所以能控性矩阵

$$\boldsymbol{Q}=(\boldsymbol{B}\quad \boldsymbol{AB})=\begin{pmatrix}1&-2\\2&-4\end{pmatrix}$$

因为 $|\boldsymbol{Q}|=0$，所以秩为 1，即 $\mathrm{rank}\boldsymbol{Q}=1<n$，故该系统是状态不完全能控的。

(2)

$$\boldsymbol{CB}=(1\quad 0)\begin{pmatrix}1\\2\end{pmatrix}=1$$

$$\boldsymbol{CAB}=(1\quad 0)\begin{pmatrix}-2\\-4\end{pmatrix}=-2$$

对于输出能控性，可由系统输出能控性矩阵的秩确定。由于

$$\boldsymbol{Q}'=(\boldsymbol{CB}\quad \boldsymbol{CAB}\quad \boldsymbol{D})=(1\quad -2\quad 0)$$

的秩为 1，即 $\mathrm{rank}\boldsymbol{Q}'=1=m$，故该系统是输出能控的。

(3)

$$\boldsymbol{CA}=(1\quad 0)\begin{pmatrix}-4&1\\2&-3\end{pmatrix}=(-4\quad 1)$$

由于

$$\boldsymbol{R}^{\mathrm{T}}=(\boldsymbol{C}^{\mathrm{T}}\quad \boldsymbol{A}^{\mathrm{T}}\boldsymbol{C}^{\mathrm{T}})=\begin{pmatrix}1&-4\\0&1\end{pmatrix}$$

因为 $|\boldsymbol{R}|\neq 0$，所以秩为 2，$\mathrm{rank}\boldsymbol{R}^{\mathrm{T}}=2=n$，故此系统是状态完全能观测的。

3.2.2 用传递函数矩阵表达的能观测性条件

类似地，能观测性条件也可用传递函数或传递函数矩阵表达。此时能观测性的充要条件是：在传递函数或传递函数矩阵中不发生相约现象。如果存在相约，则约去的模态其输出就不能观测了。

例 3.15 证明下列系统是不能观测的：

$$\begin{cases}\dot{\boldsymbol{x}}=\boldsymbol{A}\boldsymbol{x}+\boldsymbol{B}u\\ y=\boldsymbol{C}\boldsymbol{x}\end{cases}$$

式中

$$\boldsymbol{x}=\begin{pmatrix}x_1\\x_2\\x_3\end{pmatrix},\quad \boldsymbol{A}=\begin{pmatrix}0&1&0\\0&0&1\\-6&-11&-6\end{pmatrix},\quad \boldsymbol{B}=\begin{pmatrix}0\\0\\1\end{pmatrix},\quad \boldsymbol{C}=(4\quad 5\quad 1)$$

解 由于能观测性矩阵

$$\boldsymbol{R}^{\mathrm{T}}=(\boldsymbol{C}^{\mathrm{T}}\quad \boldsymbol{A}^{\mathrm{T}}\boldsymbol{C}^{\mathrm{T}}\quad (\boldsymbol{A}^{\mathrm{T}})^2\boldsymbol{C}^{\mathrm{T}})=\begin{pmatrix}4&-6&6\\5&-7&5\\1&-1&-1\end{pmatrix}$$

注意到

$$\begin{vmatrix}4&-6&6\\5&-7&5\\1&-1&-1\end{vmatrix}=0$$

即 $\mathrm{rank}\boldsymbol{R}^{\mathrm{T}}<3=n$，故该系统是不能观测的。

事实上，在该系统的传递函数中存在相约因子。由于 $X_1(s)$ 和 $U(s)$ 之间的传递函数为

$$\frac{X_1(s)}{U(s)}=\frac{1}{(s+1)(s+2)(s+3)}$$

又 $Y(s)$ 和 $X_1(s)$ 之间的传递函数为

$$\frac{Y(s)}{X_1(s)}=(s+1)(s+4)$$

故 $Y(s)$ 与 $U(s)$ 之间的传递函数为

$$\frac{Y(s)}{U(s)}=\frac{(s+1)(s+4)}{(s+1)(s+2)(s+3)}$$

显然，分子、分母多项式中的因子 $(s+1)$ 可以约去。这意味着，该系统是不能观测的，或者说一些不为零的初始状态 $\boldsymbol{x}(0)$ 不能由 $y(t)$ 的量测值确定。

当且仅当系统是状态能控和能观测时，其传递函数才没有相约因子。这意味着，可相约的传递函数不具有表征动态系统的所有信息。

3.2.3 状态能观测性条件的标准型判据

考虑由式（3.13）和式（3.14）所描述的线性定常系统，将其重写为

$$\begin{cases}\dot{\boldsymbol{x}}=\boldsymbol{A}\boldsymbol{x} & (3.16)\\ \boldsymbol{y}=\boldsymbol{C}\boldsymbol{x} & (3.17)\end{cases}$$

设非奇异线性变换矩阵 P 可将 A 化为对角线矩阵

$$P^{-1}AP=\Lambda$$

式中，$\Lambda=\text{diag}\{\lambda_1,\lambda_2,\cdots,\lambda_n\}$ 为对角线矩阵。定义

$$x=Pz$$

式（3.16）和式（3.17）可写为如下对角线标准型：

$$\begin{cases}\dot{z}=P^{-1}APz=\Lambda z\\ y=CPz\end{cases}$$

因此

$$y(t)=CP\mathrm{e}^{\Lambda t}z(0)$$

或

$$y(t)=CP\begin{pmatrix}\mathrm{e}^{\lambda_1 t} & & & 0\\ & \mathrm{e}^{\lambda_2 t} & & \\ & & \ddots & \\ 0 & & & \mathrm{e}^{\lambda_n t}\end{pmatrix}z(0)=CP\begin{pmatrix}\mathrm{e}^{\lambda_1 t}z_1(0)\\ \mathrm{e}^{\lambda_2 t}z_2(0)\\ \vdots\\ \mathrm{e}^{\lambda_n t}z_n(0)\end{pmatrix}$$

如果 $m\times n$ 维矩阵 CP 的任一列中都不含全为零的元素，那么系统是能观测的。这是因为，如果 CP 的第 i 列含全为零的元素，则在输出方程中将不出现状态变量 $z(0)$，因而不能由 $y(t)$ 观测系统状态。

上述判断方法只适用于能将系统的状态空间表达式（3.16）和式（3.17）化为对角线标准型的情况。

定理 3.1 若线性定常系统的状态矩阵 A 为对角线型（或经线性变换后可化为对角标准型），且对角线上的元素不相同（即 A 的特征值两两互异），则状态完全能观测的充要条件是 C 阵中没有一列全为零。

例 3.16 判断下列系统的能观测性：

（1）$\dot{x}=\begin{pmatrix}-7 & 0 & 0\\ 0 & -5 & 0\\ 0 & 0 & -3\end{pmatrix}x,y=(6\quad 4\quad 5)x$

（2）$\dot{x}=\begin{pmatrix}-7 & 0 & 0\\ 0 & -5 & 0\\ 0 & 0 & -3\end{pmatrix}x,y=(3\quad 2\quad 0)x$

（3）$\dot{x}=\begin{pmatrix}-7 & 0 & 0\\ 0 & -5 & 0\\ 0 & 0 & -3\end{pmatrix}x,y=\begin{pmatrix}1 & 2 & 3\\ 2 & 5 & 8\end{pmatrix}x$

（4）$\dot{x}=\begin{pmatrix}-7 & 0 & 0\\ 0 & -5 & 0\\ 0 & 0 & -3\end{pmatrix}x,y=\begin{pmatrix}1 & 2 & 0\\ 2 & 5 & 0\end{pmatrix}x$

解 上述 4 个系统，系统矩阵 A 阵相同且均为特征值互异的对角阵，但输出矩阵 C 阵不同，系统（1）、（3）由于 C 阵中不含有元素全为零的列，故系统（1）、（3）能观测；系统（2）、（4）由于 C 阵中的第三列元素全为零，故系统（2）、（4）不能观测。读者可画出

其状态变量图，则不难看出上述结论是显然的。

如果不能将式（3.16）和式（3.17）变换为对角线标准型，则可利用一个合适的线性变换矩阵 $\boldsymbol{S}$，将其中的系统矩阵 $\boldsymbol{A}$ 变换为约当标准型。

$$\boldsymbol{S}^{-1}\boldsymbol{A}\boldsymbol{S}=\boldsymbol{J}$$

式中，$\boldsymbol{J}$ 为约当标准型矩阵。

定义

$$\boldsymbol{x}=\boldsymbol{S}\boldsymbol{z}$$

则式（3.16）和式（3.17）可写为如下约当标准型：

$$\dot{\boldsymbol{z}}=\boldsymbol{S}^{-1}\boldsymbol{A}\boldsymbol{S}\boldsymbol{z}=\boldsymbol{J}\boldsymbol{z}$$

$$\boldsymbol{y}=\boldsymbol{C}\boldsymbol{S}\boldsymbol{z}$$

因此

$$\boldsymbol{y}(t)=\boldsymbol{C}\boldsymbol{S}\mathrm{e}^{\boldsymbol{J}t}\boldsymbol{z}(0)$$

系统能观测的充要条件为：①$\boldsymbol{J}$ 中没有两个约当块与同一特征值有关；②与每个约当块的第一行相对应的矩阵 $\boldsymbol{CS}$ 列中，没有一列元素全为零；③与相异特征值对应的矩阵 $\boldsymbol{CS}$ 列中，没有一列包含的元素全为零。

为了说明条件②，在例 3.18 中，对应于每个约当块的第一行的 $\boldsymbol{CS}$ 列之元素用下画线表示。

定理 3.2 若线性定常系统的状态矩阵 $\boldsymbol{A}$ 为约当型（或经线性变换后可化为约当标准型），并且每个约当块所对应的特征值均不相同，则状态完全能观测的充要条件是 $\boldsymbol{C}$ 阵中与每个约当块的第一列相对应的各列中没有一列的元素全为零。

例 3.17 判断下列系统的能观测性：

（1）$\dot{\boldsymbol{x}}=\begin{pmatrix}-2 & 1\\ 0 & -2\end{pmatrix}\boldsymbol{x}, \boldsymbol{y}=(1 \quad 0)\boldsymbol{x}$

（2）$\dot{\boldsymbol{x}}=\begin{pmatrix}-2 & 1\\ 0 & -2\end{pmatrix}\boldsymbol{x}, \boldsymbol{y}=(0 \quad 1)\boldsymbol{x}$

（3）$\dot{\boldsymbol{x}}=\begin{pmatrix}2 & 0 & 0 & 0\\ 0 & -3 & 0 & 0\\ 0 & 0 & -4 & 1\\ 0 & 0 & 0 & -4\end{pmatrix}\boldsymbol{x}, \boldsymbol{y}=\begin{pmatrix}1 & 4 & 0 & 1\\ 3 & 7 & 0 & 0\end{pmatrix}\boldsymbol{x}$

（4）$\dot{\boldsymbol{x}}=\begin{pmatrix}2 & 0 & 0 & 0\\ 0 & -3 & 0 & 0\\ 0 & 0 & -4 & 1\\ 0 & 0 & 0 & -4\end{pmatrix}\boldsymbol{x}, \boldsymbol{y}=\begin{pmatrix}1 & 4 & 1 & 0\\ 3 & 7 & 0 & 0\end{pmatrix}\boldsymbol{x}$

解 显然，系统（1）、（4）能观测，系统（2）、（3）不能观测，请读者自行分析。

例 3.18 下列系统是能观测的：

$$\begin{pmatrix}\dot{x}_1\\ \dot{x}_2\end{pmatrix}=\begin{pmatrix}-1 & 0\\ 0 & -2\end{pmatrix}\begin{pmatrix}x_1\\ x_2\end{pmatrix},\quad y=(\underline{1} \quad \underline{3})\begin{pmatrix}x_1\\ x_2\end{pmatrix}$$

$$\begin{pmatrix}\dot{x}_1\\ \dot{x}_2\\ \dot{x}_3\end{pmatrix}=\begin{pmatrix}2&1&0\\0&2&1\\0&0&2\end{pmatrix}\begin{pmatrix}x_1\\x_2\\x_3\end{pmatrix},\quad \begin{pmatrix}y_1\\y_2\end{pmatrix}=\begin{pmatrix}\underline{3}&0&0\\ \underline{4}&0&0\end{pmatrix}\begin{pmatrix}x_1\\x_2\\x_3\end{pmatrix}$$

$$\begin{pmatrix}\dot{x}_1\\ \dot{x}_2\\ \dot{x}_3\\ \dot{x}_4\\ \dot{x}_5\end{pmatrix}=\begin{pmatrix}2&1&0&&0\\0&2&1&&\\0&0&2&&\\&&&-3&1\\0&&&0&-3\end{pmatrix}\begin{pmatrix}x_1\\x_2\\x_3\\x_4\\x_5\end{pmatrix},\quad \begin{pmatrix}y_1\\y_2\end{pmatrix}=\begin{pmatrix}\underline{1}&1&1&\underline{0}&0\\ \underline{0}&1&1&\underline{1}&0\end{pmatrix}\begin{pmatrix}x_1\\x_2\\x_3\\x_4\\x_5\end{pmatrix}$$

显然，下列系统是不能观测的：

$$\begin{pmatrix}\dot{x}_1\\ \dot{x}_2\end{pmatrix}=\begin{pmatrix}-1&0\\0&-2\end{pmatrix}\begin{pmatrix}x_1\\x_2\end{pmatrix},\quad y=(\underline{0}\quad 1)\begin{pmatrix}x_1\\x_2\end{pmatrix}$$

$$\begin{pmatrix}\dot{x}_1\\ \dot{x}_2\\ \dot{x}_3\end{pmatrix}=\begin{pmatrix}2&1&0\\0&2&1\\0&0&2\end{pmatrix}\begin{pmatrix}x_1\\x_2\\x_3\end{pmatrix},\quad \begin{pmatrix}y_1\\y_2\end{pmatrix}=\begin{pmatrix}\underline{0}&1&3\\ \underline{0}&2&4\end{pmatrix}\begin{pmatrix}x_1\\x_2\\x_3\end{pmatrix}$$

$$\begin{pmatrix}\dot{x}_1\\ \dot{x}_2\\ \dot{x}_3\\ \dot{x}_4\\ \dot{x}_5\end{pmatrix}=\begin{pmatrix}2&1&0&&0\\0&2&1&&\\0&0&2&&\\&&&-3&1\\0&&&0&-3\end{pmatrix}\begin{pmatrix}x_1\\x_2\\x_3\\x_4\\x_5\end{pmatrix},\quad \begin{pmatrix}y_1\\y_2\end{pmatrix}=\begin{pmatrix}\underline{1}&1&1&\underline{0}&0\\ \underline{0}&1&1&\underline{0}&0\end{pmatrix}\begin{pmatrix}x_1\\x_2\\x_3\\x_4\\x_5\end{pmatrix}$$

与系统能控性的约当标准型判据相对应，关于系统能观测性的约当标准型判据也请读者注意两点：

1）若系统既有重特征值又有单特征值，其状态空间表达式经线性非奇异变换得到的约当标准型中，系统矩阵 $\boldsymbol{S}^{-1}\boldsymbol{A}\boldsymbol{S}$ 中既出现约当子块又出现对角子块，此时应综合运用对角标准型判据和约当标准型判据分析系统的能观测性。

2）当 $\boldsymbol{A}$ 有重特征值时，也有可能变换为对角线标准型（即 $\boldsymbol{S}^{-1}\boldsymbol{A}\boldsymbol{S}$ 为对角线型，但与重特征值对应的对角元素是相同的）或在约当阵 $\boldsymbol{S}^{-1}\boldsymbol{A}\boldsymbol{S}$ 中出现两个或两个以上与同一重特征值对应的约当子块，在这种情况下，则不能简单地按上述标准型判据确定系统的能观测性，尚需考察 $\overline{\boldsymbol{C}}=\boldsymbol{C}\boldsymbol{S}$ 中某些列向量的线性相关性，即应修改上述标准型判据。现直接给出有关结论：若 $\boldsymbol{A}$ 具有重特征值且 $\overline{\boldsymbol{A}}=\boldsymbol{S}^{-1}\boldsymbol{A}\boldsymbol{S}$ 为约当标准型，但 $\boldsymbol{A}$ 中出现两个或两个以上与同一特征值对应的约当子块，则系统状态完全能观测的充分必要条件是 $\overline{\boldsymbol{C}}=\boldsymbol{C}\boldsymbol{S}$ 中与每个约当子块第一列相对应的各列都不是元素全为零的列；且与 $\boldsymbol{A}$ 中所有相等特征值的约当子块第一列相对应的 $\boldsymbol{C}$ 中的那些列线性无关。

例 3.19 判断下列系统的状态能观测性：

（1）$\dot{x}=\begin{pmatrix}2&0&0\\0&2&0\\0&0&1\end{pmatrix}x,y=\begin{pmatrix}1&4&3\\2&5&-1\end{pmatrix}x$

（2）$\dot{x}=\begin{pmatrix}4&0&0&0\\0&4&0&0\\0&0&4&1\\0&0&0&4\end{pmatrix}x,y=\begin{pmatrix}1&1&2&1\\1&2&2&0\end{pmatrix}x$

（3）$\dot{x}=\begin{pmatrix}4&1&0&0\\0&4&0&0\\0&0&4&1\\0&0&0&4\end{pmatrix}x,y=\begin{pmatrix}1&1&1&2\\2&1&0&2\end{pmatrix}x$

解 系统（1）中，对应二重特征值 2 的 2 个约当子块的首列，输出阵的两个列向量 $\begin{pmatrix}1\\2\end{pmatrix}$、$\begin{pmatrix}4\\5\end{pmatrix}$ 线性无关；且单特征值 1 对应输出阵的列元素不全为零，故系统能观测。

系统（2）中，4 重特征值 4 分布在 3 个约当子块（4）、（4）、$\begin{pmatrix}4&1\\0&4\end{pmatrix}$ 中，这 3 个约当子块首列对应输出阵中的 3 个列向量 $\begin{pmatrix}1\\1\end{pmatrix}$、$\begin{pmatrix}1\\2\end{pmatrix}$、$\begin{pmatrix}2\\2\end{pmatrix}$ 线性相关，故系统不能观测。

系统（3）中，4 重特征值 4 分布在 2 个约当子块中，这 2 个约当子块首列对应的输出阵中的 2 个列向量 $\begin{pmatrix}1\\2\end{pmatrix}$、$\begin{pmatrix}1\\0\end{pmatrix}$ 线性无关，故系统能观测。

本例说明，状态变量与输出 $\boldsymbol{y}$ 有联系只是其能观测的必要条件。

3.2.4 对偶原理

下面讨论能控性和能观测性之间的关系。为了阐明能控性和能观测性之间明显的相似性，这里介绍由卡尔曼提出的对偶原理。

考虑由下述状态空间表达式描述的系统 S_1：

$$\begin{cases}\dot{x}=Ax+Bu\\y=Cx\end{cases}$$

式中，$x\in\mathbf{R}^n$，$u\in\mathbf{R}^r$，$y\in\mathbf{R}^m$，$A\in\mathbf{R}^{n\times n}$，$B\in\mathbf{R}^{n\times r}$，$C\in\mathbf{R}^{m\times n}$。

以及由下述状态空间表达式定义的对偶系统 S_2：

$$\begin{cases}\dot{z}=A^{\mathrm{T}}z+C^{\mathrm{T}}v\\n=B^{\mathrm{T}}z\end{cases}$$

式中，$z\in\mathbf{R}^n$，$v\in\mathbf{R}^m$，$n\in\mathbf{R}^r$，$A^{\mathrm{T}}\in\mathbf{R}^{n\times n}$，$C^{\mathrm{T}}\in\mathbf{R}^{n\times m}$，$B^{\mathrm{T}}\in\mathbf{R}^{r\times n}$。

对偶原理：当且仅当系统 S_2 状态能观测（状态能控）时，系统 S_1 才是状态能控（状态能观测）的。

为了验证这个原理，下面写出系统 S_1 和 S_2 的状态能控和能观测的充要条件。

对于系统 S_1：

1）状态能控的充要条件是 $n\times nr$ 维能控性矩阵

$$(\boldsymbol{B} \quad \boldsymbol{AB} \quad \cdots \quad \boldsymbol{A}^{n-1}\boldsymbol{B})$$

的秩为 n。

2）状态能观测的充要条件是 $n \times nm$ 维能观测性矩阵

$$(\boldsymbol{C}^{\mathrm{T}} \quad \boldsymbol{A}^{\mathrm{T}}\boldsymbol{C}^{\mathrm{T}} \quad \cdots \quad (\boldsymbol{A}^{\mathrm{T}})^{n-1}\boldsymbol{C}^{\mathrm{T}})$$

的秩为 n。

对于系统 S_2：

1）状态能控的充要条件是 $n \times nm$ 维能控性矩阵

$$(\boldsymbol{C}^{\mathrm{T}} \quad \boldsymbol{A}^{\mathrm{T}}\boldsymbol{C}^{\mathrm{T}} \quad \cdots \quad (\boldsymbol{A}^{\mathrm{T}})^{n-1}\boldsymbol{C}^{\mathrm{T}})$$

的秩为 n。

2）状态能观测的充要条件是 $n \times nr$ 维能观测性矩阵

$$(\boldsymbol{B} \quad \boldsymbol{AB} \quad \cdots \quad \boldsymbol{A}^{n-1}\boldsymbol{B})$$

的秩为 n。

对比这些条件，可以很明显地看出对偶原理的正确性。利用此原理，一个给定系统的能观测性可用其对偶系统的状态能控性来检验和判断。

简单地说，对偶性有如下关系：

$$\boldsymbol{A} \Rightarrow \boldsymbol{A}^{\mathrm{T}}, \quad \boldsymbol{B} \Rightarrow \boldsymbol{C}^{\mathrm{T}}, \quad \boldsymbol{C} \Rightarrow \boldsymbol{B}^{\mathrm{T}}$$

对偶原理 设系统 $S_1 = (\boldsymbol{A}, \boldsymbol{B}, \boldsymbol{C})$ 和 $S_2 = (\boldsymbol{A}^{\mathrm{T}}, \boldsymbol{B}^{\mathrm{T}}, \boldsymbol{C}^{\mathrm{T}})$ 互为对偶系统，则系统 S_1 状态完全能控（完全能观测）等价于系统 S_2 状态完全能观测（完全能控）。

例 3.20 判断能观测标准型线性定常系统的状态能观测性。

$$\begin{cases} \dot{\boldsymbol{x}} = \begin{pmatrix} 0 & 0 & \cdots & 0 & -a_0 \\ 1 & 0 & \cdots & 0 & -a_1 \\ 0 & 1 & \cdots & 0 & -a_2 \\ \vdots & \vdots & & \vdots & \vdots \\ 0 & 0 & \cdots & 1 & -a_{n-1} \end{pmatrix} \boldsymbol{x} + \begin{pmatrix} b_0 \\ b_1 \\ b_2 \\ \vdots \\ b_{n-1} \end{pmatrix} u \\ y = (0 \quad 0 \quad \cdots \quad 1)\boldsymbol{x} \end{cases}$$

解 记上述能观测标准型线性定常系统为 S_1，该系统的对偶系统 S_2 为

$$\begin{cases} \dot{\boldsymbol{z}} = \begin{pmatrix} 0 & 1 & 0 & \cdots & 0 \\ 0 & 0 & 1 & \cdots & 0 \\ \vdots & \vdots & \vdots & & \vdots \\ 0 & 0 & 0 & \cdots & 1 \\ -a_0 & -a_1 & -a_2 & \cdots & -a_{n-1} \end{pmatrix} \boldsymbol{z} + \begin{pmatrix} 0 \\ 0 \\ 0 \\ \vdots \\ 1 \end{pmatrix} \boldsymbol{v} \\ y = (b_0 \quad b_1 \quad \cdots \quad b_{n-1})\boldsymbol{z} \end{cases}$$

可见，S_2 是能控标准型，根据对偶定理，系统 S_2 是状态完全能控的。再根据对偶原理，系统 S_2 状态完全能控等价于系统 S_1 状态完全能观测。因此，能观测标准型线性定常系统是状态完全能观测的。

3.3 线性定常离散控制系统的能控性和能观测性

对于连续系统经离散化获得的离散系统，其能控性与能观测性的定义与判据和前面连续

系统所讨论的完全相似，因此，这里仅给予简要的讨论。

3.3.1 离散系统能控性

1. 离散系统能控性定义

对于 n 阶线性定常离散控制系统：

$$\boldsymbol{x}(k+1)=\boldsymbol{G}\boldsymbol{x}(k)+\boldsymbol{H}\boldsymbol{u}(k),\quad \boldsymbol{u}\in\mathbf{R}^{l} \tag{3.18}$$

若存在一控制作用序列 $\boldsymbol{u}(0)$，$\boldsymbol{u}(1)$，$\cdots$，$\boldsymbol{u}(l)$ $(l\leqslant n)$ 能将某个任意初始状态 $\boldsymbol{x}(0)=\boldsymbol{x}_0$ 在第 l 步到达零状态，即 $\boldsymbol{x}(l)=\boldsymbol{0}$，则称此状态是能控的。若系统所有状态都是能控的，则称此系统是状态完全能控的，或简称系统是能控的。

2. 离散系统的能控性判据

线性定常离散系统式（3.18）为完全能控的充分必要条件是其能控性判别矩阵

$$\boldsymbol{M}=(\boldsymbol{H}\quad \boldsymbol{G}\boldsymbol{H}\quad \boldsymbol{G}^2\boldsymbol{H}\quad \cdots\quad \boldsymbol{G}^{n-1}\boldsymbol{H}) \tag{3.19}$$

满秩，即 $\operatorname{rank}\boldsymbol{M}=n$。

例 3.21 已知离散系统状态方程为

$$\boldsymbol{x}(k+1)=\begin{pmatrix}1&0&0\\0&2&-2\\-1&1&0\end{pmatrix}\boldsymbol{x}(k)+\begin{pmatrix}1\\2\\1\end{pmatrix}u(k)$$

试判断其能控性。

解 按式（3.19）构造能控性判别矩阵

$$\boldsymbol{M}=(\boldsymbol{H}\quad \boldsymbol{G}\boldsymbol{H}\quad \boldsymbol{G}^2\boldsymbol{H})=\begin{pmatrix}1&1&1\\2&2&2\\1&1&1\end{pmatrix}$$

显然，$\operatorname{rank}\boldsymbol{M}=1<n=3$，所以系统状态是不完全能控的。

例 3.22 已知离散系统的$(\boldsymbol{G},\boldsymbol{H})$阵为

$$\boldsymbol{G}=\begin{pmatrix}1&2&-1\\0&1&0\\1&0&3\end{pmatrix},\quad \boldsymbol{H}=\begin{pmatrix}1&0\\0&1\\0&0\end{pmatrix}$$

试判断其能控性。

解

$$\boldsymbol{G}\boldsymbol{H}=\begin{pmatrix}1&2&-1\\0&1&0\\1&0&3\end{pmatrix}\begin{pmatrix}1&0\\0&1\\0&0\end{pmatrix}=\begin{pmatrix}1&2\\0&1\\1&0\end{pmatrix}$$

$$\boldsymbol{G}^2\boldsymbol{H}=\boldsymbol{G}\cdot\boldsymbol{G}\boldsymbol{H}=\begin{pmatrix}1&2&-1\\0&1&0\\1&0&3\end{pmatrix}\begin{pmatrix}1&2\\0&1\\1&0\end{pmatrix}=\begin{pmatrix}0&4\\0&1\\4&2\end{pmatrix}$$

$$\boldsymbol{M}=(\boldsymbol{H}\quad \boldsymbol{G}\boldsymbol{H}\quad \boldsymbol{G}^2\boldsymbol{H})=\begin{pmatrix}1&0&1&2&0&4\\0&1&0&1&0&1\\0&0&1&0&4&2\end{pmatrix}$$

$\operatorname{rank}\boldsymbol{M}=3$，矩阵 $\boldsymbol{M}$ 满秩，故系统是能控的。

3.3.2 离散系统能观测性

1. 离散系统能观测性定义

对于线性定常离散系统：

$$\begin{cases}\boldsymbol{x}(k+1)=\boldsymbol{G}\boldsymbol{x}(k)\\ \boldsymbol{y}(k)=\boldsymbol{C}\boldsymbol{x}(k)\end{cases},\boldsymbol{y}\in\mathbf{R}^{m}$$

若能够根据在有限个采样瞬间上量测到的 $\boldsymbol{y}(k)$，即 $\boldsymbol{y}(0)$，$\boldsymbol{y}(1)$，…，$\boldsymbol{y}(l)$，可以唯一确定出系统的任意初始状态 $\boldsymbol{x}(0)$，则称系统是状态能观测的。

2. 离散系统能观测性判据

线性定常离散系统完全能观测的充分必要条件是其能观测性判别矩阵

$$\boldsymbol{N}=\begin{pmatrix}\boldsymbol{C}\\ \boldsymbol{C}\boldsymbol{G}\\ \boldsymbol{C}\boldsymbol{G}^{2}\\ \vdots\\ \boldsymbol{C}\boldsymbol{G}^{n-1}\end{pmatrix} \tag{3.20}$$

的秩为 n，即 $\mathrm{rank}\boldsymbol{N}=n$。

比较连续系统的能控性与能观测性判别可知，只要把连续系统中的 $\boldsymbol{A}$、$\boldsymbol{B}$ 分别换成 $\boldsymbol{G}$、$\boldsymbol{H}$ 即为离散系统的判别准则。但需要指出的是，连续系统的能控性与能达性是完全一致的，而离散系统则只在 $\boldsymbol{G}$ 为非奇异时，其能控性才与能达性一致。一般情况下把连续系统能控性结论推广到离散时间系统时得到的是能达性结论。

例 3.23 已知离散系统的$(\boldsymbol{G},\boldsymbol{C})$阵为

$$\boldsymbol{G}=\begin{pmatrix}2&0&3\\-1&-2&0\\0&1&2\end{pmatrix},\quad \boldsymbol{C}=\begin{pmatrix}1&0&0\\0&1&0\end{pmatrix}$$

试判断其能观测性。

解 按式（3.20）构造能观测性判别矩阵

$$\mathrm{rank}\boldsymbol{N}=\mathrm{rank}\begin{pmatrix}1&0&0\\0&1&0\\2&0&3\\-1&-2&0\\4&3&12\\0&4&-3\end{pmatrix}=3$$

故系统状态完全能观测。

3.4 状态空间表达式的能控标准型与能观测标准型

对一个给定的动态系统，由于状态变量选择的非唯一性，其状态空间表达式也不是唯一的。标准型是系统的状态空间表达式在一组特定的状态空间基底下导出的规范形式，也称规范型。例如，对角线标准型即为系统在 n 个线性无关特征向量为状态空间基底时的系统描

述。标准型可将系统的某些特性表现得更为充分与明显，从而可简化系统的分析与综合问题。因此，在采用状态空间法分析与综合系统时，根据研究问题的需要，常常采用线性非奇异变换将状态空间表达式化为某种特定的标准型。特征值标准型如对角线标准型和约当标准型，对于状态转移矩阵的计算、能控性和能观测性的分析十分方便；对于系统的状态反馈设计，将系统化为能控标准型较为方便；对于系统状态观测器的设计及系统辨识，则将系统状态空间表达式化为能观测标准型较为方便。

前面章节的讨论表明，系统经线性非奇异变换，系统的特征值、传递函数矩阵、能控性、能观测性等重要性质均保持不变，因此，只有状态完全能控的系统才能化为能控标准型；只有状态完全能观测的系统才能化为能观测标准型。

3.4.1 系统的能控标准型

设单输入线性定常系统的状态空间表达式为

$$\begin{cases}\dot{\boldsymbol{x}}=\boldsymbol{A}\boldsymbol{x}+\boldsymbol{B}u\\ \boldsymbol{y}=\boldsymbol{C}\boldsymbol{x}+\boldsymbol{D}u\end{cases} \tag{3.21}$$

$$\begin{pmatrix}\dot{x}_1\\ \dot{x}_2\\ \vdots\\ \dot{x}_{n-1}\\ \dot{x}_n\end{pmatrix}=\begin{pmatrix}0 & 1 & 0 & \cdots & 0\\ 0 & 0 & 1 & \cdots & 0\\ \vdots & \vdots & \vdots & & \vdots\\ 0 & 0 & 0 & \cdots & 1\\ -a_n & -a_{n-1} & -a_{n-2} & \cdots & -a_1\end{pmatrix}\begin{pmatrix}x_1\\ x_2\\ \vdots\\ x_{n-1}\\ x_n\end{pmatrix}+\begin{pmatrix}0\\ 0\\ \vdots\\ 0\\ 1\end{pmatrix}u \tag{3.22}$$

其中，$\boldsymbol{A}=\begin{pmatrix}0 & 1 & 0 & \cdots & 0\\ 0 & 0 & 1 & \cdots & 0\\ \vdots & \vdots & \vdots & & \vdots\\ 0 & 0 & 0 & \cdots & 1\\ -a_n & -a_{n-1} & -a_{n-2} & \cdots & -a_1\end{pmatrix}$，$\boldsymbol{B}=\begin{pmatrix}0\\ 0\\ \vdots\\ 1\end{pmatrix}$，$\boldsymbol{C}$ 为任意矩阵，则系统状态空间表达式为能控标准型。

系统矩阵和输入矩阵对（$\boldsymbol{A}$，$\boldsymbol{B}$）具有标准结构（列向量 $\boldsymbol{B}$ 中最后一个元素为 1，而其余元素为零；$\boldsymbol{A}$ 为友矩阵），易证与其对应的能控性判别矩阵 $\boldsymbol{Q}$ 是一个主对角元素均为 1 的右下三角阵，故 $\det\boldsymbol{Q}\neq0$，$\mathrm{rank}\boldsymbol{Q}=n$，即系统一定能控。因此，若单输入系统状态空间表达式中的系统矩阵和输入矩阵对（$\boldsymbol{A}$，$\boldsymbol{B}$）具有如式（3.22）中的标准型，则称其为能控标准型，且该系统一定是状态完全能控的。

一个能控系统，当其系统矩阵和输入矩阵对（$\boldsymbol{A}$，$\boldsymbol{B}$）不具有能控标准型时，一定可以通过适当的线性非奇异变换化为能控标准型。

定理 3.3 设线性定常系统的状态方程为 $\dot{\boldsymbol{x}}=\boldsymbol{A}\boldsymbol{x}+\boldsymbol{B}u$，若系统是状态完全能控的，则其能控性矩阵 $\boldsymbol{Q}=(\boldsymbol{B}\quad \boldsymbol{A}\boldsymbol{B}\quad \cdots\quad \boldsymbol{A}^{n-1}\boldsymbol{B})$ 是非奇异的，那么必存在一非奇异变换，可将状态方程变换为能控标准型：

$$\dot{\bar{\boldsymbol{x}}}=\boldsymbol{A}_{\mathrm{c}}\bar{\boldsymbol{x}}+\boldsymbol{B}_{\mathrm{c}}u \tag{3.23}$$

其中

$$
\boldsymbol{A}_{\mathrm{c}}=\begin{pmatrix} 0 & 1 & 0 & \cdots & 0 \\ 0 & 0 & 1 & \cdots & 0 \\ \vdots & \vdots & \vdots & & \vdots \\ 0 & 0 & 0 & \cdots & 1 \\ -a_n & -a_{n-1} & -a_{n-2} & \cdots & -a_1 \end{pmatrix}
$$

$$
\boldsymbol{B}_{\mathrm{c}}=\begin{pmatrix} 0 \\ 0 \\ \vdots \\ 1 \end{pmatrix}
$$

线性变换 $\boldsymbol{P}$ 矩阵由下式确定：

$$
\boldsymbol{P}=\begin{pmatrix} \boldsymbol{P}_1 \\ \boldsymbol{P}_1\boldsymbol{A} \\ \vdots \\ \boldsymbol{P}_1\boldsymbol{A}^{n-1} \end{pmatrix} \tag{3.24}
$$

$$
\boldsymbol{P}_1=(0 \quad 0 \quad \cdots \quad 1)(\boldsymbol{B} \quad \boldsymbol{AB} \quad \cdots \quad \boldsymbol{A}^{n-1}\boldsymbol{B})^{-1} \tag{3.25}
$$

证明　将 $\overline{\boldsymbol{x}}=\boldsymbol{P}\boldsymbol{x}$ 或 $\boldsymbol{x}=\boldsymbol{P}^{-1}\overline{\boldsymbol{x}}$ 代入 $\dot{\boldsymbol{x}}=\boldsymbol{A}\boldsymbol{x}+\boldsymbol{B}u$，得

$$
\begin{aligned}
\dot{\overline{\boldsymbol{x}}}&=\boldsymbol{PAP}^{-1}\overline{\boldsymbol{x}}+\boldsymbol{PB}u \\
&=\boldsymbol{A}_{\mathrm{c}}\overline{\boldsymbol{x}}+\boldsymbol{B}_{\mathrm{c}}u
\end{aligned}
$$

假设下列等式成立：

$$
\boldsymbol{PAP}^{-1}=\begin{pmatrix} 0 & 1 & 0 & \cdots & 0 \\ 0 & 0 & 1 & \cdots & 0 \\ \vdots & \vdots & \vdots & & \vdots \\ 0 & 0 & 0 & \cdots & 1 \\ -a_n & -a_{n-1} & -a_{n-2} & \cdots & -a_1 \end{pmatrix}
$$

$$
\boldsymbol{PB}=\begin{pmatrix} 0 \\ 0 \\ \vdots \\ 1 \end{pmatrix}
$$

现在求使上式成立的 $\boldsymbol{P}$：令 $\boldsymbol{P}=\begin{pmatrix} \boldsymbol{P}_1 \\ \boldsymbol{P}_2 \\ \vdots \\ \boldsymbol{P}_n \end{pmatrix}$

$$
\begin{pmatrix} \boldsymbol{P}_1 \\ \boldsymbol{P}_2 \\ \vdots \\ \boldsymbol{P}_{n-1} \\ \boldsymbol{P}_n \end{pmatrix}\boldsymbol{A}=\begin{pmatrix} 0 & 1 & 0 & \cdots & 0 \\ 0 & 0 & 1 & \cdots & 0 \\ \vdots & \vdots & \vdots & & \vdots \\ 0 & 0 & 0 & \cdots & 1 \\ -a_1 & -a_2 & -a_3 & \cdots & -a_{n-1} \end{pmatrix}\begin{pmatrix} \boldsymbol{P}_1 \\ \boldsymbol{P}_2 \\ \vdots \\ \boldsymbol{P}_{n-1} \\ \boldsymbol{P}_n \end{pmatrix}
$$

$$P_1A=P_2$$
$$P_2A=P_1A^2=P_3$$
$$\vdots$$
$$P_{n-2}A=P_1A^{n-2}=P_{n-1}$$
$$P_{n-1}A=P_1A^{n-1}=P_n$$
$$P=\begin{pmatrix}P_1\\P_2\\\vdots\\P_n\end{pmatrix}=\begin{pmatrix}P_1\\P_1A\\\vdots\\P_1A^{n-1}\end{pmatrix}$$

再来确定 P_1：

$$PB=\begin{pmatrix}P_1B\\P_1AB\\\vdots\\P_1A^{n-1}B\end{pmatrix}=\begin{pmatrix}0\\0\\\vdots\\1\end{pmatrix}$$

所以

$$P_1(B\quad AB\quad \cdots\quad A^{n-1}B)=(0\quad 0\quad \cdots\quad 1)$$
$$P_1=(0\quad 0\quad \cdots\quad 1)(B\quad AB\quad \cdots\quad A^{n-1}B)^{-1}$$

例 3.24 已知单输入线性定常系统状态方程为

$$\dot{x}=\begin{pmatrix}1&-1\\1&0\end{pmatrix}x+\begin{pmatrix}1\\1\end{pmatrix}u$$

将其变换成能控标准型。

解 系统的能控性判别矩阵为

$$Q=(B\quad AB)=\begin{pmatrix}1&0\\1&1\end{pmatrix}$$

它是非奇异的。

$$Q^{-1}=(B\quad AB)^{-1}=\begin{pmatrix}1&0\\-1&1\end{pmatrix}$$
$$P_1=(0\quad 1)\begin{pmatrix}1&0\\-1&1\end{pmatrix}=(-1\quad 1)$$
$$P=\begin{pmatrix}P_1\\P_1A\end{pmatrix}=\begin{pmatrix}-1&1\\0&1\end{pmatrix}$$
$$P^{-1}=\begin{pmatrix}-1&1\\0&1\end{pmatrix}$$
$$\overline{A}=PAP^{-1}=\begin{pmatrix}-1&1\\0&1\end{pmatrix}\begin{pmatrix}1&-1\\1&0\end{pmatrix}\begin{pmatrix}-1&1\\0&1\end{pmatrix}=\begin{pmatrix}0&1\\-1&1\end{pmatrix}$$
$$\overline{B}=\begin{pmatrix}-1&1\\0&1\end{pmatrix}\begin{pmatrix}1\\1\end{pmatrix}=\begin{pmatrix}0\\1\end{pmatrix}$$

$$\dot{\bar{x}}=\begin{pmatrix}0&1\\-1&1\end{pmatrix}\bar{x}+\begin{pmatrix}0\\1\end{pmatrix}u$$
$$=A_c\bar{x}+B_c u$$

3.4.2 系统的能观测标准型

设单输入线性定常系统的状态空间表达式为

$$\begin{cases}\dot{x}=Ax+Bu\\y=Cx+Du\end{cases}\tag{3.26}$$

其中，$A=\begin{pmatrix}0&0&\cdots&0&-a_n\\1&0&\cdots&0&-a_{n-1}\\\vdots&\vdots&&\vdots&\vdots\\0&0&\cdots&0&-a_2\\0&0&\cdots&1&-a_1\end{pmatrix}$，$C=(0\quad 0\quad\cdots\quad 1)$，$B$ 为任意矩阵，则系统状态空间表达式为能观测标准型。

一个能观测系统，当其系统矩阵和输出矩阵对（A，C）不具有能观测标准型时，一定可以通过适当的线性非奇异变换化为能观测标准型。

定理 3.4 设线性定常系统的状态空间表达式为$\begin{cases}\dot{x}=Ax+Bu\\y=Cx\end{cases}$，若系统是状态完全能观测的，则其能观测性矩阵 $R=\begin{pmatrix}C\\CA\\\vdots\\CA^{n-1}\end{pmatrix}$是非奇异的，那么必存在一非奇异变换，可将状态方程变换为能观测标准型：

$$\begin{cases}\dot{\bar{x}}=A_o\bar{x}+B_o u\\y=C_o\bar{x}\end{cases}\tag{3.27}$$

其中

$$A_o=\begin{pmatrix}0&0&\cdots&0&-a_n\\1&0&\cdots&0&-a_{n-1}\\\vdots&\vdots&&\vdots&\vdots\\0&0&\cdots&0&-a_2\\0&0&\cdots&1&-a_1\end{pmatrix}$$
$$C_o=(0\quad 0\quad\cdots\quad 1)$$

线性变换 P 矩阵由下式确定：

$$P=(P_1\quad AP_1\quad\cdots\quad A^{n-1}P_1)\tag{3.28}$$

$$P_1=\begin{pmatrix}C\\CA\\\vdots\\CA^{n-1}\end{pmatrix}^{-1}\begin{pmatrix}0\\0\\\vdots\\1\end{pmatrix}\tag{3.29}$$

例 3.25 已知单输入线性定常系统状态方程为

$$\begin{cases}\dot{\boldsymbol{x}}=\begin{pmatrix}1 & -1\\0 & 2\end{pmatrix}\boldsymbol{x}\\ y=\begin{pmatrix}-1 & -\frac{1}{2}\end{pmatrix}\boldsymbol{x}\end{cases}$$

将其变换成能观测标准型。

解 系统的能观测性判别矩阵为

$$\boldsymbol{R}=\begin{pmatrix}\boldsymbol{C}\\ \boldsymbol{CA}\end{pmatrix}=\begin{pmatrix}-1 & -\frac{1}{2}\\ -1 & 0\end{pmatrix}$$

它是非奇异的。

$$\boldsymbol{R}^{-1}=\begin{pmatrix}\boldsymbol{C}\\ \boldsymbol{CA}\end{pmatrix}^{-1}=-2\begin{pmatrix}0 & \frac{1}{2}\\ 1 & -1\end{pmatrix}=\begin{pmatrix}0 & -1\\ -2 & 2\end{pmatrix}$$

$$\boldsymbol{P}_1=\begin{pmatrix}0 & -1\\ -2 & 2\end{pmatrix}\begin{pmatrix}0\\1\end{pmatrix}=\begin{pmatrix}-1\\2\end{pmatrix}$$

$$\boldsymbol{P}=(\boldsymbol{P}_1\quad \boldsymbol{AP}_1)=\begin{pmatrix}-1 & -3\\ 2 & 4\end{pmatrix}$$

$$\boldsymbol{P}^{-1}=\frac{1}{2}\begin{pmatrix}4 & 3\\ -2 & -1\end{pmatrix}$$

$$\overline{\boldsymbol{A}}=\boldsymbol{P}^{-1}\boldsymbol{AP}=\frac{1}{2}\begin{pmatrix}4 & 3\\ -2 & -1\end{pmatrix}\begin{pmatrix}1 & -1\\ 0 & 2\end{pmatrix}\begin{pmatrix}-1 & -3\\ 2 & 4\end{pmatrix}=\begin{pmatrix}0 & -2\\ 1 & 3\end{pmatrix}$$

$$\overline{\boldsymbol{B}}=\boldsymbol{CP}=\begin{pmatrix}-1 & -\frac{1}{2}\end{pmatrix}\begin{pmatrix}-1 & -3\\ 2 & 4\end{pmatrix}=(0\quad 1)$$

$$\begin{cases}\dot{\overline{\boldsymbol{x}}}=\begin{pmatrix}0 & -2\\ 1 & 3\end{pmatrix}\overline{\boldsymbol{x}}\\ y=(0\quad 1)\overline{\boldsymbol{x}}\end{cases}$$

3.4.3 非奇异线性变换的不变特性

若系统的状态方程和输出方程为

$$\begin{cases}\dot{\boldsymbol{x}}=\boldsymbol{Ax}+\boldsymbol{Bu}\\ \boldsymbol{y}=\boldsymbol{Cx}+\boldsymbol{Du}\end{cases}\tag{3.30}$$

考虑状态向量的一个线性变换$\overline{\boldsymbol{x}}=\boldsymbol{Px}$，变换后的系统为

$$\begin{cases}\dot{\overline{\boldsymbol{x}}}=\overline{\boldsymbol{A}}\overline{\boldsymbol{x}}+\overline{\boldsymbol{B}}\boldsymbol{u}\\ \boldsymbol{y}=\overline{\boldsymbol{C}}\overline{\boldsymbol{x}}+\overline{\boldsymbol{D}}\boldsymbol{u}\end{cases}\tag{3.31}$$

1. 变换后系统的特征值不变

对变换前的系统，设特征值为 λ，特征值和状态矩阵 $\boldsymbol{A}$ 满足

$$|\lambda\boldsymbol{I}-\boldsymbol{A}|=0$$

对变换后的系统，设相应特征值为$\overline{\lambda}$，则

$$
\begin{aligned}
|\bar{\lambda}I-\bar{A}| &= |\bar{\lambda}I-PAP^{-1}| \\
&= |\bar{\lambda}PP^{-1}-PAP^{-1}| \\
&= |P(\bar{\lambda}I-A)P^{-1}| \\
&= |\bar{\lambda}I-A| \\
&= 0
\end{aligned}
$$

因此，$\lambda=\bar{\lambda}$，即系统的特征值不变。

2. 变换后系统的传递函数矩阵不变

系统变换后的传递函数矩阵为

$$
\begin{aligned}
\bar{G}(s) &= \bar{C}(sI-\bar{A})^{-1}\bar{B}+\bar{D} \\
&= CP^{-1}(sI-PAP^{-1})^{-1}PB+D \\
&= C[P^{-1}(sI-PAP^{-1})P]^{-1}B+D \\
&= C(sI-A)^{-1}B+D \\
&= G(s)
\end{aligned}
$$

结论：任意等价的状态空间模型都是同一传递函数的实现，即一个传递函数有无穷多个状态空间实现。

3. 变换后系统的能控性不变

系统变换后的能控性判别矩阵的秩为

$$
\begin{aligned}
\text{rank}\,\bar{Q} &= \text{rank}(\bar{B}\quad \bar{A}\bar{B}\quad \cdots\quad \bar{A}^{n-1}\bar{B}) \\
&= \text{rank}[PB\quad PAP^{-1}PB\quad \cdots\quad (PAP^{-1})^{n-1}PB] \\
&= \text{rank}(PB\quad PAB\quad \cdots\quad PA^{n-1}B) \\
&= \text{rank}P(B\quad AB\quad \cdots\quad A^{n-1}B)
\end{aligned}
$$

由于 P 为非奇异变换矩阵，$\text{rank}P=n$，所以 $\text{rank}\,\bar{Q}=\text{rank}(B\quad AB\quad \cdots\quad A^{n-1}B)=\text{rank}Q$，即经线性变换后系统的能控性不变。

4. 变换后系统的能观测性不变

系统变换后的能观测性判别矩阵的秩为

$$
\begin{aligned}
\text{rank}\,\bar{R} &= \text{rank}(\bar{C}\quad \bar{C}\bar{A}\quad \cdots\quad \bar{C}\bar{A}^{n-1})^{\mathrm{T}} \\
&= \text{rank}[\bar{C}^{\mathrm{T}}\quad \bar{A}^{\mathrm{T}}\bar{C}^{\mathrm{T}}\quad \cdots\quad (\bar{A}^{n-1})^{\mathrm{T}}\bar{C}^{\mathrm{T}}] \\
&= \text{rank}[(CP^{-1})^{\mathrm{T}}\quad (PAP^{-1})^{\mathrm{T}}(CP^{-1})^{\mathrm{T}}\quad \cdots\quad ((PAP^{-1})^{n-1})^{\mathrm{T}}(CP^{-1})^{\mathrm{T}}] \\
&= \text{rank}[(P^{-1})^{\mathrm{T}}C^{\mathrm{T}}\quad (P^{-1})^{\mathrm{T}}A^{\mathrm{T}}C^{\mathrm{T}}\quad \cdots\quad (P^{-1})^{\mathrm{T}}(A^{n-1})^{\mathrm{T}}C^{\mathrm{T}}] \\
&= \text{rank}(P^{-1})^{\mathrm{T}}(C\quad CA\quad \cdots\quad CA^{n-1})^{\mathrm{T}}
\end{aligned}
$$

由于 P^{-1} 为非奇异变换矩阵，$\text{rank}P^{-1}=n$，所以 $\text{rank}\,\bar{R}=\text{rank}\,(C\quad CA\quad \cdots\quad CA^{n-1})^{-1}=\text{rank}R$，即经线性变换后系统的能观测性不变。

3.5 利用 MATLAB 实现系统能控性与能观测性分析

状态能控性与能观测性是线性系统的重要结构性质，描述了系统的本质特征，是系统分析和设计的主要考量因素。MATLAB 提供了用于状态能控性、能观测性判定的函数，通对这些函数计算所得的矩阵求秩就可以很方便地判定系统的状态能控性、能观测性。

能控性矩阵函数：ctrb( )；

能观测性矩阵函数：obsv( )；

能控性/能观测性格拉姆矩阵函数：gram( )。

3.5.1 状态能控性判定

采用代数判据判定状态能控性需要计算能控性矩阵。MATLAB 提供的函数 ctrb( )可根据给定的系统模型，计算能控性矩阵。能控性矩阵函数 ctrb( )的主要调用格式为

```
Sc=ctrb(A,B)
Sc=ctrb(sys)
```

其中，第一种输入格式为直接给定系统矩阵 $\boldsymbol{A}$ 和输入矩阵 $\boldsymbol{B}$，第二种格式为给定状态空间模型 sys。

例 3.26 在 MATLAB 中判定如下系统的状态能控性：

$$\dot{\boldsymbol{x}}=\begin{pmatrix}1&3&2\\0&2&0\\0&1&3\end{pmatrix}\boldsymbol{x}+\begin{pmatrix}2&1\\1&1\\-1&-1\end{pmatrix}\boldsymbol{u}$$

MATLAB 程序如下：

```
A=[1  3  2;0  2  0;0  1  3];
B=[2  1;1  1;-1  -1];
sys=ss(A,B,[ ],[ ]);         % 建立状态空间模型
Sc=ctrb(sys);                % 计算系统的能控性矩阵
n=size(sys.a);               % 求系统矩阵的各维的大小
if rank(sc)= =n(1)           % 判定能控性矩阵的秩是否等于状态变量的个数,即是否能控
disp('the system is controllable')
else
disp('the system is uncontrollable')
end
```

MATLAB 程序执行结果如下：The system is uncontrollable

这表明系统状态不完全能控。

3.5.2 状态能观测性判定

采用代数判据判定状态能观测性需要计算定义的能观测性矩阵，MATLAB 提供的函数 obsv( )可根据给定的系统模型计算能观测性矩阵。

能观测性矩阵函数 obsv( )的主要调用格式为

```
So=obsv(A,C)
So=obsv(sys)
```

其中，第一种调用格式为直接输入系统矩阵 $\boldsymbol{A}$ 和输出矩阵 $\boldsymbol{C}$，第二种格式为输入状态空间模型 sys。

例 3.27 在 MATLAB 中判定如下系统的状态能观测性：

$$
\begin{cases}
\dot{\boldsymbol{x}} = \begin{pmatrix} 2 & 0 & 3 \\ -1 & -2 & 0 \\ 0 & 1 & 2 \end{pmatrix} \boldsymbol{x} \\
\boldsymbol{y} = \begin{pmatrix} 1 & 0 & 0 \\ 0 & 1 & 0 \end{pmatrix} \boldsymbol{x}
\end{cases}
$$

MATLAB 程序如下：

```
A=[2  0  3;-1  -2  0;0  1  2];
C=[1  0  0;0  1  0];
sys=ss(A,[ ],C,[ ]);          % 建立状态空间模型
So=obsv(sys);                 % 计算系统的能观测性矩阵
n=size(sys.a);                % 求系统矩阵的各维的大小
if rank(So)==n(1)             % 判定能观测性矩阵的秩是否等于状态变量的个数,即是否能观测
disp('the system is observable')
else
disp('the system is unobservable')
end
```

MATLAB 程序执行结果如下：The system is unobservable

这表明系统状态不完全能观测。

本章小结

本章所讨论的内容是现代控制理论的重要组成部分。以状态空间描述来分析系统的内部特性可以揭示许多传递函数不能反映的系统特征。本章基于线性系统的状态空间描述，具体研究了如下内容。

1. 线性定常系统的能控性和能观测性

系统的能控性指的是控制作用对状态变量的影响，能观测性则指的是能否从输出量中获得状态变量的信息。这两个概念是现代控制理论的两个基本概念。在给出这两个基本概念的定义以后，重点讨论了线性定常连续和线性定常离散系统能控性和能观测性的基本判据。

2. 线性非奇异变换

状态空间描述是以矩阵理论为数学基础的，线性非奇异变换是系统标准型的实现和结构分解的基础，为此本章简要介绍了通过线性非奇异变换，化系统为能控标准型和能观测标准型。能控标准型和能观测标准型是反映系统完全能控和完全能观测特性的标准形式的状态空间模型，在状态反馈控制和状态观测器的综合中有重要应用。

3. 对偶原理

对偶原理揭示了系统能控性和能观测性之间的相似关系，使对这两个问题的研究可以相互转换。对于状态不完全能控和不完全能观测的系统，可以通过线性非奇异变换将其按照能控性和能观测性分解，这就是线性系统的结构分解。这对直观地分析系统状态变量的能控性和能观测性很有帮助。

4. MATLAB 函数

MATLAB 提供了用于状态能控性、能观测性判定的函数，通过对这些函数计算所得的

矩阵求秩就可以很方便地判定系统的状态能控性、能观测性。

习题

3.1 考虑由下式定义的系统：

$$\begin{cases} \boldsymbol{x} = \boldsymbol{A}\boldsymbol{x} + \boldsymbol{B}u \\ y = \boldsymbol{C}\boldsymbol{x} \end{cases}$$

式中

$$\boldsymbol{A} = \begin{pmatrix} -1 & -2 & -2 \\ 0 & -1 & 1 \\ 1 & 0 & -1 \end{pmatrix},\quad \boldsymbol{B} = \begin{pmatrix} 2 \\ 0 \\ 1 \end{pmatrix},\quad \boldsymbol{C} = (1 \quad 1 \quad 0)$$

试判断该系统是否为状态能控和状态能观测。该系统是输出能控的吗？

3.2 下列能控标准型

$$\begin{cases} \dot{\boldsymbol{x}} = \boldsymbol{A}\boldsymbol{x} + \boldsymbol{B}u \\ y = \boldsymbol{C}\boldsymbol{x} \end{cases}$$

式中

$$\boldsymbol{A} = \begin{pmatrix} 0 & 1 & 0 \\ 0 & 0 & 1 \\ -6 & -11 & -6 \end{pmatrix},\quad \boldsymbol{B} = \begin{pmatrix} 0 \\ 0 \\ 1 \end{pmatrix},\quad \boldsymbol{C} = (20 \quad 9 \quad 1)$$

是状态能控和状态能观测的吗？

3.3 考虑如下系统：

$$\begin{cases} \dot{\boldsymbol{x}} = \boldsymbol{A}\boldsymbol{x} + \boldsymbol{B}u \\ y = \boldsymbol{C}\boldsymbol{x} \end{cases}$$

式中

$$\boldsymbol{A} = \begin{pmatrix} 0 & 1 & 0 \\ 0 & 0 & 1 \\ -6 & -11 & -6 \end{pmatrix},\quad \boldsymbol{B} = \begin{pmatrix} 0 \\ 1 \\ 0 \end{pmatrix},\quad \boldsymbol{C} = (c_1 \quad c_2 \quad c_3)$$

除了明显地选择 $c_1 = c_2 = c_3 = 0$ 外，试找出使该系统状态不能观测的一组 c_1、c_2 和 c_3。

3.4 试判别下列系统的能控性：

（1）$$\begin{pmatrix} \dot{x}_1 \\ \dot{x}_2 \\ \dot{x}_3 \end{pmatrix} = \begin{pmatrix} -1 & 1 & 0 \\ 0 & -1 & 0 \\ 0 & 0 & -2 \end{pmatrix} \begin{pmatrix} x_1 \\ x_2 \\ x_3 \end{pmatrix} + \begin{pmatrix} 4 & 2 \\ 0 & 0 \\ 3 & 0 \end{pmatrix} \begin{pmatrix} u_1 \\ u_2 \end{pmatrix}$$

（2）$$\begin{pmatrix} \dot{x}_1 \\ \dot{x}_2 \\ \dot{x}_3 \\ \dot{x}_4 \\ \dot{x}_5 \end{pmatrix} = \begin{pmatrix} -2 & 1 & 0 & 0 & 0 \\ 0 & -2 & 1 & 0 & 0 \\ 0 & 0 & -2 & 0 & 0 \\ 0 & 0 & 0 & -5 & 1 \\ 0 & 0 & 0 & 0 & -5 \end{pmatrix} \begin{pmatrix} x_1 \\ x_2 \\ x_3 \\ x_4 \\ x_5 \end{pmatrix} + \begin{pmatrix} 0 & 1 \\ 0 & 0 \\ 3 & 0 \\ 0 & 0 \\ 2 & 1 \end{pmatrix} \begin{pmatrix} u_1 \\ u_2 \end{pmatrix}$$

3.5 判断下列系统的能控性：

（1）$\begin{pmatrix} \dot{x}_1 \\ \dot{x}_2 \end{pmatrix} = \begin{pmatrix} 1 & 1 \\ 1 & 0 \end{pmatrix} \begin{pmatrix} x_1 \\ x_2 \end{pmatrix} + \begin{pmatrix} 0 \\ 1 \end{pmatrix} u$

（2）$\begin{pmatrix} \dot{x}_1 \\ \dot{x}_2 \\ \dot{x}_3 \end{pmatrix} = \begin{pmatrix} -3 & 1 & 0 \\ 0 & -3 & 0 \\ 0 & 0 & -1 \end{pmatrix} \begin{pmatrix} x_1 \\ x_2 \\ x_3 \end{pmatrix} + \begin{pmatrix} 1 & -1 \\ 0 & 0 \\ 2 & 0 \end{pmatrix} \begin{pmatrix} u_1 \\ u_2 \end{pmatrix}$

（3）$\begin{pmatrix} \dot{x}_1 \\ \dot{x}_2 \\ \dot{x}_3 \end{pmatrix} = \begin{pmatrix} 0 & 4 & 3 \\ 0 & 20 & 16 \\ 0 & -25 & -20 \end{pmatrix} \begin{pmatrix} x_1 \\ x_2 \\ x_3 \end{pmatrix} + \begin{pmatrix} -1 \\ 3 \\ 0 \end{pmatrix} \begin{pmatrix} u_1 \\ u_2 \end{pmatrix}$

3.6 判断下列系统的输出能控性：

（1）$\begin{cases} \begin{pmatrix} \dot{x}_1 \\ \dot{x}_2 \\ \dot{x}_3 \end{pmatrix} = \begin{pmatrix} -3 & 1 & 0 \\ 0 & -3 & 0 \\ 0 & 0 & -1 \end{pmatrix} \begin{pmatrix} x_1 \\ x_2 \\ x_3 \end{pmatrix} + \begin{pmatrix} 1 & -1 \\ 0 & 0 \\ 2 & 0 \end{pmatrix} \begin{pmatrix} u_1 \\ u_2 \end{pmatrix} \\ \begin{pmatrix} y_1 \\ y_2 \end{pmatrix} = \begin{pmatrix} 1 & 0 & 1 \\ -1 & 1 & 0 \end{pmatrix} \begin{pmatrix} x_1 \\ x_2 \\ x_3 \end{pmatrix} \end{cases}$

（2）$\begin{cases} \begin{pmatrix} \dot{x}_1 \\ \dot{x}_2 \\ \dot{x}_3 \end{pmatrix} = \begin{pmatrix} 0 & 1 & 0 \\ 0 & 0 & 0 \\ -6 & -11 & -6 \end{pmatrix} \begin{pmatrix} x_1 \\ x_2 \\ x_3 \end{pmatrix} + \begin{pmatrix} 0 \\ 0 \\ 0 \end{pmatrix} u \\ y = (1 \quad 0 \quad 0) \begin{pmatrix} x_1 \\ x_2 \\ x_3 \end{pmatrix} \end{cases}$

3.7 判断下列系统的能观测性：

（1）$\begin{cases} \begin{pmatrix} \dot{x}_1 \\ \dot{x}_2 \end{pmatrix} = \begin{pmatrix} 1 & 1 \\ 1 & 0 \end{pmatrix} \begin{pmatrix} x_1 \\ x_2 \end{pmatrix} + \begin{pmatrix} 0 \\ 0 \end{pmatrix} u \\ y = (1 \quad 1) \begin{pmatrix} x_1 \\ x_2 \end{pmatrix} \end{cases}$

（2）$\begin{cases} \begin{pmatrix} \dot{x}_1 \\ \dot{x}_2 \\ \dot{x}_3 \end{pmatrix} = \begin{pmatrix} 0 & 1 & 0 \\ 0 & 0 & 0 \\ -2 & -4 & -3 \end{pmatrix} \begin{pmatrix} x_1 \\ x_2 \\ x_3 \end{pmatrix} \\ \begin{pmatrix} y_1 \\ y_2 \end{pmatrix} = \begin{pmatrix} 0 & 1 & -1 \\ 1 & 2 & 1 \end{pmatrix} \begin{pmatrix} x_1 \\ x_2 \\ x_3 \end{pmatrix} \end{cases}$

(3) $\begin{cases}\begin{pmatrix}\dot{x}_1\\\dot{x}_2\\\dot{x}_3\end{pmatrix}=\begin{pmatrix}0&4&3\\0&20&16\\0&-25&-20\end{pmatrix}\begin{pmatrix}x_1\\x_2\\x_3\end{pmatrix}\\ y=(-1\quad 3\quad 0)\begin{pmatrix}x_1\\x_2\\x_3\end{pmatrix}\end{cases}$

3.8 给定线性定常系统

$$\begin{cases}\dot{\boldsymbol{x}}=\begin{pmatrix}-3&1\\1&-3\end{pmatrix}\boldsymbol{x}+\begin{pmatrix}1&1\\1&1\end{pmatrix}\boldsymbol{u}\\ \boldsymbol{y}=\begin{pmatrix}1&1\\1&-1\end{pmatrix}\boldsymbol{x}\end{cases}$$

试用两种方法判别其能控性与能观测性。

3.9 试证明系统

$$\begin{pmatrix}\dot{x}_1\\\dot{x}_2\\\dot{x}_3\end{pmatrix}=\begin{pmatrix}20&-1&0\\4&16&0\\12&0&18\end{pmatrix}\begin{pmatrix}x_1\\x_2\\x_3\end{pmatrix}+\begin{pmatrix}a\\b\\c\end{pmatrix}u$$

不论 a、b、c 取何值都不能控。

3.10 试确定下列系统当 p 与 q 为何值时不能控，为何值时不能观测。

$$\begin{pmatrix}\dot{x}_1\\\dot{x}_2\end{pmatrix}=\begin{pmatrix}1&12\\1&0\end{pmatrix}\begin{pmatrix}x_1\\x_2\end{pmatrix}+\begin{pmatrix}p\\-1\end{pmatrix}u$$

$$y=(q\quad 1)\begin{pmatrix}x_1\\x_2\end{pmatrix}$$

3.11 设线性系统的微分方程为 $\ddot{y}+2\dot{y}+y=\dot{u}+u$，选状态变量为 $\begin{cases}x_1=y\\x_2=\dot{y}-u\end{cases}$，试列写该系统的状态方程与输出方程，分析其能控性与能观测性。

3.12 设线性系统的微分方程为

$$\begin{cases}\dot{\boldsymbol{x}}=\begin{pmatrix}a&2\\1&0\end{pmatrix}\boldsymbol{x}+\begin{pmatrix}1\\1\end{pmatrix}u\\ y=(b\quad 0)\boldsymbol{x}\end{cases}$$

试确定 a、b 值，使系统状态能控、能观测。

3.13 将下列状态方程化为能控标准型：

$$\dot{\boldsymbol{x}}=\begin{pmatrix}1&-2\\3&4\end{pmatrix}\boldsymbol{x}+\begin{pmatrix}1\\1\end{pmatrix}u$$

3.14 已知能观测系统的 $\boldsymbol{A}$、$\boldsymbol{B}$、$\boldsymbol{C}$ 阵为

(1) $\boldsymbol{A}=\begin{pmatrix}1&-1\\1&1\end{pmatrix}$，$\boldsymbol{B}=\begin{pmatrix}2\\1\end{pmatrix}$，$\boldsymbol{C}=(-1\quad 1)$

(2) $\boldsymbol{A}=\begin{pmatrix}-1 & -2 & -2\\0 & -1 & 1\\1 & 0 & -1\end{pmatrix}$, $\boldsymbol{B}=\begin{pmatrix}2\\0\\1\end{pmatrix}$, $\boldsymbol{C}=(1\quad 1\quad 0)$

将其状态方程和输出方程化为能观测标准型。

3.15 设线性系统的微分方程为

$$\dddot{y}+6\ddot{y}+11\dot{y}+6y=6u$$

试写出其对偶系统的状态空间描述。

3.16 线性定常能控系统的状态方程中的 $\boldsymbol{A}$、$\boldsymbol{B}$ 阵为

$$\boldsymbol{A}=\begin{pmatrix}1 & -1\\1 & 1\end{pmatrix},\quad \boldsymbol{B}=\begin{pmatrix}1\\1\end{pmatrix}$$

试将该状态方程变换为能控标准型。

3.17 给定线性定常离散系统，判断其能控性、能观测性。

(1) $\begin{cases}\boldsymbol{x}(k+1)=\begin{pmatrix}1 & 3\\2 & 1\end{pmatrix}\boldsymbol{x}(k)+\begin{pmatrix}1\\0\end{pmatrix}u(k)\\ y(k)=(0\quad 1)\boldsymbol{x}(k)\end{cases}$

(2) $\begin{cases}\boldsymbol{x}(k+1)=\begin{pmatrix}1 & 2 & 3\\1 & 4 & 6\\2 & 1 & 7\end{pmatrix}\boldsymbol{x}(k)+\begin{pmatrix}1 & 9\\0 & 0\\2 & 0\end{pmatrix}\boldsymbol{u}(k)\\ \boldsymbol{y}(k)=\begin{pmatrix}1 & 0 & 0\\2 & 1 & 0\end{pmatrix}\boldsymbol{x}(k)\end{cases}$

第 4 章　控制系统的李雅普诺夫稳定性分析

自动控制系统最重要的特性是稳定性，它表示系统能妥善地保持预定工作状态，耐受各种不利因素的影响。稳定性问题实质上是控制系统自身属性的问题。在经典控制理论中，针对单输入单输出线性系统进行了讨论，基于特征方程的根是否分布在根平面左半部分，采用劳斯判据和奈奎斯特频率判据，即可得出稳定性的结论。这些方法的特点是不必求解方程，也不必求出特征根，而直接由方程的系数或频率特性曲线得出稳定性的结论，可称之为直接判定。当然，也可以通过求解方程，根据解的变化规律得出稳定性结论，前种方法为直接法，后种方法为间接判定。但是，上述的直接判定法，仅适用于线性定常系统，对于时变系统和非线性系统，这种直接判定法就不适用了，若利用求解方程的方法判定稳定性，非线性系统和时变系统的求解通常是很困难的。虽然在经典理论中，针对非线性系统讨论了基于频率分析的描述函数法和基于时域分析的相平面法，但这仅是对特定的非线性系统给出了较为满意的结果，终究是有其局限性和近似性的。

1892 年，俄国学者李雅普诺夫在“运动稳定性一般的问题”一文中，提出了著名的李雅普诺夫稳定性理论。该理论作为稳定性判据的通用方法，适用于各类系统。只是过去的控制系统在结构上相对来说比较简单，采用前所提及的其他一些稳定判据已能解决问题，因此在相当长的时间内没有受到人们的重视。随着科学技术的发展，控制系统的结构日益复杂，前期所采用的稳定判据已不适宜现代控制系统的分析。在 20 世纪 60 年代以后，状态空间分析法的理论迅速发展，致使李雅普诺夫稳定性理论又重新为人们所重视，而且有了许多卓有成效的结果，并成为现代控制理论的一个重要组成部分。

李雅普诺夫稳定性理论主要阐述了判断系统稳定性的两种方法。第一种方法的基本思路是先求解系统的微分方程，然后根据解的性质来判断系统的稳定性。这种方法与经典理论是一致的，故称为间接法。第二种方法的基本思路是不必通过求解系统的微分方程，而是构造一个李雅普诺夫函数，根据这个函数的性质来判别系统的稳定性。这种方法由于不用求解方程就能直接判断，故称为直接法，并且这种方法不局限于线性定常系统，对于任何复杂系统都是适用的。

除了低阶线性定常系统以外，高阶系统或非线性系统以及时变系统的运动方程求解是很困难的，因此，李雅普诺夫第二法则显示出更大的优越性，本章主要介绍李雅普诺夫第二法及其应用。

4.1　李雅普诺夫稳定性的基本概念

稳定性指的是系统在平衡状态下受到扰动后，系统自由运动的性质。因此，系统的稳定性是相对系统的平衡状态而言的。对于线性定常系统，由于只存在唯一的一个孤立平衡点，所以，只有线性定常系统才能笼统地将平衡点的稳定性视为整个系统的稳定性。

对于其他系统，平衡点不止一个，系统中不同的平衡点有着不同的稳定性，我们只能讨论某一平衡状态的稳定性。为此，本节首先给出关于平衡状态的定义，然后讨论其稳定性的有关问题。

4.1.1 平衡状态、给定运动与扰动方程的原点

为了直观地了解稳定性的一些基本概念，先来分析图 4.1 中小球的运动。若小球初始时刻静止在 B 点处，当小球只受到重力和摩擦力的作用，而没有其他外力作用时，小球将保持在 B 点静止不动。若给小球一个外力，使之移动到 A 点，然后让它做自由运动，则小球将自 A 点下落，经 B 点后再向上，到达 C 点。然后再从 C 点下落，经 B 点后往上运动。由于摩擦力的存在，小球运动时达到的高度不断降低，越来越靠近 B 点，最后在 B 点处静止下来。

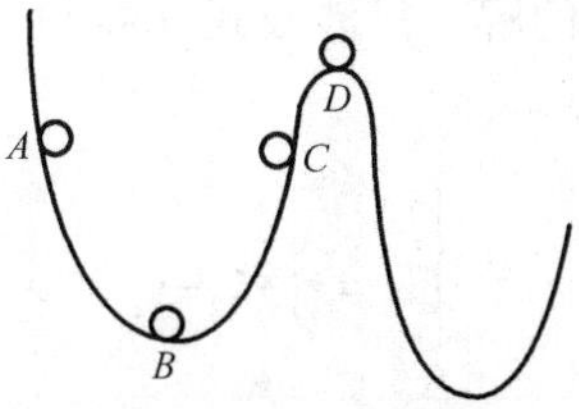

图 4.1　小球的运动图

稳定性指的是系统在平衡状态下受到干扰后，系统自由运动的性质。若图中小球原来在 B 点处静止不动，受到干扰后开始自由运动，最后又回到 B 点，回归到静止状态，这样的系统称为是稳定的。

若小球初始时刻静止在 D 点处，受到干扰后不能再回到 D 点，这样的系统称为是不稳定的。在上述小球运动分析中，需要关注几个基本概念。首先是平衡状态，图中小球在 B 点和 D 点处于静止状态，这两点的状态就是平衡状态。其次是扰动，小球在受到外部干扰后偏离平衡状态，然后在没有任何扰动作用下做自由运动，小球所受的干扰只是初始干扰，而非持续干扰，这是李雅普诺夫稳定性理论所处理的干扰的特点，因此诸如持续的风力干扰对雷达天线的影响等，不在李雅普诺夫稳定性分析的范围之内。最后，系统的稳定与否依赖于小球受干扰前所处的位置，如小球在 B 点处是稳定的，而在 D 点处是不稳定的。因此，系统的稳定与否是和平衡状态相关的，系统稳定性仅仅指在某个平衡状态处的稳定性。但若系统只有唯一的平衡状态，则在该平衡状态处的稳定性就可视为整个系统的稳定性。

因此，系统的稳定性实质上是系统平衡状态的稳定性，是相对系统的平衡状态而言的。从直观上看，系统平衡状态的稳定性问题就是，偏离平衡状态的自由运动（即受扰运动），能否只依靠系统内部的结构因素，使之被限制在平衡状态的有限邻域内，或者使之最终返回到平衡状态。为此，下面首先给出平衡状态的定义，然后讨论李雅普诺夫稳定性、不稳定性等概念的严格定义。

稳定性是系统在自由运动下的特性，只需考虑自治系统，自治系统的静止状态就是系统的平衡状态。

考虑如下非线性系统：

$$\dot{\boldsymbol{x}}=\boldsymbol{f}(\boldsymbol{x},t) \tag{4.1}$$

式中，$\boldsymbol{x}$ 为 n 维状态向量，$\boldsymbol{f}(\boldsymbol{x},t)$ 是变量 x_1，x_2，…，x_n 和 t 的 n 维向量函数。假设在给定的初始条件下，式（4.1）有唯一解 $\boldsymbol{x}(t)=\boldsymbol{\Phi}(t;\boldsymbol{x}_0,t_0)$。

当 $t=t_0$ 时，$\boldsymbol{x}=\boldsymbol{x}_0$，于是

$$\boldsymbol{\Phi}(t_0;\boldsymbol{x}_0,t_0)=\boldsymbol{x}_0$$

在式（4.1）的系统中，若在状态向量 $\boldsymbol{x}_e$，对所有的时间 t，总存在

$$\boldsymbol{f}(\boldsymbol{x}_e,t)\equiv\boldsymbol{0} \tag{4.2}$$

则称 $\boldsymbol{x}_e$ 为系统的平衡状态，由平衡状态在状态空间中所确定的点，称为平衡点。如果系统是线性定常的，也就是说 $\boldsymbol{f}(\boldsymbol{x},t)=\boldsymbol{A}\boldsymbol{x}$，则当 $\boldsymbol{A}$ 为非奇异矩阵时，系统存在一个唯一的平衡状态；当 $\boldsymbol{A}$ 为奇异矩阵时，系统将存在无穷多个平衡状态。对于非线性系统，可有一个或多个平衡状态，这些状态对应于系统的常值解（对所有 t，总存在 $\boldsymbol{x}=\boldsymbol{x}_e$）。平衡状态的确定不包括式（4.1）的系统微分方程的解，只涉及式（4.2）的解。

例 4.1 设系统的状态方程为

$$\begin{cases}\dot{x}_1=-x_1\\ \dot{x}_2=x_1+x_2-x_2^3\end{cases}$$

求其平衡状态。

解 其平衡状态应满足平衡方程式 $\boldsymbol{f}(\boldsymbol{x}_e,t)\equiv\boldsymbol{0}$，即

$$\begin{cases}\dot{x}_1=-x_1=0\\ \dot{x}_2=x_1+x_2-x_2^3=0\end{cases}，即\begin{cases}-x_1=0\\ x_1+x_2-x_2^3=0\end{cases}$$

解得系统存在 3 个孤立的平衡状态

$$\boldsymbol{x}_{e1}=\begin{pmatrix}0\\0\end{pmatrix},\boldsymbol{x}_{e2}=\begin{pmatrix}0\\1\end{pmatrix},\boldsymbol{x}_{e3}=\begin{pmatrix}0\\-1\end{pmatrix}$$

任意一个孤立的平衡状态（即彼此孤立的平衡状态）或给定运动 $x=g(t)$ 都可通过坐标变换，统一化为扰动方程 $\dot{\tilde{x}}=\tilde{f}(\tilde{x},t)$ 的坐标原点，即 $f(\boldsymbol{0},t)=0$ 或 $\boldsymbol{x}_e=\boldsymbol{0}$。在本章中，除非特别申明，将仅讨论扰动方程关于原点（$\boldsymbol{x}_e=\boldsymbol{0}$）处之平衡状态的稳定性问题。这种“原点稳定性问题”由于使问题得到极大简化，而不会丧失一般性，从而为稳定性理论的建立奠定了坚实的基础，这是李雅普诺夫的一个重要贡献。

4.1.2 李雅普诺夫意义下的稳定性定义

前已指出，系统的稳定性是相对于某个平衡状态而言的，对于有多个平衡状态的系统，其稳定性具有局部性，必须对每个平衡点逐一加以讨论，并确定平衡状态的稳定邻域，因此有必要先复习一下范数的概念。在 n 维实数空间中，范数在数学上定义为度量两个点（或向量）$\boldsymbol{x}_1$ 和 $\boldsymbol{x}_2$ 之间的距离，即

$$\|\boldsymbol{x}_1-\boldsymbol{x}_2\|=\sqrt{\sum_{i=1}^{n}(x_{1,i}-x_{2,i})^2}$$

式中，$x_{1,i}$、$x_{2,i}$ 分别是向量 $\boldsymbol{x}_1$ 和 $\boldsymbol{x}_2$ 的分量。

n 维状态空间中，向量 $\boldsymbol{x}$ 的长度（即 $\boldsymbol{x}$ 到坐标原点的距离）称为向量 $\boldsymbol{x}$ 的范数，并用 $\|\boldsymbol{x}\|$ 表示，即

$$\| \boldsymbol{x} \| = \sqrt{x_1^2+x_2^2+\cdots+x_n^2} = (\boldsymbol{x}^{\mathrm{T}}\boldsymbol{x})^{\frac{1}{2}}$$

而向量$(\boldsymbol{x}-\boldsymbol{x}_e)$的长度（即$\boldsymbol{x}$到$\boldsymbol{x}_e$的距离）称为$(\boldsymbol{x}-\boldsymbol{x}_e)$的范数，并用$\| \boldsymbol{x}-\boldsymbol{x}_e \|$表示，即

$$\| \boldsymbol{x}-\boldsymbol{x}_e \| = \sqrt{(x_1-x_{e1})^2+(x_2-x_{e2})^2+\cdots+(x_n-x_{en})^2}$$

在n维状态空间中，若用点集$S(\varepsilon)$表示以$\boldsymbol{x}_e$为中心、ε为半径的超球域，那么，$x \in S(\varepsilon)$，则表示

$$\| \boldsymbol{x}-\boldsymbol{x}_e \| = \sqrt{(x_1-x_{e1})^2+(x_2-x_{e2})^2+\cdots+(x_n-x_{en})^2} \leqslant \varepsilon$$

设$\boldsymbol{x}_e$为系统的平衡状态，有扰动使系统在$t=t_0$时的状态为$\boldsymbol{x}(t_0)=\boldsymbol{x}_0$，若用点集$S(\delta)$表示以$\boldsymbol{x}_e$为中心、$\delta$为半径的闭球域，那么，系统的初始条件$\boldsymbol{x}_0 \in S(\delta)$，则可用初始偏差向量$(\boldsymbol{x}_0-\boldsymbol{x}_e)$的范数表示，即

$$\| \boldsymbol{x}_0-\boldsymbol{x}_e \| \leqslant \delta$$

另外，用点集$S(\varepsilon)$表示以$\boldsymbol{x}_e$为中心、ε为半径的闭球域，那么，若式（4.1）的解$\boldsymbol{x}(t)=\boldsymbol{\Phi}(t;\boldsymbol{x}_0,t_0) \in S(\varepsilon)$，即系统式（4.1）在$n$维状态空间中从初始条件$(t_0,\boldsymbol{x}_0)$出发的运动轨迹均位于闭球域$S(\varepsilon)$内，则可用范数表示为

$$\| \boldsymbol{\Phi}(t;\boldsymbol{x}_0,t_0)-\boldsymbol{x}_e \| \leqslant \varepsilon, \quad t \geqslant t_0$$

下面首先给出李雅普诺夫意义下的稳定性定义，然后回顾某些必要的数学基础，以便在下一节具体给出李雅普诺夫稳定性定理。

定义 4.1 （李雅普诺夫意义下的稳定）设系统

$$\dot{\boldsymbol{x}}=\boldsymbol{f}(\boldsymbol{x},t), \quad \boldsymbol{f}(\boldsymbol{x}_e,t) \equiv \boldsymbol{0}$$

之平衡状态$\boldsymbol{x}_e=0$的H邻域为

$$\| \boldsymbol{x}-\boldsymbol{x}_e \| \leqslant H$$

其中，$H>0$，$\| \cdot \|$为向量的 2 范数或欧几里得范数，即

$$\| \boldsymbol{x}-\boldsymbol{x}_e \| = [(x_1-x_{e1})^2+(x_2-x_{e2})^2+\cdots+(x_n-x_{en})^2]^{1/2}$$

类似地，也可以相应定义球域$S(\varepsilon)$和$S(\delta)$。

1. 李雅普诺夫意义下稳定

如果对应于每一个$S(\varepsilon)$，存在一个$S(\delta)$，使得当t趋于无穷时，始于$S(\delta)$的轨迹不脱离$S(\varepsilon)$，则式（4.1）系统之平衡状态$\boldsymbol{x}_e=\boldsymbol{0}$称为在李雅普诺夫意义下是稳定的。一般地，实数$\delta$与$\varepsilon$有关，通常也与$t_0$有关。如果$\delta$与$t_0$无关，则此时平衡状态$\boldsymbol{x}_e=\boldsymbol{0}$称为一致稳定的平衡状态。

以上定义意味着：首先选择一个域$S(\varepsilon)$，对应于每一个$S(\varepsilon)$，必存在一个域$S(\delta)$，使得当t趋于无穷时，始于$S(\delta)$的轨迹总不脱离域$S(\varepsilon)$。

2. 渐近稳定（经典控制理论稳定性定义）

如果平衡状态$\boldsymbol{x}_e=\boldsymbol{0}$，在李雅普诺夫意义下是稳定的，并且始于域$S(\delta)$的任一条轨迹，当时间$t$趋于无穷时，都不脱离$S(\varepsilon)$，且收敛于$\boldsymbol{x}_e=\boldsymbol{0}$，则称式（4.1）系统的平衡状态$\boldsymbol{x}_e=0$为渐近稳定的，其中球域$S(\delta)$被称为平衡状态$\boldsymbol{x}_e=\boldsymbol{0}$的吸引域。

实际上，渐近稳定性比纯稳定性更重要。考虑到非线性系统的渐近稳定性是一个局部概念，所以简单地确定渐近稳定性并不意味着系统能正常工作。通常有必要确定渐近稳定性的最大范围或吸引域。它是发生渐近稳定轨迹的那部分状态空间。换句话说，发生于吸引域内的每一个轨迹都是渐近稳定的。

3. 大范围渐近稳定性

对所有的状态（状态空间中的所有点），如果由这些状态出发的轨迹都保持渐近稳定性，则平衡状态 $\boldsymbol{x}_e=\boldsymbol{0}$ 称为大范围渐近稳定。或者说，如果式（4.1）系统的平衡状态 $\boldsymbol{x}_e=\boldsymbol{0}$ 渐近稳定的吸引域为整个状态空间，则称此时系统的平衡状态 $\boldsymbol{x}_e=\boldsymbol{0}$ 为大范围渐近稳定的。显然，大范围渐近稳定的必要条件是在整个状态空间中只有一个平衡状态。

在控制工程问题中，总希望系统具有大范围渐近稳定的特性。如果平衡状态不是大范围渐近稳定的，那么问题就转化为确定渐近稳定的最大范围或吸引域，这通常是非常困难的。然而，对所有的实际问题，如能确定一个足够大的渐近稳定的吸引域，以致扰动不会超过它就可以了。

4. 不稳定性

如果对于某个实数 $\varepsilon>0$ 和任一个实数 $\delta>0$，不管这两个实数多么小，在 $S(\delta)$ 内总存在一个状态 $\boldsymbol{x}_0$，使得始于这一状态的轨迹最终会脱离开 $S(\varepsilon)$，那么平衡状态 $\boldsymbol{x}_e=\boldsymbol{0}$ 称为不稳定的。

图 4.2a、b、c 分别表示平衡状态及对应于稳定性、渐近稳定性和不稳定性的典型轨迹。在图中，域 $S(\delta)$ 制约着初始状态 $\boldsymbol{x}_0$，而域 $S(\varepsilon)$ 是起始于 $\boldsymbol{x}_0$ 的轨迹的边界。

注意，由于上述定义不能详细地说明可容许初始条件的精确吸引域，因而除非 $S(\varepsilon)$ 对应于整个状态平面，否则这些定义只能应用于平衡状态的邻域。

此外，在图 4.2c 中，轨迹离开了 $S(\varepsilon)$，这说明平衡状态是不稳定的。然而却不能说明轨迹将趋于无穷远处，这是因为轨迹还可能趋于在 $S(\varepsilon)$ 外的某个极限环（如果线性定常系统是不稳定的，则在不稳定平衡状态附近出发的轨迹将趋于无穷远。但在非线性系统中，这一结论并不一定正确）。

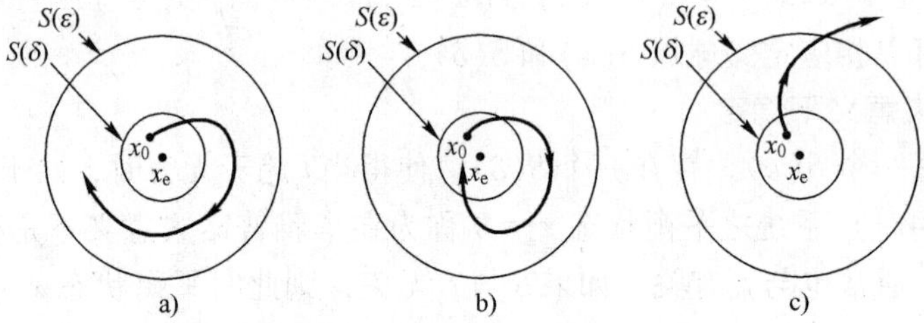

图 4.2　各状态及其轨迹

a）稳定平衡状态及一条典型轨迹　b）渐近稳定平衡状态及一条典型轨迹

c）不稳定平衡状态及一条典型轨迹

上述各定义的内容，对于理解本章介绍的线性和非线性系统的稳定性分析，是最低限度的要求。注意，这些定义不是确定平衡状态稳定性概念的唯一方法。实际上，在其他文献中还有另外的定义。

对于线性系统，渐近稳定等价于大范围渐近稳定。但对于非线性系统，一般只考虑吸引区为有限的定范围的渐近稳定。

最后指出，在经典控制理论中，我们已经学过稳定性概念，它与李雅普诺夫意义下的稳定性概念是有一定的区别的，例如，在经典控制理论中只有渐近稳定的系统才称为稳定的系统。在李雅普诺夫意义下是稳定的，但却不是渐近稳定的系统，则叫做不稳定系统。两者的区别与联系见表4.1。

表4.1 经典控制理论与李雅普诺夫意义下的区别与联系

经典控制理论（线性系统）	不稳定($\mathrm{Re}(s)>0$)	临界情况($\mathrm{Re}(s)=0$)	稳定($\mathrm{Re}(s)<0$)
李雅普诺夫意义下	不稳定	稳定	渐近稳定

4.1.3 预备知识

1. 标量函数的正定性

如果对所有在域Ω中的非零状态$\boldsymbol{x}\neq\boldsymbol{0}$，有$V(\boldsymbol{x})>0$，且在$\boldsymbol{x}=\boldsymbol{0}$处有$V(\boldsymbol{0})=0$，则在域$\Omega$（域$\Omega$包含状态空间的原点）内的标量函数$V(\boldsymbol{x})$称为正定函数。

如果时变函数$V(\boldsymbol{x},t)$由一个定常的正定函数作为下限，即存在一个正定函数$V(\boldsymbol{x})$，使得

$$V(\boldsymbol{x},t)>V(\boldsymbol{x}) \quad 对所有\ t\geqslant t_0$$
$$V(\boldsymbol{0},t)=0 \quad 对所有\ t\geqslant t_0$$

则称时变函数$V(\boldsymbol{x},t)$在域Ω（Ω包含状态空间原点）内是正定的。

2. 标量函数的负定性

如果$-V(\boldsymbol{x})$是正定函数，则标量函数$V(\boldsymbol{x})$称为负定函数。

3. 标量函数的正半定性

如果标量函数$V(\boldsymbol{x})$除了原点以及某些状态等于零外，在域Ω内的所有状态都是正定的，则$V(\boldsymbol{x})$称为正半定标量函数。

4. 标量函数的负半定性

如果$-V(\boldsymbol{x})$是正半定函数，则标量函数$V(\boldsymbol{x})$称为负半定函数。

5. 标量函数的不定性

如果在域Ω内，不论域Ω多么小，$V(\boldsymbol{x})$既可为正值，也可为负值时，标量函数$V(\boldsymbol{x})$称为不定的标量函数。

例4.2 下面给出按照以上分类的几种标量函数。假设$\boldsymbol{x}$为二维向量。

（1）$V(\boldsymbol{x})=x_1^2+2x_2^2$　　正定的

（2）$V(\boldsymbol{x})=(x_1+x_2)^2$　　正半定的

（3）$V(\boldsymbol{x})=-x_1^2-(3x_1+2x_2)^2$　　负定的

（4）$V(\boldsymbol{x})=x_1x_2+x_2^2$　　不定的

（5）$V(\boldsymbol{x})=x_1^2+\dfrac{2x_2^2}{1+x_x^2}$　　正定的

6. 二次型

建立在李雅普诺夫第二法基础上的稳定性分析中，有一类标量函数起着很重要的作用，即二次型函数。例如

$$V(\boldsymbol{x})=\boldsymbol{x}^{\mathrm{T}}\boldsymbol{P}\boldsymbol{x}=(x_1\quad x_2\quad\cdots\quad x_n)\begin{pmatrix}p_{11}&p_{12}&\cdots&p_{1n}\\p_{21}&p_{22}&\cdots&p_{2n}\\\vdots&\vdots&&\vdots\\p_{1n}&p_{2n}&\cdots&p_{nn}\end{pmatrix}\begin{pmatrix}x_1\\x_2\\\vdots\\x_n\end{pmatrix}$$

注意，这里的 $\boldsymbol{x}$ 为实向量，$\boldsymbol{P}$ 为实对称矩阵。

7. 复二次型或 Hermite 型

如果 $\boldsymbol{x}$ 是 n 维复向量，$\boldsymbol{P}$ 为 Hermite 矩阵，则该复二次型函数称为 Hermite 型函数。例如

$$V(\boldsymbol{x})=\boldsymbol{x}^{\mathrm{H}}\boldsymbol{P}\boldsymbol{x}=(\bar{x}_1\quad \bar{x}_2\quad\cdots\quad \bar{x}_n)\begin{pmatrix}p_{11}&p_{12}&\cdots&p_{1n}\\\bar{p}_{21}&p_{22}&\cdots&p_{2n}\\\vdots&\vdots&&\vdots\\\bar{p}_{1n}&\bar{p}_{2n}&\cdots&p_{nn}\end{pmatrix}\begin{pmatrix}x_1\\x_2\\\vdots\\x_n\end{pmatrix}$$

在状态空间的稳定性分析中，经常使用 Hermite 型，而不使用二次型，这是因为 Hermite 型比二次型更具一般性（对于实向量 $\boldsymbol{x}$ 和实对称矩阵 $\boldsymbol{P}$，Hermite 型 $\boldsymbol{x}^{\mathrm{H}}\boldsymbol{P}\boldsymbol{x}$ 等于二次型 $\boldsymbol{x}^{\mathrm{T}}\boldsymbol{P}\boldsymbol{x}$）。

二次型或者 Hermite 型 $V(\boldsymbol{x})$ 的正定性可用塞尔维斯特准则判断。该准则指出，二次型或 Hermite 型 $V(\boldsymbol{x})$ 为正定的充要条件是矩阵 $\boldsymbol{P}$ 的所有主子行列式均为正值，即

$$p_{11}>0,\quad \begin{vmatrix}p_{11}&p_{12}\\\bar{p}_{12}&p_{22}\end{vmatrix}>0,\quad\cdots,\quad \begin{vmatrix}p_{11}&p_{12}&\cdots&p_{1n}\\\bar{p}_{21}&p_{22}&\cdots&p_{2n}\\\vdots&\vdots&&\vdots\\\bar{p}_{1n}&\bar{p}_{2n}&\cdots&p_{nn}\end{vmatrix}>0$$

注意，$\bar{p}_{ij}$ 是 p_{ij} 的复共轭。对于二次型，$\bar{p}_{ij}=p_{ij}$。

如果 $\boldsymbol{P}$ 是奇异矩阵，且它的所有主子行列式均非负，则 $V(\boldsymbol{x})=\boldsymbol{x}^{\mathrm{H}}\boldsymbol{P}\boldsymbol{x}$ 是正半定的。

如果 $-V(\boldsymbol{x})$ 是正定的，则 $V(\boldsymbol{x})$ 是负定的。同样，如果 $-V(\boldsymbol{x})$ 是正半定的，则 $V(\boldsymbol{x})$ 是负半定的。

例 4.3 试证明下列二次型是正定的：

$$V(\boldsymbol{x})=10x_1^2+4x_2^2+x_3^2+2x_1x_2-2x_2x_3-4x_1x_3$$

解 二次型 $V(\boldsymbol{x})$ 可写为

$$V(\boldsymbol{x})=\boldsymbol{x}^{\mathrm{T}}\boldsymbol{P}\boldsymbol{x}=(x_1\quad x_2\quad x_3)\begin{pmatrix}10&1&-2\\1&4&-1\\-2&-1&1\end{pmatrix}\begin{pmatrix}x_1\\x_2\\x_3\end{pmatrix}$$

利用塞尔维斯特准则，可得

$$10>0,\quad \begin{vmatrix}10&1\\1&4\end{vmatrix}>0,\quad \begin{vmatrix}10&1&-2\\1&4&-1\\-2&-1&1\end{vmatrix}>0$$

因为矩阵 $\boldsymbol{P}$ 的所有主子行列式均为正值，所以 $V(\boldsymbol{x})$ 是正定的。

4.2 李雅普诺夫稳定性理论

1892 年，李雅普诺夫提出了两种方法（称为第一法和第二法），用于确定由常微分方程描述的动力学系统的稳定性。

第一法包括了利用微分方程显式解进行系统分析的所有步骤。基本思路是：首先将非线性系统线性化，然后计算线性化方程的特征值，最后则是判定原非线性系统的稳定性。

第二法不需求出微分方程的解，也就是说，采用李雅普诺夫第二法，可以在不求出状态方程解的条件下，确定系统的稳定性。由于求解非线性系统和线性时变系统的状态方程通常十分困难，所以这种方法显示出极大的优越性。

尽管采用李雅普诺夫第二法分析非线性系统的稳定性时，需要相当的经验和技巧，然而当其他方法无效时，这种方法却能解决非线性系统的稳定性问题。

4.2.1 李雅普诺夫第二法

由力学经典理论可知，对于一个振动系统，当系统总能量（正定函数）连续减小（这意味着总能量对时间的导数必然是负定的），直到平衡状态时为止，则振动系统是稳定的。

李雅普诺夫第二法是建立在更为普遍的情况之上的，即：如果系统有一个渐近稳定的平衡状态，则当其运动到平衡状态的吸引域内时，系统存储的能量随着时间的增长而衰减，直到在平稳状态达到极小值时为止。然而对于一些纯数学系统，毕竟还没有一个定义“能量函数”的简便方法。为了克服这个困难，李雅普诺夫引出了一个虚构的能量函数，称为李雅普诺夫函数。当然，这个函数无疑比能量更为一般，并且其应用也更广泛。实际上，任一标量函数只要满足李雅普诺夫稳定性定理（见定理 4.1 和定理 4.2）的假设条件，都可作为李雅普诺夫函数（可能十分困难）。

李雅普诺夫函数与 $x_1,x_2,\cdots,x_n$ 和 t 有关，用 $V(x_1,x_2,\cdots,x_n,t)$ 或者 $V(\boldsymbol{x},t)$ 来表示李雅普诺夫函数。如果在李雅普诺夫函数中不含 t，则用 $V(x_1,x_2,\cdots,x_n)$ 或 $V(\boldsymbol{x})$ 表示。在李雅普诺夫第二法中，$V(\boldsymbol{x},t)$ 和其对时间的导数 $\dot{V}(\boldsymbol{x},t)=\mathrm{d}V(\boldsymbol{x},t)/\mathrm{d}t$ 的符号特征，提供了判断平衡状态处的稳定性、渐近稳定性或不稳定性的准则，而不必直接求出方程的解（这种方法既适用于线性系统，也适用于非线性系统）。

1. 关于渐近稳定性

可以证明：如果 $\boldsymbol{x}$ 为 n 维向量，且其标量函数 $V(\boldsymbol{x})$ 正定，则满足 $V(\boldsymbol{x})=C$ 的状态 $\boldsymbol{x}$ 处于 n 维状态空间的封闭超曲面上，且至少处于原点附近，式中 C 是正常数。随着 $\|\boldsymbol{x}\|\to\infty$，上述封闭曲面可扩展为整个状态空间。如果 $C_1<C_2$，则超曲面 $V(\boldsymbol{x})=C_1$ 完全处于超曲面 $V(\boldsymbol{x})=C_2$ 的内部。

对于给定的系统，若可求得正定的标量函数 $V(\boldsymbol{x})$，并使其沿轨迹对时间的导数总为负值，则随着时间的增加，$V(\boldsymbol{x})$ 将取越来越小的 C 值。随着时间的进一步增长，最终 $V(\boldsymbol{x})$ 变为零，而 $\boldsymbol{x}$ 也趋于零。这意味着，状态空间的原点是渐近稳定的。李雅普诺夫主稳定性定理就是前述事实的普遍化，它给出了渐近稳定的充要条件。该定理阐述如下。

定理 4.1 考虑如下非线性系统：

$$\dot{\boldsymbol{x}}(t)=f(\boldsymbol{x}(t),t)$$

式中

$$f(\mathbf{0},t)\equiv\mathbf{0},\ 对所有\ t\geqslant t_0$$

如果存在一个具有连续一阶偏导数的标量函数 $V(\boldsymbol{x},t)$，且满足以下条件：

1）$V(\boldsymbol{x},t)$正定；

2）$\dot{V}(\boldsymbol{x},t)$负定，则在原点处的平衡状态是（一致）渐近稳定的。

进一步地，若$\|\boldsymbol{x}\|\to\infty$，$V(\boldsymbol{x},t)\to\infty$，则在原点处的平衡状态是大范围一致渐近稳定的。

例 4.4 考虑如下非线性系统

$$\begin{cases}\dot{x}_1=x_2-x_1(x_1^2+x_2^2)\\ \dot{x}_2=-x_1-x_2(x_1^2+x_2^2)\end{cases}$$

显然原点（$x_1=0$，$x_2=0$）是唯一的平衡状态。试确定其稳定性。

解 如果定义一个正定标量函数 $V(\boldsymbol{x})$，即

$$V(\boldsymbol{x})=2x_1\dot{x}_1+2x_2\dot{x}_2-2(x_1^2+x_2^2)^2$$

是负定的，这说明 $V(\boldsymbol{x})$沿任一轨迹连续地减小，因此 $V(\boldsymbol{x})$是一个李雅普诺夫函数。由于 $V(\boldsymbol{x})$随 $\boldsymbol{x}$ 偏离平衡状态趋于无穷而变为无穷，则按照定理 4.1，该系统在原点处的平衡状态是大范围渐近稳定的。

注意，若使 $V(\boldsymbol{x})$取一系列的常值 $0,C_1,C_2,\cdots(0<C_1<C_2<\cdots)$，则 $V(\boldsymbol{x})=0$ 对应于状态平面的原点，而 $V(\boldsymbol{x})=C_1$，$V(\boldsymbol{x})=C_2$，…描述了包围状态平面原点的互不相交的一簇圆，如图 4.3 所示。还应注意，由于 $V(\boldsymbol{x})$在径向是无界的，即随着$\|\boldsymbol{x}\|\to\infty$，$V(\boldsymbol{x})\to\infty$，所以这一簇圆可扩展到整个状态平面。

由于圆 $V(\boldsymbol{x})=C_k$ 完全处在 $V(\boldsymbol{x})=C_{k+1}$的内部，所以典型轨迹从外向里通过 V 圆的边界。因此李雅普诺夫函数的几何意义可阐述如下 $V(\boldsymbol{x})$表示状态 $\boldsymbol{x}$ 到状态空间原点距离的一种度量。如果原点与瞬时状态 $\boldsymbol{x}(t)$之间的距离随 t 的增加而连续地减小（即$\dot{V}(\boldsymbol{x}(t))<0$），则 $\boldsymbol{x}(t)\to\mathbf{0}$。

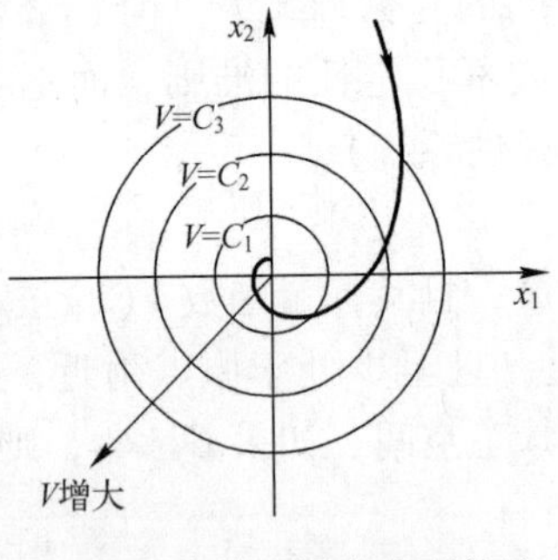

图 4.3 常数 V 圆和典型轨迹

定理 4.1 是李雅普诺夫第二法的基本定理，下面对这一重要定理做几点说明：

1）这里仅给出了充分条件，也就是说，如果构造出了李雅普诺夫函数 $V(\boldsymbol{x},t)$，那么系统是渐近稳定的。但如果找不到这样的李雅普诺夫函数，并不能给出任何结论，例如，不能据此说该系统是不稳定的。

2）对于渐近稳定的平衡状态，则李雅普诺夫函数必存在。

3）对于非线性系统，通过构造某个具体的李雅普诺夫函数，可以证明系统在某个稳定域内是渐近稳定的，但这并不意味着稳定域外的运动是不稳定的。对于线性系统，如果存在渐近稳定的平衡状态，则它必定是大范围渐近稳定的。

4）这里给出的稳定性定理，既适合于线性系统、非线性系统，也适合于定常系统、时变系统，具有极其一般的普遍意义。

显然，定理 4.1 仍有一些限制条件，比如$\dot{V}(\boldsymbol{x},t)$必须是负定函数。如果在$\dot{V}(\boldsymbol{x},t)$上附加一个限制条件，即除了原点以外，沿任一轨迹$\dot{V}(\boldsymbol{x},t)$均不恒等于零，则要求$\dot{V}(\boldsymbol{x},t)$负定的条件可用$\dot{V}(\boldsymbol{x},t)$取负半定的条件来代替。

定理 4.2 考虑如下非线性系统：

$$\dot{\boldsymbol{x}}(t)=f[\boldsymbol{x}(t),t]$$

式中

$$f(\boldsymbol{0},t)\equiv\boldsymbol{0}，\text{对所有 } t\geqslant t_0$$

若存在具有连续一阶偏导数的标量函数 $V(\boldsymbol{x},t)$，且满足以下条件：

1）$V(\boldsymbol{x},t)$是正定的；

2）$\dot{V}(\boldsymbol{x},t)$是负半定的；

3）$\dot{V}[\boldsymbol{\Phi}(t;\boldsymbol{x}_0,t_0),t]$对于任意 t_0 和任意 $\boldsymbol{x}_0\neq\boldsymbol{0}$，在 $t\geqslant t_0$ 时，不恒等于零，其中的$\boldsymbol{\Phi}(t;\boldsymbol{x}_0,t_0)$表示在 t_0 时刻从 $\boldsymbol{x}_0$ 出发的轨迹或解，则在系统原点处的平衡状态是大范围渐近稳定的。

注意，若$\dot{V}(\boldsymbol{x},t)$不是负定的，而只是负半定的，则典型点的轨迹可能与某个特定曲面 $V(\boldsymbol{x},t)=C$ 相切，然而由于$\dot{V}[\boldsymbol{\Phi}(t;\boldsymbol{x}_0,t_0),t]$对任意 t_0 和任意 $\boldsymbol{x}_0\neq\boldsymbol{0}$，在 $t\geqslant t_0$ 时不恒等于零，所以典型点就不可能保持在切点处（在这点上，$\dot{V}(\boldsymbol{x},t)=0$），因而必然要运动到原点。

2. 关于稳定性

然而，如果存在一个正定的标量函数 $V(\boldsymbol{x},t)$，使得$\dot{V}(\boldsymbol{x},t)$始终为零，则系统可以保持在一个极限环上。在这种情况下，原点处的平衡状态称为在李雅普诺夫意义下是稳定的。

定理 4.3 考虑如下非线性系统：

$$\dot{\boldsymbol{x}}(t)=f[\boldsymbol{x}(t),t]$$

式中

$$f(\boldsymbol{0},t)\equiv\boldsymbol{0}，\quad\text{对所有 } t\geqslant t_0$$

若存在具有连续一阶偏导数的标量函数 $V(\boldsymbol{x},t)$，且满足以下条件：

1）$V(\boldsymbol{x},t)$是正定的；

2）$\dot{V}(\boldsymbol{x},t)$是负半定的；

3）$\dot{V}[\boldsymbol{\Phi}(t;\boldsymbol{x}_0,t_0),t]$对于任意 t_0 和任意 $\boldsymbol{x}_0\neq\boldsymbol{0}$，在 $t\geqslant t_0$ 时，均恒等于零，其中的$\boldsymbol{\Phi}(t;\boldsymbol{x}_0,t_0)$表示在 t_0 时刻从 $\boldsymbol{x}_0$ 出发的轨迹或解，则在系统原点处的平衡状态是李雅普诺夫意义下的大范围渐近稳定的。

3. 关于不稳定性

如果系统平衡状态 $\boldsymbol{x}=\boldsymbol{0}$ 是不稳定的，则存在标量函数 $W(\boldsymbol{x},t)$，可用其确定平衡状态的不稳定性。下面介绍不稳定性定理。

定理 4.4 考虑如下非线性系统：

$$\dot{x}(t)=f[\boldsymbol{x}(t),t]$$

式中

$$f(\boldsymbol{0},t)\equiv\boldsymbol{0},\ \text{对所有}\ t\geqslant t_0$$

若存在一个标量函数 $W(\boldsymbol{x},t)$，具有连续的一阶偏导数，且满足下列条件：

1) $W(\boldsymbol{x},t)$在原点附近的某一邻域内是正定的；

2) $\dot{W}(\boldsymbol{x},t)$在同样的邻域内是正定的，则原点处的平衡状态是不稳定的。

4.2.2 线性系统的稳定性与非线性系统的稳定性比较

在线性定常系统中，若平衡状态是局部渐近稳定的，则它是大范围渐近稳定的，然而在非线性系统中，不是大范围渐近稳定的平衡状态可能是局部渐近稳定的。因此，线性定常系统平衡状态的渐近稳定性的含义和非线性系统的含义完全不同。

如果要检验非线性系统平衡状态的渐近稳定性，则非线性系统的线性化模型稳定性分析远远不够，必须研究没有线性化的非线性系统。有几种基于李雅普诺夫第二法的方法可达到这一目的，包括用于判断非线性系统渐近稳定性充分条件的克拉索夫斯基方法、用于构成非线性系统李雅普诺夫函数的 Schultz-Gibson 变量梯度法、用于某些非线性控制系统稳定性分析的鲁里叶（Lure'）法以及用于构成吸引域的波波夫方法等。下面仅讨论克拉索夫斯基方法。

4.2.3 克拉索夫斯基方法

克拉索夫斯基方法给出了非线性系统平衡状态渐近稳定的充分条件。

在非线性系统中，可能存在多个平衡状态。可通过适当的坐标变换，将所要研究的平衡状态变换到状态空间的原点。所以，可把要研究的平衡状态取为原点。现介绍克拉索夫斯基定理。

定理 4.5 （克拉索夫斯基定理）考虑如下非线性系统：

$$\dot{\boldsymbol{x}}=\boldsymbol{f}(\boldsymbol{x})$$

式中，$\boldsymbol{x}$ 为 n 维状态向量；$\boldsymbol{f}(\boldsymbol{x})$ 为 $x_1,x_2,\cdots,x_n$ 的非线性 n 维向量函数。假定 $\boldsymbol{f}(\boldsymbol{0})=\boldsymbol{0}$，且 $\boldsymbol{f}(\boldsymbol{x})$ 对 x_i 可微($i=1,2,\cdots,n$)。

该系统的雅可比矩阵定义为

$$\boldsymbol{F}(\boldsymbol{x})=\left(\frac{\partial(f_1,\cdots f_n)}{\partial(x_1,\cdots,x_n)}\right)=\begin{pmatrix}\dfrac{\partial f_1}{\partial x_1} & \dfrac{\partial f_1}{\partial x_2} & \cdots & \dfrac{\partial f_1}{\partial x_n}\\ \dfrac{\partial f_2}{\partial x_1} & \dfrac{\partial f_2}{\partial x_2} & \cdots & \dfrac{\partial f_2}{\partial x_n}\\ \vdots & \vdots & & \vdots\\ \dfrac{\partial f_n}{\partial x_1} & \dfrac{\partial f_n}{\partial x_2} & \cdots & \dfrac{\partial f_n}{\partial x_n}\end{pmatrix}$$

又定义

$$\hat{\boldsymbol{F}}(\boldsymbol{x})=\boldsymbol{F}^{\mathrm{H}}(\boldsymbol{x})+\boldsymbol{F}(\boldsymbol{x})$$

式中，$\boldsymbol{F}(\boldsymbol{x})$是雅可比矩阵，$\boldsymbol{F}^{\mathrm{H}}(\boldsymbol{x})$是$\boldsymbol{F}(\boldsymbol{x})$的共轭转置矩阵（如果$\boldsymbol{f}(\boldsymbol{x})$为实向量，则$\boldsymbol{F}(\boldsymbol{x})$是实矩阵，且可将$\boldsymbol{F}^{\mathrm{H}}(\boldsymbol{x})$写为$\boldsymbol{F}^{\mathrm{T}}(\boldsymbol{x})$），此时$\hat{\boldsymbol{F}}(\boldsymbol{x})$显然为 Hermite 矩阵（如果$\boldsymbol{F}(\boldsymbol{x})$为实矩阵，则$\hat{\boldsymbol{F}}(\boldsymbol{x})$为实对称矩阵）。如果 Hermite 矩阵$\hat{\boldsymbol{F}}(\boldsymbol{x})$是负定的，则平衡状态$\boldsymbol{x}=\boldsymbol{0}$是渐近稳定的。该系统的李雅普诺夫函数为

$$V(\boldsymbol{x})=\boldsymbol{f}^{\mathrm{H}}(\boldsymbol{x})\boldsymbol{f}(\boldsymbol{x})$$

此外，若随着$\|\boldsymbol{x}\|\to\infty$，$\boldsymbol{f}^{\mathrm{H}}(\boldsymbol{x})\boldsymbol{f}(\boldsymbol{x})\to\infty$，则平衡状态是大范围渐近稳定的。

证明 由于$\hat{\boldsymbol{F}}(\boldsymbol{x})$是负定的，所以除$\boldsymbol{x}=\boldsymbol{0}$外，$\hat{\boldsymbol{F}}(\boldsymbol{x})$的行列式处处不为零。因而，在整个状态空间中，除$\boldsymbol{x}=\boldsymbol{0}$这一点外，没有其他平衡状态，即在$\boldsymbol{x}\neq\boldsymbol{0}$时，$\boldsymbol{f}(\boldsymbol{x})\neq\boldsymbol{0}$。因为$\boldsymbol{f}(\boldsymbol{0})=\boldsymbol{0}$，在$\boldsymbol{x}\neq\boldsymbol{0}$时，$\boldsymbol{f}(\boldsymbol{x})\neq\boldsymbol{0}$，且$V(\boldsymbol{x})=\boldsymbol{f}^{\mathrm{H}}(\boldsymbol{x})\boldsymbol{f}(\boldsymbol{x})$，所以$V(\boldsymbol{x})$是正定的。

注意到

$$\dot{\boldsymbol{f}}(\boldsymbol{x})=\boldsymbol{F}(\boldsymbol{x})\dot{\boldsymbol{x}}=\boldsymbol{F}(\boldsymbol{x})\boldsymbol{f}(\boldsymbol{x})$$

从而

$$\begin{aligned}\dot{V}(\boldsymbol{x})&=\dot{\boldsymbol{f}}^{\mathrm{H}}(\boldsymbol{x})\boldsymbol{f}(\boldsymbol{x})+\boldsymbol{f}^{\mathrm{H}}(\boldsymbol{x})\dot{\boldsymbol{f}}(\boldsymbol{x})\\&=[\boldsymbol{F}(\boldsymbol{x})\boldsymbol{f}(\boldsymbol{x})]^{\mathrm{H}}\boldsymbol{f}(\boldsymbol{x})+\boldsymbol{f}^{\mathrm{H}}(\boldsymbol{x})\boldsymbol{F}(\boldsymbol{x})\boldsymbol{f}(\boldsymbol{x})\\&=\boldsymbol{f}^{\mathrm{H}}(\boldsymbol{x})[\boldsymbol{F}^{\mathrm{H}}(\boldsymbol{x})+\boldsymbol{F}(\boldsymbol{x})]\boldsymbol{f}(\boldsymbol{x})\\&=\boldsymbol{f}^{\mathrm{H}}(\boldsymbol{x})\hat{\boldsymbol{F}}(\boldsymbol{x})\boldsymbol{f}(\boldsymbol{x})\end{aligned}$$

因为$\hat{\boldsymbol{F}}(\boldsymbol{x})$是负定的，所以$\dot{V}(\boldsymbol{x})$也是负定的。因此，$V(\boldsymbol{x})$是一个李雅普诺夫函数。所以原点是渐近稳定的。如果随着$\|\boldsymbol{x}\|\to\infty$，$V(\boldsymbol{x})=\boldsymbol{f}^{\mathrm{H}}(\boldsymbol{x})\boldsymbol{f}(\boldsymbol{x})\to\infty$，则根据定理 4.1 可知，平衡状态是大范围渐近稳定的。

注意，克拉索夫斯基定理与通常的线性方法不同，它不局限于稍稍偏离平衡状态。$V(\boldsymbol{x})$和$\dot{V}(\boldsymbol{x})$以$\boldsymbol{f}(\boldsymbol{x})$或$\dot{\boldsymbol{x}}$的形式而不是以$\boldsymbol{x}$的形式表示。

前面所述的定理对于非线性系统给出了大范围渐近稳定性的充分条件，对线性系统则给出了充要条件。非线性系统的平衡状态即使不满足上述定理所要求的条件，也可能是稳定的。因此，在应用克拉索夫斯基定理时，必须十分小心，以防止对给定的非线性系统平衡状态的稳定性分析做出错误的结论。

例 4.5 考虑具有两个非线性因素的二阶系统：

$$\begin{cases}\dot{x}_1=f_1(x_1)+f_2(x_2)\\\dot{x}_2=x_1+ax_2\end{cases}$$

假设$f_1(0)=f_2(0)=0$，$f_1(x_1)$和$f_2(x_2)$是实函数且可微。又假定当$\|\boldsymbol{x}\|\to\infty$时，$[f_1(x_1)+f_2(x_2)]^2+(x_1+ax_2)^2\to\infty$。试确定使平衡状态$\boldsymbol{x}=\boldsymbol{0}$渐近稳定的充要条件。

解 在该系统中，$\boldsymbol{F}(\boldsymbol{x})$为

$$\boldsymbol{F}(\boldsymbol{x})=\begin{pmatrix}f_1'(x_1)&f_2'(x_2)\\1&a\end{pmatrix}$$

式中

$$f_1'(x_1)=\frac{\partial f_1}{\partial x_1},\quad f_2'(x_2)=\frac{\partial f_2}{\partial x_2}$$

于是$\hat{\boldsymbol{F}}(\boldsymbol{x})$为

$$\hat{\boldsymbol{F}}(\boldsymbol{x})=\boldsymbol{F}^{\mathrm{H}}(\boldsymbol{x})+\boldsymbol{F}(\boldsymbol{x})$$
$$=\begin{pmatrix} 2f_1'(x_1) & 1+f_2'(x_2) \\ 1+f_2'(x_2) & 2a \end{pmatrix}$$

由克拉索夫斯基定理可知，如果$\hat{\boldsymbol{F}}(\boldsymbol{x})$是负定的，则所考虑系统的平衡状态$\boldsymbol{x}=\boldsymbol{0}$是大范围渐近稳定的。因此，若

$$f_1'(x_1)<0，对所有 x_1\neq 0$$
$$4af_1'(x_1)-[1+f_2'(x_2)]^2>0，对所有 x_1\neq 0,\quad x_2\neq 0$$

则平衡状态$\boldsymbol{x}_e=\boldsymbol{0}$是大范围渐近稳定的。

这两个条件是渐近稳定性的充分条件。显然，由于稳定性条件完全与非线性函数$f_1(x)$和$f_2(x)$的实际形式无关，所以上述限制条件是不适当的。

4.3 线性定常系统的李雅普诺夫稳定性分析

前已指出，李雅普诺夫第二法不仅对非线性系统，而且对线性定常系统、线性时变系统以及线性离散系统等均完全适用。

利用李雅普诺夫第二法对线性系统进行分析，有如下几个特点：

1）都是充要条件，而非仅充分条件。

2）渐近稳定性等价于李雅普诺夫方程的存在性。

3）渐近稳定时，必存在二次型李雅普诺夫函数$V(\boldsymbol{x})=\boldsymbol{x}^{\mathrm{H}}\boldsymbol{P}\boldsymbol{x}$及$\dot{V}(\boldsymbol{x})=-\boldsymbol{x}^{\mathrm{H}}\boldsymbol{Q}\boldsymbol{x}$。

4）对于线性自治系统，当系统矩阵$\boldsymbol{A}$非奇异时，仅有唯一平衡点，即原点$\boldsymbol{x}_e=\boldsymbol{0}$。

5）渐近稳定就是大范围渐近稳定，两者完全等价。

众所周知，对于线性定常系统，其渐近稳定性的判别方法很多。例如，对于连续时间定常系统$\dot{\boldsymbol{x}}=\boldsymbol{A}\boldsymbol{x}$，渐近稳定的充要条件是：$\boldsymbol{A}$的所有特征值均有负实部，或者相应的特征方程$|s\boldsymbol{I}-\boldsymbol{A}|=s^n+a_1s^{n-1}+\cdots+a_{n-1}s+a_n=0$的根具有负实部。但为了避开困难的特征值计算，如劳斯-赫尔维茨稳定性判据通过判断特征多项式的系数来直接判定稳定性，奈奎斯特稳定性判据根据开环频率特性来判断闭环系统的稳定性。这里将介绍的线性系统的李雅普诺夫稳定性方法，也是一种代数方法，也不要求把特征多项式进行因式分解，而且可进一步应用于求解某些最优控制问题。

考虑如下线性定常自治系统：

$$\dot{\boldsymbol{x}}=\boldsymbol{A}\boldsymbol{x} \tag{4.3}$$

式中，$\boldsymbol{x}\in\mathbf{R}^n,\boldsymbol{A}\in\mathbf{R}^{n\times n}$。假设$\boldsymbol{A}$为非奇异矩阵，则有唯一的平衡状态$\boldsymbol{x}_e=\boldsymbol{0}$，其平衡状态的稳定性很容易通过李雅普诺夫第二法进行研究。

对于式（4.3）的系统，选取如下二次型李雅普诺夫函数，即

$$V(\boldsymbol{x})=\boldsymbol{x}^{\mathrm{H}}\boldsymbol{P}\boldsymbol{x}$$

式中，$\boldsymbol{P}$为正定 Hermite 矩阵（如果$\boldsymbol{x}$是实向量，且$\boldsymbol{A}$是实矩阵，则$\boldsymbol{P}$可取为正定的实对称矩阵）。

$V(\boldsymbol{x})$沿任一轨迹的时间导数为

$$\begin{aligned}\dot{V}(\boldsymbol{x})&=\dot{\boldsymbol{x}}^{\mathrm{H}}\boldsymbol{P}\boldsymbol{x}+\boldsymbol{x}^{\mathrm{H}}\boldsymbol{P}\dot{\boldsymbol{x}}\\&=(\boldsymbol{A}\boldsymbol{x})^{\mathrm{H}}\boldsymbol{P}\boldsymbol{x}+\boldsymbol{x}^{\mathrm{H}}\boldsymbol{P}\boldsymbol{A}\boldsymbol{x}\\&=\boldsymbol{x}^{\mathrm{H}}\boldsymbol{A}^{\mathrm{H}}\boldsymbol{P}\boldsymbol{x}+\boldsymbol{x}^{\mathrm{H}}\boldsymbol{P}\boldsymbol{A}\boldsymbol{x}\\&=\boldsymbol{x}^{\mathrm{H}}(\boldsymbol{A}^{\mathrm{H}}\boldsymbol{P}+\boldsymbol{P}\boldsymbol{A})\boldsymbol{x}\end{aligned}$$

由于 $V(\boldsymbol{x})$取为正定，对于渐近稳定性，要求$\dot{V}(\boldsymbol{x})$为负定的，因此必须有

$$\dot{V}(\boldsymbol{x})=-\boldsymbol{x}^{\mathrm{H}}\boldsymbol{Q}\boldsymbol{x}$$

式中

$$\boldsymbol{Q}=-(\boldsymbol{A}^{\mathrm{H}}\boldsymbol{P}+\boldsymbol{P}\boldsymbol{A})$$

为正定矩阵。因此，对于式（4.3）的系统，其渐近稳定的充分条件是 $\boldsymbol{Q}$ 正定。为了判断 $n\times n$ 维矩阵的正定性，可采用塞尔维斯特准则，即矩阵为正定的充要条件是矩阵的所有主子行列式均为正值。

在判别$\dot{V}(\boldsymbol{x})$时，方便的方法不是先指定一个正定矩阵 $\boldsymbol{P}$，然后检查 $\boldsymbol{Q}$ 是否也是正定的，而是先指定一个正定的矩阵 $\boldsymbol{Q}$，然后检查由

$$\boldsymbol{A}^{\mathrm{H}}\boldsymbol{P}+\boldsymbol{P}\boldsymbol{A}=-\boldsymbol{Q}$$

确定的 $\boldsymbol{P}$ 是否也是正定的。这可归纳为如下定理。

定理 4.6　线性定常系统$\dot{\boldsymbol{x}}=\boldsymbol{A}\boldsymbol{x}$ 在平衡点 $\boldsymbol{x}_{\mathrm{e}}=\boldsymbol{0}$ 处渐近稳定的充要条件是：对于 $\forall\boldsymbol{Q}>\boldsymbol{0}$，$\exists\boldsymbol{P}>\boldsymbol{0}$，满足如下李雅普诺夫方程：

$$\boldsymbol{A}^{\mathrm{H}}\boldsymbol{P}+\boldsymbol{P}\boldsymbol{A}=-\boldsymbol{Q}$$

式中，$\boldsymbol{P}$、$\boldsymbol{Q}$ 均为 Hermite 或实对称矩阵。此时，李雅普诺夫函数为

$$V(\boldsymbol{x})=\boldsymbol{x}^{\mathrm{H}}\boldsymbol{P}\boldsymbol{x},\quad \dot{V}(\boldsymbol{x})=-\boldsymbol{x}^{\mathrm{H}}\boldsymbol{Q}\boldsymbol{x}$$

特别地，当$\dot{V}(\boldsymbol{x})=-\boldsymbol{x}^{\mathrm{H}}\boldsymbol{Q}\boldsymbol{x}\neq 0$ 时，可取 $\boldsymbol{Q}\geqslant\boldsymbol{0}$（正半定）。

现对该定理做以下几点说明：

1）如果系统只包含实状态向量 $\boldsymbol{x}$ 和实系统矩阵 $\boldsymbol{A}$，则李雅普诺夫函数 $\boldsymbol{x}^{\mathrm{H}}\boldsymbol{P}\boldsymbol{x}$ 为 $\boldsymbol{x}^{\mathrm{T}}\boldsymbol{P}\boldsymbol{x}$，且李雅普诺夫方程为

$$\boldsymbol{A}^{\mathrm{T}}\boldsymbol{P}+\boldsymbol{P}\boldsymbol{A}=-\boldsymbol{Q}$$

2）如果$\dot{V}(\boldsymbol{x})=-\boldsymbol{x}^{\mathrm{H}}\boldsymbol{Q}\boldsymbol{x}$ 沿任一条轨迹不恒等于零，则 $\boldsymbol{Q}$ 可取正半定矩阵。

3）如果取任意的正定矩阵 $\boldsymbol{Q}$，或者如果$\dot{V}(\boldsymbol{x})$沿任一轨迹不恒等于零时取任意的正半定矩阵 $\boldsymbol{Q}$，并求解矩阵方程

$$\boldsymbol{A}^{\mathrm{H}}\boldsymbol{P}+\boldsymbol{P}\boldsymbol{A}=-\boldsymbol{Q}$$

以确定 $\boldsymbol{P}$，则对于在平衡点 $\boldsymbol{x}_{\mathrm{e}}=\boldsymbol{0}$ 处的渐近稳定性，$\boldsymbol{P}$ 为正定是充要条件。

注意，如果正半定矩阵 $\boldsymbol{Q}$ 满足下列秩的条件：

$$\mathrm{rank}\begin{pmatrix}\boldsymbol{Q}^{1/2}\\\boldsymbol{Q}^{1/2}\boldsymbol{A}\\\vdots\\\boldsymbol{Q}^{1/2}\boldsymbol{A}^{n-1}\end{pmatrix}=n$$

则$\dot{V}(\boldsymbol{x})$沿任意轨迹不恒等于零。

4）只要选择的矩阵 $\boldsymbol{Q}$ 为正定的（或根据情况选为正半定的），则最终的判定结果将与矩阵 $\boldsymbol{Q}$ 的不同选择无关。

5）为了确定矩阵 $\boldsymbol{P}$ 的各元素，可使矩阵 $\boldsymbol{A}^{\mathrm{H}}\boldsymbol{P}+\boldsymbol{PA}$ 和矩阵 $-\boldsymbol{Q}$ 的各元素对应相等。为了确定矩阵 $\boldsymbol{P}$ 的各元素 $p_{ij}=\bar{p}_{ji}$，将产生 $n(n+1)/2$ 个线性方程。如果用 $\lambda_1,\lambda_2,\cdots,\lambda_n$ 表示矩阵 $\boldsymbol{A}$ 的特征值，则每个特征值的重数与特征方程根的重数是一致的，并且如果每两个根的和

$$\lambda_j+\lambda_k\neq 0$$

则 P 的元素将唯一地被确定。注意，如果矩阵 $\boldsymbol{A}$ 表示一个稳定系统，那么 $\lambda_j+\lambda_k$ 的和总不等于零。

6）在确定是否存在一个正定的 Hermite 或实对称矩阵 $\boldsymbol{P}$ 时，为方便起见，通常取 $\boldsymbol{Q}=\boldsymbol{I}$，这里 $\boldsymbol{I}$ 为单位矩阵。从而，$\boldsymbol{P}$ 的各元素可按下式确定

$$\boldsymbol{A}^{\mathrm{H}}\boldsymbol{P}+\boldsymbol{PA}=-\boldsymbol{I}$$

然后再检验 $\boldsymbol{P}$ 是否正定。

用定理 4.6 判断线性定常连续系统渐近稳定性的一般步骤如下：

1）确定系统的平衡状态。

2）取正定矩阵 $\boldsymbol{Q}=\boldsymbol{I}$，且设实对称矩阵 $\boldsymbol{P}$ 具有如下形式

$$\boldsymbol{P}=\begin{pmatrix} p_{11} & p_{12} & \cdots & p_{1n} \\ p_{21} & p_{22} & \cdots & p_{2n} \\ \vdots & \vdots & & \vdots \\ p_{n1} & p_{n2} & \cdots & p_{nn} \end{pmatrix}$$

3）解李雅普诺夫方程 $\boldsymbol{A}^{\mathrm{T}}\boldsymbol{P}+\boldsymbol{PA}=-\boldsymbol{I}$ 求出 $\boldsymbol{P}$。

4）判定 $\boldsymbol{P}$ 的正定性，若 $\boldsymbol{P}>0$，系统渐近稳定；若 $\boldsymbol{P}$ 不是正定的，则系统不是渐近稳定的。

例 4.6 设二阶线性定常系统的状态方程为

$$\begin{pmatrix} \dot{x}_1 \\ \dot{x}_2 \end{pmatrix}=\begin{pmatrix} 0 & 1 \\ -1 & -1 \end{pmatrix}\begin{pmatrix} x_1 \\ x_2 \end{pmatrix}$$

显然，平衡状态是原点。试确定该系统的稳定性。

解 不妨取李雅普诺夫函数为

$$V(\boldsymbol{x})=\boldsymbol{x}^{\mathrm{T}}\boldsymbol{Px}$$

此时实对称矩阵 $\boldsymbol{P}$ 可由下式确定

$$\boldsymbol{A}^{\mathrm{T}}\boldsymbol{P}+\boldsymbol{PA}=-\boldsymbol{I}$$

上式可写为

$$\begin{pmatrix} 0 & -1 \\ 1 & -1 \end{pmatrix}\begin{pmatrix} p_{11} & p_{12} \\ p_{12} & p_{22} \end{pmatrix}+\begin{pmatrix} p_{11} & p_{12} \\ p_{12} & p_{22} \end{pmatrix}\begin{pmatrix} 0 & 1 \\ -1 & -1 \end{pmatrix}=\begin{pmatrix} -1 & 0 \\ 0 & -1 \end{pmatrix}$$

将矩阵方程展开，可得联立方程组为

$$\begin{cases} -2p_{12}=-1 \\ p_{11}-p_{12}-p_{22}=0 \\ 2p_{12}-2p_{22}=-1 \end{cases}$$

从方程组中解出 p_{11}、p_{12}、p_{22}，可得

$$\begin{pmatrix} p_{11} & p_{12} \\ p_{12} & p_{22} \end{pmatrix} = \begin{pmatrix} \frac{3}{2} & \frac{1}{2} \\ \frac{1}{2} & 1 \end{pmatrix}$$

为了检验 $\boldsymbol{P}$ 的正定性，下面校核各主子行列式：

$$\frac{3}{2}>0, \quad \begin{vmatrix} \frac{3}{2} & \frac{1}{2} \\ \frac{1}{2} & 1 \end{vmatrix} >0$$

显然，$\boldsymbol{P}$ 是正定的。因此，在原点处的平衡状态是大范围渐近稳定的，且李雅普诺夫函数为

$$V(\boldsymbol{x}) = \boldsymbol{x}^{\mathrm{T}}\boldsymbol{P}\boldsymbol{x} = \frac{1}{2}(3x_1^2+2x_1x_2+2x_2^2)$$

且

$$\dot{V}(\boldsymbol{x}) = -(x_1^2+x_2^2)$$

例 4.7 试确定如图 4.4 所示系统的增益 K 的稳定范围。

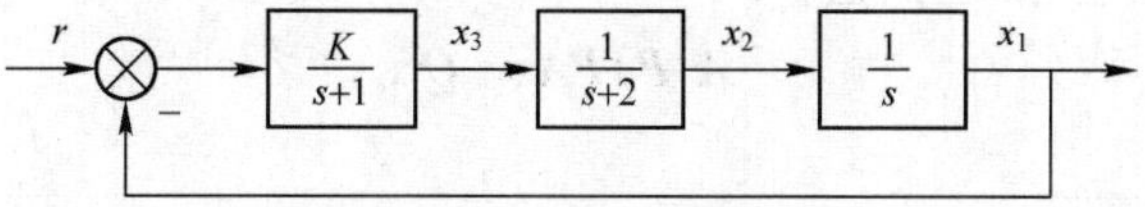

图 4.4 控制系统

解 容易推得系统的状态方程为

$$\begin{pmatrix} \dot{x}_1 \\ \dot{x}_2 \\ \dot{x}_3 \end{pmatrix} = \begin{pmatrix} 0 & 1 & 0 \\ 0 & -2 & 1 \\ -K & 0 & -1 \end{pmatrix} \begin{pmatrix} x_1 \\ x_2 \\ x_3 \end{pmatrix} + \begin{pmatrix} 0 \\ 0 \\ K \end{pmatrix} u$$

在确定 K 的稳定范围时，假设输入 $u=\mathbf{0}$。于是上式可写为

$$\dot{x}_1 = x_2 \tag{4.4}$$

$$\dot{x}_2 = -2x_2+x_3 \tag{4.5}$$

$$\dot{x}_3 = -Kx_1-x_3 \tag{4.6}$$

由式（4.4）~式（4.6）可发现，原点是平衡状态。假设取正半定的实对称矩阵 $\boldsymbol{Q}$ 为

$$\boldsymbol{Q} = \begin{pmatrix} 0 & 0 & 0 \\ 0 & 0 & 0 \\ 0 & 0 & 1 \end{pmatrix} \tag{4.7}$$

由于除原点外 $\dot{V}(\boldsymbol{x}) = -\boldsymbol{x}^{\mathrm{T}}\boldsymbol{Q}\boldsymbol{x}$ 不恒等于零，因此可选式（4.7）的 $\boldsymbol{Q}$。为了证实这一点，注意

$$\dot{V}(\boldsymbol{x}) = -\boldsymbol{x}^{\mathrm{T}}\boldsymbol{Q}\boldsymbol{x} = -x_3^2$$

取 $\dot{V}(\boldsymbol{x})$ 恒等于零，意味着 x_3 也恒等于零。如果 x_3 恒等于零，x_1 也必恒等于零，因为由式（4.6）可得 $0=-Kx_1=0$。

如果 x_1 恒等于零，x_2 也恒等于零。因为由式（4.4）可得

$$0=x_2$$

于是$\dot{V}(\boldsymbol{x})$只在原点处才恒等于零。因此，为了分析稳定性，可采用由式（4.7）定义的矩阵 $\boldsymbol{Q}$。

也可检验下列矩阵的秩：

$$\begin{pmatrix} \boldsymbol{Q}^{1/2} \\ \boldsymbol{Q}^{1/2}\boldsymbol{A} \\ \boldsymbol{Q}^{1/2}\boldsymbol{A}^2 \end{pmatrix} = \begin{pmatrix} 0 & 0 & 0 \\ 0 & 0 & 0 \\ 0 & 0 & 1 \\ 0 & 0 & 0 \\ 0 & 0 & 0 \\ -K & 0 & -1 \\ 0 & 0 & 0 \\ 0 & 0 & 0 \\ K & -K & 1 \end{pmatrix}$$

显然，对于 $K\neq0$，其秩为 3。因此可选择这样的 $\boldsymbol{Q}$ 用于李雅普诺夫方程。

现在求解如下李雅普诺夫方程：

$$\boldsymbol{A}^{\mathrm{T}}\boldsymbol{P}+\boldsymbol{P}\boldsymbol{A}=-\boldsymbol{Q}$$

它可重写为

$$\begin{pmatrix} 0 & 0 & -K \\ 0 & -2 & 0 \\ 0 & 1 & -1 \end{pmatrix}\begin{pmatrix} p_{11} & p_{12} & p_{13} \\ p_{12} & p_{22} & p_{23} \\ p_{13} & p_{23} & p_{33} \end{pmatrix}+\begin{pmatrix} p_{11} & p_{12} & p_{13} \\ p_{12} & p_{22} & p_{23} \\ p_{13} & p_{23} & p_{33} \end{pmatrix}\begin{pmatrix} 0 & 1 & 0 \\ 0 & -2 & 1 \\ -K & 0 & -1 \end{pmatrix}=\begin{pmatrix} 0 & 0 & 0 \\ 0 & 0 & 0 \\ 0 & 0 & -1 \end{pmatrix}$$

对 $\boldsymbol{P}$ 的各元素求解，可得

$$\boldsymbol{P}=\begin{pmatrix} \dfrac{K^2+12K}{12-2K} & \dfrac{6K}{12-2K} & 0 \\ \dfrac{6K}{12-2K} & \dfrac{3K}{12-2K} & \dfrac{K}{12-2K} \\ 0 & \dfrac{K}{12-2K} & \dfrac{6}{12-2K} \end{pmatrix}$$

为使 $\boldsymbol{P}$ 成为正定矩阵，其充要条件为

$$12-2K>0 \text{ 和 } K>0$$

或

$$0<K<6$$

因此，当 $0<K<6$ 时，系统在李雅普诺夫意义下是稳定的，也就是说，原点是大范围渐近稳定的。

4.4 模型参考控制系统分析

迄今为止，本书已经介绍了线性定常控制系统的设计方法。因为所有的物理对象在某种

程度上均是非线性的，所以设计出的系统仅在一个有限的工作范围内才能得到满意的结果。如果取消对象方程是线性的这一假设，那么，不能应用本书前面介绍过的设计方法。在这种情况下，本节讨论的对系统设计的模型参考方法可能是有用的。

4.4.1 模型参考控制系统

确定系统性能的一种有效的方法是利用一个模型，对给定的输入产生所希望的输出。模型不必是实际的硬件设备，可以是在计算机上模拟的数学模型。在模型参考控制系统中，将模型的输出和对象的输出进行比较，差值用来产生控制信号。

4.4.2 控制器的设计

假设对象的状态方程为

$$\dot{\boldsymbol{x}}=\boldsymbol{f}^{\mathrm{H}}(\boldsymbol{x},\boldsymbol{u},t) \tag{4.8}$$

式中，$\boldsymbol{x}\in\mathbf{R}^n,\boldsymbol{u}\in\mathbf{R}^r$，且$\boldsymbol{f}(\cdot)$为 n 维向量函数。

希望控制系统紧随某一模型系统。设计的关键是综合出一个控制器，使得控制器总是产生一个信号，迫使对象的状态接近于模型的状态，图 4.5 是一个表示系统结构的框图。

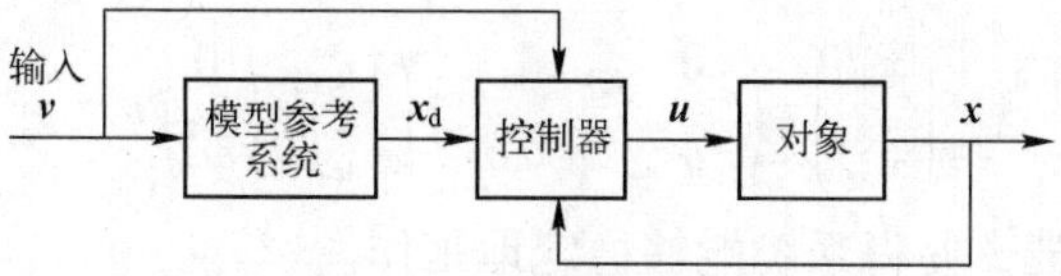

图 4.5　模型参考控制系统

假设模型参考系统是线性的，并由下式确定：

$$\dot{\boldsymbol{x}}_{\mathrm{d}}=\boldsymbol{A}\boldsymbol{x}_{\mathrm{d}}+\boldsymbol{B}\boldsymbol{v} \tag{4.9}$$

式中，$\boldsymbol{x}_{\mathrm{d}}\in\mathbf{R}^n,\boldsymbol{v}\in\mathbf{R}^r,\boldsymbol{A}\in\mathbf{R}^{n\times n},\boldsymbol{B}\in\mathbf{R}^{n\times r}$。

又假设 $\boldsymbol{A}$ 的所有特征值都有负实部，则该模型参考系统具有一个渐近稳定的平衡状态。

令误差向量为

$$\boldsymbol{e}=\boldsymbol{x}_{\mathrm{d}}-\boldsymbol{x} \tag{4.10}$$

在该问题中，希望通过一个合适的控制向量 $\boldsymbol{u}$，使得误差向量减小到零。由式（4.8）和式（4.10）可得

$$\begin{aligned}\dot{\boldsymbol{e}}&=\dot{\boldsymbol{x}}_{\mathrm{d}}-\dot{\boldsymbol{x}}=\boldsymbol{A}\boldsymbol{x}_{\mathrm{d}}+\boldsymbol{B}\boldsymbol{v}-\boldsymbol{f}(\boldsymbol{x},\boldsymbol{u},t)\\&=\boldsymbol{A}\boldsymbol{e}+\boldsymbol{A}\boldsymbol{x}-\boldsymbol{f}(\boldsymbol{x},\boldsymbol{u},t)+\boldsymbol{B}\boldsymbol{v}\end{aligned} \tag{4.11}$$

式（4.11）就是误差向量的微分方程。

现在设计一个控制器，使得在稳态时，$\boldsymbol{x}=\boldsymbol{x}_{\mathrm{d}}$ 和$\dot{\boldsymbol{x}}=\dot{\boldsymbol{x}}_{\mathrm{d}}$ 或 $\boldsymbol{e}=\dot{\boldsymbol{e}}=\boldsymbol{0}$。因此，原点 $\boldsymbol{e}=\boldsymbol{0}$ 是一个平衡状态。

在综合控制向量 $\boldsymbol{u}$ 时，一个方便的出发点就是对式（4.11）给出的系统构造一个李雅普诺夫函数。

假设李雅普诺夫函数的形式为

$$V(\boldsymbol{e})=\boldsymbol{e}^{\mathrm{H}}\boldsymbol{P}\boldsymbol{e}$$

式中，$\boldsymbol{P}$ 是正定的 Hermite 或实对称矩阵。求 $V(\boldsymbol{e})$对时间的导数，可得

$$
\begin{aligned}
\dot{V}(\boldsymbol{e}) &= \dot{\boldsymbol{e}}^{\mathrm{H}}\boldsymbol{P}\boldsymbol{e}+\boldsymbol{e}^{\mathrm{H}}\boldsymbol{P}\dot{\boldsymbol{e}} \\
&= [\boldsymbol{e}^{\mathrm{H}}\boldsymbol{A}^{\mathrm{H}}+\boldsymbol{x}^{\mathrm{H}}\boldsymbol{A}^{\mathrm{H}}-\boldsymbol{f}^{\mathrm{H}}(\boldsymbol{x},\boldsymbol{u},t)+\boldsymbol{v}^{\mathrm{H}}\boldsymbol{B}^{\mathrm{H}}]\boldsymbol{P}\boldsymbol{e} \\
&= \boldsymbol{e}^{\mathrm{H}}(\boldsymbol{A}^{\mathrm{H}}\boldsymbol{P}+\boldsymbol{P}\boldsymbol{A})\boldsymbol{e}+2M
\end{aligned}
\tag{4.12}
$$

式中，$M=\boldsymbol{e}^{\mathrm{H}}\boldsymbol{P}[\boldsymbol{A}\boldsymbol{x}-\boldsymbol{f}(\boldsymbol{x},\boldsymbol{u},t)+\boldsymbol{B}\boldsymbol{v}]$为标量。

如果

1）$\boldsymbol{A}^{\mathrm{H}}\boldsymbol{P}+\boldsymbol{P}\boldsymbol{A}$ 是一个负定矩阵。

2）控制向量 $\boldsymbol{u}$ 可选择得使标量 M 为非正值。

于是，注意到当 $\|\boldsymbol{e}\|\to\infty$ 时，有 $V(\boldsymbol{e})\to\infty$，可以看出，平衡状态 $\boldsymbol{e}=\boldsymbol{0}$ 是大范围渐近稳定的。条件1）总可通过选择适当的 $\boldsymbol{P}$ 而得到满足，因为 $\boldsymbol{A}$ 的所有特征值均假设具有负实部。因此，这里的问题就是选择一个合适的控制向量 $\boldsymbol{u}$，使得 M 或等于零，或为负值。

下面通过一个例子来说明如何使用这种方法来设计非线性控制器。

例 4.8 考虑由下式描述的非线性时变系统：

$$
\begin{pmatrix} \dot{x}_1 \\ \dot{x}_2 \end{pmatrix} = \begin{pmatrix} 0 & 1 \\ -b & -a(t)x_2 \end{pmatrix}\begin{pmatrix} x_1 \\ x_2 \end{pmatrix} + \begin{pmatrix} 0 \\ 1 \end{pmatrix} u
$$

式中，$a(t)$是时变参数，b 为正常数。设参考模型的方程为

$$
\begin{pmatrix} \dot{x}_{\mathrm{d1}} \\ \dot{x}_{\mathrm{d2}} \end{pmatrix} = \begin{pmatrix} 0 & 1 \\ -\omega_{\mathrm{n}}^2 & -2\xi\omega_{\mathrm{n}} \end{pmatrix}\begin{pmatrix} x_{\mathrm{d1}} \\ x_{\mathrm{d2}} \end{pmatrix} + \begin{pmatrix} 0 \\ \omega_{\mathrm{n}}^2 \end{pmatrix} v
\tag{4.13}
$$

试设计一个非线性控制器，使得系统能够稳定地工作。

解 定义误差向量为

$$
\boldsymbol{e}=\boldsymbol{x}_{\mathrm{d}}-\boldsymbol{x}
$$

李雅普诺夫函数为

$$
V(\boldsymbol{e})=\boldsymbol{e}^{\mathrm{H}}\boldsymbol{P}\boldsymbol{e}
$$

式中，$\boldsymbol{P}$ 是正定实对称矩阵。参照式（4.12），可得$\dot{V}(\boldsymbol{e})$为

$$
\dot{V}(\boldsymbol{e})=\boldsymbol{e}^{\mathrm{H}}(\boldsymbol{A}^{\mathrm{H}}\boldsymbol{P}+\boldsymbol{P}\boldsymbol{A})\boldsymbol{e}+2M
$$

式中

$$
M=\boldsymbol{e}^{\mathrm{H}}\boldsymbol{P}[\boldsymbol{A}\boldsymbol{x}-\boldsymbol{f}(\boldsymbol{x},\boldsymbol{u},t)+\boldsymbol{B}v]
$$

由式（4.13）确定矩阵 $\boldsymbol{A}$ 和 $\boldsymbol{B}$，并选择矩阵 $\boldsymbol{Q}$ 为

$$
\boldsymbol{Q}=\begin{pmatrix} q_{11} & 0 \\ 0 & q_{22} \end{pmatrix}>0
$$

可得

$$
\dot{V}(\boldsymbol{e})=-(q_{11}e_1^2+q_{22}e_2^2)+2M
$$

式中

$$
\begin{aligned}
M &= (e_1 \quad e_2)\begin{pmatrix} p_{11} & p_{12} \\ p_{12} & p_{22} \end{pmatrix}\left\{\begin{pmatrix} 0 & 1 \\ -\omega_{\mathrm{n}}^2 & -2\xi\omega_{\mathrm{n}} \end{pmatrix}\begin{pmatrix} x_1 \\ x_2 \end{pmatrix}-\begin{pmatrix} 0 & 1 \\ -b & -a(t)x_2 \end{pmatrix}\begin{pmatrix} x_1 \\ x_2 \end{pmatrix}-\begin{pmatrix} 0 \\ u \end{pmatrix}+\begin{pmatrix} 0 \\ \omega_{\mathrm{n}}^2 v \end{pmatrix}\right\} \\
&= (e_1p_{12}+e_2p_{22})[-(\omega_{\mathrm{n}}^2-b)x_1-2\xi\omega_{\mathrm{n}}x_2+a(t)x_2^2+\omega_{\mathrm{n}}^2v-u]
\end{aligned}
$$

如果选取 u 使得

$$
u=-(\omega_{\mathrm{n}}^2-b)x_1-2\xi\omega_{\mathrm{n}}x_2+\omega_{\mathrm{n}}^2v+a_{\mathrm{m}}x_2^2\mathrm{sgn}(e_1p_{12}+e_2p_{22})
\tag{4.14}
$$

式中

$$a_m = \max|a(t)|$$

则

$$M=(e_1p_{12}+e_2p_{22})[a(t)-a_m\mathrm{sgn}(e_1p_{12}+e_2p_{22})]x_2^2\leqslant 0$$

采用由式（4.14）给出的控制函数 u 时，平衡状态 $\boldsymbol{e}=\mathbf{0}$ 就是大范围渐近稳定的。因此，式（4.14）确定了一个非线性控制律，它将保证系统渐近稳定地工作。

注意，瞬态响应收敛的速度取决于矩阵 $\boldsymbol{P}$，矩阵 $\boldsymbol{P}$ 取决于设计开始阶段所取的矩阵 $\boldsymbol{Q}$。

4.5 MATLAB 在系统稳定性分析中的应用

1. 李雅普诺夫第一法的 MATLAB 应用

MATLAB 控制系统工具箱提供了 poly、roots 和 eig 函数，通过调用它们，即可得出线性定常系统的特征值，进而得出系统稳定性的结论。

例 4.9 设线性定常系统状态方程为

$$\dot{\boldsymbol{x}}=\begin{pmatrix}-8 & -16 & -6\\ 1 & 0 & 0\\ 0 & 1 & 0\end{pmatrix}\boldsymbol{x}$$

试用 MATLAB 判断系统的稳定性。

解 以下为求系统特征根的 MATLAB 程序：

```
A=[-8  -16  -6;1  0  0;0  1  0];
P=poly(a);
Roots(P)
```

运行结果为

```
Ans=
-5    0861
-2    4280
-0    4859
```

可见，特征方程的全部特征根均具有负实部，故系统是稳定的。

事实上，本例也可调用 eig 函数直接求取矩阵 $\boldsymbol{A}$ 的特征值，即以下 MATLAB 程序：

```
A=[-8  -16  -6;1  0  0;0  1  0];
eig(A)
```

运行结果与调用 poly 函数的一致。

2. 李雅普诺夫第二法的 MATLAB 应用

MATLAB 控制系统工具箱中提供的矩阵方程求解函数 lyap 及 dlyap 可用于基于李雅普诺夫第二法的线性定常系统稳定性分析。其中，lyap 用于求解线性定常连续系统的李雅普诺夫方程，dlyap 则用于求解线性定常离散系统的李雅普诺夫方程。

```
P=lyap(A,Q)        %求解矩阵方程 AP+PA^T=-Q
P=dlyap(A,Q)       %求解矩阵方程 APA^T-P=-Q
```

本章小结

本章介绍了李雅普诺夫稳定性的基本概念及基本定理，平衡状态稳定性的4个定义，即李雅普诺夫意义下稳定、渐近稳定、大范围渐近稳定、不稳定；分析稳定性的方法，即李雅普诺夫第一法和李雅普诺夫第二法；判别稳定性的基本定理。

研究系统的稳定性，实质上是研究系统平衡状态的稳定性。在李雅普诺夫意义下，系统稳定和渐近稳定指的是系统在平衡点受到一定程度的扰动以后，恢复到平衡点的能力大小。工程上的稳定都指的是渐近稳定。

李雅普诺夫第一法（间接法）利用状态方程的解的特性来判断系统稳定性。在分析线性定常系统稳定性时，可按经典控制理论的思路，直接由系统矩阵的特征值判断系统的稳定性；李雅普诺夫第二法（直接法）无须求解状态方程而借助于象征广义能量的李雅普诺夫函数 $V(\boldsymbol{x},t)$ 及其对时间的导数 $\dot{V}(\boldsymbol{x},t)$ 的符号特征，直接判断平衡状态的稳定性。在第二方法中选取合适的李雅普诺夫函数是很重要的，但该函数的选取没有通用的方法，并且李雅普诺夫稳定性定理只给出了系统稳定的充分条件。

习题

4.1 试确定下列二次型是否为正定的：

（1）$V(\boldsymbol{x})=x_1^2+4x_2^2+x_3^2+2x_1x_2-6x_2x_3-2x_1x_3$

（2）$V(\boldsymbol{x})=-x_1^2-10_2^2-4x_3^2+6x_1x_2+2x_2x_3$

4.2 试确定下列二次型是否为负定的：

$$V(\boldsymbol{x})=-x_1^2-3x_2^2-11x_3^2+2x_1x_2-4x_2x_3-2x_1x_3$$

4.3 试确定下列非线性系统的原点稳定性：

$$\begin{cases}\dot{x}_1=-x_1+x_2+x_1(x_1^2+x_2^2)\\ \dot{x}_2=x_1-x_2+x_2(x_1^2+x_2^2)\end{cases}$$

考虑下列二次型函数是否可以作为一个可能的李雅普诺夫函数：

$$V=x_1^2+x_2^2$$

4.4 试写出下列系统的几个李雅普诺夫函数：

$$\begin{pmatrix}\dot{x}_1\\ \dot{x}_2\end{pmatrix}=\begin{pmatrix}-1 & 1\\ 2 & -3\end{pmatrix}\begin{pmatrix}x_1\\ x_2\end{pmatrix}$$

并确定该系统原点的稳定性。

4.5 试确定下列线性系统平衡状态的稳定性：

$$\begin{cases}\dot{x}_1=-x_1-2x_2+2\\ \dot{x}_2=x_1-4x_2-1\end{cases}$$

4.6 试确定下列线性系统平衡状态的稳定性：

$$\begin{cases}\dot{x}_1=x_1+3x_2\\ \dot{x}_2=-3x_1-2x_2-3x_3\end{cases}$$

这里不妨取

$$\boldsymbol{Q}=\begin{pmatrix}100 & 0 & 0 & 0\\ 0 & 1 & 0 & 0\\ 0 & 0 & 1 & 0\\ 0 & 0 & 0 & 1\end{pmatrix},\quad R=1$$

然后求该系统在下列初始条件下的响应：

$$\begin{pmatrix}x_1(0)\\ x_2(0)\\ x_3(0)\\ x_4(0)\end{pmatrix}=\begin{pmatrix}0.1\\ 0\\ 0\\ 0\end{pmatrix}$$

并画出$\dot{\boldsymbol{x}}$对 t 的响应曲线。

4.7 已知系统状态方程

$$\begin{cases}\dot{x}_1=x_2\\ \dot{x}_2=-x_2-x_1^3\end{cases}$$

试检验 $V(\boldsymbol{x})=\dfrac{1}{4}x_1^2+\dfrac{1}{2}x_2^2$ 是否可成为该系统的李雅普诺夫函数。

4.8 试用李雅普诺夫稳定性定理判断下列系统在平衡状态的稳定性：

$$\dot{\boldsymbol{x}}=\begin{pmatrix}-1 & 1\\ 2 & -3\end{pmatrix}\boldsymbol{x}$$

第 5 章　线性多变量系统的综合与设计

5.1　引言

前面介绍的内容都属于系统的描述与分析。系统的描述主要解决系统的建模、各种数学模型（时域、频域、内部、外部描述）之间的相互转换等；系统的分析则主要研究系统的定量变化规律（如状态方程的解，即系统的运动分析等）和定性行为（如能控性、能观测性、稳定性等）。而综合与设计问题则与此相反，即在已知系统结构和参数（被控系统数学模型）的基础上，寻求控制规律，以使系统具有某种期望的性能。一般来说，这种控制规律常取反馈形式，因为无论是在抗干扰性还是鲁棒性能方面，反馈闭环系统的性能都远优于非反馈或开环系统。在本章中，将以状态空间描述和状态空间方法为基础，仍然在时域中讨论线性反馈控制规律的综合与设计方法。

5.1.1　问题的提法

给定系统的状态空间描述为

$$\boldsymbol{Q}=(\boldsymbol{B}\quad \boldsymbol{AB}\quad \cdots\quad \boldsymbol{A}^{n-1}\boldsymbol{B})$$

若再给定系统的某个期望的性能指标，它既可以是时域或频域的某种特征量（如超调量，过渡过程时间，极、零点），也可以是使某个性能函数取极小或极大。此时，综合问题就是寻求一个控制作用 $\boldsymbol{u}$，使得在该控制作用下系统满足所给定的期望性能指标。

对于线性状态反馈控制律

$$\boldsymbol{u}=-\boldsymbol{Kx}+\boldsymbol{r}$$

对于线性输出反馈控制律

$$\boldsymbol{u}=-\boldsymbol{Hy}+\boldsymbol{r}$$

其中，$\boldsymbol{r}\in\mathbf{R}^r$ 为参考输入向量。

由此构成的闭环反馈系统分别为

$$\begin{cases}\dot{\boldsymbol{x}}=(\boldsymbol{A}-\boldsymbol{BK})\boldsymbol{x}+\boldsymbol{Br}\\ \boldsymbol{y}=\boldsymbol{Cx}\end{cases}$$

或

$$\begin{cases}\dot{\boldsymbol{x}}=(\boldsymbol{A}-\boldsymbol{BHC})\boldsymbol{x}+\boldsymbol{Br}\\ \boldsymbol{y}=\boldsymbol{Cx}\end{cases}$$

闭环反馈系统的系统矩阵分别为

$$\boldsymbol{A}_K=\boldsymbol{A}-\boldsymbol{BK}$$

$$\boldsymbol{A}_H=\boldsymbol{A}-\boldsymbol{BHC}$$

即 $\Sigma_K=(\boldsymbol{A}-\boldsymbol{BK},\boldsymbol{B},\boldsymbol{C})$ 或 $\Sigma_H=(\boldsymbol{A}-\boldsymbol{BHC},\boldsymbol{B},\boldsymbol{C})$。

闭环传递函数矩阵

$$G_K(s)=C^{-1}[sI-(A-BK)]^{-1}B$$

$$G_H(s)=C^{-1}[sI-(A-BHC)]^{-1}B$$

在这里着重指出，作为综合问题，将必须考虑三个方面的因素，即：①抗外部干扰问题；②抗内部结构与参数的摄动问题，即鲁棒性（Robustness）问题；③控制规律的工程实现问题。

一般来说，综合和设计是两个有区别的概念。综合是在考虑工程可实现或可行的前提下，来确定控制规律 $\boldsymbol{u}$；而对设计，则还必须考虑许多实际问题，如控制器物理实现中线路的选择、元件的选用、参数的确定等。

5.1.2 性能指标的类型

总的来说，综合问题中的性能指标可分为非优化型和优化型性能指标两种类型。两者的差别为：非优化型指标是一类不等式型的指标，即只要性能值达到或好于期望指标就算是实现了综合目标；而优化型指标则是一类极值型指标，综合目标是使性能指标在所有可能的控制中使其取极小或极大值。

对于非优化型性能指标，可以有多种提法，常用的提法有：

1）以渐近稳定作为性能指标，相应的综合问题称为**镇定问题**。

2）以一组期望的闭环系统极点作为性能指标，相应的综合问题称为**极点配置问题**。从线性定常系统的运动分析中可知，如时域中的超调量、过渡过程时间及频域中的增益稳定裕度、相位稳定裕度，都可以被认为等价于系统极点的位置，因此相应的综合问题都可视为极点配置问题。

3）以使一个多输入多输出（MIMO）系统实现为“一个输入只控制一个输出”作为性能指标，相应的综合问题称为**解耦问题**。在工业过程控制中，解耦控制有着重要的应用。

4）以使系统的输出 $\boldsymbol{y}(t)$ 无静差地跟踪一个外部信号 $y_0(t)$ 作为性能指标，相应的综合问题称为**跟踪问题**。

对于优化型性能指标，则通常取为相对于状态 $\boldsymbol{x}$ 和控制 $\boldsymbol{u}$ 的二次型积分性能指标，即

$$J[\boldsymbol{u}(t)]=\int_0^{\infty}(\boldsymbol{x}^{\mathrm{T}}\boldsymbol{Q}\boldsymbol{x}+\boldsymbol{u}^{\mathrm{T}}\boldsymbol{R}\boldsymbol{u})\mathrm{d}t$$

其中加权阵 $\boldsymbol{Q}=\boldsymbol{Q}^{\mathrm{T}}>0$ 或 $\geqslant 0$，$\boldsymbol{R}=\boldsymbol{R}^{\mathrm{T}}>0$ 且 $(\boldsymbol{A},\boldsymbol{Q}^{1/2})$ 能观测。综合的任务就是确定 $\boldsymbol{u}^*(t)$，使相应的性能指标 $J[\boldsymbol{u}^*(t)]$ 极小。通常，将这样的控制 $\boldsymbol{u}^*(t)$ 称为最优控制，确切地说是线性二次型最优控制问题，即**LQ 调节器问题**。

5.1.3 研究综合问题的主要内容

研究综合问题主要有两个方面内容：

1. 可综合条件

可综合条件也就是控制规律的存在性问题。可综合条件的建立，可避免综合过程的盲目性。

2. 控制规律的算法问题

这是问题的关键。作为一个算法，评价其优劣的主要标准是数值稳定性，即是否出现截

断或舍入误差在计算积累过程中放大的问题。一般地说，如果问题不是病态的，而所采用的算法又是数值稳定的，那么所得结果通常是好的。

5.1.4 工程实现中的一些理论问题

在综合问题中，不仅要研究可综合条件和算法问题，而且要研究工程实现中提出的一系列理论问题。主要有：

1）状态重构问题。由于许多综合问题都具有状态反馈形式，而状态变量为系统的内部变量，通常并不能完全直接量测或采用经济手段进行量测，解决这一矛盾的途径是，利用可量测输出 $\boldsymbol{y}$ 和输入 $\boldsymbol{u}$ 来构造出不能量测的状态 $\boldsymbol{x}$，相应的理论问题称为状态重构问题，即观测器问题和卡尔曼滤波问题。

2）鲁棒性（Robustness）问题。

3）抗外部干扰问题。

5.2 极点配置问题

本节介绍极点配置方法。首先假定期望闭环极点为 $s=\mu_1$，$s=\mu_2$，…，$s=\mu_n$。下面证明，如果被控系统是状态能控的，则可通过选取一个合适的状态反馈增益矩阵 $\boldsymbol{K}$，利用状态反馈方法，使闭环系统的极点配置到任意的期望位置。

这里仅研究控制输入为标量的情况。证明在 s 平面上将一个系统的闭环极点配置到任意位置的充要条件是该系统状态完全能控。然后讨论 3 种确定状态反馈增益矩阵的方法。

应当注意，当控制输入为向量时，极点配置方法的数学表达式十分复杂，本书不讨论这种情况。还应注意，当控制输入是向量时，状态反馈增益矩阵并非唯一。可以比较自由地选择多于 n 个参数，也就是说，除了适当地配置 n 个闭环极点外，即使闭环系统还有其他需求，也可满足其部分或全部要求。

5.2.1 问题的提法

前面已经指出，在经典控制理论的系统综合中，不管是频率法还是根轨迹法，本质上都可视为极点配置问题。

给定单输入单输出线性定常被控系统为

$$\dot{\boldsymbol{x}}=\boldsymbol{A}\boldsymbol{x}+\boldsymbol{B}u \tag{5.1}$$

式中，$\boldsymbol{x}(t)\in\mathbf{R}^n, u(t)\in\mathbf{R}^1, \boldsymbol{A}\in\mathbf{R}^{n\times n}, \boldsymbol{B}\in\mathbf{R}^{n\times 1}$。

选取线性反馈控制律为

$$u=-\boldsymbol{K}\boldsymbol{x} \tag{5.2}$$

这意味着控制输入由系统的状态反馈确定，因此将该方法称为状态反馈方法。其中 $1\times n$ 维矩阵 $\boldsymbol{K}$ 称为状态反馈增益矩阵或线性状态反馈矩阵。在下面的分析中，假设 u 不受约束。

将式（5.2）代入式（5.1），得到

$$\dot{\boldsymbol{x}}(t)=(\boldsymbol{A}-\boldsymbol{B}\boldsymbol{K})\boldsymbol{x}(t)$$

该闭环系统状态方程的解为

$$\boldsymbol{x}(t)=\mathrm{e}^{(\boldsymbol{A}-\boldsymbol{B}\boldsymbol{K})t}\boldsymbol{x}(0) \tag{5.3}$$

式中，$\boldsymbol{x}(0)$是外部干扰引起的初始状态。系统的稳态响应特性将由闭环系统矩阵 $\boldsymbol{A}-\boldsymbol{BK}$ 的特征值决定。如果矩阵 $\boldsymbol{K}$ 选取适当，则可使矩阵 $\boldsymbol{A}-\boldsymbol{BK}$ 构成一个渐近稳定矩阵，此时对所有的$\boldsymbol{x}(0)\neq 0$，当 $t\to\infty$ 时，都可使 $\boldsymbol{x}(t)\to\boldsymbol{0}$。一般称矩阵 $\boldsymbol{A}-\boldsymbol{BK}$ 的特征值为调节器极点。如果这些调节器极点均位于 s 左半平面内，则当 $t\to\infty$ 时，有 $\boldsymbol{x}(t)\to\boldsymbol{0}$。因此将这种使闭环系统的极点任意配置到所期望位置的问题，称之为极点配置问题。

下面讨论其可配置条件。以下证明，当且仅当给定的系统是状态完全能控时，该系统的任意极点配置才是可能的。

5.2.2 可配置条件

考虑由式（5.1）定义的线性定常系统，假设控制输入 u 的幅值是无约束的。如果选取控制规律为

$$u=-\boldsymbol{Kx}$$

式中，$\boldsymbol{K}$ 为线性状态反馈矩阵，由此构成的系统称为闭环反馈控制系统。

现在考虑极点的可配置条件，即如下的极点配置定理。

定理 5.1（极点配置定理） 线性定常系统可通过线性状态反馈任意地配置其全部极点的充要条件是，此被控系统状态完全能控。

证明 由于对多变量系统证明时，需要使用循环矩阵及其属性等，因此这里只给出单输入单输出系统时的证明。但需要着重指出的是，这一定理对多变量系统也是完全成立的。

1）必要性。即已知闭环系统可任意配置极点，则被控系统状态完全能控。

现利用反证法证明。先证明如下命题：如果系统不是状态完全能控的，则矩阵 $\boldsymbol{A}-\boldsymbol{BK}$ 的特征值不可能由线性状态反馈来控制。

假设式（5.1）的系统状态不能控，则其能控性矩阵的秩小于 n，即

$$\operatorname{rank}(\boldsymbol{B}\quad \boldsymbol{AB}\quad \cdots\quad \boldsymbol{A}^{n-1}\boldsymbol{B})=q<n$$

这意味着，在能控性矩阵中存在 q 个线性无关的列向量。现定义 q 个线性无关列向量为 $\boldsymbol{f}_1,\boldsymbol{f}_2,\cdots,\boldsymbol{f}_q$，选择 $n-q$ 个附加的 n 维向量 $\boldsymbol{v}_{q+1},\boldsymbol{v}_{q+2},\cdots,\boldsymbol{v}_n$，使得

$$\boldsymbol{P}=(\boldsymbol{f}_1\quad \boldsymbol{f}_2\quad \cdots\quad \boldsymbol{f}_q\quad \boldsymbol{v}_{q+1}\quad \boldsymbol{v}_{q+2}\quad \cdots\quad \boldsymbol{v}_n)$$

的秩为 n。因此，可证明

$$\hat{\boldsymbol{A}}=\boldsymbol{P}^{-1}\boldsymbol{AP}=\begin{pmatrix}\boldsymbol{A}_{11} & \boldsymbol{A}_{12}\\ 0 & \boldsymbol{A}_{22}\end{pmatrix},\quad \hat{\boldsymbol{B}}=\boldsymbol{P}^{-1}\boldsymbol{B}=\begin{pmatrix}\boldsymbol{B}_{11}\\ 0\end{pmatrix}$$

现定义

$$\hat{\boldsymbol{K}}=\boldsymbol{KP}=(k_1\quad k_2)$$

则有

$$\begin{aligned}|s\boldsymbol{I}-\boldsymbol{A}+\boldsymbol{BK}|&=|\boldsymbol{P}^{-1}(s\boldsymbol{I}-\boldsymbol{A}+\boldsymbol{BK})\boldsymbol{P}|\\&=|s\boldsymbol{I}-\boldsymbol{P}^{-1}\boldsymbol{AP}+\boldsymbol{P}^{-1}\boldsymbol{BKP}|\\&=|s\boldsymbol{I}-\hat{\boldsymbol{A}}+\hat{\boldsymbol{B}}\hat{\boldsymbol{K}}|\\&=\left|s\boldsymbol{I}-\begin{pmatrix}\boldsymbol{A}_{11} & \boldsymbol{A}_{12}\\ 0 & \boldsymbol{A}_{22}\end{pmatrix}+\begin{pmatrix}\boldsymbol{B}_{11}\\ 0\end{pmatrix}(k_1\quad k_2)\right|\end{aligned}$$

$$=\begin{vmatrix} s\boldsymbol{I}_q-\boldsymbol{A}_{11}+\boldsymbol{B}_{11}k_1 & -\boldsymbol{A}_{12}+\boldsymbol{B}_{11}k_2 \\ 0 & s\boldsymbol{I}_{n-q}-\boldsymbol{A}_{22} \end{vmatrix}$$

$$=|s\boldsymbol{I}_q-\boldsymbol{A}_{11}+\boldsymbol{B}_{11}k_1||s\boldsymbol{I}_{n-q}-\boldsymbol{A}_{22}|=0$$

式中，$\boldsymbol{I}_q$ 是一个 q 维的单位矩阵；$\boldsymbol{I}_{n-q}$是一个 $n-q$ 维的单位矩阵。

注意到$\boldsymbol{A}_{22}$的特征值不依赖于$\boldsymbol{K}$。因此，如果一个系统不是状态完全能控的，则矩阵的特征值就不能任意配置。所以，为了任意配置矩阵 $\boldsymbol{A}-\boldsymbol{BK}$ 的特征值，此时系统必须是状态完全能控的。

2）充分性。即已知被控系统状态完全能控（这意味着由式（5.5）给出的矩阵 $\boldsymbol{Q}$ 可逆），则矩阵 $\boldsymbol{A}$ 的所有特征值可任意配置。

在证明充分条件时，一种简便的方法是将由式（5.1）给出的状态方程变换为能控标准型。

定义非奇异线性变换矩阵 $\boldsymbol{P}$ 为

$$\boldsymbol{P}=\boldsymbol{QW} \tag{5.4}$$

式中，$\boldsymbol{Q}$ 为能控性矩阵，即

$$\boldsymbol{Q}=(\boldsymbol{B} \quad \boldsymbol{AB} \quad \cdots \quad \boldsymbol{A}^{n-1}\boldsymbol{B}) \tag{5.5}$$

$$\boldsymbol{W}=\begin{pmatrix} a_{n-1} & a_{n-2} & \cdots & a_1 & 1 \\ a_{n-2} & a_{n-3} & \cdots & 1 & 0 \\ \vdots & \vdots & & \vdots & \vdots \\ a_1 & 1 & \cdots & 0 & 0 \\ 1 & 0 & \cdots & 0 & 0 \end{pmatrix} \tag{5.6}$$

式中，a_i 为如下特征多项式的系数：

$$|s\boldsymbol{I}-\boldsymbol{A}|=s^n+a_1s^{n-1}+\cdots+a_{n-1}s+a_n$$

定义一个新的状态向量$\hat{\boldsymbol{x}}$，有

$$x=\boldsymbol{P}\hat{\boldsymbol{x}}$$

如果能控性矩阵 $\boldsymbol{Q}$ 的秩为 n（即系统是状态完全能控的），则矩阵 $\boldsymbol{Q}$ 的逆存在，并且可将式（5.1）改写为

$$\dot{\hat{\boldsymbol{x}}}=\boldsymbol{A}_c\hat{\boldsymbol{x}}+\boldsymbol{B}_c u \tag{5.7}$$

式中

$$\boldsymbol{A}_c=\boldsymbol{P}^{-1}\boldsymbol{AP}=\begin{pmatrix} 0 & 1 & 0 & \cdots & 0 \\ 0 & 0 & 1 & \cdots & 0 \\ \vdots & \vdots & \vdots & & \vdots \\ 0 & 0 & 0 & \cdots & 1 \\ -a_n & -a_{n-1} & -a_{n-2} & \cdots & -a_1 \end{pmatrix} \tag{5.8}$$

$$\boldsymbol{B}_c=\boldsymbol{P}^{-1}\boldsymbol{B}=\begin{pmatrix} 0 \\ 0 \\ \vdots \\ 0 \\ 1 \end{pmatrix} \tag{5.9}$$

式（5.7）为能控标准型。这样，如果系统是状态完全能控的，且利用由式（5.4）给出的变换矩阵 $\boldsymbol{P}$，使状态向量 $\boldsymbol{x}$ 变换为状态向量 $\hat{\boldsymbol{x}}$，则可将式（5.1）变换为能控标准型。

选取一组期望的特征值为 μ_1，μ_2，⋯，μ_n，则期望的特征方程为

$$(s-\mu_1)(s-\mu_2)\cdots(s-\mu_n)=s^n+a_1s^{n-1}+\cdots+a_{n-1}s+a_n=0 \tag{5.10}$$

设

$$\hat{\boldsymbol{K}}=\boldsymbol{KP}=(\delta_n \quad \delta_{n-1} \quad \cdots \quad \delta_1) \tag{5.11}$$

由于 $u=-\hat{\boldsymbol{K}}\hat{\boldsymbol{x}}=-\boldsymbol{KP}\hat{\boldsymbol{x}}$，从而由式（5.7），此时该系统的状态方程为

$$\dot{\hat{\boldsymbol{x}}}=\boldsymbol{A}_{\mathrm{c}}\hat{\boldsymbol{x}}-\boldsymbol{B}_{\mathrm{c}}\hat{\boldsymbol{K}}\hat{\boldsymbol{x}}$$

相应的特征方程为

$$|s\boldsymbol{I}-\boldsymbol{A}_{\mathrm{c}}+\boldsymbol{B}_{\mathrm{c}}\hat{\boldsymbol{K}}|=0$$

事实上，当利用 $u=-\boldsymbol{Kx}$ 作为控制输入时，相应的特征方程与式（5.11）的特征方程相同，即非奇异线性变换不改变系统的特征值。这可简单说明如下。由于

$$\dot{\boldsymbol{x}}=\boldsymbol{Ax}+\boldsymbol{B}u=(\boldsymbol{A}-\boldsymbol{BK})\boldsymbol{x}$$

该系统的特征方程为

$$|s\boldsymbol{I}-\boldsymbol{A}+\boldsymbol{BK}|=|\boldsymbol{P}^{-1}(s\boldsymbol{I}-\boldsymbol{A}+\boldsymbol{BK})\boldsymbol{P}|=|s\boldsymbol{I}-\boldsymbol{P}^{-1}\boldsymbol{AP}+\boldsymbol{P}^{-1}\boldsymbol{BKP}|=|s\boldsymbol{I}-\boldsymbol{A}_{\mathrm{c}}+\boldsymbol{B}_{\mathrm{c}}\hat{\boldsymbol{K}}|=0$$

对于上述能控标准型的系统特征方程，由式（5.8）、式（5.9）和式（5.11），可得

$$\begin{aligned}|s\boldsymbol{I}-\boldsymbol{A}_{\mathrm{c}}+\boldsymbol{B}_{\mathrm{c}}\hat{\boldsymbol{K}}| &= \left|s\boldsymbol{I}-\begin{pmatrix}0 & 1 & \cdots & 0\\ \vdots & \vdots & & \vdots\\ 0 & 0 & \cdots & 1\\ -a_n & -a_{n-1} & \cdots & -a_1\end{pmatrix}+\begin{pmatrix}0\\ \vdots\\ 0\\ 1\end{pmatrix}(\delta_n \quad \delta_{n-1} \quad \cdots \quad \delta_1)\right|\\ &= \begin{vmatrix}s & -1 & \cdots & 0\\ 0 & s & \cdots & 0\\ \vdots & \vdots & & \vdots\\ a_n+\delta_n & a_{n-1}+\delta_{n-1} & \cdots & s+a_1+\delta_1\end{vmatrix}\\ &= s^n+(a_1+\delta_1)s^{n-1}+\cdots+(a_{n-1}+\delta_{n-1})s+(a_n+\delta_n)=0\end{aligned} \tag{5.12}$$

这是具有线性状态反馈的闭环系统的特征方程，它一定与式（5.10）的期望特征方程相等。通过使 s 的同次幂系数相等，可得

$$\begin{cases}a_1+\delta_1=a_1^*\\ a_2+\delta_2=a_2^*\\ \quad\vdots\\ a_n+\delta_n=a_n^*\end{cases}$$

对 δ_i 求解上述方程组，并将其代入式（5.11），可得

$$\begin{aligned}\boldsymbol{K} &= \hat{\boldsymbol{K}}\boldsymbol{P}^{-1}=(\delta_n \quad \delta_n-1 \quad \cdots \quad \delta_1)\boldsymbol{P}^{-1}\\ &= (a_n^*-a_n \quad a_{n-1}^*-a_{n-1} \quad \cdots \quad a_2^*-a_2 \quad a_1^*-a_1)\boldsymbol{P}^{-1}\end{aligned} \tag{5.13}$$

因此，如果系统是状态完全能控的，则通过对应于式（5.13）所选取的矩阵 $\boldsymbol{K}$，可任意配置所有的特征值。

5.2.3 极点配置的算法

现在考虑单输入单输出系统极点配置的算法。

给定线性定常系统

$$\dot{\boldsymbol{x}}=\boldsymbol{A}\boldsymbol{x}+\boldsymbol{B}u$$

若线性反馈控制律为

$$u=-\boldsymbol{K}\boldsymbol{x}$$

则可由下列步骤确定使 $\boldsymbol{A}-\boldsymbol{BK}$ 的特征值为 μ_1，μ_2，…，μ_n（即闭环系统的期望极点值）的线性反馈矩阵 $\boldsymbol{K}$（如果 μ_i 是一个复数特征值，则其共轭必定也是 $\boldsymbol{A}-\boldsymbol{BK}$ 的特征值）。

1）考查系统的能控性条件。如果系统是状态完全能控的，则可按下列步骤继续。

2）利用系统矩阵 $\boldsymbol{A}$ 的特征多项式

$$\det(s\boldsymbol{I}-\boldsymbol{A})=|s\boldsymbol{I}-\boldsymbol{A}|=s^n+a_1s^{n-1}+\cdots+a_{n-1}s+a_n$$

确定出 $a_1,a_2,\cdots,a_n$ 的值。

3）确定将系统状态方程变换为能控标准型的变换矩阵 $\boldsymbol{P}$。若给定的状态方程已是能控标准型，那么 $\boldsymbol{P}=\boldsymbol{I}$。此时无须再写出系统的能控标准型状态方程。非奇异线性变换矩阵 $\boldsymbol{P}$ 可由式（5.4）给出，即

$$\boldsymbol{P}=\boldsymbol{QW}$$

式中，$\boldsymbol{Q}$ 由式（5.5）定义，$\boldsymbol{W}$ 由式（5.6）定义。

4）利用给定的期望闭环极点，可写出期望的特征多项式为

$$(s-\mu_1)(s-\mu_2)\cdots(s-\mu_n)=s^n+a_1^*s^{n-1}+\cdots+a_{n-1}^*s+a_n^*$$

并确定出 $a_1^*,a_2^*,\cdots,a_n^*$ 的值。

5）此时的状态反馈增益矩阵 $\boldsymbol{K}$ 为

$$\boldsymbol{K}=(a_n^*-a_n \quad a_{n-1}^*-a_{n-1} \quad \cdots \quad a_2^*-a_2 \quad a_1^*-a_1)\boldsymbol{P}^{-1}$$

注意，如果是低阶系统（$n\leqslant3$），则将线性反馈增益矩阵 $\boldsymbol{K}$ 直接代入期望的特征多项式，可能更为简便。例如，若 $n=3$，则可将状态反馈增益矩阵 $\boldsymbol{K}$ 写为

$$\boldsymbol{K}=(k_1 \quad k_2 \quad k_3)$$

进而将该矩阵 $\boldsymbol{K}$ 代入期望的特征多项式 $|s\boldsymbol{I}-\boldsymbol{A}+\boldsymbol{BK}|$，使其等于 $(s-\mu_1)(s-\mu_2)(s-\mu_3)$，即

$$|s\boldsymbol{I}-\boldsymbol{A}+\boldsymbol{BK}|=(s-\mu_1)(s-\mu_2)(s-\mu_3)$$

由于该特征方程的两端均为 s 的多项式，故可通过使其两端的 s 同次幂系数相等，来确定 k_1、k_2、k_3 的值。如果 $n=2$ 或者 $n=3$，这种方法非常简便（对于 $n=4,5,6,\cdots$ 这种方法可能非常烦琐）。

还有其他方法可确定状态反馈增益矩阵 $\boldsymbol{K}$。下面介绍著名的艾克曼公式（Ackermann's Formula），可用来确定状态反馈增益矩阵 $\boldsymbol{K}$。

5.2.4 艾克曼公式

考虑由式（5.1）给出的系统，重写为

$$\dot{\boldsymbol{x}}=\boldsymbol{A}\boldsymbol{x}+\boldsymbol{B}u$$

假设该被控系统是状态完全能控的，又设期望闭环极点为 $s=\mu_1,s=\mu_2,\cdots,s=\mu_n$。

利用线性状态反馈控制律

$$u=-\boldsymbol{Kx}$$

将系统状态方程改写为

$$\dot{\boldsymbol{x}}=(\boldsymbol{A}-\boldsymbol{BK})\boldsymbol{x} \tag{5.14}$$

定义

$$\widetilde{\boldsymbol{A}}=\boldsymbol{A}-\boldsymbol{BK}$$

则所期望的特征方程为

$$\begin{aligned}|s\boldsymbol{I}-\boldsymbol{A}+\boldsymbol{BK}|&=|s\boldsymbol{I}-\widetilde{\boldsymbol{A}}|=(s-\mu_1)(s-\mu_2)\cdots(s-\mu_n)\\&=s^n+a_1^*s^{n-1}+\cdots+a_{n-1}^*s+a_n^*=0\end{aligned}$$

由于凯莱-哈密顿定理指出$\widetilde{\boldsymbol{A}}$应满足其自身的特征方程，所以

$$\boldsymbol{\phi}(\widetilde{\boldsymbol{A}})=\widetilde{\boldsymbol{A}}^n+a_1^*\widetilde{\boldsymbol{A}}^{n-1}+\cdots+a_{n-1}^*\widetilde{\boldsymbol{A}}+a_n^*\boldsymbol{I}=\boldsymbol{0} \tag{5.15}$$

这里用式（5.15）来推导艾克曼公式。为简化推导，考虑 $n=3$ 的情况。对任意正整数，下面的推导可方便地加以推广。

考虑下列恒等式：

$$\begin{aligned}&\boldsymbol{I}=\boldsymbol{I}\\&\widetilde{\boldsymbol{A}}=\boldsymbol{A}-\boldsymbol{BK}\\&\widetilde{\boldsymbol{A}}^2=(\boldsymbol{A}-\boldsymbol{BK})^2=\boldsymbol{A}^2-\boldsymbol{ABK}-\boldsymbol{BK}\widetilde{\boldsymbol{A}}\\&\widetilde{\boldsymbol{A}}^3=(\boldsymbol{A}-\boldsymbol{BK})^3=\boldsymbol{A}^3-\boldsymbol{A}^2\boldsymbol{BK}-\boldsymbol{ABK}\widetilde{\boldsymbol{A}}-\boldsymbol{BK}\widetilde{\boldsymbol{A}}^2\end{aligned}$$

将上述方程分别乘以 $a_3^*,a_2^*,a_1^*,a_0^*(a_0^*=1)$，并相加，则可得

$$\begin{aligned}&a_3^*\boldsymbol{I}+a_2^*\widetilde{\boldsymbol{A}}+a_1^*\widetilde{\boldsymbol{A}}^2+\widetilde{\boldsymbol{A}}^3\\&=a_3^*\boldsymbol{I}+a_2^*(\boldsymbol{A}-\boldsymbol{BK})+a_1^*(\boldsymbol{A}^2-\boldsymbol{ABK}-\boldsymbol{BK}\widetilde{\boldsymbol{A}})+\boldsymbol{A}^3-\boldsymbol{A}^2\boldsymbol{BK}-\boldsymbol{ABK}\widetilde{\boldsymbol{A}}-\boldsymbol{BK}\widetilde{\boldsymbol{A}}^2\\&=a_3^*\boldsymbol{I}+a_2^*\boldsymbol{A}+a_1^*\boldsymbol{A}^2+\boldsymbol{A}^3-a_2^*\boldsymbol{BK}-a_1^*\boldsymbol{ABK}-a_1^*\boldsymbol{BK}\widetilde{\boldsymbol{A}}-\boldsymbol{A}^2\boldsymbol{BK}-\boldsymbol{ABK}\widetilde{\boldsymbol{A}}-\boldsymbol{BK}\widetilde{\boldsymbol{A}}^2\end{aligned} \tag{5.16}$$

参照式（5.15）可得

$$a_3^*\boldsymbol{I}+a_2^*\widetilde{\boldsymbol{A}}+a_1^*\widetilde{\boldsymbol{A}}^2+\widetilde{\boldsymbol{A}}^3=\boldsymbol{\phi}(\widetilde{\boldsymbol{A}})=\boldsymbol{0}$$

也可得到

$$a_3^*\boldsymbol{I}+a_2^*\boldsymbol{A}+a_1^*\boldsymbol{A}^2+\boldsymbol{A}^3=\boldsymbol{\phi}(\boldsymbol{A})\neq\boldsymbol{0}$$

将上述最后两式代入式（5.16），可得

$$\boldsymbol{\phi}(\widetilde{\boldsymbol{A}})=\boldsymbol{\phi}(\boldsymbol{A})-a_2^*\boldsymbol{BK}-a_1^*\boldsymbol{BK}\widetilde{\boldsymbol{A}}-\boldsymbol{BK}\widetilde{\boldsymbol{A}}^2-a_1^*\boldsymbol{ABK}-\boldsymbol{ABK}\widetilde{\boldsymbol{A}}-\boldsymbol{A}^2\boldsymbol{BK}$$

由于 $\boldsymbol{\phi}(\widetilde{\boldsymbol{A}})=0$，故

$$\begin{aligned}\boldsymbol{\phi}(\boldsymbol{A})&=\boldsymbol{B}(a_2^*\boldsymbol{K}+a_1^*\boldsymbol{K}\widetilde{\boldsymbol{A}}+\boldsymbol{K}\widetilde{\boldsymbol{A}}^2)+\boldsymbol{AB}(a_1^*\boldsymbol{K}+\boldsymbol{K}\widetilde{\boldsymbol{A}})+\boldsymbol{A}^2\boldsymbol{BK}\\&=(\boldsymbol{B}\quad\boldsymbol{AB}\quad\boldsymbol{A}^2\boldsymbol{B})\begin{pmatrix}a_2^*\boldsymbol{K}+a_1^*\boldsymbol{K}\widetilde{\boldsymbol{A}}+\boldsymbol{K}\widetilde{\boldsymbol{A}}^2\\a_1^*\boldsymbol{K}+\boldsymbol{K}\widetilde{\boldsymbol{A}}\\\boldsymbol{K}\end{pmatrix}\end{aligned} \tag{5.17}$$

由于系统是状态完全能控的，所以能控性矩阵

$$\boldsymbol{Q}=(\boldsymbol{B}\quad\boldsymbol{AB}\quad\boldsymbol{A}^2\boldsymbol{B})$$

的逆存在。在式（5.17）的两端均左乘能控性矩阵 $\boldsymbol{Q}$ 的逆，可得

$$(\boldsymbol{B}\quad\boldsymbol{AB}\quad\boldsymbol{A}^2\boldsymbol{B})^{-1}\boldsymbol{\phi}(\boldsymbol{A})=\begin{pmatrix}a_2^*\boldsymbol{K}+a_1^*\boldsymbol{K}\widetilde{\boldsymbol{A}}+\boldsymbol{K}\widetilde{\boldsymbol{A}}^2\\a_1^*\boldsymbol{K}+\boldsymbol{K}\widetilde{\boldsymbol{A}}\\\boldsymbol{K}\end{pmatrix}$$

上式两端左乘（0　0　1），可得

$$(0\quad 0\quad 1)(\boldsymbol{B}\quad \boldsymbol{AB}\quad \boldsymbol{A}^2\boldsymbol{B})^{-1}\boldsymbol{\phi}(\boldsymbol{A})=(0\quad 0\quad 1)\begin{pmatrix} a_2^*\boldsymbol{K}+a_1^*\boldsymbol{K}\widetilde{\boldsymbol{A}}+\boldsymbol{K}\widetilde{\boldsymbol{A}}^2 \\ a_1^*\boldsymbol{K}+\boldsymbol{K}\widetilde{\boldsymbol{A}} \\ \boldsymbol{K} \end{pmatrix}=\boldsymbol{K}$$

重写为

$$\boldsymbol{K}=(0\quad 0\quad 1)(\boldsymbol{B}\quad \boldsymbol{AB}\quad \boldsymbol{A}^2\boldsymbol{B})^{-1}\boldsymbol{\phi}(\boldsymbol{A})$$

从而给出了所需的状态反馈增益矩阵 $\boldsymbol{K}$。

对任一正整数 n，有

$$\boldsymbol{K}=(0\quad 0\quad \cdots\quad 0\quad 1)(\boldsymbol{B}\quad \boldsymbol{AB}\quad \cdots\quad \boldsymbol{A}^{n-1}\boldsymbol{B})^{-1}\boldsymbol{\phi}(\boldsymbol{A}) \tag{5.18}$$

式（5.18）称为用于确定状态反馈增益矩阵 $\boldsymbol{K}$ 的艾克曼方程。

例 5.1　考虑如下线性定常系统：

$$\dot{\boldsymbol{x}}=\boldsymbol{Ax}+\boldsymbol{B}u$$

式中

$$\boldsymbol{A}=\begin{pmatrix} 0 & 1 & 0 \\ 0 & 0 & 1 \\ -1 & -5 & -6 \end{pmatrix},\quad \boldsymbol{B}=\begin{pmatrix} 0 \\ 0 \\ 1 \end{pmatrix}$$

利用状态反馈控制 $u=-\boldsymbol{Kx}$，希望该系统的闭环极点为 $s-2\pm j4$ 和 $s=-10$。试确定状态反馈增益矩阵 $\boldsymbol{K}$。

解　首先需检验该系统的能控性矩阵。由于能控性矩阵为

$$\boldsymbol{Q}=(\boldsymbol{B}\quad \boldsymbol{AB}\quad \boldsymbol{A}^2\boldsymbol{B})=\begin{pmatrix} 0 & 0 & 1 \\ 0 & 1 & -6 \\ 1 & -6 & 31 \end{pmatrix}$$

所以得出 $\det\boldsymbol{Q}=-1$。因此，$\mathrm{rank}\boldsymbol{Q}=3$。因而该系统是状态完全能控的，可任意配置极点。

下面用本章介绍的 3 种方法来求解。

方法 1：利用式（5.13）。该系统的特征方程为

$$|s\boldsymbol{I}-\boldsymbol{A}|=\begin{vmatrix} s & -1 & 0 \\ 0 & s & -1 \\ 1 & 5 & s+6 \end{vmatrix}=0$$

即

$$s^3+6s^2+5s+1=0$$
$$s^3+a_1s^2+a_2s+a_3=0$$

因此

$$a_1=6,\quad a_2=5,\quad a_3=1$$

期望的特征方程为

$$(s+2-j4)(s+2+j4)(s+10)=s^3+14s^2+60s+200$$
$$=s^3+a_1^*s^2+a_2^*s+a_3^*=0$$

因此

$$a_1^*=14,\quad a_2^*=60,\quad a_3^*=200$$

参照式（5.13），可得

$$\boldsymbol{K}=(200-1\quad 60-5\quad 14-6)$$
$$=(199\quad 55\quad 8)$$

方法 2：设期望的状态反馈增益矩阵为

$$\boldsymbol{K}=(k_1\quad k_2\quad k_3)$$

并使$|s\boldsymbol{I}-\boldsymbol{A}+\boldsymbol{BK}|$和期望的特征多项式相等，可得

$$|s\boldsymbol{I}-\boldsymbol{A}+\boldsymbol{BK}|=\left|\begin{pmatrix}s&0&0\\0&s&0\\0&0&s\end{pmatrix}-\begin{pmatrix}0&1&0\\0&0&1\\-1&-5&-6\end{pmatrix}+\begin{pmatrix}0\\0\\1\end{pmatrix}(k_1\quad k_2\quad k_3)\right|$$
$$=\begin{vmatrix}s&-1&0\\0&s&-1\\1+k_1&5+k_2&s+6+k_3\end{vmatrix}$$
$$=s^3+(6+k_3)s^2+(5+k_2)s+1+k_1$$
$$=s^3+14s^2+60s+200$$

因此

$$6+k_3=14,\quad 5+k_2=60,\quad 1+k_1=200$$

从而可得

$$k_1=199,\quad k_2=55,\quad k_3=8$$

或

$$\boldsymbol{K}=(199\quad 55\quad 8)$$

方法 3：利用艾克曼公式。参见式（5.18），可得

$$\boldsymbol{K}=(0\quad 0\quad 1)(\boldsymbol{B}\quad \boldsymbol{AB}\quad \boldsymbol{A}^2\boldsymbol{B})^{-1}\boldsymbol{\phi}(\boldsymbol{A})$$

由于

$$\boldsymbol{\phi}(\boldsymbol{A})=\boldsymbol{A}^3+14\boldsymbol{A}^2+60\boldsymbol{A}+200\boldsymbol{I}$$
$$=\begin{pmatrix}0&1&0\\0&0&1\\-1&-5&-6\end{pmatrix}^3+14\begin{pmatrix}0&1&0\\0&0&1\\-1&-5&-6\end{pmatrix}^2+60\begin{pmatrix}0&1&0\\0&0&1\\-1&-5&-6\end{pmatrix}+200\begin{pmatrix}1&0&0\\0&1&0\\0&0&1\end{pmatrix}$$
$$=\begin{pmatrix}199&55&8\\-8&159&7\\-7&-43&117\end{pmatrix}$$

且

$$(\boldsymbol{B}\quad \boldsymbol{AB}\quad \boldsymbol{A}^2\boldsymbol{B})=\begin{pmatrix}0&0&1\\0&1&-6\\1&-6&31\end{pmatrix}$$

可得

$$\boldsymbol{K}=(0\quad 0\quad 1)\begin{pmatrix}0&0&1\\0&1&-6\\1&-6&31\end{pmatrix}^{-1}\begin{pmatrix}199&55&8\\-8&159&7\\-7&-43&117\end{pmatrix}$$
$$=(0\quad 0\quad 1)\begin{pmatrix}5&6&1\\6&1&0\\1&0&0\end{pmatrix}\begin{pmatrix}199&55&8\\-8&159&7\\-7&-43&117\end{pmatrix}$$
$$=(199\quad 55\quad 8)$$

显然，这 3 种方法所得到的反馈增益矩阵 $\boldsymbol{K}$ 是相同的。使用状态反馈方法，正如所期望的那样，可将闭环极点配置在 $s=-2\pm j4$ 和 $s=-10$ 处。

应当注意，如果系统的阶次 n 等于或大于 4，则推荐使用方法 1 和 3，因为所有的矩阵计算都可由计算机实现。如果使用方法 2，由于计算机不能处理含有未知参数 $k_1,k_2,\cdots,k_n$ 的特征方程，因此必须进行手工计算。

对于一个给定的系统，矩阵 $\boldsymbol{K}$ 不是唯一的，而是依赖于选择期望闭环极点的位置（这决定了响应速度与阻尼），这一点很重要。注意，所期望的闭环极点或所期望状态方程的选择是在误差向量的快速性和干扰以及测量噪声的灵敏性之间的一种折中。也就是说，如果加快误差响应速度，则干扰和测量噪声的影响通常也随之增大。如果系统是 2 阶的，那么系统的动态特性（响应特性）正好与系统期望的闭环极点和零点的位置联系起来。对于更高阶的系统，所期望的闭环极点位置不能和系统的动态特性（响应特性）联系起来。因此，在决定给定系统的状态反馈增益矩阵 $\boldsymbol{K}$ 时，最好通过计算机仿真来检验系统在几种不同矩阵（基于几种不同的所期望的特征方程）下的响应特性，并且选出使系统总体性能最好的矩阵 $\boldsymbol{K}$。

5.3 利用 MATLAB 求解极点配置问题

用 MATLAB 易于求解极点配置问题。现在来求解在例 5.1 中讨论的同样问题。系统方程为

$$\dot{\boldsymbol{x}}=\boldsymbol{A}\boldsymbol{x}+\boldsymbol{B}u$$

式中

$$\boldsymbol{A}=\begin{pmatrix}0&1&0\\0&0&1\\-1&-5&-6\end{pmatrix},\quad \boldsymbol{B}=\begin{pmatrix}0\\0\\1\end{pmatrix}$$

采用状态反馈控制 $u=-\boldsymbol{K}\boldsymbol{x}$，希望系统的闭环极点为 $s=\mu_i(i=1,2,3)$，其中

$$\mu_1=-2+j4,\quad \mu_2=-2-j4,\quad \mu_3=-10$$

现求所需的状态反馈增益矩阵 $\boldsymbol{K}$。

如果在设计状态反馈控制矩阵 $\boldsymbol{K}$ 时采用变换矩阵 $\boldsymbol{P}$，则必须求特征方程 $|s\boldsymbol{I}-\boldsymbol{A}|=0$ 的系数 a_1、a_2 和 a_3。这可通过给计算机输入语句

P=poly(A)

来实现。在计算机屏幕上将显示如下一组系数：

```
A=[0  1  0; 0  0  1; -1  -5  -6];
P=poly(A)
P=

      1.0000  6.0000  5.0000  1.0000
```

则 $a_1=\mathrm{a1}=P(2)$，$a_2=\mathrm{a2}=P(3)$，$a_3=\mathrm{a3}=P(4)$。

为了得到变换矩阵 $\boldsymbol{P}$，首先将矩阵 $\boldsymbol{Q}$ 和 $\boldsymbol{W}$ 输入计算机，其中

$$\boldsymbol{Q}=(\boldsymbol{B}\quad \boldsymbol{A}\boldsymbol{B}\quad \boldsymbol{A}^2\boldsymbol{B})$$

$$W=\begin{pmatrix} a_2 & a_1 & 1 \\ a_1 & 1 & 0 \\ 1 & 0 & 0 \end{pmatrix}$$

然后可以很容易地采用 MATLAB 完成 $\boldsymbol{Q}$ 和 $\boldsymbol{W}$ 相乘。

其次，求期望的特征方程。可定义矩阵 $\boldsymbol{J}$，使得

$$J=\begin{pmatrix} \mu_1 & 0 & 0 \\ 0 & \mu_2 & 0 \\ 0 & 0 & \mu_3 \end{pmatrix}=\begin{pmatrix} -2+\mathrm{j}4 & 0 & 0 \\ 0 & -2-\mathrm{j}4 & 0 \\ 0 & 0 & -10 \end{pmatrix}$$

从而可利用如下 poly(J)命令来完成，即

```
J=[-2+4*j  0  0;0  -2-4*j  0;0  0  -10];
Q=poly(J)
Q=
     1   14   60   200
```

因此，有

$$a_1^*=\mathrm{aa1}=\mathrm{Q}(2),\ a_2^*=\mathrm{aa2}=\mathrm{Q}(3),\ a_3^*=\mathrm{aa3}=\mathrm{Q}(4)$$

即对于 a_i^*，可采用 aai。

故状态反馈增益矩阵 $\boldsymbol{K}$ 可由下式确定：

$$\boldsymbol{K}=(a_3^*-a_3 \quad a_2^*-a_2 \quad a_1^*-a_1)\boldsymbol{P}^{-1}$$

使用 MATLAB 命令即为

K=[aa3-a3 aa2-a2 aa1-a1]*(inv(P))

采用变换矩阵 $\boldsymbol{P}$ 求解该例题的 MATLAB 程序如下：

```
%------Pole placement------

%*****Determinaton of state feedback gain matrix k by use of
%transformation matrix P*****

%*****Enter matrices A and B*****

A=[0  1  0;0  0  1;-1  -5  -6];
B=[0;0;1];

%***** Define the controllability matrix Q*****

Q=[B  A*B  A^2*B];

%*****Check the rank of matrix Q*****

rank(Q)
```

```
ans =

     3

% ***** Since the rank of Q is 3, arbitrary pole placement is
% possible *****

% ***** Obtain the coefficients of the characteristic polynomial
% |sI-A|. This can be done by entering statement poly(A) *****

JA=poly(A)

JA =

1.0000   6.0000   5.0000   1.0000

a1=JA(2);a2=JA(3);a3=JA(4);

% ***** Define matrices W and P as follows *****
W=[a2  a1  1;a1  1  0;1  0  0];
P=Q*W;

% ***** Obtain the desired characteristic polynomial by defining
%the following matrix J and entering statement poly(J) *****

J=[-2+j*4  0  0;0  -2-j*4  0;0  0  -10];

JJ=poly(J)

JJ =

1  14  60  200
aa1=JJ(2);aa2=JJ(3);aa3=JJ(4);

% ***** State feedback gain matrix K can be given by *****

K=[aa3-a3  aa2-a2  aa1-a1]*(inv(P))

K =

    199  55  8

% ***** Hence, k1,k2,and k3 are given by *****
```

```
k1=K(1),k2=K(2),k3=K(3)

k1=
    199
k2=
    55
k3=
    8
```

如果采用艾克曼公式来确定状态反馈增益矩阵 $\boldsymbol{K}$，必须首先计算矩阵特征方程 $\boldsymbol{\phi}(\boldsymbol{A})$。对于该系统

$$\boldsymbol{\phi}(\boldsymbol{A})=\boldsymbol{A}^3+a_1\boldsymbol{A}^2+a_2\boldsymbol{A}+a_3\boldsymbol{I}$$

在 MATLAB 中，利用 polyvalm 可计算矩阵多项式 $\boldsymbol{\phi}(\boldsymbol{A})$。对于给定的矩阵 $\boldsymbol{J}$，如前所示，poly(J)可计算特征多项式的系数。对于

$$\boldsymbol{A}=\begin{pmatrix}0 & 1 & 0\\0 & 0 & 1\\-1 & -5 & -6\end{pmatrix}$$

利用 MATLAB 命令 polyvalm(poly(J), A)，可计算下列 $\boldsymbol{\phi}(\boldsymbol{A})$，即

$$\boldsymbol{\phi}(\boldsymbol{A})=\boldsymbol{A}^3+14\boldsymbol{A}^2+60\boldsymbol{A}+200\boldsymbol{I}=\begin{pmatrix}199 & 55 & 8\\-8 & 159 & 7\\-7 & -43 & 117\end{pmatrix}$$

实际的运行结果如下：

```
polyvalm(poly(J), A)
Ans=
    199  55  8
    -8  159  7
    -7  -43  117
```

利用艾克曼公式，以下 MATLAB 程序可求出状态反馈增益矩阵 $\boldsymbol{K}$：

```
%--------Pole placement---------

% ***** Determination of state feedback gain matrix K by use of
%Ackermann's formula *****

% ***** Enter matrices A and B *****

A=[0  1  0;0  0  1; -1  -5  -6];
B=[0;0;1];

% ***** Define the controllability matrix Q *****
```

```
Q=[B  A*B  A^2*B];

% ***** Check the rank of matrix Q *****

rank(Q)

ans =

    3
% ***** Since the rank of Q is 3, arbitrary pole placement is
%possible *****
% ***** Obtain the desired characteristic polynomial by defining
%the following matrix J and entering statement poly(J) *****
J=[-2+j*4  0  0;0  -2-j*4  0;0  0  -10];

poly(J)

ans =
    1  14  60  200
% ***** Compute the characteristic polynomial
%Phi=polyvalm(poly(J),A) *****

Phi=polyvalm(poly(J)A);

% ***** State feedback gain matrix K can be given by *****
K=[0  0  1]*(inv(Q))*Phi

K =
          199  55  8
% ***** Hence, k1,k2,and k3 are given by *****

k1=k(1),k2=k(2),k3=k(3)

k1 =
    199
k2 =
    55
k3 =
    8
```

5.4 利用极点配置法设计调节器型系统

有一倒立摆系统如图 5.1 所示，倒立摆安装在一个小车上。希望在有干扰（如作用于

质量 m 上的阵风施加于小车的这类外力）时，保持摆垂直。当以合适的控制力施加于小车时，可将该倾斜的摆返回到垂直位置，且在每一控制过程结束时，小车都将返回到参考位置 $x=0$。

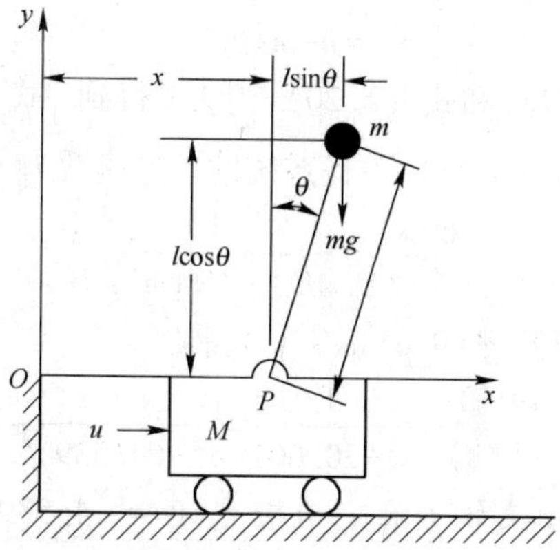

图 5.1　倒立摆系统

设计一个控制系统，使得当给定任意初始条件（由于干扰引起）时，用合理的阻尼（如对主导闭环极点有 $\xi=0.5$），可快速地（如调整时间约为 2 s）使摆返回至垂直位置，并使小车返回至参考位置（$x=0$）。假设 M、m 和 l 的值为

$$M=2\,\text{kg},\quad m=0.1\,\text{kg},\quad l=0.5\,\text{m}$$

进一步设摆的质量集中在杆的顶端，且杆是无质量的。

对于给定的角度 θ 和（或）角速度 $\dot{\theta}$ 的初始条件，设计一个使倒立摆保持在垂直位置的控制系统。此外，还要求控制系统在每一控制过程结束时，小车返回到参考位置。该系统对初始条件的干扰有效地做出响应（所期望的角 θ_d 总为零，并且所期望的小车的位置总在参考位置上），因此，该系统是一个调节器系统。

这里采用极点配置的状态反馈控制方法来设计控制器。如前所述，对任意极点配置的充要条件为系统状态完全能控。

设计的第一步是推导倒立摆系统的数学模型。

5.4.1　数学建模

当角度 θ 不大时，描述系统动态特性的方程为

$$\begin{cases}(M+m)\ddot{x}+ml\ddot{\theta}=u\\(I+ml^2)\ddot{\theta}+ml\ddot{x}=mgl\theta\end{cases}$$

式中，I 是摆杆围绕其重心的转动惯量。由于该系统的质量集中在杆的顶端，所以重心就是摆球的中心。在分析中，假设摆围绕其重心的转动惯量为零，即 $I=0$。那么，其数学模型为

$$\begin{cases}(M+m)\ddot{x}+ml\ddot{\theta}=u & (5.19)\\ml^2\ddot{\theta}+ml\ddot{x}=mgl\theta & (5.20)\end{cases}$$

式（5.19）和式（5.20）定义了如图 5.1 所示的倒立摆系统的数学模型（只要 θ 不大，

线性化方程就是有效的)。

式（5.19）和式（5.20）可改写为

$$\begin{cases} Ml\ddot{\theta} = (M+m)g\theta - u & (5.21) \\ M\ddot{x} = u - mg\theta & (5.22) \end{cases}$$

式（5.21）可由式（5.19）和式（5.20）消去 $\ddot{x}$ 得到。式（5.22）可由式（5.19）和式（5.20）消去 $\ddot{\theta}$ 得到。从式（5.21）可得系统的传递函数为

$$\frac{\Theta(s)}{-U(s)} = \frac{1}{Mls^2 - (M+m)g}$$

代入给定的数值，且注意到 $g = 9.81\ \text{m/s}^2$，可得

$$\frac{\Theta(s)}{-U(s)} = \frac{1}{s^2 - 20.601} = \frac{1}{s^2 - (4.539)^2}$$

显然，该倒立摆系统在负实轴上有一个极点（$s = -4.539$），另一个极点在正实轴上（$s = 4.539$），因此，该系统是开环不稳定的。

定义状态变量为

$$\begin{cases} x_1 = \theta \\ x_2 = \dot{\theta} \\ x_3 = x \\ x_4 = \dot{x} \end{cases}$$

注意，θ 表示摆杆围绕点 P 的旋转角，x 表示小车的位置，将 θ 和 x 作为系统的输出，即

$$\boldsymbol{y} = \begin{pmatrix} y_1 \\ y_2 \end{pmatrix} = \begin{pmatrix} \theta \\ x \end{pmatrix} = \begin{pmatrix} x_1 \\ x_3 \end{pmatrix}$$

又由于 θ 和 x 均是易于量测的量。由状态变量的定义和式（5.21）和式（5.22），可得

$$\begin{cases} \dot{x}_1 = x^2 \\ \dot{x}_2 = \dfrac{M+m}{Ml} g x_1 = \dfrac{1}{Ml} u \\ \dot{x}_3 = x_4 \\ \dot{x}_4 = -\dfrac{m}{M} g x_1 + \dfrac{1}{M} u \end{cases}$$

以向量-矩阵方程的形式表示，可得

$$\begin{pmatrix} \dot{x}_1 \\ \dot{x}_2 \\ \dot{x}_3 \\ \dot{x}_4 \end{pmatrix} = \begin{pmatrix} 0 & 1 & 0 & 0 \\ \dfrac{M+m}{ml} g & 0 & 0 & 0 \\ 0 & 0 & 0 & 1 \\ -\dfrac{m}{M} g & 0 & 0 & 0 \end{pmatrix} \begin{pmatrix} x_1 \\ x_2 \\ x_3 \\ x_4 \end{pmatrix} + \begin{pmatrix} 0 \\ -\dfrac{1}{Ml} \\ 0 \\ \dfrac{1}{M} \end{pmatrix} u \qquad (5.23)$$

$$\begin{pmatrix} y_1 \\ y_2 \end{pmatrix} = \begin{pmatrix} 1 & 0 & 0 & 0 \\ 0 & 0 & 1 & 0 \end{pmatrix} \begin{pmatrix} x_1 \\ x_2 \\ x_3 \\ x_4 \end{pmatrix} \tag{5.24}$$

式（5.23）和式（5.24）给出了该倒立摆系统的状态空间表达式（注意，该系统的状态空间表达式不是唯一的，存在无穷多个这样的表达式）。

代入给定的 M、m 和 l 的值，可得

$$\frac{M+m}{Ml}g = 20.601, \quad \frac{m}{M}g = 0.4905, \quad \frac{1}{Ml} = 1, \quad \frac{1}{M} = 0.5$$

于是，式（5.23）和式（5.24）可重写为

$$\begin{cases} \dot{\boldsymbol{x}} = \boldsymbol{A}\boldsymbol{x} + \boldsymbol{B}u \\ \boldsymbol{y} = \boldsymbol{C}\boldsymbol{x} \end{cases}$$

式中

$$\boldsymbol{A} = \begin{pmatrix} 0 & 1 & 0 & 0 \\ 20.601 & 0 & 0 & 0 \\ 0 & 0 & 0 & 0 \\ -0.4905 & 0 & 0 & 0 \end{pmatrix}, \quad \boldsymbol{B} = \begin{pmatrix} 0 \\ -1 \\ 0 \\ 0.5 \end{pmatrix}, \quad C = \begin{pmatrix} 1 & 0 & 0 & 0 \\ 0 & 0 & 1 & 0 \end{pmatrix}$$

采用下列线性状态反馈控制方案：

$$u = -\boldsymbol{K}\boldsymbol{x}$$

为此首先检验该系统是否状态完全能控。由于

$$\boldsymbol{Q} = (\boldsymbol{B} \quad \boldsymbol{AB} \quad \boldsymbol{A}^2\boldsymbol{B} \quad \boldsymbol{A}^3\boldsymbol{B}) = \begin{pmatrix} 0 & -1 & 0 & -20.601 \\ -1 & 0 & -20.601 & 0 \\ 0 & 0.5 & 0 & 0.4905 \\ 0.5 & 0 & 0.4905 & 0 \end{pmatrix}$$

的秩为 4，所以系统是状态完全能控的。

系统的特征方程为

$$\begin{aligned} |s\boldsymbol{I}-\boldsymbol{A}| &= \begin{pmatrix} s & -1 & 0 & 0 \\ -20.601 & s & 0 & 0 \\ 0 & 0 & s & -1 \\ 0.4905 & 0 & 0 & s \end{pmatrix} \\ &= s^4 - 20.601s^2 \\ &= s^4 + a_1 s^3 + a_2 s^2 + a_3 s + a_4 = 0 \end{aligned}$$

因此

$$a_1 = 0, \quad a_2 = -20.601, \quad a_3 = 0, \quad a_4 = 0$$

其次，选择期望的闭环极点位置。由于要求系统具有相当短的调整时间（约 2 s）和合适的阻尼（在标准的二阶系统中等价于 $\xi = 0.5$），所以选择期望的闭环极点为 $s = \mu_i(i = 1, 2,$

3,4)，其中

$$\mu_1=-2+j2\sqrt{3},\quad \mu_2=-2-j2\sqrt{3},\quad \mu_3=-10,\quad \mu_4=-10$$

在这种情况下，μ_1和μ_2是一对具有$\xi=0.5$和$\omega_n=4$的主导闭环极点。剩余的两个极点μ_3和μ_4位于远离主导闭环极点对的左边。因此，μ_3和μ_4响应的影响很小。所以，可满足快速性和阻尼的要求。期望的特征方程为

$$\begin{aligned}(s-\mu_1)(s-\mu_2)(s-\mu_3)(s-\mu_4)&=(s+2-j2\sqrt{3})(s+2+j2\sqrt{3})(s+10)(s+10)\\&=(s^2+4s+16)(s^2+20s+100)\\&=s^4+24s^3+196s^2+720s+1600\\&=s^4+a_1^*s^3+a_2^*s^2+a_3^*s+a_4^*=0\end{aligned}$$

因此

$$a_1^*=24,\quad a_2^*=196,\quad a_3^*=720,\quad a_4^*=1600$$

现采用式（5.13）来确定状态反馈增益矩阵$\boldsymbol{K}$，即

$$\boldsymbol{K}=(a_4^*-a_4\quad a_3^*-a_3\quad a_2^*-a_2\quad a_1^*-a_1)\boldsymbol{P}^{-1}$$

式中，$\boldsymbol{P}$由式（5.4）得到，即

$$\boldsymbol{P}=\boldsymbol{QW}$$

这里$\boldsymbol{Q}$和$\boldsymbol{W}$分别由式（5.5）和式（5.6）得出，于是

$$\boldsymbol{Q}=(\boldsymbol{B}\quad \boldsymbol{AB}\quad \boldsymbol{A}^2\boldsymbol{B}\quad \boldsymbol{A}^3\boldsymbol{B})=\begin{pmatrix}0&-1&0&-20.601\\-1&0&-20.601&0\\0&0.5&0&0.4905\end{pmatrix}$$

$$\boldsymbol{W}=\begin{pmatrix}a_3&a_2&a_1&1\\a_2&a_1&1&0\\a_1&1&0&0\\1&0&0&0\end{pmatrix}=\begin{pmatrix}0&-20.601&0&1\\-20.604&0&1&0\\0&1&0&0\\1&0&0&0\end{pmatrix}$$

变换矩阵$\boldsymbol{P}$成为

$$\boldsymbol{P}=\boldsymbol{QW}=\begin{pmatrix}0&0&-1&0\\0&0&0&-1\\-9.81&0&0.5&0\\0&-9.81&0&0.5\end{pmatrix}$$

因此

$$\boldsymbol{P}^{-1}=\begin{pmatrix}-\dfrac{0.5}{9.81}&0&-\dfrac{1}{9.81}&0\\0&-\dfrac{0.5}{9.81}&0&-\dfrac{1}{9.81}\\-1&0&0&0\\0&-1&0&0\end{pmatrix}$$

故状态反馈增益矩阵$\boldsymbol{K}$为

$$\begin{aligned}\boldsymbol{K}&=(a_4^*-a_4\quad a_4^*-a_3\quad a_4^*-a_2\quad a_4^*-a_1)\boldsymbol{P}^{-1}\\&=(1600-0\quad 720-0\quad 196+20.601\quad 24-0)\boldsymbol{P}^{-1}\end{aligned}$$

$$
=(1600\quad 720\quad 216.60\quad 24)\begin{pmatrix} -\frac{0.5}{9.81} & 0 & -\frac{1}{9.81} & 0 \\ 0 & -\frac{0.5}{9.81} & 0 & -\frac{1}{9.81} \\ -1 & 0 & 0 & 0 \\ 0 & -1 & 0 & 0 \end{pmatrix}
$$

$$
=(-298.1504\quad -60.6972\quad -163.0989\quad -73.3945)
$$

反馈控制输入为

$$
u=-\boldsymbol{Kx}=298.1504x_1+60.6972x_2+163.0989x_3+73.3945x_4
$$

注意，这是一个调节器系统。期望的角 θ_d 总为零，且期望的小车的位置也总为零。因此，参考输入为零（将在 5.6 节考虑有参考输入时，对应的小车的运动问题）。

5.4.2 利用 MATLAB 确定状态反馈增益矩阵 *K*

以下是一种能求出所需状态反馈增益矩阵 ***K*** 的 MATLAB 程序：

```
%-------Design of an inverted pendulum control system--------

% ***** This program determines the state-feedback gain
%matrix K = [k1,k2 k3 k4] by use of Ackermann's
%formula *****

% ***** Enter matrices A,B,C,and D *****

A=[0        1    0     0;
   20.601 0    0     0;
   0        0    0     0;
   -0.49050     0     0];
B=[0;-1;0;0.5];
C=[1    0    0    0;
   0    0    1    0];
D=[0;0];

% ***** Define the controllability matrix M and check its rank *****

Q=[B   A*B   A^2*B   A^3*B];
rank(Q)

ans=

    4

% ***** Since the rank of Q is 4, the system is completely
```

```
%state controllable. Hence, arbitrary pole placement is
%possible *****
% ***** Enter the desired characteristic polynomial, which
 $ can be obtained defining the following matrix J and
%entering statement poly(J) *****

J=[-2+2*sqrt(3)*i          0             0      0;
       0          -2-2*sqrt(3)*i         0      0;
       0                   0           -10      0;
       0                   0             0    -10
JJ=poly(J)

JJ=

1.0e+003 *

0.0010   0.0240   0.1960   0.7200   1.6000

% ***** Enter characteristic polynomial Phi *****

Phi=polyvalm(poly(J),A);

% ***** State feedback gain matrix K can be determined

%from *****

K=[0   0   0   1]*(inv(Q))*Phi

K=

-298.1504      -60.6972      -163.09889      -73.3945
```

5.4.3 所得系统对初始条件的响应

当状态反馈增益矩阵确定后，系统的性能就可由计算机仿真来检验。为了求得对任意初始条件的响应，可按下列步骤进行：

系统的基本方程为状态方程

$$\dot{\boldsymbol{x}}=\boldsymbol{A}\boldsymbol{x}+\boldsymbol{B}u$$

和线性反馈控制律

$$u=-\boldsymbol{K}\boldsymbol{x}$$

将上述控制输入代入状态方程，可得

$$\dot{\boldsymbol{x}}=(\boldsymbol{A}-\boldsymbol{B}\boldsymbol{K})\boldsymbol{x}$$

将有关数据代入上式，即

$$\begin{pmatrix}\dot{x}_1\\\dot{x}_2\\\dot{x}_3\\\dot{x}_4\end{pmatrix}=\begin{pmatrix}0&1&0&0\\-277.5494&-60.6972&-163.0989&-73.3945\\0&0&0&0\\148.5847&30.3486&81.5494&36.6972\end{pmatrix}\begin{pmatrix}x_1\\x_2\\x_3\\x_4\end{pmatrix}\tag{5.25}$$

下面用 MATLAB 来求所设计的系统对初始条件的响应。

系统的状态方程为式（5.25）。假设初始条件为

$$\begin{pmatrix}x_1(0)\\x_2(0)\\x_3(0)\\x_4(0)\end{pmatrix}=\begin{pmatrix}0.1\\0\\0\\0\end{pmatrix}$$

将式（5.25）重写为

$$\dot{\boldsymbol{x}}=\hat{\boldsymbol{A}}\boldsymbol{x}\tag{5.26}$$

式中

$$\hat{\boldsymbol{A}}=\begin{pmatrix}0&1.0000&0&0\\-277.5494&-60.6972&-163.0989&-73.3945\\0&0&0&1.0000\\148.5847&30.3486&81.5494&36.6972\end{pmatrix}$$

将初始条件向量定义为$\hat{\boldsymbol{B}}$，即

$$\hat{\boldsymbol{B}}=\begin{pmatrix}0.1\\0\\0\\0\end{pmatrix}$$

则系统对初始条件的响应可通过求解下列方程得到（对初始条件的响应可参见 5.4 节），即

$$\begin{cases}\dot{z}=\hat{\boldsymbol{A}}z+\hat{\boldsymbol{B}}u\\\boldsymbol{x}=\hat{\boldsymbol{C}}z+\hat{\boldsymbol{D}}u\end{cases}$$

式中

$$\hat{\boldsymbol{C}}=\hat{\boldsymbol{A}},\quad \hat{\boldsymbol{D}}=\hat{\boldsymbol{B}}$$

以下 MATLAB 程序将求出由式（5.25）定义的系统对由式（5.26）指定的初始条件的响应。注意，在给出的 MATLAB 程序中，使用了下列符号：

$$\hat{\mathrm{A}}=\mathrm{AA},\quad \hat{\mathrm{B}}=\mathrm{BB},\quad \hat{\mathrm{C}}=\mathrm{AA},\quad \hat{\mathrm{D}}=\mathrm{BB}$$

```
%------Response to intial condition-------


% ***** This program obtains the response of the system
%xdot = (Ahat) x to the given initial condition x(0) *****
```

```
% ***** Enter matricesA,B,and K to produce matrix AA
%=Ahat *****

A=[0        1  0  0;
   20.601   0  0  0;
   0        0  0  1;
   -0.4905  0  0  0];
B=[0;-1;0;0.5];
K=[-298.1504  -60.6972  -163.0989  -73.3945];
AA=A-B*K;
% ***** Enter the initial condition matrix BB=Bhat *****

BB=[0.1;0;0;0];
[x,z,t]=step(AA,BB,AA,BB);
x1=[1  0  0  0]*x';
x2=[0  1  0  0]*x';
x3=[0  0  1  0]*x';
x4=[0  0  0  1]*x';

% ***** Plot response curves x1 versus t,x2 versus t,x3 versus t,
%and x4 versus t on one diagram *****

subplot(2,2,1);
plot(t,x1,);grid
title('x1(Theta) versus t')
xlabel('t/s')
ylabel('x1 = Theta')

subplot(2,2,2);
plot(t,x2);grid
title('x2(Theta dot) versus t')
xlabel('t/s')
ylabel('x2 = Theta dot')

subplot(2,2,3);
plot(t,x3);grid
title('x3 (Displacement of Cart) versus t')
xlabel('t/s')
ylabel('x3 = Displacement of Cart')

subplot(2,2,4);
plot(t,x4);grid
title('x4(Velocity of Cart) versus t')
```

```
xlabel('t/s')
ylabel('x4 = Velocity of Cart')
```

较快的响应通常要求较大的控制信号。在设计这样的控制系统时，最好检验几组不同的期望闭环极点，并确定相应的矩阵 $\boldsymbol{K}$。在完成系统的计算机仿真并检验了响应曲线后，选择系统总体性能最好的矩阵 $\boldsymbol{K}$。系统总体性能最好的标准取决于具体情况，包括应考虑的经济因素。

5.5 状态观测器

在 5.2 节中介绍控制系统设计的极点配置方法时，曾假设所有的状态变量均可有效地用于反馈。然而在实际情况中，不是所有的状态变量都可用于反馈。这时需要估计不可用的状态变量。需特别强调，应避免将一个状态变量微分产生另一个状态变量，因为噪声通常比控制信号变化更迅速，所以信号的微分总是减小了信噪比。有时一个单一的微分过程可使信噪比为原来的几分之一。有几种不用微分来估计不能观测状态的方法。不能观测状态变量的估计通常称为观测。估计或者观测状态变量的装置（或计算机程序）称为状态观测器，或简称观测器。如果状态观测器能观测到系统的所有状态变量，不管其是否能直接测量，这种状态观测器均称为全维状态观测器。有时，只需观测不可测量的状态变量，而不是可直接测量的状态变量。例如，由于输出变量是能观测的，并且它们与状态变量线性相关，所以无须观测所有的状态变量，而只观测 $n-m$ 个状态变量，其中 n 是状态向量的维数，m 是输出向量的维数。

估计小于 n 个状态变量（n 为状态向量的维数）的观测器称为降维状态观测器，或简称为降价观测器。如果降维状态观测器的阶数是最小的，则称该观测器为最小阶状态观测器或最小阶观测器。本节将讨论全维状态观测器和最小阶状态观测器。

5.5.1 状态观测器概述

状态观测器基于输出的测量和控制变量来估计状态变量。在第 3 章讨论的能观测性概念中有重要作用。正如下面将看到的，当且仅当满足能观测性条件时，才能设计状态观测器。

在下面关于状态观测器的讨论中，用 $\tilde{\boldsymbol{x}}$ 表示被观测的状态向量。在许多实际情况中，将被观测的状态向量用于状态反馈，以产生所期望的控制向量。

考虑如下线性定常系统：

$$\begin{cases}\dot{\boldsymbol{x}}=\boldsymbol{A}\boldsymbol{x}+\boldsymbol{B}u & (5.27)\\ y=\boldsymbol{C}\boldsymbol{x} & (5.28)\end{cases}$$

假设状态向量 $\boldsymbol{x}$ 由如下动态方程

$$\dot{\tilde{\boldsymbol{x}}}=\boldsymbol{A}\tilde{\boldsymbol{x}}+\boldsymbol{B}u+\boldsymbol{K}_e(y-\boldsymbol{C}\tilde{\boldsymbol{x}}) \tag{5.29}$$

中的状态 $\tilde{\boldsymbol{x}}$ 来近似，该式表示状态观测器。注意到状态观测器的输入为 y 和 u，输出为 $\tilde{\boldsymbol{x}}$。式(5.29) 的右端最后一项包含被观测输出 $\boldsymbol{C}\tilde{\boldsymbol{x}}$ 之间差的修正项。矩阵 $\boldsymbol{K}_e$ 起到加权矩阵的作用。修正项监控状态变量 $\tilde{\boldsymbol{x}}$，当此模型使用的矩阵 $\boldsymbol{A}$ 和 $\boldsymbol{B}$ 与实际系统使用的矩阵 $\boldsymbol{A}$ 和 $\boldsymbol{B}$ 之间存在差异时，由于动态模型和实际系统之间的差异，该附加的修正项将减小这些影响。

图 5.2 所示为带全维状态观测器的系统框图。

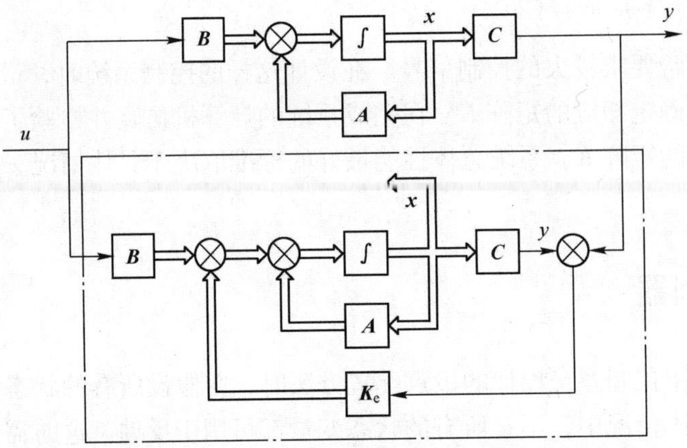

图 5.2　全维状态观测器的系统框图

下面详细讨论用矩阵 $\boldsymbol{A}$ 和 $\boldsymbol{B}$ 以及附加的修正项来表征动态特性的状态观测器，其中的附加修正项包含可量测输出与估计输出之差。在讨论过程中，假设在此观测器模型中使用的矩阵 $\boldsymbol{A}$ 和 $\boldsymbol{B}$ 与实际系统使用的相同。

5.5.2　全维状态观测器

在此讨论的状态观测器的阶数和系统的阶数相等。假设系统由式（5.27）和式（5.28）定义，观测器方程由式（5.29）定义。

为了得到观测器的误差方程，用式（5.27）减去式（5.29），可得

$$\dot{\boldsymbol{x}}-\dot{\tilde{\boldsymbol{x}}}=\boldsymbol{A}\boldsymbol{x}-\boldsymbol{A}\tilde{\boldsymbol{x}}-\boldsymbol{K}_{e}(\boldsymbol{C}\boldsymbol{x}-\boldsymbol{C}\tilde{\boldsymbol{x}})=(\boldsymbol{A}-\boldsymbol{K}_{e}\boldsymbol{C})(\boldsymbol{x}-\tilde{\boldsymbol{x}}) \tag{5.30}$$

定义 $\boldsymbol{x}$ 和 $\tilde{\boldsymbol{x}}$ 之差为误差向量，即

$$\boldsymbol{e}=\boldsymbol{x}-\tilde{\boldsymbol{x}}$$

则式（5.30）改写为

$$\dot{\boldsymbol{e}}=(\boldsymbol{A}-\boldsymbol{K}_{e}\boldsymbol{C})\boldsymbol{e} \tag{5.31}$$

由式（5.31）可看出，误差向量的动态特性由矩阵 $\boldsymbol{A}-\boldsymbol{K}_{e}\boldsymbol{C}$ 的特征值决定。如果矩阵 $\boldsymbol{A}-\boldsymbol{K}_{e}\boldsymbol{C}$ 是稳定矩阵，则对任意初始误差向量 $\boldsymbol{e}(0)$，误差向量都将趋近于零。也就是说，不管 $\boldsymbol{x}(0)$ 和 $\tilde{\boldsymbol{x}}(0)$ 值如何，$\tilde{\boldsymbol{x}}(t)$ 都将收敛到 $\boldsymbol{x}(t)$。如果所选的矩阵 $\boldsymbol{A}-\boldsymbol{K}_{e}\boldsymbol{C}$ 的特征值使得误差向量的动态特性渐近稳定且足够快，则任意误差向量都将以足够快的速度趋近于零（原点）。

如果系统是完全能观测的，则可证明可以选择 $\boldsymbol{K}_{e}$，使得 $\boldsymbol{A}-\boldsymbol{K}_{e}\boldsymbol{C}$ 具有任意所期望的特征值。也就是说，可以确定观测器的增益矩阵 $\boldsymbol{K}_{e}$，以产生所期望的矩阵 $\boldsymbol{A}-\boldsymbol{K}_{e}\boldsymbol{C}$。下面讨论这个问题。

5.5.3　对偶问题

全维状态观测器的设计问题，是确定观测器增益矩阵 $\boldsymbol{K}_{e}$，使得由式（5.31）定义的误差动态方程以足够快的响应速度渐近稳定（渐近稳定性和误差动态方程的响应速度由矩阵 $\boldsymbol{A}-\boldsymbol{K}_{e}\boldsymbol{C}$ 的特征值决定）。因此，全维观测的设计就变为确定一个合适的 $\boldsymbol{K}_{e}$，使得 $\boldsymbol{A}-\boldsymbol{K}_{e}\boldsymbol{C}$ 具

有所期望的特征值。因而，全维状态观测器的设计问题就变成与5.2节讨论的极点配置问题相同。

考虑如下的线性定常系统：

$$\begin{cases}\dot{\boldsymbol{x}}=\boldsymbol{A}\boldsymbol{x}+\boldsymbol{B}u\\ y=\boldsymbol{C}\boldsymbol{x}\end{cases}$$

在设计全维状态观测器时，可以求解其对偶问题。也就是说，求解如下对偶系统

$$\begin{cases}\dot{z}=\boldsymbol{A}^{\mathrm{T}}z+\boldsymbol{C}^{\mathrm{T}}v\\ n=\boldsymbol{B}^{\mathrm{T}}z\end{cases}$$

的极点配置问题。假设控制输入为

$$v=-\boldsymbol{K}z$$

如果对偶系统是状态完全能控的，则可确定状态反馈增益矩阵 $\boldsymbol{K}$，使得矩阵 $\boldsymbol{A}^{\mathrm{T}}-\boldsymbol{C}^{\mathrm{T}}\boldsymbol{K}$ 得到一组期望的特征值。

如果μ_1，μ_2，…，μ_n是期望的状态观测器矩阵特征值，则通过取相同的μ_i作为对偶系统的状态反馈增益矩阵的期望特征值，可得

$$|s\boldsymbol{I}-(\boldsymbol{A}^{\mathrm{T}}-\boldsymbol{C}^{\mathrm{T}}\boldsymbol{K})|=(s-\mu_1)(s-\mu_2)\cdots(s-\mu_n)$$

注意到 $\boldsymbol{A}^{\mathrm{T}}-\boldsymbol{C}^{\mathrm{T}}\boldsymbol{K}$ 和 $\boldsymbol{A}-\boldsymbol{K}^{\mathrm{T}}\boldsymbol{C}$ 的特征值相同，可得

$$|s\boldsymbol{I}-(\boldsymbol{A}^{\mathrm{T}}-\boldsymbol{C}^{\mathrm{T}}\boldsymbol{K})|=|s\boldsymbol{I}-(\boldsymbol{A}-\boldsymbol{K}^{\mathrm{T}}\boldsymbol{C})|$$

比较特征多项式 $|s\boldsymbol{I}-(\boldsymbol{A}-\boldsymbol{K}^{\mathrm{T}}\boldsymbol{C})|$ 和观测器系统［参见式（5.31）］的特征多项式 $|s\boldsymbol{I}-(\boldsymbol{A}-\boldsymbol{K}_{\mathrm{e}}\boldsymbol{C})|$，可找出 $\boldsymbol{K}_{\mathrm{e}}$ 和 $\boldsymbol{K}^{\mathrm{T}}$ 的关系为

$$\boldsymbol{K}_{\mathrm{e}}=\boldsymbol{K}^{\mathrm{T}}$$

因此，采用在对偶系统中由极点配置方法确定矩阵 $\boldsymbol{K}$，原系统的观测器增益矩阵 $\boldsymbol{K}$，可通过关系式 $\boldsymbol{K}_{\mathrm{e}}=\boldsymbol{K}^{\mathrm{T}}$ 确定。

5.5.4 能观测条件

如前所述，对于 $\boldsymbol{A}-\boldsymbol{K}_{\mathrm{e}}\boldsymbol{C}$ 所期望特征值的观测器增益矩阵 $\boldsymbol{K}_{\mathrm{e}}$ 的确定，其充要条件为：原系统的对偶系统

$$\dot{z}=\boldsymbol{A}^{*}z+\boldsymbol{C}^{*}v$$

是状态完全能控的。该对偶系统的状态完全能控的条件是

$$(\boldsymbol{C}^{*}\quad \boldsymbol{A}^{*}\boldsymbol{C}^{*}\quad \cdots\quad (\boldsymbol{A}^{*})^{n-1}\boldsymbol{C}^{*})$$

的秩为 n 。这是由式（5.27）和式（5.28）定义的原系统的完全能观测性条件。这意味着，由式（5.27）和式（5.28）定义的系统的状态观测的充要条件是系统完全能观测。

下面介绍解决状态观测器设计问题的直接方法（而不是对偶问题的方法），以及确定观测器增益矩阵 $\boldsymbol{K}_{\mathrm{e}}$ 的艾克曼公式。

5.5.5 全维状态观测器的设计

考虑由下式定义的线性定常系统：

$$\dot{\boldsymbol{x}}=\boldsymbol{A}\boldsymbol{x}+\boldsymbol{B}u \tag{5.32}$$

$$y=\boldsymbol{C}\boldsymbol{x} \tag{5.33}$$

式中，$\boldsymbol{x}\in\mathbf{R}^n$，$u\in\mathbf{R}^1$，$y\in\mathbf{R}^1$，$\boldsymbol{A}\in\mathbf{R}^{n\times n}$，$\boldsymbol{B}\in\mathbf{R}^{n\times 1}$，$\boldsymbol{C}\in\mathbf{R}^{1\times n}$。假设系统是完全能观测的，又设系统结构如图 5.2 所示。

在设计全维状态观测器时，如果将式（5.32）和式（5.33）给出的系统变换为能观测标准型就很方便了。如前所述，可按下列步骤进行：定义一个变换矩阵 $\boldsymbol{P}$，使得

$$\boldsymbol{P}=(\boldsymbol{W}\boldsymbol{R})^{-1} \tag{5.34}$$

式中，$\boldsymbol{R}$ 是能观测性矩阵，即

$$\boldsymbol{R}^{\mathrm{T}}=[\boldsymbol{C}^{\mathrm{T}}\quad \boldsymbol{A}^{\mathrm{T}}\boldsymbol{C}^{\mathrm{T}}\quad \cdots\quad (\boldsymbol{A}^{\mathrm{T}})^{n-1}\boldsymbol{C}^{\mathrm{T}}] \tag{5.35}$$

且对称矩阵 $\boldsymbol{W}$ 由式（5.6）定义，即

$$\boldsymbol{W}=\begin{pmatrix} a_{n-1} & a_{n-2} & \cdots & a_1 & 1\\ a_{n-2} & a_{n-3} & \cdots & 1 & 0\\ \vdots & \vdots & & \vdots & \vdots\\ a_1 & 1 & \cdots & 0 & 0\\ 1 & 0 & \cdots & 0 & 0\end{pmatrix}$$

式中，a_i 是由式（5.32）给出的如下特征方程的系数

$$|s\boldsymbol{I}-\boldsymbol{A}|=s^n+a_1s^{n-1}+\cdots+a_{n-1}s+a_n=0$$

显然，由于假设系统是完全能观测的，所以矩阵 $\boldsymbol{W}\boldsymbol{R}$ 的逆存在。

现定义一个新的 n 维状态向量 $\boldsymbol{\xi}$ 为

$$\boldsymbol{x}=\boldsymbol{P}\boldsymbol{\xi} \tag{5.36}$$

则式（5.32）和式（5.33）为

$$\begin{cases}\dot{\boldsymbol{\xi}}=\boldsymbol{P}^{-1}\boldsymbol{A}\boldsymbol{P}\boldsymbol{\xi}+\boldsymbol{P}^{-1}\boldsymbol{B}u & (5.37)\\ y=\boldsymbol{C}\boldsymbol{P}\boldsymbol{\xi} & (5.38)\end{cases}$$

式中

$$\boldsymbol{P}^{-1}\boldsymbol{A}\boldsymbol{P}=\begin{pmatrix} 0 & 0 & \cdots & 0 & -a_n\\ 1 & 0 & \cdots & 0 & -a_{n-1}\\ \vdots & \vdots & & \vdots & \vdots\\ 0 & 0 & \cdots & 1 & -a_1\end{pmatrix} \tag{5.39}$$

$$\boldsymbol{P}^{-1}\boldsymbol{B}=\begin{pmatrix} b_n-a_nb_0\\ b_{n-1}-a_{n-1}b_0\\ \vdots\\ b_1-a_1b_0\end{pmatrix} \tag{5.40}$$

$$\boldsymbol{C}\boldsymbol{P}=(0\quad 0\quad \cdots\quad 0\quad 1) \tag{5.41}$$

式（5.37）和式（5.38）是能观测标准型。因而给定一个状态方程和输出方程，如果系统是完全能观测的，并且通过采用式（5.36）给出的变换，将原系统的状态向量 $\boldsymbol{x}$ 变换为新的状态向量 $\boldsymbol{\xi}$，则可将给定的状态方程和输出方程变换为能观测标准型。注意，如果矩阵 $\boldsymbol{A}$ 已经是能观测标准型，则 $\boldsymbol{Q}=\boldsymbol{I}$。

如前所述，选择由

$$\begin{aligned}\dot{\tilde{\boldsymbol{x}}}&=\boldsymbol{A}\tilde{\boldsymbol{x}}+\boldsymbol{B}u+\boldsymbol{K}_{\mathrm{e}}(y-\boldsymbol{C}\tilde{\boldsymbol{x}})\\&=(\boldsymbol{A}-\boldsymbol{K}_{\mathrm{e}}\boldsymbol{C})\tilde{\boldsymbol{x}}+\boldsymbol{B}u+\boldsymbol{K}_{\mathrm{e}}\boldsymbol{C}\boldsymbol{x}\end{aligned}\tag{5.42}$$

给出的状态观测器的动态方程。现定义

$$\tilde{\boldsymbol{x}}=\boldsymbol{P}\tilde{\boldsymbol{\xi}}\tag{5.43}$$

将式（5.43）代入式（5.42），有

$$\dot{\tilde{\boldsymbol{\xi}}}=\boldsymbol{P}^{-1}(\boldsymbol{A}-\boldsymbol{K}_{\mathrm{e}}\boldsymbol{C})\boldsymbol{P}\tilde{\boldsymbol{\xi}}+\boldsymbol{P}^{-1}\boldsymbol{B}u+\boldsymbol{P}^{-1}\boldsymbol{K}_{\mathrm{e}}\boldsymbol{C}\boldsymbol{P}\boldsymbol{\xi}\tag{5.44}$$

用式（5.37）减去式（5.44），可得

$$\dot{\boldsymbol{\xi}}-\dot{\tilde{\boldsymbol{\xi}}}=\boldsymbol{P}^{-1}(\boldsymbol{A}-\boldsymbol{K}_{\mathrm{e}}\boldsymbol{C})\boldsymbol{P}(\boldsymbol{\xi}-\tilde{\boldsymbol{\xi}})\tag{5.45}$$

定义

$$\dot{\boldsymbol{\varepsilon}}=\boldsymbol{\xi}-\tilde{\boldsymbol{\xi}}$$

则式（5.45）为

$$\dot{\boldsymbol{\varepsilon}}=\boldsymbol{P}^{-1}(\boldsymbol{A}-\boldsymbol{K}_{\mathrm{e}}\boldsymbol{C})\boldsymbol{P}\boldsymbol{\varepsilon}\tag{5.46}$$

要求误差动态方程是渐近稳定的，且 $\varepsilon(t)$ 以足够快的速度趋于零。确定矩阵 $\boldsymbol{K}_{\mathrm{e}}$ 的步骤是，先选择所期望的观测器极点（$\boldsymbol{A}-\boldsymbol{K}_{\mathrm{e}}\boldsymbol{C}$ 的特征值），然后确定 $\boldsymbol{K}_{\mathrm{e}}$，使其给出所期望的观测器极点。注意 $\boldsymbol{P}^{-1}=\boldsymbol{W}\boldsymbol{R}$，可得

$$\boldsymbol{P}^{-1}\boldsymbol{K}_{\mathrm{e}}=\begin{pmatrix}a_{n-1}&a_{n-2}&\cdots&a_1&1\\a_{n-2}&a_{n-3}&\cdots&1&0\\\vdots&\vdots&&\vdots&\vdots\\a_1&1&\cdots&0&0\\1&0&\cdots&0&0\end{pmatrix}\begin{pmatrix}\boldsymbol{C}\\\boldsymbol{C}\boldsymbol{A}\\\vdots\\\boldsymbol{C}\boldsymbol{A}^{n-2}\\\boldsymbol{C}\boldsymbol{A}^{n-1}\end{pmatrix}\begin{pmatrix}k_1\\k_2\\\vdots\\k_{n-1}\\k_n\end{pmatrix}$$

式中

$$\boldsymbol{K}_{\mathrm{e}}=\begin{pmatrix}k_1\\k_2\\\vdots\\k_n\end{pmatrix}$$

由于 $\boldsymbol{P}^{-1}\boldsymbol{K}_{\mathrm{e}}$ 是一个 n 维向量，则

$$\boldsymbol{P}^{-1}\boldsymbol{K}_{\mathrm{e}}=\begin{pmatrix}\delta_n\\\delta_{n-1}\\\vdots\\\delta_1\end{pmatrix}\tag{5.47}$$

参考式（5.41），有

$$\boldsymbol{P}^{-1}\boldsymbol{K}_{\mathrm{e}}\boldsymbol{C}\boldsymbol{P}=\begin{pmatrix}\delta_n\\\delta_{n-1}\\\vdots\\\delta_1\end{pmatrix}(0\quad 0\quad\cdots\quad 1)=\begin{pmatrix}0&0&\cdots&0&\delta_n\\0&0&\cdots&0&\delta_{n-1}\\\vdots&\vdots&&\vdots&\vdots\\0&0&\cdots&0&\delta_1\end{pmatrix}$$

和

$$\boldsymbol{P}^{-1}(\boldsymbol{A}-\boldsymbol{K}_e\boldsymbol{C})\boldsymbol{P}=\boldsymbol{P}^{-1}\boldsymbol{A}\boldsymbol{P}-\boldsymbol{P}^{-1}\boldsymbol{K}_e\boldsymbol{C}\boldsymbol{P}$$

$$=\begin{pmatrix} 0 & 0 & \cdots & 0 & -a_n-\delta_n \\ 1 & 0 & \cdots & 0 & -a_{n-1}-\delta_{n-1} \\ 0 & 1 & \cdots & 0 & -a_{n-2}-\delta_{n-2} \\ \vdots & \vdots & & \vdots & \vdots \\ 0 & 0 & \cdots & 1 & -a_1-\delta_1 \end{pmatrix}$$

特征方程为

$$|s\boldsymbol{I}-\boldsymbol{P}^{-1}(\boldsymbol{A}-\boldsymbol{K}_e\boldsymbol{C})\boldsymbol{P}|=0$$

即

$$\begin{vmatrix} s & 0 & 0 & \cdots & 0 & a_n+\delta_n \\ -1 & s & 0 & \cdots & 0 & a_{n-1}+\delta_{n-1} \\ 0 & -1 & s & \cdots & 0 & a_{n-2}+\delta_{n-2} \\ \vdots & \vdots & \vdots & & \vdots & \vdots \\ 0 & 0 & 0 & \cdots & -1 & s+a_1+\delta_1 \end{vmatrix}=0$$

或者

$$s^n+(a_1+\delta_1)s^{n-1}+(a_2+\delta_2)s^{n-2}+\cdots+(a_n+\delta_n)=0 \tag{5.48}$$

可见，δ_n，δ_{n-1}，…，δ_1中的每一个只与特征方程系数中的一个相关联。

假设误差动态方程所期望的特征方程为

$$(s-\mu_1)(s-\mu_2)\cdots(s-\mu_n)=s^n+a_1^*s^{n-1}+a_2^*s^{n-2}+\cdots+a_{n-1}^*s+a_n^*=0 \tag{5.49}$$

注意，期望的特征值μ_i确定了被观测状态以多快的速度收敛于系统的真实状态。比较式（5.48）和式（5.49）的s同幂项的系数，可得

$$\begin{cases} a_1+\delta_1=a_1^* \\ a_2+\delta_2=a_2^* \\ \quad\vdots \\ a_n+\delta_n=a_n^* \end{cases}$$

从而可得

$$\begin{cases} \delta_1=a_1^*-a_1 \\ \delta_2=a_2^*-a_2 \\ \quad\vdots \\ \delta_n=a_n^*-a_n \end{cases}$$

于是，由式（5.47）得到

$$\boldsymbol{P}^{-1}\boldsymbol{K}_e=\begin{pmatrix} \delta_n \\ \delta_{n-1} \\ \vdots \\ \delta_1 \end{pmatrix}=\begin{pmatrix} a_n^*-a_n \\ a_{n-1}^*-a_{n-1} \\ \vdots \\ a_1^*-a_1 \end{pmatrix}$$

因此

$$\boldsymbol{K}_e=\boldsymbol{P}\begin{pmatrix} a_n^*-a_n \\ a_{n-1}^*-a_{n-1} \\ \vdots \\ a_1^*-a_1 \end{pmatrix}=(\boldsymbol{WR})^{-1}\begin{pmatrix} a_n^*-a_n \\ a_{n-1}^*-a_{n-1} \\ \vdots \\ a_1^*-a_1 \end{pmatrix} \tag{5.50}$$

式（5.50）规定了所需的状态观测器增益矩阵 $\boldsymbol{K}_e$。

如前所述，式（5.50）也可通过其对偶问题由式（5.13）得到。也就是说，考虑对偶系统的极点配置问题，并求出对偶系统的状态反馈增益矩阵 $\boldsymbol{K}$。那么，状态观测器的增益矩阵 $\boldsymbol{K}$ 可由 $\boldsymbol{K}^{\mathrm{T}}$ 确定。

一旦选择了所期望的特征值（或所期望的特征方程），只要系统完全能观测，就能设计全维状态观测器。所选择的特征方程的期望特征值，应使得状态观测器的响应速度至少比所考虑的闭环系统快 2~5 倍。如前所述，全维状态观测器的方程为

$$\dot{\tilde{\boldsymbol{x}}}=(\boldsymbol{A}-\boldsymbol{K}_e\boldsymbol{C})\tilde{\boldsymbol{x}}+\boldsymbol{B}u+\boldsymbol{K}y \tag{5.51}$$

注意，迄今为止，我们假设观测器中的矩阵 $\boldsymbol{A}$ 和 $\boldsymbol{B}$ 与实际系统中的严格相同。但实际上，这做不到。因此，误差动态方程不可能由式（5.46）给出，这意味着误差不可能趋于零。因此，应尽量建立观测器的准确数学模型，以使误差小到令人满意的程度。

5.5.6 求状态观测器增益矩阵 $\boldsymbol{K}_e$ 的直接代入法

与极点配置的情况类似，如果系统是低阶的，可将矩阵 $\boldsymbol{K}_e$ 直接代入所期望的特征多项式，这可能更为简便。例如，若 $\boldsymbol{x}$ 是一个三维向量，则观测器增益矩阵 $\boldsymbol{K}_e$ 可写为

$$\boldsymbol{K}_e=\begin{pmatrix} k_{e1} \\ k_{e2} \\ k_{e3} \end{pmatrix}$$

将该矩阵 $\boldsymbol{K}_e$ 代入期望的特征多项式

$$|s\boldsymbol{I}-(\boldsymbol{A}-\boldsymbol{K}_e\boldsymbol{C})|=(s-\mu_1)(s-\mu_2)(s-\mu_3)$$

通过使上式两端 s 的同次幂系数相等，可确定 k_{e1}、k_{e2} 和 k_{e3} 的值。如果 $n=1,2$ 或者 3，其中 n 是状态向量 $\boldsymbol{x}$ 的维数，则该方法很简便（虽然该方法适用于 $n=4,5,6,\cdots$ 的情况，但涉及的计算可能非常烦琐）。

确定状态观测器增益矩阵 $\boldsymbol{K}_e$ 的另一种方法是采用艾克曼公式。下面介绍这种方法。

5.5.7 求状态观测器增益矩阵 $\boldsymbol{K}_e$ 的艾克曼公式

考虑如下的线性定常系统：

$$\begin{cases} \dot{\boldsymbol{x}}=\boldsymbol{A}\boldsymbol{x}+\boldsymbol{B}u \\ y=\boldsymbol{C}\boldsymbol{x} \end{cases} \tag{5.52}$$

在 5.2 节中，已推导了用于式（5.52）定义的系统的极点配置的艾克曼公式，其结果已由式（5.18）给出，现重写为

$$\boldsymbol{K}=(0\quad 0\quad \cdots\quad 0\quad 1)(\boldsymbol{B}\quad \boldsymbol{AB}\quad \cdots\quad \boldsymbol{A}^{n-1}\boldsymbol{B})^{-1}\boldsymbol{\phi}^*(\boldsymbol{A})$$

对于由式（5.52）定义的对偶系统

$$\begin{cases}\dot{z}=\boldsymbol{A}^{\mathrm{T}}z+\boldsymbol{C}^{\mathrm{T}}v\\ n=\boldsymbol{B}^{\mathrm{T}}z\end{cases} \tag{5.53}$$

前述关于极点配置的艾克曼公式可改写为

$$\boldsymbol{K}=(0\quad 0\quad\cdots\quad 0\quad 1)\left[\boldsymbol{C}^{\mathrm{T}}\quad \boldsymbol{A}^{\mathrm{T}}\boldsymbol{C}^{\mathrm{T}}\quad\cdots\quad(\boldsymbol{A}^{\mathrm{T}})^{n-1}\boldsymbol{C}^{\mathrm{T}}\right]^{-1}\boldsymbol{\phi}^{*}(\boldsymbol{A}^{\mathrm{T}}) \tag{5.54}$$

如前所述，状态观测器的增益矩阵 $\boldsymbol{K}_{\mathrm{e}}$ 由 $\boldsymbol{K}^{\mathrm{T}}$ 给出，这里的 $\boldsymbol{K}_{\mathrm{e}}$ 由式（5.54）确定。从而

$$\boldsymbol{K}_{\mathrm{e}}=\boldsymbol{K}^{\mathrm{T}}=\boldsymbol{\phi}^{*}(\boldsymbol{A}^{\mathrm{T}})^{\mathrm{T}}\begin{pmatrix}\boldsymbol{C}\\ \boldsymbol{CA}\\ \vdots\\ \boldsymbol{CA}^{n-2}\\ \boldsymbol{CA}^{n-1}\end{pmatrix}^{-1}\begin{pmatrix}0\\0\\ \vdots\\0\\1\end{pmatrix}=\boldsymbol{\phi}^{*}(\boldsymbol{A})\begin{pmatrix}\boldsymbol{C}\\ \boldsymbol{CA}\\ \vdots\\ \boldsymbol{CA}^{n-2}\\ \boldsymbol{CA}^{n-1}\end{pmatrix}^{-1}\begin{pmatrix}0\\0\\ \vdots\\0\\1\end{pmatrix}=\boldsymbol{\phi}^{*}(\boldsymbol{A})\boldsymbol{R}^{-1}\begin{pmatrix}0\\0\\ \vdots\\0\\1\end{pmatrix} \tag{5.55}$$

$\phi^{*}(s)$是状态观测器的期望特征多项式，即

$$\phi^{*}(s)=(s-\mu_1)(s-\mu_2)\cdots(s-\mu_n)$$

式中，$\mu_1, \mu_2, \cdots, \mu_n$是期望的特征值。式（5.55）称为确定状态观测器增益矩阵 $\boldsymbol{K}_{\mathrm{e}}$ 的艾克曼公式。

5.5.8 最优状态观测器增益矩阵选择的注释

参考图 5.2，应当指出，作为对装置模型修正的观测器增益矩阵 $\boldsymbol{K}_{\mathrm{e}}$，通过反馈信号来考虑装置中的未知因素。如果含有显著的未知因素，那么通过矩阵 $\boldsymbol{K}_{\mathrm{e}}$ 的反馈信号也应该比较大。然而，如果由于干扰和测量噪声使输出信号受到严重干扰，则输出 y 是不可靠的。因此，由矩阵 $\boldsymbol{K}_{\mathrm{e}}$ 引起的反馈信号应该比较小。在决定矩阵 $\boldsymbol{K}_{\mathrm{e}}$ 时，应该仔细检查包含在输出 y 中的干扰和噪声的影响。

应强调的是，观测器增益矩阵 $\boldsymbol{K}_{\mathrm{e}}$ 依赖于所期望的特征方程

$$(s-\mu_1)(s-\mu_2)\cdots(s-\mu_n)=0$$

在许多情况中，$\mu_1, \mu_2, \cdots, \mu_n$的选取不是唯一的。有许多不同的特征方程可选作所期望的特征方程。对于每个期望的特征方程，可有不同的矩阵 $\boldsymbol{K}_{\mathrm{e}}$。

在设计状态观测器时，最好是在几个不同的期望特征方程的基础上决定观测器增益矩阵 $\boldsymbol{K}_{\mathrm{e}}$。这几种不同的矩阵 $\boldsymbol{K}_{\mathrm{e}}$ 必须进行仿真，以评估作为最终系统的性能。当然，应从系统总体性能的观点来选取最好的 $\boldsymbol{K}_{\mathrm{e}}$。在许多实际问题中，最好的矩阵 $\boldsymbol{K}_{\mathrm{e}}$ 选取，归结为快速响应及对干扰和噪声灵敏性之间的一种折中。

例 5.2 考虑如下的线性定常系统：

$$\begin{cases}\dot{\boldsymbol{x}}=\boldsymbol{Ax}+\boldsymbol{B}u\\ y=\boldsymbol{Cx}\end{cases}$$

式中

$$\boldsymbol{A}=\begin{pmatrix}0 & 20.6\\ 1 & 0\end{pmatrix},\quad \boldsymbol{B}=\begin{pmatrix}0\\1\end{pmatrix},\quad \boldsymbol{C}=(0\quad 1)$$

设计一个全维状观测器。设系统结构和图 5.2 所示的相同。又设观测器的期望特征值为

$$\mu_1=-1.8+\mathrm{j}2.4,\quad \mu_2=-1.8-\mathrm{j}2.4$$

解 由于状态观测器的设计实际上归结为确定一个合适的观测器增益矩阵 $\boldsymbol{K}_{\mathrm{e}}$，为此先

检验能观测性矩阵，即

$$(C^{\mathrm{T}} \quad A^{\mathrm{T}}C^{\mathrm{T}})=\begin{pmatrix}0 & 1\\ 1 & 0\end{pmatrix}$$

的秩为 2。因此，该系统是完全能观测的，并且可确定期望的观测器增益矩阵。下面用 3 种方法来求解该问题。

方法 1：采用式（5.50）来确定观测器的增益矩阵。由于该状态矩阵 $\boldsymbol{A}$ 已是能观测标准型，因此变换矩阵 $\boldsymbol{P}=(\boldsymbol{W}\boldsymbol{R})^{-1}=\boldsymbol{I}$。由于给定系统的特征方程为

$$|s\boldsymbol{I}-\boldsymbol{A}|=\begin{vmatrix}s & -20.6\\ -1 & s\end{vmatrix}=s^2-20.6=s^2+a_1s+a_2=0$$

因此

$$a_1=0,\quad a_2=-20.6$$

观测器的期望特征方程为

$$(s+1.8-\mathrm{j}2.4)(s+1.8+\mathrm{j}2.4)=s^2+3.6s+9=s^2+a_1^*s+a_2^*$$

因此

$$a_1^*=3.6,\quad a_2^*=9$$

故观测器增益矩阵 K_{e} 可由式（5.50）求得如下：

$$\boldsymbol{K}_{\mathrm{e}}=(\boldsymbol{W}\boldsymbol{R})^{-1}\begin{pmatrix}a_2^*-a_2\\ a_1^*-a_1\end{pmatrix}=\begin{pmatrix}1 & 0\\ 0 & 1\end{pmatrix}\begin{pmatrix}9+20.6\\ 3.6-0\end{pmatrix}=\begin{pmatrix}29.6\\ 3.6\end{pmatrix}$$

方法 2：参见式（5.31）

$$\dot{\boldsymbol{e}}=(\boldsymbol{A}-\boldsymbol{K}_{\mathrm{e}}\boldsymbol{C})=\boldsymbol{0}$$

定义

$$\boldsymbol{K}_{\mathrm{e}}=\begin{pmatrix}k_{\mathrm{e}1}\\ k_{\mathrm{e}2}\end{pmatrix}$$

则特征方程为

$$\left|\begin{pmatrix}s & 0\\ 0 & s\end{pmatrix}-\begin{pmatrix}0 & 20.6\\ 1 & 0\end{pmatrix}+\begin{pmatrix}k_{\mathrm{e}1}\\ k_{\mathrm{e}2}\end{pmatrix}(0 \quad 1)\right|=\begin{vmatrix}s & -20.6+k_{\mathrm{e}1}\\ -1 & s+k_{\mathrm{e}2}\end{vmatrix}$$

$$=s^2+k_{\mathrm{e}2}s-20.6+k_{\mathrm{e}1}=0 \tag{5.56}$$

由于所期望的特征方程为

$$s^2+3.6s+9=0$$

比较式（5.56）和上式，可得

$$k_{\mathrm{e}1}=29.6,\quad k_{\mathrm{e}2}=3.6$$

或

$$\boldsymbol{K}_{\mathrm{e}}=\begin{pmatrix}29.6\\ 3.6\end{pmatrix}$$

方法 3：采用由式（5.55）给出的艾克曼公式。

$$\boldsymbol{K}_{\mathrm{e}}=\boldsymbol{\phi}^*(\boldsymbol{A})\begin{pmatrix}\boldsymbol{C}\\ \boldsymbol{C}\boldsymbol{A}\end{pmatrix}^{-1}\begin{pmatrix}0\\ 1\end{pmatrix}$$

期望特征多项式为

$$\phi^*(s)=(s-\mu_1)(s-\mu_2)=s^2+3.6s+9$$

因此

$$\boldsymbol{\phi}^*(\boldsymbol{A})=\boldsymbol{A}^2+3.6\boldsymbol{A}+9\boldsymbol{I}$$

从而

$$\boldsymbol{K}_e=(\boldsymbol{A}^2+3.6\boldsymbol{A}+9\boldsymbol{I})\begin{pmatrix}0&1\\1&0\end{pmatrix}^{-1}\begin{pmatrix}0\\1\end{pmatrix}$$

$$=\begin{pmatrix}29.6&74.16\\3.6&29.6\end{pmatrix}\begin{pmatrix}0&1\\1&0\end{pmatrix}\begin{pmatrix}0\\1\end{pmatrix}$$

$$=\begin{pmatrix}29.6\\3.6\end{pmatrix}$$

当然，无论采用什么方法，所得的 $\boldsymbol{K}_e$ 是相同的。

全维状态观测器由式（5.51）给出为

$$\dot{\tilde{\boldsymbol{x}}}=(\boldsymbol{A}-\boldsymbol{K}_e\boldsymbol{C})\tilde{\boldsymbol{x}}+\boldsymbol{B}u+\boldsymbol{K}_e y$$

或者

$$\begin{pmatrix}\dot{\tilde{x}}_1\\\dot{\tilde{x}}_2\end{pmatrix}=\begin{pmatrix}0&-9\\1&-3.6\end{pmatrix}\begin{pmatrix}\tilde{x}_1\\\tilde{x}_2\end{pmatrix}+\begin{pmatrix}0\\1\end{pmatrix}u+\begin{pmatrix}29.6\\3.6\end{pmatrix}y$$

与极点配置的情况类似，如果系统阶数 $n\geqslant4$，则推荐方法 1 和 3，这是因为在采用方法 1 和 3 时，所有矩阵都可由计算机实现；而方法 2 总是需要手工计算包含未知参数 $k_{e1},k_{e2},\cdots,k_{en}$的特征方程。

5.5.9 观测器的引入对闭环系统的影响

在极点配置的设计过程中，假设真实状态 $\boldsymbol{x}(t)$ 可用于反馈。然而实际上，真实状态 $\boldsymbol{x}(t)$ 可能无法测量，所以必须设计一个观测器，并且将观测到的状态 $\tilde{\boldsymbol{x}}(t)$ 用于反馈，如图 5.3 所示。因此，该设计过程分为两个阶段，第一个阶段是确定反馈增益矩阵 $\boldsymbol{K}$，以产生所期望的特征方程；第二个阶段是确定观测器的增益矩阵 $\boldsymbol{K}_e$，以产生所期望的观测器特征方程。

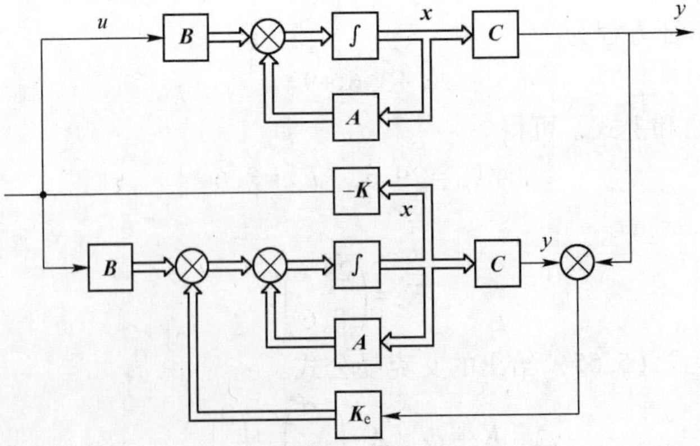

图 5.3　观测-状态反馈控制系统

现在不采用真实状态 $\boldsymbol{x}(t)$ 而采用观测状态$\tilde{\boldsymbol{x}}(t)$ 研究对闭环控制系统特征方程的影响。

考虑如下线性定常系统:

$$\begin{cases}\dot{\boldsymbol{x}}=\boldsymbol{A}\boldsymbol{x}+\boldsymbol{B}u\\ y=\boldsymbol{C}\boldsymbol{x}\end{cases}$$

且假定该系统状态完全能控和完全能观测。

对基于观测状态$\tilde{\boldsymbol{x}}$的状态反馈控制

$$u=-\boldsymbol{K}\tilde{\boldsymbol{x}}$$

利用该控制，状态方程为

$$\dot{\boldsymbol{x}}=\boldsymbol{A}\boldsymbol{x}-\boldsymbol{B}\boldsymbol{K}\tilde{\boldsymbol{x}}=(\boldsymbol{A}-\boldsymbol{B}\boldsymbol{K})\boldsymbol{x}+\boldsymbol{B}\boldsymbol{K}(\boldsymbol{x}-\tilde{\boldsymbol{x}}) \tag{5.57}$$

将真实状态 $\boldsymbol{x}(t)$ 和观测状态$\tilde{\boldsymbol{x}}(t)$ 的差定义为误差 $\boldsymbol{e}(t)$，即

$$\boldsymbol{e}(t)=\boldsymbol{x}(t)-\tilde{\boldsymbol{x}}(t)$$

将误差向量代入式（5.57），得

$$\dot{\boldsymbol{x}}=(\boldsymbol{A}-\boldsymbol{B}\boldsymbol{K})\boldsymbol{x}+\boldsymbol{B}\boldsymbol{K}_{\mathrm{e}} \tag{5.58}$$

注意，观测器的误差方程由式（5.31）给出，重写为

$$\dot{\boldsymbol{e}}=(\boldsymbol{A}-\boldsymbol{K}_{\mathrm{e}}\boldsymbol{C})\boldsymbol{e} \tag{5.59}$$

将式（5.58）和式（5.59）合并，可得

$$\begin{pmatrix}\dot{\boldsymbol{x}}\\ \dot{\boldsymbol{e}}\end{pmatrix}=\begin{pmatrix}\boldsymbol{A}-\boldsymbol{B}\boldsymbol{K} & \boldsymbol{B}\boldsymbol{K}\\ 0 & \boldsymbol{A}-\boldsymbol{K}_{\mathrm{e}}\boldsymbol{C}\end{pmatrix}\begin{pmatrix}\boldsymbol{x}\\ \boldsymbol{e}\end{pmatrix} \tag{5.60}$$

式（5.60）描述了观测-状态反馈控制系统的动态特性。该系统的特征方程为

$$\begin{vmatrix}s\boldsymbol{I}-\boldsymbol{A}+\boldsymbol{B}\boldsymbol{K} & -\boldsymbol{B}\boldsymbol{K}\\ 0 & s\boldsymbol{I}-\boldsymbol{A}+\boldsymbol{K}_{\mathrm{e}}\boldsymbol{C}\end{vmatrix}=0$$

或

$$|s\boldsymbol{I}-\boldsymbol{A}+\boldsymbol{B}\boldsymbol{K}|\,|s\boldsymbol{I}-\boldsymbol{A}+\boldsymbol{K}_{\mathrm{e}}\boldsymbol{C}|=0$$

注意，观测-状态反馈控制系统的闭环极点包括由极点配置单独设计产生的极点和由观测器单独设计产生的极点。这意味着，极点配置和观测器设计是相互独立的。它们可分别进行设计，合并为观测-状态反馈控制系统。注意，如果系统的阶次为 n，则观测器也是 n 阶的（如果采用全维状态观测器），并且整个闭环系统的特征方程为 $2n$ 阶的。

由状态反馈（极点配置）选择所产生的期望闭环极点，应使系统能满足性能要求。观测器极点的选取通常使得观测器响应比系统的响应快得多。一个经验法则是选择观测器的响应至少比系统的响应快 2~5 倍。因为观测器通常不是硬件结构，而是计算软件，所以它可以加快响应速度，使观测状态迅速收敛到真实状态，观测器的最大响应速度通常只受到控制系统中的噪声和灵敏性的限制。注意，由于在极点配置中，观测器极点位于所期望的闭环极点的左边，所以后者在响应中起主导作用。

5.5.10 控制器-观测器的传递函数

考虑如下线性定常系统:

$$\begin{cases}\dot{\boldsymbol{x}}=\boldsymbol{A}\boldsymbol{x}+\boldsymbol{B}u\\ y=\boldsymbol{C}\boldsymbol{x}\end{cases}$$

且假设该系统状态完全能观测，但 $\boldsymbol{x}$ 不能直接测量。又设采用观测-状态反馈控制为

$$u=-\boldsymbol{K}\tilde{\boldsymbol{x}} \tag{5.61}$$

如图 5.3 所示，则观测器方程为

$$\dot{\tilde{\boldsymbol{x}}}=(\boldsymbol{A}-\boldsymbol{K}_{\mathrm{e}}\boldsymbol{C})\tilde{\boldsymbol{x}}+\boldsymbol{B}u+\boldsymbol{K}_{\mathrm{e}}y \tag{5.62}$$

对式（5.61）取拉普拉斯变换

$$U(s)=-\boldsymbol{K}\widetilde{\boldsymbol{X}}(s) \tag{5.63}$$

由式（5.62）定义的观测器方程的拉普拉斯变换为

$$s\widetilde{\boldsymbol{X}}(s)=(\boldsymbol{A}-\boldsymbol{K}_{\mathrm{e}}\boldsymbol{C})\widetilde{\boldsymbol{X}}(s)+\boldsymbol{B}U(s)+\boldsymbol{K}_{\mathrm{e}}Y(s) \tag{5.64}$$

设初始观测状态为零，即 $\tilde{\boldsymbol{x}}(0)=\boldsymbol{0}$。将式（5.63）代入式（5.64），并对 $\widetilde{\boldsymbol{X}}(s)$ 求解，可得

$$\widetilde{\boldsymbol{X}}(s)=(s\boldsymbol{I}-\boldsymbol{A}+\boldsymbol{K}_{\mathrm{e}}\boldsymbol{C}+\boldsymbol{B}\boldsymbol{K})^{-1}\boldsymbol{K}_{\mathrm{e}}Y(s) \tag{5.65}$$

将上述方程代入式（5.63），可得

$$U(s)=-\boldsymbol{K}(s\boldsymbol{I}-\boldsymbol{A}+\boldsymbol{K}_{\mathrm{e}}\boldsymbol{C}+\boldsymbol{B}\boldsymbol{K})^{-1}\boldsymbol{K}_{\mathrm{e}}Y(s)$$

这里在讨论时，u 和 y 均为标量。式（5.65）给出了 $U(s)$ 和 $-Y(s)$ 之间的传递函数。图 5.4 为该系统的框图。注意，控制器的传递函数为

$$\frac{U(s)}{-Y(s)}=\boldsymbol{K}(s\boldsymbol{I}-\boldsymbol{A}+\boldsymbol{K}_{\mathrm{e}}\boldsymbol{C}+\boldsymbol{B}\boldsymbol{K})^{-1}\boldsymbol{K}_{\mathrm{e}} \tag{5.66}$$

因此，通常称此传递函数为控制器-观测器传递函数。

$$\boldsymbol{K}(s\boldsymbol{I}-\boldsymbol{A}+\boldsymbol{K}_{\mathrm{e}}\boldsymbol{C}+\boldsymbol{B}\boldsymbol{K})^{-1}\boldsymbol{K}_{\mathrm{e}}$$

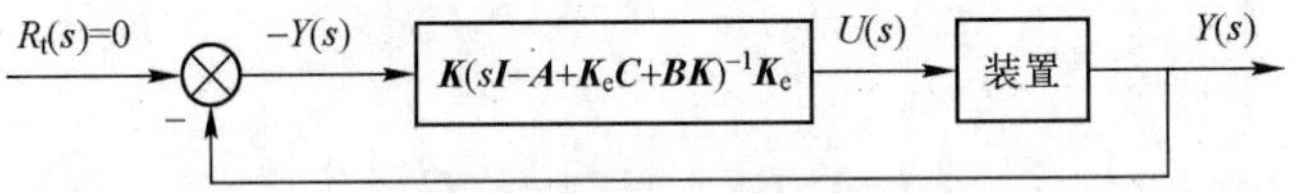

图 5.4　具有控制器-观测器系统的框图

例 5.3　考虑下列系统的调节器系统设计：

$$\begin{cases}\dot{\boldsymbol{x}}=\boldsymbol{A}\boldsymbol{x}+\boldsymbol{B}u & (5.67)\\ y=\boldsymbol{C}\boldsymbol{x} & (5.68)\end{cases}$$

式中

$$\boldsymbol{A}=\begin{pmatrix}0 & 1\\ 20.6 & 0\end{pmatrix},\quad \boldsymbol{B}=\begin{pmatrix}0\\ 1\end{pmatrix},\quad \boldsymbol{C}=(1\quad 0)$$

解　假设采用极点配置方法来设计该系统，并使其闭环极点为 $s=\mu_i(i=1,2)$，其中 $\mu_1=-1.8+\mathrm{j}2.4$，$\mu_2=-1.8-\mathrm{j}2.4$。在此情况下，可得状态反馈增益矩阵 $\boldsymbol{K}$ 为

$$\boldsymbol{K}=(29.6\quad 3.6)$$

采用该状态反馈增益矩阵 $\boldsymbol{K}$，可得控制输入 u 为

$$u=-\boldsymbol{K}\boldsymbol{x}=-(29.6\quad 3.6)\begin{pmatrix}x_1\\ x_2\end{pmatrix}$$

假设采用观测-状态反馈控制替代真实状态反馈控制，即

$$u=-\boldsymbol{K}\widetilde{\boldsymbol{x}}=-(29.6\quad 3.6)\begin{pmatrix}\widetilde{x}_1\\ \widetilde{x}_2\end{pmatrix}$$

式中，观测器增益矩阵的特征值选择为

$$\mu_1=\mu_2=8$$

现求观测器增益矩阵 $\boldsymbol{K}_e$。并画出观测-状态反馈控制系统的框图。再求该控制器-观测器的传递函数 $U(s)/[-Y(s)]$，并画出系统的框图。

对于由式（5.67）定义的系统，其特征多项式为

$$|s\boldsymbol{I}-\boldsymbol{A}|=\begin{vmatrix}s & -1\\ -20.6 & s\end{vmatrix}=s^2-20.6=s^2+a_1s+a_2$$

因此

$$a_1=0,\quad a_2=-20.6$$

该观测器的期望特征方程为

$$\begin{aligned}(s-\mu_2)(s-\mu_2)&=(s+8)(s+8)=s^2+16s+64\\ &=s^2+a_1^*s+a_2^*\end{aligned}$$

因此

$$a_1^*=16,\quad a_2^*=64$$

为了确定观测器增益矩阵，利用式（5.50），则有

$$\boldsymbol{K}_e=(\boldsymbol{W}\boldsymbol{R})^{-1}\begin{pmatrix}a_2^*-a_2\\ a_1^*-a_1\end{pmatrix}$$

式中

$$\boldsymbol{R}^{\mathrm{T}}=(\boldsymbol{C}^{\mathrm{T}}\ \vdots\ \boldsymbol{A}^{\mathrm{T}}\boldsymbol{C}^{\mathrm{T}})=\begin{pmatrix}1 & 0\\ 0 & 1\end{pmatrix}$$

$$\boldsymbol{W}=\begin{pmatrix}a_1 & 1\\ 1 & 0\end{pmatrix}=\begin{pmatrix}0 & 1\\ 1 & 0\end{pmatrix}$$

因此

$$\begin{aligned}\boldsymbol{K}_e&=\left\{\begin{pmatrix}0 & 1\\ 1 & 0\end{pmatrix}\begin{pmatrix}1 & 0\\ 0 & 1\end{pmatrix}\right\}^{-1}\begin{pmatrix}64+20.6\\ 16-0\end{pmatrix}\\ &=\begin{pmatrix}0 & 1\\ 1 & 0\end{pmatrix}\begin{pmatrix}84.6\\ 16\end{pmatrix}=\begin{pmatrix}16\\ 84.6\end{pmatrix}\end{aligned}\qquad(5.69)$$

式（5.69）给出了观测器增益矩阵 $\boldsymbol{K}_e$。观测器的方程由式（5.51）定义，即

$$\dot{\widetilde{\boldsymbol{x}}}=(\boldsymbol{A}-\boldsymbol{K}_e\boldsymbol{C})\widetilde{\boldsymbol{x}}+\boldsymbol{B}u+\boldsymbol{K}_e y\qquad(5.70)$$

由于

$$u=-\boldsymbol{K}\widetilde{\boldsymbol{x}}$$

所以，式（5.70）为

$$\dot{\widetilde{\boldsymbol{x}}}=(\boldsymbol{A}-\boldsymbol{K}_e\boldsymbol{C}-\boldsymbol{B}\boldsymbol{K})\widetilde{\boldsymbol{x}}+\boldsymbol{K}_e y$$

或

$$\begin{pmatrix}\dot{\tilde{\boldsymbol{x}}}_1\\ \dot{\tilde{\boldsymbol{x}}}_2\end{pmatrix}=\left\{\begin{pmatrix}0 & 1\\ 20.6 & 0\end{pmatrix}-\begin{pmatrix}16\\ 84.6\end{pmatrix}(1\quad 0)-\begin{pmatrix}0\\ 1\end{pmatrix}(29.6\quad 3.6)\right\}\begin{pmatrix}\tilde{x}_1\\ \tilde{x}_2\end{pmatrix}+\begin{pmatrix}16\\ 84.6\end{pmatrix}y$$

$$=\begin{pmatrix}-16 & 1\\ -93.6 & -3.6\end{pmatrix}\begin{pmatrix}\tilde{x}_1\\ \tilde{x}_2\end{pmatrix}+\begin{pmatrix}16\\ 84.6\end{pmatrix}y$$

具有观测-状态反馈的系统框图如图 5.3 所示。

参照式（5.66），控制器-观测器的传递函数为

$$\frac{U(s)}{-Y(s)}=\boldsymbol{K}(s\boldsymbol{I}-\boldsymbol{A}+\boldsymbol{K}_{\mathrm{e}}\boldsymbol{C}+\boldsymbol{B}\boldsymbol{K})^{-1}\boldsymbol{K}_{\mathrm{e}}$$

$$=(29.6\quad 3.6)\begin{pmatrix}s+16 & -1\\ 93.6 & s+3.6\end{pmatrix}^{-1}\begin{pmatrix}16\\ 84.6\end{pmatrix}$$

$$=\frac{778.16s+3690.72}{s^2+19.6s+151.2}$$

该系统的框图如图 5.4 所示。

设计的观测-状态反馈控制系统的动态特性由下列方程描述。对于系统

$$\begin{pmatrix}\dot{x}_1\\ \dot{x}_2\end{pmatrix}=\begin{pmatrix}0 & 1\\ 20.6 & 0\end{pmatrix}\begin{pmatrix}x_1\\ x_2\end{pmatrix}+\begin{pmatrix}0\\ 1\end{pmatrix}u$$

$$y=(1\quad 0)\begin{pmatrix}x_1\\ x_2\end{pmatrix}$$

$$u=-(29.6\quad 3.6)\begin{pmatrix}\tilde{x}_1\\ \tilde{x}_2\end{pmatrix}$$

对于观测器

$$\begin{pmatrix}\dot{\tilde{x}}_1\\ \dot{\tilde{x}}_2\end{pmatrix}=\begin{pmatrix}-16 & 1\\ -93.6 & -3.6\end{pmatrix}\begin{pmatrix}\tilde{x}_1\\ \tilde{x}_2\end{pmatrix}+\begin{pmatrix}16\\ 84.6\end{pmatrix}y$$

作为整体而言，该系统是 4 阶的，其系统特征方程为

$$|s\boldsymbol{I}-\boldsymbol{A}+\boldsymbol{B}\boldsymbol{K}||s\boldsymbol{I}-\boldsymbol{A}+\boldsymbol{K}_{\mathrm{e}}\boldsymbol{C}|=(s^2+3.6s+9)(s^2+16s+64)$$

$$=s^4+19.6s^3+130.6s^2+374.4s+576=0$$

该特征方程也可由图 5.3 所示的系统框图得到。由于闭环传递函数为

$$\frac{Y(s)}{R(s)}=\frac{778.16s+3690.72}{(s^2+19.6s+151.2)(s^2-20.6)+778.16s+3690.72}$$

则特征方程为

$$(s^2+19.6s+151.2)(s^2-20.6)+778.16s+3690.72$$

$$=s^4+19.6s^3+130.6s^2+374.4s+576=0$$

事实上，该系统的特征方程对于状态空间表达式和传递函数表达式是相同的。

5.5.11 最小阶观测器

迄今为止，我们所讨论的观测器设计都是重构所有的状态变量。实际上，有一些状态变

量可以准确测量。对这些可准确测量的状态变量就不必估计了。

假设状态向量 $\boldsymbol{x}$ 为 n 维向量，输出向量 $\boldsymbol{y}$ 为可量测的 m 维向量。由于 m 个输出变量是状态变量的线性组合，所以 m 个状态变量就不必进行估计，只需估计 $n-m$ 个状态变量即可，因此，该降维观测器为 $n-m$ 阶观测器。这样的 $n-m$ 阶观测器就是最小阶观测器。图 5.5 所示为具有最小阶观测器系统的框图。

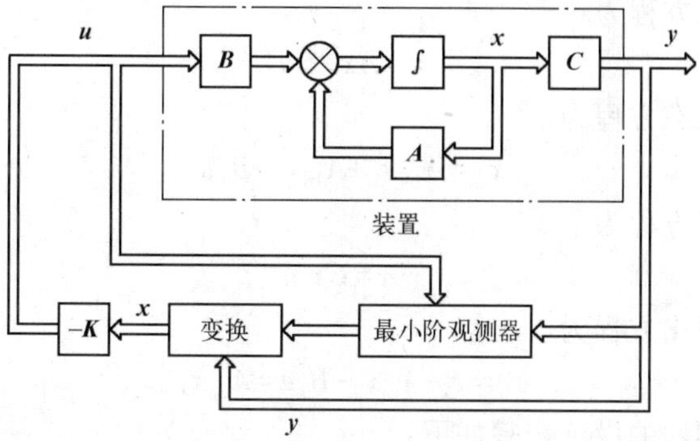

图 5.5　具有最小阶观测器的观测-状态反馈控制系统框图

如果输出变量的测量中含有严重的噪声，且相对而言较不准确，那么利用全维观测器可以得到更好的系统性能。

为了介绍最小阶观测器的基本概念，又不涉及过于复杂的数学推导，这里仅介绍输出为标量（即 $m1$）的情况，并推导最小阶观测器的状态方程。考虑系统

$$\begin{cases}\dot{\boldsymbol{x}}=\boldsymbol{A}\boldsymbol{x}+\boldsymbol{B}u\\ y=\boldsymbol{C}\boldsymbol{x}\end{cases}$$

式中，状态向量 $\boldsymbol{x}$ 可划分为 x_{a}（标量）和 $\boldsymbol{x}_{\mathrm{b}}$（$n-1$ 维向量）两部分。这里，状态变量 x_{a} 等于输出 y，因而可直接量测，而 $\boldsymbol{x}_{\mathrm{b}}$ 是状态向量的不可量测部分。于是，经过划分的状态方程和输出方程为

$$\begin{pmatrix}\dot{x}_{\mathrm{a}}\\ \dot{\boldsymbol{x}}_{\mathrm{b}}\end{pmatrix}=\begin{pmatrix}\boldsymbol{A}_{\mathrm{aa}} & \boldsymbol{A}_{\mathrm{ab}}\\ \boldsymbol{A}_{\mathrm{ba}} & \boldsymbol{A}_{\mathrm{bb}}\end{pmatrix}\begin{pmatrix}x_{\mathrm{a}}\\ \boldsymbol{x}_{\mathrm{b}}\end{pmatrix}+\begin{pmatrix}B_{\mathrm{a}}\\ \boldsymbol{B}_{\mathrm{b}}\end{pmatrix}u \tag{5.71}$$

$$y=(1\quad 0)\begin{pmatrix}x_{\mathrm{a}}\\ \boldsymbol{x}_{\mathrm{b}}\end{pmatrix} \tag{5.72}$$

式中，$A_{\mathrm{aa}}\in\mathbf{R}^{1\times1}$，$\boldsymbol{A}_{\mathrm{ab}}\in\mathbf{R}^{1\times(n-1)}$，$\boldsymbol{A}_{\mathrm{ba}}\in\mathbf{R}^{(n-1)\times1}$，$\boldsymbol{A}_{\mathrm{bb}}\in\mathbf{R}^{(n-1)\times(n-1)}$，$B_{\mathrm{a}}\in\mathbf{R}^{1\times1}$，$\boldsymbol{B}_{\mathrm{b}}\in\mathbf{R}^{(n-1)\times1}$。

由式（5.71），状态可测部分的状态方程为

$$\dot{x}_{\mathrm{a}}=A_{\mathrm{aa}}x_{\mathrm{a}}+\boldsymbol{A}_{\mathrm{ab}}\boldsymbol{x}_{\mathrm{b}}+B_{\mathrm{a}}u$$

或

$$\dot{x}_{\mathrm{a}}-A_{\mathrm{aa}}x_{\mathrm{a}}-B_{\mathrm{a}}u=\boldsymbol{A}_{\mathrm{ab}}\boldsymbol{x}_{\mathrm{b}} \tag{5.73}$$

式（5.73）左端各项是可量测的。式（5.73）可看作输出方程。在设计最小阶观测器时，可认为式（5.73）左端是已知量。因此，式（5.73）可将状态的可量测和不可量测部分联系起来。

由式（5.71），对于状态的不能量测部分

$$\dot{\boldsymbol{x}}_b = \boldsymbol{A}_{ba} x_a + \boldsymbol{A}_{bb} \boldsymbol{x}_b + \boldsymbol{B}_b u \tag{5.74}$$

注意，$\boldsymbol{A}_{ba} x_a$ 和 $\boldsymbol{B}_b u$ 这两项是已知量，式（5.74）为状态的不可量测部分的状态方程。

下面介绍设计最小阶观测器的一种方法。如果采用全维状态观测器的设计方法，则最小阶观测器的设计步骤可以简化。

现比较全维观测器的状态空间表达式和最小阶观测器的状态空间表达式。

全维观测器的状态方程为

$$\dot{\boldsymbol{x}} = \boldsymbol{A}\boldsymbol{x} + \boldsymbol{B}u$$

最小阶观测器的状态方程为

$$\dot{\boldsymbol{x}}_b = \boldsymbol{A}_{bb} \boldsymbol{x}_b + \boldsymbol{A}_{ba} x_a + \boldsymbol{B}_b u$$

全维观测器的输出方程为

$$y = \boldsymbol{C}\boldsymbol{x}$$

最小阶观测器的输出方程为

$$y_b = \dot{x}_a - A_{aa} x_a - B_a u = \boldsymbol{A}_{ab} \boldsymbol{x}_b$$

因此，最小阶观测器的设计步骤如下：

首先，注意到全维观测器由式（5.51）给出，将其重写为

$$\dot{\tilde{\boldsymbol{x}}} = (\boldsymbol{A} - \boldsymbol{K}_e \boldsymbol{C}) \tilde{\boldsymbol{x}} + \boldsymbol{B}u + \boldsymbol{K}_e y \tag{5.75}$$

然后，将表 5.1 所做的替换代入式（5.75），可得

$$\dot{\tilde{\boldsymbol{x}}}_b = (\boldsymbol{A}_{bb} - \boldsymbol{K}_e \boldsymbol{A}_{ab}) \tilde{\boldsymbol{x}}_b + \boldsymbol{A}_{ba} x_a + \boldsymbol{B}_b u + \boldsymbol{K}_e (\dot{x}_a - A_{aa} x_a - B_a u) \tag{5.76}$$

式中，状态观测器增益矩阵 $\boldsymbol{K}_e$ 是 $(n-1)\times 1$ 维矩阵。在式（5.76）中，注意到为估计 $\tilde{\boldsymbol{x}}_b$，需对 x_a 微分，这是不希望的，因此有必要修改式（5.76）。

表 5.1　式（5.76）的最小阶状态观测器方程所做的替换

全维状态观测器	最小阶状态观测器
$\tilde{\boldsymbol{x}}$	$\tilde{\boldsymbol{x}}_b$
$\boldsymbol{A}$	$\boldsymbol{A}_{bb}$
$\boldsymbol{B}u$	$\boldsymbol{A}_{ba} x_a + \boldsymbol{B}_b u$
y	$\dot{x}_a - A_{aa} x_a - B_a u$
$\boldsymbol{C}$	$\boldsymbol{A}_{ab}$
$\boldsymbol{K}_e$（$n\times 1$ 矩阵）	$\boldsymbol{K}_e$[$(n-1)\times 1$ 矩阵]

注意到 $x_a = y$，将式（5.76）重写如下，可得

$$\begin{aligned}\dot{\tilde{\boldsymbol{x}}}_b - \boldsymbol{K}_e \dot{x}_a &= (\boldsymbol{A}_{bb} - \boldsymbol{K}_e \boldsymbol{A}_{ab}) \bar{\boldsymbol{x}}_b + (\boldsymbol{A}_{ba} - \boldsymbol{K}_e A_{aa}) y + (\boldsymbol{B}_b - \boldsymbol{K}_e B_a) u \\ &= (\boldsymbol{A}_{bb} - \boldsymbol{K}_e \boldsymbol{A}_{ab})(\bar{\boldsymbol{x}}_b - \boldsymbol{K}_e y) + [(\boldsymbol{A}_{bb} - \boldsymbol{K}_e \boldsymbol{A}_{ab}) \boldsymbol{K}_e + \boldsymbol{A}_{ba} - \boldsymbol{K}_e A_{aa}] y + \\ &\quad (\boldsymbol{B}_b - \boldsymbol{K}_e B_a) u \end{aligned} \tag{5.77}$$

定义

$$\boldsymbol{x}_b - \boldsymbol{K}_e y = \boldsymbol{x}_b - \boldsymbol{K}_e x_a = \boldsymbol{\eta}$$

及

$$\bar{\boldsymbol{x}}_b - \boldsymbol{K}_e y = \bar{\boldsymbol{x}}_b - \boldsymbol{K}_e x_a = \tilde{\boldsymbol{\eta}} \tag{5.78}$$

则式（5.77）成为

$$\dot{\tilde{\boldsymbol{\eta}}}=(\boldsymbol{A}_{\mathrm{bb}}-\boldsymbol{K}_{\mathrm{e}}\boldsymbol{A}_{\mathrm{ab}})\tilde{\boldsymbol{\eta}}+[(\boldsymbol{A}_{\mathrm{bb}}-\boldsymbol{K}_{\mathrm{e}}\boldsymbol{A}_{\mathrm{ab}})\boldsymbol{K}_{\mathrm{e}}+\boldsymbol{A}_{\mathrm{ba}}-\boldsymbol{K}_{\mathrm{e}}A_{\mathrm{aa}}]y+(\boldsymbol{B}_{\mathrm{b}}-\boldsymbol{K}_{\mathrm{e}}B_{\mathrm{a}})u \tag{5.79}$$

从而式（5.79）和式（5.78）一起确定了最小阶观测器。

下面推导观测器的误差方程。利用式（5.73），将式（5.76）改写为

$$\dot{\bar{\boldsymbol{x}}}_{\mathrm{b}}=(\boldsymbol{A}_{\mathrm{bb}}-\boldsymbol{K}_{\mathrm{e}}\boldsymbol{A}_{\mathrm{ab}})\bar{\boldsymbol{x}}_{\mathrm{b}}+\boldsymbol{A}_{\mathrm{ba}}x_{\mathrm{a}}+\boldsymbol{B}_{\mathrm{b}}u+\boldsymbol{K}_{\mathrm{e}}\boldsymbol{A}_{\mathrm{ab}}\boldsymbol{x}_{\mathrm{b}} \tag{5.80}$$

用式（5.80）减去式（5.74），可得

$$\dot{\boldsymbol{x}}_{\mathrm{b}}-\dot{\bar{\boldsymbol{x}}}_{\mathrm{b}}=(\boldsymbol{A}_{\mathrm{bb}}-\boldsymbol{K}_{\mathrm{e}}\boldsymbol{A}_{\mathrm{ab}})(\boldsymbol{x}_{\mathrm{b}}-\bar{\boldsymbol{x}}_{\mathrm{b}}) \tag{5.81}$$

定义

$$\boldsymbol{e}=\boldsymbol{x}_{\mathrm{b}}-\bar{\boldsymbol{x}}_{\mathrm{b}}=\boldsymbol{\eta}-\tilde{\boldsymbol{\eta}}$$

于是，式（5.81）为

$$\dot{\boldsymbol{e}}=(\boldsymbol{A}_{\mathrm{bb}}-\boldsymbol{K}_{\mathrm{e}}\boldsymbol{A}_{\mathrm{ab}})\boldsymbol{e} \tag{5.82}$$

这就是最小阶观测器的误差方程。注意，$\boldsymbol{e}$ 是 $n-1$ 维向量。

如果矩阵

$$\begin{pmatrix}\boldsymbol{A}_{\mathrm{ab}}\\ \boldsymbol{A}_{\mathrm{ab}}\boldsymbol{A}_{\mathrm{bb}}\\ \vdots\\ \boldsymbol{A}_{\mathrm{ab}}\boldsymbol{A}_{\mathrm{bb}}^{n-2}\end{pmatrix}$$

的秩为 $n-1$（这是用于最小阶观测器的完全能观测性条件），则仿照在全维观测器设计中提出的方法，可选定最小阶观测器的误差状态方程。

由式（5.82）得到的最小阶观测器的期望特征方程为

$$\begin{aligned}|s\boldsymbol{I}-\boldsymbol{A}_{\mathrm{bb}}+\boldsymbol{K}_{\mathrm{e}}\boldsymbol{A}_{\mathrm{ab}}|&=(s-\mu_1)(s-\mu_2)\cdots(s-\mu_{n-1})\\&=s^{n-1}+\hat{a}_1^*s^{n-2}+\cdots+\hat{a}_{n-2}^*s+\hat{a}_{n-1}^*=0\end{aligned} \tag{5.83}$$

式中，μ_1，μ_2，…，μ_{n-1}是最小阶观测器的期望特征值。观测器的增益矩阵 $\boldsymbol{K}_{\mathrm{e}}$ 确定如下：首先选择最小阶观测的期望特征值［即将式（5.83）的根置于所期望的位置］，然后采用在全维观测器设计中提出并经过适当修改的方法。例如，若采用由式（5.50）给出的确定矩阵 $\boldsymbol{K}_{\mathrm{e}}$ 的公式，则应将其修改为

$$\boldsymbol{K}_{\mathrm{e}}=(\hat{\boldsymbol{W}}\hat{\boldsymbol{R}})^{-1}\begin{pmatrix}\hat{a}_{n-1}^*-\hat{a}_{n-1}\\ \hat{a}_{n-2}^*-\hat{a}_{n-2}\\ \vdots\\ \hat{a}_1^*-\hat{a}_1\end{pmatrix} \tag{5.84}$$

式中，$\boldsymbol{K}_{\mathrm{e}}$ 是$(n-1)\times1$ 维矩阵，并且

$$\hat{\boldsymbol{R}}^{\mathrm{T}}=(\boldsymbol{A}_{\mathrm{ab}}^{\mathrm{T}}\quad \boldsymbol{A}_{\mathrm{bb}}^{\mathrm{T}}\boldsymbol{A}_{\mathrm{ab}}^{\mathrm{T}}\quad\cdots\quad(\boldsymbol{A}_{\mathrm{bb}}^{\mathrm{T}})^{n-2}\boldsymbol{A}_{\mathrm{ab}}^{\mathrm{T}})$$

$$\hat{\boldsymbol{W}}=\begin{pmatrix}\hat{a}_{n-2}&\hat{a}_{n-3}&\cdots&\hat{a}_1&1\\ \hat{a}_{n-3}&\hat{a}_{n-4}&\cdots&1&0\\ \vdots&\vdots&&\vdots&\vdots\\ \hat{a}_1&1&\cdots&0&0\\ 1&0&\cdots&0&0\end{pmatrix}$$

这里，$\hat{\boldsymbol{R}}^{\mathrm{T}}$、$\hat{\boldsymbol{W}}$均为$(n-1)\times(n-1)$维矩阵。注意，$\hat{a}_1,\hat{a}_2,\cdots,\hat{a}_{n-2}$是如下特征方程的系数：

$$|s\boldsymbol{I}-\boldsymbol{A}_{\mathrm{bb}}|=s^{n-1}+\hat{a}_1 s^{n-2}+\cdots+\hat{a}_{n-2}s+\hat{a}_{n-1}=0$$

同样，如果采用式（5.55）给出的艾克曼公式，则应将其修改为

$$\boldsymbol{K}_{\mathrm{e}}=\hat{\boldsymbol{\phi}}^*(\boldsymbol{A}_{\mathrm{bb}})\begin{pmatrix}\boldsymbol{A}_{\mathrm{ab}}\\ \boldsymbol{A}_{\mathrm{ab}}\boldsymbol{A}_{\mathrm{bb}}\\ \vdots\\ \boldsymbol{A}_{\mathrm{ab}}\boldsymbol{A}_{\mathrm{bb}}^{n-3}\\ \boldsymbol{A}_{\mathrm{ab}}\boldsymbol{A}_{\mathrm{bb}}^{n-2}\end{pmatrix}^{-1}\begin{pmatrix}0\\0\\ \vdots\\0\\1\end{pmatrix} \tag{5.85}$$

式中

$$\hat{\boldsymbol{\phi}}^*(\boldsymbol{A}_{\mathrm{bb}})=\boldsymbol{A}_{\mathrm{bb}}^{n-1}+\hat{a}_1^*\boldsymbol{A}_{\mathrm{bb}}^{n-2}+\cdots+\hat{a}_{n-2}^*\boldsymbol{A}_{\mathrm{bb}}+\hat{a}_{n-1}^*\boldsymbol{I}$$

例 5.4 考虑系统

$$\begin{cases}\dot{\boldsymbol{x}}=\boldsymbol{A}\boldsymbol{x}+\boldsymbol{B}u\\ y=\boldsymbol{C}\boldsymbol{x}\end{cases}$$

式中

$$\boldsymbol{A}=\begin{pmatrix}0&1&0\\0&0&1\\-6&-11&-6\end{pmatrix},\quad \boldsymbol{B}=\begin{pmatrix}0\\0\\1\end{pmatrix},\quad \boldsymbol{C}=(1\quad 0\quad 0)$$

假设输出 y 可准确量测，因此状态变量 x_1（等于 y）不需估计。设计一个最小阶观测器（该最小阶观测器是二阶的）。此外，假设最小阶观测器的期望特征值为

$$\mu_1=-2+\mathrm{j}2\sqrt{3},\quad \mu_2=-2-\mathrm{j}2\sqrt{3}$$

解 参照式（5.83），该最小阶观测器的特征方程为

$$\begin{aligned}|s\boldsymbol{I}-\boldsymbol{A}_{\mathrm{bb}}+\boldsymbol{K}_{\mathrm{e}}\boldsymbol{A}_{\mathrm{ab}}|&=(s-\mu_1)(s-\mu_2)\\&=(s+2-\mathrm{j}2\sqrt{3})(s+2+\mathrm{j}2\sqrt{3})\\&=s^2+4s+16=0\end{aligned}$$

下面采用由式（5.85）给出的艾克曼公式来确定 $\boldsymbol{K}_{\mathrm{e}}$。

$$\boldsymbol{K}_{\mathrm{e}}=\hat{\boldsymbol{\phi}}^*(\boldsymbol{A}_{\mathrm{bb}})\begin{pmatrix}\boldsymbol{A}_{\mathrm{ab}}\\ \boldsymbol{A}_{\mathrm{ab}}\boldsymbol{A}_{\mathrm{bb}}\end{pmatrix}^{-1}\begin{pmatrix}0\\1\end{pmatrix} \tag{5.86}$$

式中

$$\hat{\boldsymbol{\phi}}^*(\boldsymbol{A}_{\mathrm{bb}})=\boldsymbol{A}_{\mathrm{bb}}^2+\hat{a}_1^*\boldsymbol{A}_{\mathrm{bb}}+\hat{a}_2^*\boldsymbol{I}=\boldsymbol{A}_{\mathrm{bb}}^2+4\boldsymbol{A}_{\mathrm{bb}}+16\boldsymbol{I}$$

由于

$$x=\begin{pmatrix}x_{\mathrm{a}}\\ \boldsymbol{x}_{\mathrm{b}}\end{pmatrix}=\begin{pmatrix}x_1\\x_2\\x_3\end{pmatrix},\quad \boldsymbol{A}=\begin{pmatrix}0&1&0\\0&0&1\\-6&-11&-6\end{pmatrix},\quad \boldsymbol{B}=\begin{pmatrix}0\\0\\1\end{pmatrix}$$

可得

$$A_{\mathrm{aa}}=0,\quad \boldsymbol{A}_{\mathrm{ab}}=(1\quad 0),\quad \boldsymbol{A}_{\mathrm{ba}}=\begin{pmatrix}0\\-6\end{pmatrix}$$

$$\boldsymbol{A}_{bb}=\begin{pmatrix}0 & 1\\ -11 & -6\end{pmatrix},\quad B_a=0,\quad \boldsymbol{B}_b=\begin{pmatrix}0\\1\end{pmatrix}$$

式（5.86）为

$$\boldsymbol{K}_e=\left\{\begin{pmatrix}0 & 1\\ -11 & -6\end{pmatrix}^2+4\begin{pmatrix}0 & 1\\ -11 & -6\end{pmatrix}+16\begin{pmatrix}1 & 0\\ 0 & 1\end{pmatrix}\right\}\begin{pmatrix}1 & 0\\ 0 & 1\end{pmatrix}^{-1}\begin{pmatrix}0\\1\end{pmatrix}$$
$$=\begin{pmatrix}5 & -2\\ 22 & 17\end{pmatrix}\begin{pmatrix}0\\1\end{pmatrix}=\begin{pmatrix}-2\\17\end{pmatrix}$$

参照式（5.78）和式（5.79），最小阶观测器的方程为

$$\dot{\tilde{\boldsymbol{\eta}}}=(\boldsymbol{A}_{bb}-\boldsymbol{K}_e\boldsymbol{A}_{ab})\tilde{\boldsymbol{\eta}}+[(\boldsymbol{A}_{bb}-\boldsymbol{K}_e\boldsymbol{A}_{ab})\boldsymbol{K}_e+\boldsymbol{A}_{ba}-\boldsymbol{K}_eA_{aa}]y+(\boldsymbol{B}_b-\boldsymbol{K}_eB_a)u \tag{5.87}$$

式中

$$\tilde{\boldsymbol{\eta}}=\bar{\boldsymbol{x}}_b-\boldsymbol{K}_ey=\bar{\boldsymbol{x}}_b-\boldsymbol{K}_ex_1$$

注意到

$$\boldsymbol{A}_{bb}-\boldsymbol{K}_e\boldsymbol{A}_{ab}=\begin{pmatrix}0 & 1\\ -11 & -6\end{pmatrix}-\begin{pmatrix}-2\\17\end{pmatrix}(1\quad 0)=\begin{pmatrix}2 & 1\\ -28 & -6\end{pmatrix}$$

最小阶观测器的式（5.87）为

$$\begin{pmatrix}\dot{\tilde{\eta}}_2\\ \dot{\tilde{\eta}}_3\end{pmatrix}=\begin{pmatrix}2 & 1\\ -28 & -6\end{pmatrix}\begin{pmatrix}\tilde{\eta}_2\\ \tilde{\eta}_3\end{pmatrix}+\left\{\begin{pmatrix}2 & 1\\ -28 & -6\end{pmatrix}\begin{pmatrix}-2\\17\end{pmatrix}+\begin{pmatrix}0\\-6\end{pmatrix}-\begin{pmatrix}-2\\17\end{pmatrix}0\right\}y+\left\{\begin{pmatrix}0\\1\end{pmatrix}-\begin{pmatrix}-2\\17\end{pmatrix}0\right\}u$$

或

$$\begin{pmatrix}\dot{\tilde{\eta}}_2\\ \dot{\tilde{\eta}}_3\end{pmatrix}=\begin{pmatrix}2 & 1\\ -28 & -6\end{pmatrix}\begin{pmatrix}\tilde{\eta}_2\\ \tilde{\eta}_3\end{pmatrix}+\begin{pmatrix}13\\-52\end{pmatrix}y+\begin{pmatrix}0\\1\end{pmatrix}u$$

式中

$$\begin{pmatrix}\tilde{\eta}_2\\ \tilde{\eta}_3\end{pmatrix}=\begin{pmatrix}\bar{x}_2\\ \bar{x}_3\end{pmatrix}-\boldsymbol{K}_ey$$

或

$$\begin{pmatrix}\tilde{x}_2\\ \tilde{x}_3\end{pmatrix}=\begin{pmatrix}\tilde{\eta}_2\\ \tilde{\eta}_3\end{pmatrix}+\boldsymbol{K}_ex_1$$

如果采用观测-状态反馈，则控制输入为

$$u=-\boldsymbol{K}\tilde{\boldsymbol{x}}=-\boldsymbol{K}\begin{pmatrix}x_1\\ \tilde{x}_2\\ \tilde{x}_3\end{pmatrix}$$

式中，$\boldsymbol{K}$ 为状态反馈增益矩阵（矩阵 $\boldsymbol{K}$ 不是在本例中确定的）。

5.5.12 具有最小阶观测器的观测-状态反馈控制系统

对于具有全维状态观测器的观测-状态反馈控制系统，前面已经指出，其闭环极点包括由极点配置设计单独给出的极点，以及由观测器设计单独给出的极点。因此，极点配置设计和全阶观测器设计是相互独立的。

对于具有最小阶观测器的观测-状态反馈控制系统，可运用同样的结论。该系统的特征方程可推导为

$$|s\boldsymbol{I}-\boldsymbol{A}+\boldsymbol{B}\boldsymbol{K}||s\boldsymbol{I}-\boldsymbol{A}_{bb}+\boldsymbol{K}_e\boldsymbol{A}_{ab}|=0 \tag{5.88}$$

具有最小阶观测器的观测-状态反馈控制系统的闭环极点，包括由极点配置的闭环极点（矩阵 $\boldsymbol{A}-\boldsymbol{B}\boldsymbol{K}$ 的特征值）和由最小阶观测器的闭环极点（矩阵 $\boldsymbol{A}_{bb}-\boldsymbol{K}_e\boldsymbol{A}_{ab}$）两部分组成。因此，极点配置设计和最小阶观测器设计是互相独立的。这就是所谓的极点配置与最小阶观测器设计的**分离性原理**。

5.6 利用 MATLAB 设计状态观测器

本节介绍用 MATLAB 设计状态观测器的几个例子。举例说明全维状态观测器和最小阶状态观测器设计的 MATLAB 方法。

例 5.5 考虑一个调节器系统的设计。给定线性定常系统为

$$\begin{cases}\dot{\boldsymbol{x}}=\boldsymbol{A}\boldsymbol{x}+\boldsymbol{B}u\\ y=\boldsymbol{C}\boldsymbol{x}\end{cases}$$

式中

$$\boldsymbol{A}=\begin{pmatrix}0 & 1\\ 20.6 & 0\end{pmatrix},\quad \boldsymbol{B}=\begin{pmatrix}0\\ 1\end{pmatrix},\quad \boldsymbol{C}=[1\quad 0]$$

且闭环极点为 $s=\mu_i(i=1,2)$，其中

$$\mu_1=-1.8+j2.4,\mu_2=-1.8-j2.4$$

期望用观测-状态反馈控制，而不用真实的状态反馈控制。观测器增益矩阵的特征值为

$$\mu_1=\mu_2=-8$$

试采用 MATALB 求必需的状态反馈增益矩阵 $\boldsymbol{K}$ 和观测器增益矩阵 $\boldsymbol{K}_e$。

解 对于所考虑的系统，以下 MATLAB 程序可用来确定状态反馈增益矩阵 $\boldsymbol{K}$ 和观测器增益矩阵 $\boldsymbol{K}_e$。

```
%------ Pole placement and design of observer ------

% * * * * * Design of a control system using pole-placement
%technique and state observer. First solve pole-placement
%problem * * * * *

% * * * * * Enter matrices A,B,C and D * * * * *

A=[0  1;20.6  0];
B=[0;1]
C=[1  0];
D=[0];

% * * * * * Check the rank of the controllability matrix M * * * * *
```

```
M=[B  A*B];
rank(M)

ans=

    2

%***** Since the rank of the controllability matrix M is 2,
%arbitrary pole placement is possible *****

%***** Enter the desired characteristic polynomial by
%defining the following matrix J and computing poly(J) *****

J=[-1.8+2.4*j  0;0  -1.8-2.4*j];

poly(J)

ans=

    1.000    3.6000     9.0000

%***** Enter characteristic polynomial Phi *****

Phi=polyvalm(poly(J),A);

%***** State feedback gain matrix K can be given by *****
K=[0  1]*inv(M)*Phi

K=

29.6000   3.6000

%***** The following program determines the observer matrix Ke *****

%***** Enter the observability matrix RT and check its rank *****

RT=[C'  A'*C'];
rank(RT)

ans=

2
```

```
%***** Since the rank of the observability matrix is 2, design of
%the observer is possible *****

%**** Enter the desired characteristic polynomial by defining
%the following matrix J0 and entering statement poly(JO) *****

JO=[-8  0;0  -8];
poly(JO)

ans=

   1   16   64

%***** Enter characteristic polynomial Ph *****

Ph=polyvalm(poly(JO),A);

%***** The observer gain matrix Ke is obtained from *****

Ke=Ph*(inv(RT'))*[0;1]

Ke=

   16.0000
   84.60000
```

求出的状态反馈增益矩阵 $\boldsymbol{K}$ 为

$$\boldsymbol{K}=(29.6 \quad 3.6)$$

观测器增益矩阵 $\boldsymbol{K}_e$ 为

$$\boldsymbol{K}_e=\begin{pmatrix}16\\84.6\end{pmatrix}$$

该系统是 4 阶的，其特征方程为

$$|s\boldsymbol{I}-\boldsymbol{A}+\boldsymbol{BK}||s\boldsymbol{I}-\boldsymbol{A}+\boldsymbol{K}_e\boldsymbol{C}|=0$$

通过将期望的闭环极点和期望的观测器极点代入上式，可得

$$\begin{aligned}|s\boldsymbol{I}-\boldsymbol{A}+\boldsymbol{BK}||s\boldsymbol{I}-\boldsymbol{A}+\boldsymbol{K}_e\boldsymbol{C}| &= (s+1.8-j2.4)(s+1.8+j2.4)(s+8)^2\\ &= s^4+19.6s^3+130.6s^2+374.4s+576\end{aligned}$$

这个结果很容易通过 MATLAB 得到，如以下 MATLAB 程序所示。（以下程序是前一段 MATLAB 程序的继续，矩阵 $\boldsymbol{A}$、$\boldsymbol{B}$、$\boldsymbol{C}$、$\boldsymbol{K}$ 和 $\boldsymbol{K}_e$ 已在前一段 MATLAB 程序中给定）。

```
%------- Characteristic polynomial -------

%***** The characteristic polynomial for the designed system
%is given by |sI-A+BK||sI-A+KeC| *****
```

```
%* * * * * This characteristic polynomial can be obtained by use of
%eigenvalues of A-BK and A-KeC as follows * * * * *

X=[eig(A-B*K);eig(A-Ke*C)]

X=

  -1.8000+2.4000i
  -1.8000-2.4000i
  -8.0000
  -8.0000

poly(X)

ans=

    1.0000    19.6000    130.6000    374.4000    576.0000
```

例 5.6 考虑在例 5.4 讨论的设计最小阶观测器的同一问题。该系统为

$$\begin{cases}\dot{\boldsymbol{x}}=\boldsymbol{A}\boldsymbol{x}+\boldsymbol{B}u\\ y=\boldsymbol{C}\boldsymbol{x}\end{cases}$$

式中

$$\boldsymbol{A}=\begin{pmatrix}0&1&0\\0&0&1\\-6&-11&-6\end{pmatrix},\quad \boldsymbol{B}=\begin{pmatrix}0\\0\\1\end{pmatrix},\quad \boldsymbol{C}=\begin{pmatrix}1&0&0\end{pmatrix}$$

假定状态变量 x_1（等于 y）是可量测的，但未必是能观测的。试确定最小阶观测器的增益矩阵 $\boldsymbol{K}_e$。期望的特征值为

$$\mu_1=-2+\mathrm{j}2\sqrt{3},\quad \mu_2=-2-\mathrm{j}2\sqrt{3}$$

试利用 MATLAB 方法求解。

解 下面介绍该问题的两个 MATLAB 程序。程序 1 采用变换矩阵 $\boldsymbol{P}$，程序 2 采用艾克曼公式。

程序 1：

```
%-------- Design of minimum-order observer --------
%* * * * * This program uses transformation matrix P * * * * *
%* * * * * Enter matrices A and B * * * * *

A=[0  1  0;0  0  1;-6  -11  -6];
B=[0;0;1];

%* * * * * Enter matrices Aaa,Aab,Aba,Abb,Ba,and Bb. Note
```

```
%that A=[Aaa Aab;Aba Abb] and B=[Ba;Bb] * * * * *

Aaa=[0];Aab=[1  0];Aba=[0;-6];Abb=[0  1;-11 -6];
Ba=[0];Bb=[0;1];

% * * * * * Determine al and a2 of the characteristic polynomial
%for the unobserved portion of the system * * * * *

P=poly(Abb)

P=
  1  6  11

a1=p(2);a2=p(3);

% * * * * * Enter the reduced observbility matrix RT and matrix W * * * * *

RT=[Aab'  Abb' * Aab'];
W=[a1  1;1  0];

% * * * * * Enter the desired characteristic polynomial by defining
%the following matrix J and enteringstastement poly(J) * * * * *

J=[-2+2 * sqrt(3) * i  0;0  -2-2 * sqrt(3) * i];
JJ=poly(J)

JJ=
    1.0000   4.0000   16.0000

% * * * * * Determine aal and aa2 of the desired characteristic
%polynomial * * * * *

aa1=JJ(2);aa2=JJ(3);

% * * * * * Observer gain matrix Ke for the minimum-order observer
%is given by * * * * *
Ke=inv(W * RT')[aa2-a2;aa1-a1]
Ke=
    -2
    17
```

程序 2:

```
%----- Design of minimum-order observer -----
```

```
% * * * * * This program is based on Ackermann's formula * * * * *

% * * * * * Enter matrices A and B * * * * *

A=[0  1  0;0  0  1;-6  -11  -6];
B=[0;0;1];

% * * * * * Enter matrices Aaa,Aab,Aba,Abb,Ba,and Bb. Note
%that A=[Aaa Aab;Aba Abb] and B=[Ba;Bb] * * * * *

Aaa=[0];Aab=[1  0];Aba=[0;-6];Abb=[0  1;-11  -6];
Ba=[0];Bb=[0;1];

% * * * * * Enter the reduced observability matrix RT * * * * *

RT=[Aab'  Abb'*Aab'];

% * * * * * Enter the desired characteristic polynomial by defining
%the following matrix J and entering statement poly(J) * * * * *

J=[-2+2*sqrt(3)*i  0;0  -2-2*sqrt(3)*i];
JJ=poly(J)

JJ=
    1.0000   4.0000   16.0000

% * * * * Enter characteristic polynomial Phi * * * * *

Phi=polyvalm(poly(J),Abb);

% * * * * Observer gain matrix Ke for the minimum-order observer
%is given by * * * *

Ke=Phi*inv(RT')*[0;1]

Ke=

  -2
  17
```

5.7 伺服系统设计

在经典控制理论中，通常按前馈传递函数中的积分器数目来划分系统的类型。I 型系统在前馈通道中有一个积分器，且此系统对阶跃响应不存在稳态误差。本节讨论Ⅰ型伺服系统的极点配置方法，此时，将限制每个系统具有一个标量控制输入 u 和一个标量输出 y。

下面首先讨论含积分器的Ⅰ型伺服系统的设计问题，然后讨论不含积分器时的Ⅰ型伺服系统的设计问题。

5.7.1 具有积分器的Ⅰ型伺服系统

考虑由式（5.89）、式（5.90）定义的线性定常系统

$$\begin{cases}\dot{\boldsymbol{x}}=\boldsymbol{A}\boldsymbol{x}+\boldsymbol{B}u & (5.89)\\ y=\boldsymbol{C}\boldsymbol{x} & (5.90)\end{cases}$$

式中，$\boldsymbol{x}\in\mathbf{R}^n, u\in\mathbf{R}^1, y\in\mathbf{R}^1, \boldsymbol{A}\in\mathbf{R}^{n\times n}, \boldsymbol{B}\in\mathbf{R}^{n\times 1}, \boldsymbol{C}\in\mathbf{R}^{1\times n}$。

如前所述，假设控制输入 u 和输出 y 均为标量。通过选择一组适当的状态变量，可以选择输出量等于一个状态变量。

图5.6画出了具有一个积分器时Ⅰ型伺服系统的一般结构。这里，假设 $y=x_1$。在分析中，假设参考输入 r 是阶跃函数。在此系统中，采用的状态反馈控制规律为

$$u=-(0\quad k_2\quad k_3\quad \cdots\quad k_n)\begin{pmatrix}x_1\\x_2\\\vdots\\x_n\end{pmatrix}+k_1(r-x_1)$$

$$=-\boldsymbol{K}\boldsymbol{x}+k_1 r \tag{5.91}$$

式中

$$\boldsymbol{K}=(k_1\quad k_2\quad \cdots\quad k_n)$$

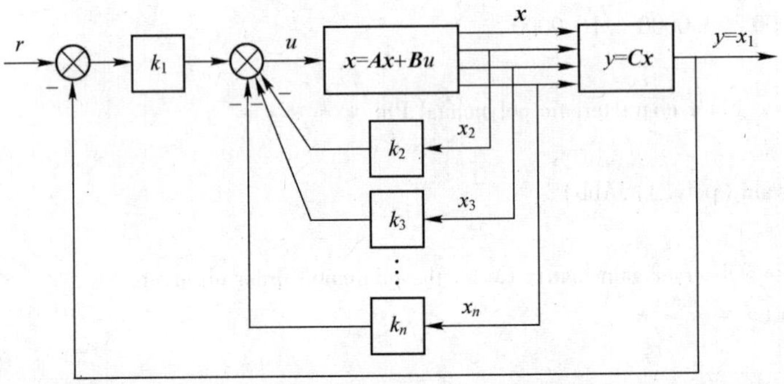

图5.6 具有一个积分器的Ⅰ型伺服系统

假设在 $t=0$ 时施加参考输入（阶跃函数）。因此 $t>0$ 时，该系统的动态特性由式（5.89）和式（5.91）描述，即

$$\dot{\boldsymbol{x}}=\boldsymbol{A}\boldsymbol{x}+\boldsymbol{B}u=(\boldsymbol{A}-\boldsymbol{B}\boldsymbol{K})\boldsymbol{x}+\boldsymbol{B}k_1 r \tag{5.92}$$

设计Ⅰ型伺服系统，使得闭环极点配置在期望的位置。所设计的系统是一个渐近稳定系统，$y(\infty)$ 趋于常值 r（r 为阶跃输入），$u(\infty)$ 趋于零。

在稳态时

$$\dot{\boldsymbol{x}}(\infty)=(\boldsymbol{A}-\boldsymbol{B}\boldsymbol{K})\boldsymbol{x}(\infty)+\boldsymbol{B}k_1 r(\infty) \tag{5.93}$$

注意，$r(t)$是阶跃输入。对 $t>0$，有 $r(\infty)=r(t)=r$（常值）。用式（5.92）减去式（5.93），可得

$$\dot{\boldsymbol{x}}(t)-\dot{\boldsymbol{x}}(\infty)=(\boldsymbol{A}-\boldsymbol{BK})[\boldsymbol{x}(t)-\boldsymbol{x}(\infty)] \tag{5.94}$$

定义

$$\boldsymbol{x}(t)-\boldsymbol{x}(\infty)=\boldsymbol{e}(t)$$

因此，式（5.94）成为

$$\dot{\boldsymbol{e}}=(\boldsymbol{A}-\boldsymbol{BK})\boldsymbol{e} \tag{5.95}$$

式（5.95）描述了误差动态特征。

Ⅰ型伺服系统的设计转化为：对于给定的任意初始条件$\boldsymbol{e}(0)$，设计一个渐近稳定的调节器系统，使得$\boldsymbol{e}(t)$趋于零。如果由式（5.89）确定的系统是状态完全能控的，则对矩阵$\boldsymbol{A}-\boldsymbol{BK}$，通过指定的所期望的特征值$\mu_1$，$\mu_2$，…，$\mu_n$，可由5.2节介绍过的极点配置方法来确定线性反馈增益矩阵$\boldsymbol{K}$。

$\boldsymbol{x}(t)$和$u(t)$的稳态值求法如下：在稳态（$t=\infty$）时，由式（5.92）可得

$$\dot{\boldsymbol{x}}(\infty)=\boldsymbol{0}=(\boldsymbol{A}-\boldsymbol{BK})\boldsymbol{x}(\infty)+\boldsymbol{B}k_1r$$

由于$\boldsymbol{A}-\boldsymbol{BK}$的期望特征值均在$s$左半平面，所以矩阵$\boldsymbol{A}-\boldsymbol{BK}$的逆存在。从而，$\boldsymbol{x}(\infty)$可确定为

$$\boldsymbol{x}(\infty)=-(\boldsymbol{A}-\boldsymbol{BK})^{-1}\boldsymbol{B}k_1r$$

同样，$u(\infty)$可求得为

$$u(\infty)=-\boldsymbol{Kx}(\infty)+k_1r=0$$

例5.7 考虑系统传递函数具有一个积分器时的Ⅰ型伺服系统的设计。假设系统的传递函数为

$$\frac{Y(s)}{U(s)}=\frac{1}{s(s+1)(s+2)}$$

设计一个Ⅰ型伺服系统，使得闭环极点为$-2\pm \mathrm{j}2\sqrt{3}$和$-10$。假设该系统的结构与图5.6所示的相同，参考输入$r$是阶跃函数。

解 定义状态变量x_1，x_2和x_3为

$$x_1=y,\quad x_2=\dot{x}_1,\quad x_3=\dot{x}_2$$

则该系统的状态空间表达式为

$$\begin{cases}\dot{\boldsymbol{x}}=\boldsymbol{Ax}+\boldsymbol{B}u & (5.96)\\ y=\boldsymbol{Cx} & (5.97)\end{cases}$$

式中

$$\boldsymbol{A}=\begin{pmatrix}0&1&0\\0&0&1\\0&-2&-3\end{pmatrix},\quad \boldsymbol{B}=\begin{pmatrix}0\\0\\1\end{pmatrix},\quad \boldsymbol{C}=(1\quad 0\quad 0)$$

参见图5.6并注意到$n=3$，则控制输入u为

$$u=-(k_2x_2+k_3x_3)+k_1(r-x_1)=-\boldsymbol{Kx}+k_1r \tag{5.98}$$

式中

$$\boldsymbol{K}=(k_1\quad k_2\quad k_3)$$

此时，就可用极点配置方法确定状态反馈增益矩阵$\boldsymbol{K}$。

现检验系统的能控性。由于

$$\boldsymbol{Q}=(\boldsymbol{B}\quad \boldsymbol{AB}\quad \boldsymbol{A}^2\boldsymbol{B})=\begin{pmatrix}0&0&1\\0&1&-3\\1&-3&7\end{pmatrix}$$

的秩为3。因此，该系统是状态完全能控的，并且可任意配置极点。

将式（5.98）代入式（5.96），可得

$$\dot{\boldsymbol{x}}=\boldsymbol{Ax}+\boldsymbol{B}(-\boldsymbol{Kx}+k_1r)=(\boldsymbol{A}-\boldsymbol{BK})\boldsymbol{x}+\boldsymbol{B}k_1r \tag{5.99}$$

式中，r 为阶跃函数。因此，当 t 趋于无穷时，$\boldsymbol{x}(t)$ 趋于定常向量 $\boldsymbol{x}(\infty)$。在稳态时

$$\dot{\boldsymbol{x}}(\infty)=(\boldsymbol{A}-\boldsymbol{BK})\boldsymbol{x}(\infty)+\boldsymbol{B}k_1r \tag{5.100}$$

用式（5.99）减去式（5.100），可得

$$\dot{\boldsymbol{x}}(t)-\dot{\boldsymbol{x}}(\infty)=(\boldsymbol{A}-\boldsymbol{BK})[\boldsymbol{x}(t)-\boldsymbol{x}(\infty)]$$

定义

$$\boldsymbol{x}(t)-\boldsymbol{x}(\infty)=\boldsymbol{e}(t)$$

那么

$$\dot{\boldsymbol{e}}(t)=(\boldsymbol{A}-\boldsymbol{BK})\boldsymbol{e}(t) \tag{5.101}$$

式（5.101）确定了误差的动态特性。该系统的特征方程为

$$\begin{aligned}|s\boldsymbol{I}-\boldsymbol{A}|&=\begin{vmatrix}s&-1&0\\0&s&-1\\0&2&s+3\end{vmatrix}\\&=s^3+3s^2+2s\\&=s^3+a_1s^2+a_2s=0\end{aligned}$$

因此

$$a_1=3,\quad a_2=2,\quad a_3=0$$

由于 $\boldsymbol{A}-\boldsymbol{BK}$ 的期望特征值为

$$\mu_1=-2+\mathrm{j}2\sqrt{3},\quad \mu_2=-2-\mathrm{j}2\sqrt{3},\quad \mu_3=-10$$

所以期望的特征方程为

$$\begin{aligned}(s-\mu_1)(s-\mu_2)(s-\mu_3)&=(s+2-\mathrm{j}2\sqrt{3})(s+2+\mathrm{j}2\sqrt{3})(s+10)\\&=s^3+14s^2+56s+160\\&=s^3+a_1^*s^2+a_2^*s+a_3^*=0\end{aligned}$$

因此

$$a_1^*=14,\quad a_2^*=56,\quad a_3^*=160$$

为了利用极点配置方法来确定矩阵 $\boldsymbol{K}$，采用式（5.13），将其重写为

$$\boldsymbol{K}=(a_3^*-a_3\quad a_2^*-a_2\quad a_1^*-a_1)\boldsymbol{P}^{-1} \tag{5.102}$$

由于式（5.96）已是能控标准型，所以 $\boldsymbol{P}=\boldsymbol{I}$。因此

$$\begin{aligned}\boldsymbol{K}&=(a_3^*-a_3\quad a_2^*-a_2\quad a_1^*-a_1)\boldsymbol{P}^{-1}\\&=(160-0\quad 56-2\quad 14-3)\boldsymbol{I}\\&=(160\quad 54\quad 11)\end{aligned}$$

该系统的阶跃响应容易由计算机仿真求得。由于

$$\boldsymbol{A}-\boldsymbol{BK}=\begin{pmatrix}0&1&0\\0&0&1\\0&-2&-3\end{pmatrix}-\begin{pmatrix}0\\0\\1\end{pmatrix}(160\quad 54\quad 11)=\begin{pmatrix}0&1&0\\0&0&1\\-160&-56&-14\end{pmatrix}$$

由式（5.99），可得设计系统的状态方程为

$$\begin{pmatrix}\dot{x}_1\\\dot{x}_2\\\dot{x}_3\end{pmatrix}=\begin{pmatrix}0&1&0\\0&0&1\\-160&-56&-14\end{pmatrix}\begin{pmatrix}x_1\\x_2\\x_3\end{pmatrix}+\begin{pmatrix}0\\0\\160\end{pmatrix}r \tag{5.103}$$

输出方程为

$$y=(1\quad 0\quad 0)\begin{pmatrix}x_1\\x_2\\x_3\end{pmatrix} \tag{5.104}$$

当 r 为单位阶跃函数时，求解式（5.103）和式（5.104），即可求得 $y(t)$ 对 t 的单位阶跃响应曲线。以下 MATLAB 程序可求出单位阶跃响应。所得的单位阶跃响应曲线如图 5.7 所示。

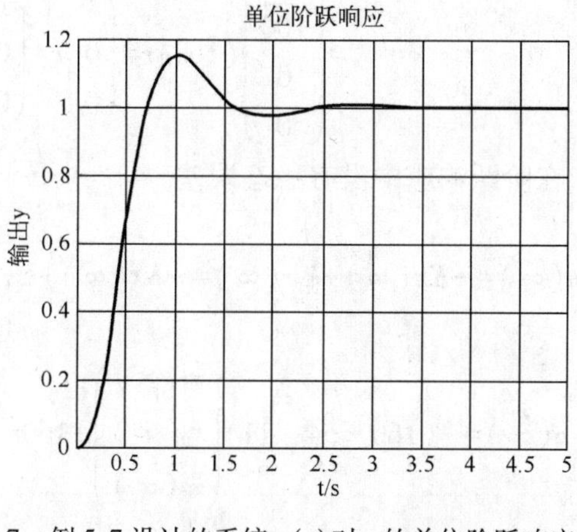

图 5.7　例 5.7 设计的系统 $y(t)$ 对 t 的单位阶跃响应曲线

注意到 $\dot{\boldsymbol{x}}(\infty)=\boldsymbol{0}$，因此由式（5.100），可得

$$(\boldsymbol{A}-\boldsymbol{BK})\boldsymbol{x}(\infty)=-\boldsymbol{B}k_1 r$$

```
%------ Unit-step response ------
% * * * * * Enter the state matrix A, control matrix B, output matrix C,
%and direct transmission matrix D * * * * *
A=[0  1  0;0  0  1;-160  -56  -14];
B=[0;0;160];
C=[1  0  0];
D=[0];
% * * * * * Enter step command and plot command * * * * *
t=0:0.01:5;
```

```
y=step(A,B,C,D,1,t);
plot(t,y)
grid
title('单位阶跃响应')
xlabel('t/s')
ylabel('输出 y')
```

由于

$$(\boldsymbol{A}-\boldsymbol{BK})^{-1}=\begin{pmatrix}0 & 1 & 0\\ 0 & 0 & 1\\ -160 & -56 & -14\end{pmatrix}^{-1}=\begin{pmatrix}-\frac{7}{20} & -\frac{7}{80} & -\frac{1}{160}\\ 1 & 0 & 0\\ 0 & 1 & 0\end{pmatrix}$$

所以

$$\boldsymbol{x}(\infty)=-(\boldsymbol{A}-\boldsymbol{BK})^{-1}\boldsymbol{B}k_1r=-\begin{pmatrix}-\frac{7}{20} & -\frac{7}{80} & -\frac{1}{160}\\ 1 & 0 & 0\\ 0 & 1 & 0\end{pmatrix}\begin{pmatrix}0\\0\\1\end{pmatrix}(160)r$$

$$=\begin{pmatrix}\frac{1}{160}\\0\\0\end{pmatrix}(160)r=\begin{pmatrix}1\\0\\0\end{pmatrix}r=\begin{pmatrix}r\\0\\0\end{pmatrix}$$

显然，$x_1(\infty)=y(\infty)=r$。在阶跃响应中没有稳态误差。

注意，由于

$$u(\infty)=-\boldsymbol{Kx}(\infty)+k_1r(\infty)=-\boldsymbol{Kx}(\infty)+k_1r$$

所以

$$u(\infty)=-(160\quad 54\quad 11)\begin{pmatrix}x_1(\infty)\\x_2(\infty)\\x_3(\infty)\end{pmatrix}+160r$$

$$=-(160\quad 54\quad 11)\begin{pmatrix}r\\0\\0\end{pmatrix}+160r$$

$$=-160r+160r=0$$

即在稳态时，控制输入 u 为零。

5.7.2 系统中不含积分器时的 I 型伺服系统的设计

如果系统中没有积分器（0 型系统），则设计 I 型伺服系统的基本原则是在误差比较器和系统间的前馈通道中插入一个积分器，如图 5.8 所示（当不含积分器时，图 5.8 所示框图是 I 型伺服系统的基本形式）。

由图中可得

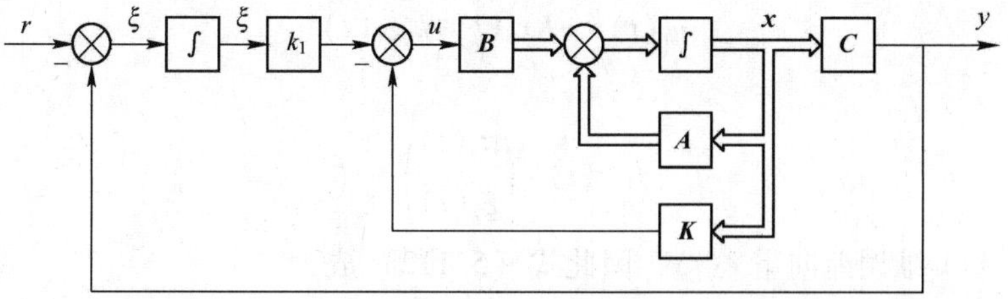

图 5.8　I 型闭环伺服系统

$$\begin{cases}\dot{\boldsymbol{x}}=\boldsymbol{A}\boldsymbol{x}+\boldsymbol{B}u & (5.105)\\ y=\boldsymbol{C}\boldsymbol{x} & (5.106)\\ u=-\boldsymbol{K}\boldsymbol{x}+k_1\xi & (5.107)\\ \dot{\xi}=r-y=r-\boldsymbol{C}\boldsymbol{x} & (5.108)\end{cases}$$

式中，$\boldsymbol{x}\in\mathbf{R}^n$，$u\in\mathbf{R}^1$，$y\in\mathbf{R}^1$，$\xi\in\mathbf{R}^1$，$r\in\mathbf{R}^1$，$\boldsymbol{A}\in\mathbf{R}^{n\times n}$，$\boldsymbol{B}\in\mathbf{R}^{n\times 1}$，$\boldsymbol{C}\in\mathbf{R}^{1\times n}$。

假设由式（5.105）定义的系统是状态完全能控的。该系统的传递函数为

$$\boldsymbol{G}_{\mathrm{p}}(s)=\boldsymbol{C}(s\boldsymbol{I}-\boldsymbol{A})^{-1}\boldsymbol{B}$$

为了避免插入的积分器在系统原点处与零点有相约的可能，假设 $\boldsymbol{G}_{\mathrm{p}}(s)$ 在原点处没有零点。

假设在 $t=0$ 时施加参考输入（阶跃函数），则对 $t>0$，该系统的动态特性可由式（5.105）和式（5.108）的组合来描述，即

$$\begin{pmatrix}\dot{\boldsymbol{x}}(t)\\ \dot{\xi}(t)\end{pmatrix}=\begin{pmatrix}\boldsymbol{A} & 0\\ -\boldsymbol{C} & 0\end{pmatrix}\begin{pmatrix}\boldsymbol{x}(t)\\ \xi(t)\end{pmatrix}+\begin{pmatrix}\boldsymbol{B}\\ 0\end{pmatrix}u(t)+\begin{pmatrix}0\\ 1\end{pmatrix}r(t) \tag{5.109}$$

试设计一个渐近稳定系统，使得 $\boldsymbol{x}(\infty)$、$\xi(\infty)$ 和 $u(\infty)$ 分别趋于常值。因此，在稳态时，$\dot{\xi}(t)=0$，并且 $y(\infty)=r$。

注意，在稳态时

$$\begin{pmatrix}\dot{\boldsymbol{x}}(\infty)\\ \dot{\xi}(\infty)\end{pmatrix}=\begin{pmatrix}\boldsymbol{A} & 0\\ -\boldsymbol{C} & 0\end{pmatrix}\begin{pmatrix}\boldsymbol{x}(\infty)\\ \xi(\infty)\end{pmatrix}+\begin{pmatrix}\boldsymbol{B}\\ 0\end{pmatrix}u(\infty)+\begin{pmatrix}0\\ 1\end{pmatrix}r(\infty) \tag{5.110}$$

式中，$r(t)$ 为阶跃输入，从而对 $t>0$，$r(\infty)=r(t)=r$（常值）。从式（5.109）中减去式（5.110），可得

$$\begin{pmatrix}\dot{\boldsymbol{x}}(t)-\dot{\boldsymbol{x}}(\infty)\\ \dot{\xi}(t)-\dot{\xi}(\infty)\end{pmatrix}=\begin{pmatrix}\boldsymbol{A} & 0\\ -\boldsymbol{C} & 0\end{pmatrix}\begin{pmatrix}\boldsymbol{x}(t)-x(\infty)\\ \xi(t)-\xi(\infty)\end{pmatrix}+\begin{pmatrix}\boldsymbol{B}\\ 0\end{pmatrix}(u(t)-u(\infty)) \tag{5.111}$$

定义

$$\boldsymbol{x}(t)-\boldsymbol{x}(\infty)=\boldsymbol{x}_{\mathrm{e}}(t)$$
$$\xi(t)-\xi(\infty)=\xi_{\mathrm{e}}(t)$$
$$u(t)-u(\infty)=u_{\mathrm{e}}(t)$$

则式（5.111）改写为

$$\begin{pmatrix}\dot{\boldsymbol{x}}_{\mathrm{e}}(t)\\ \dot{\xi}_{\mathrm{e}}(t)\end{pmatrix}=\begin{pmatrix}\boldsymbol{A} & 0\\ -\boldsymbol{C} & 0\end{pmatrix}\begin{pmatrix}\boldsymbol{x}_{\mathrm{e}}(t)\\ \xi_{\mathrm{e}}(t)\end{pmatrix}+\begin{pmatrix}\boldsymbol{B}\\ 0\end{pmatrix}u_{\mathrm{e}}(t) \tag{5.112}$$

式中

$$u_e(t) = -\boldsymbol{K}\boldsymbol{x}_e(t) + k_1\xi_e(t) \tag{5.113}$$

由

$$\boldsymbol{e}(t) = \begin{pmatrix} \boldsymbol{x}_e(t) \\ \xi_e(t) \end{pmatrix}$$

定义一个新的 $n+1$ 维误差向量 $\boldsymbol{e}(t)$，因此式（5.112）成为

$$\dot{\boldsymbol{e}} = \hat{\boldsymbol{A}}\boldsymbol{e} + \hat{\boldsymbol{B}}u_e \tag{5.114}$$

式中

$$\hat{\boldsymbol{A}} = \begin{pmatrix} \boldsymbol{A} & 0 \\ -\boldsymbol{C} & 0 \end{pmatrix}, \quad \hat{\boldsymbol{B}} = \begin{pmatrix} \boldsymbol{B} \\ 0 \end{pmatrix}$$

且式（5.113）成为

$$u_e = -\hat{\boldsymbol{K}}\boldsymbol{e} \tag{5.115}$$

这里

$$\hat{\boldsymbol{K}} = (\boldsymbol{K} \quad -k_1)$$

设计Ⅰ型伺服系统的基本思想是设计一个稳定的 $n+1$ 阶调节器系统，对于给定的任意初始条件 $\boldsymbol{e}(0)$，使新的误差向量 $\boldsymbol{e}(t)$ 趋于零。

式（5.114）和式（5.115）描述了该 $n+1$ 阶调节器系统的动态特征。如果由式（5.114）定义的系统状态完全能控，则通过指定该系统的期望特征方程，采用在 5.2 节介绍的极点配置方法来确定矩阵 $\hat{\boldsymbol{K}}$。

$\boldsymbol{x}(t)$、$\xi(t)$ 和 $u(t)$ 的稳态值可确定如下：在稳态（$t=\infty$）时，由式（5.105）和式（5.108）可得

$$\dot{\boldsymbol{x}}(\infty) = \boldsymbol{0} = \boldsymbol{A}\boldsymbol{x}(\infty) + \boldsymbol{B}u(\infty)$$

$$\dot{\xi}(\infty) = 0 = r - \boldsymbol{C}\boldsymbol{x}(\infty)$$

将上述两式可合并为如下向量-矩阵方程为

$$\begin{pmatrix} 0 \\ 0 \end{pmatrix} = \begin{pmatrix} \boldsymbol{A} & \boldsymbol{B} \\ -\boldsymbol{C} & 0 \end{pmatrix} \begin{pmatrix} \boldsymbol{x}(\infty) \\ u(\infty) \end{pmatrix} + \begin{pmatrix} 0 \\ r \end{pmatrix}$$

如果由

$$\boldsymbol{P} = \begin{pmatrix} \boldsymbol{A} & \boldsymbol{B} \\ -\boldsymbol{C} & 0 \end{pmatrix} \tag{5.116}$$

定义的矩阵 $\boldsymbol{P}$ 的秩为 $n+1$，则其逆存在，并且

$$\begin{pmatrix} \boldsymbol{x}(\infty) \\ u(\infty) \end{pmatrix} = \begin{pmatrix} \boldsymbol{A} & \boldsymbol{B} \\ -\boldsymbol{C} & 0 \end{pmatrix}^{-1} \begin{pmatrix} 0 \\ -r \end{pmatrix}$$

同样地，由式（5.107）可得

$$u(\infty) = -\boldsymbol{K}\boldsymbol{x}(\infty) + k_1\xi(\infty)$$

因此

$$\xi(\infty) = \frac{1}{k_1}[u(\infty) + \boldsymbol{K}\boldsymbol{x}(\infty)]$$

注意，如果由式（5.116）给出的矩阵 $\boldsymbol{P}$ 的秩为 $n+1$，则由式（5.114）定义的状态完

全能控，该问题的解可采用极点配置方法求得。

状态误差方程可通过将式（5.115）代入式（5.114）得到，即

$$\dot{e}=(\hat{A}-\hat{B}\hat{K})e \tag{5.117}$$

如果矩阵$\hat{A}-\hat{B}\hat{K}$的期望特征值（即期望闭环极点）确定为$\mu_1,\mu_2,\cdots,\mu_{n+1}$，则可确定状态反馈增益矩阵 K 和积分增益常数 K_I。在实际设计中，必须考虑几个不同的矩阵$\hat{K}$（它对应于几组不同的期望特征值），且可进行计算机仿真，以便找出使系统总体性能最好的作为最终选择的矩阵$\hat{K}$。

在通常情况下，不是所有的状态变量均可直接量测。如果情况确实如此，则必须采用观测器。图 5.9 所示为具有状态观测器的 I 型伺服系统的框图。

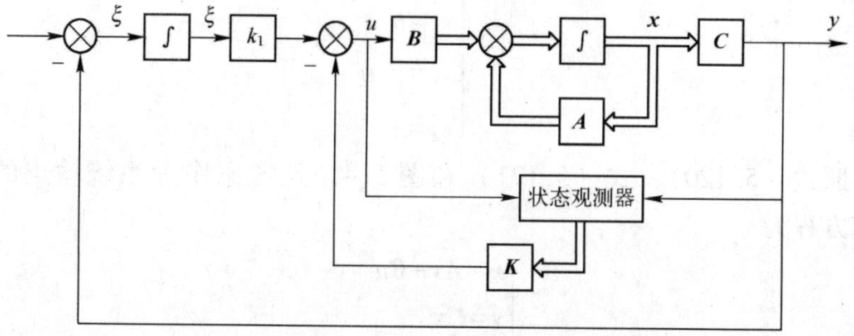

图 5.9　具有状态观测器的 I 型闭环伺服系统框图

5.8　利用 MATLAB 设计控制系统举例

考虑倒立摆控制系统如图 5.1 所示。在该例中，仅讨论摆和小车在图面内的运动。

希望尽可能地保持倒立摆垂直，并控制小车的位置。例如，以步进形式使小车移动。为控制小车的位置，需建造一个 I 型伺服系统。安装在小车上的倒立摆系统没有积分器。因此，将位置信号 y（表示小车的位置）反馈到输入端，并且在前馈通道中插入一个积分器，如图 5.10 所示（将该系统与 5.4 节讨论的系统进行比较，后者没有输入作用于小车上）。假设摆的角度 θ 和角速度$\dot{\theta}$很小，以至于 $\sin\theta\approx\theta$，$\cos\theta\approx1$ 和 $\theta\dot{\theta}^2\approx0$。又假设 M、m 和 l 的值与 5.4 节讨论的系统的对应数值相同。也就是说

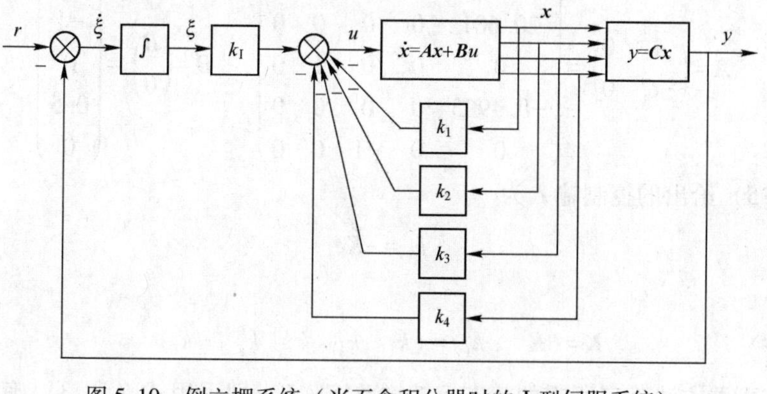

图 5.10　倒立摆系统（当不含积分器时的 I 型伺服系统）

$$M=2\,\mathrm{kg},\quad m=0.1\,\mathrm{kg},\quad l=0.5\,\mathrm{m}$$

参照5.4节［式（5.21）和式（5.22）］，该倒立摆控制系统的方程为

$$\begin{cases}Ml\ddot{\theta}=(M+m)g\theta-u & (5.118)\\ M\ddot{x}=u-mg\theta & (5.119)\end{cases}$$

代入给定的数值，式（5.118）和式（5.119）成为

$$\begin{cases}\ddot{\theta}=20.601\theta-u & (5.120)\\ \ddot{x}=0.5u-0.4905\theta & (5.121)\end{cases}$$

定义状态变量为

$$\begin{cases}x_1=\theta\\ x_2=\dot{\theta}\\ x_3=x\\ x_4=\dot{x}\end{cases}$$

因此，参照式（5.120）、式（5.121）和图5.4，且考虑作为系统输出的小车位置 x，可得该系统的方程为

$$\begin{cases}\dot{\boldsymbol{x}}=\boldsymbol{A}\boldsymbol{x}+\boldsymbol{B}u & (5.122)\\ y=\boldsymbol{C}\boldsymbol{x} & (5.123)\\ u=-\boldsymbol{K}\boldsymbol{x}+k_1\xi & (5.124)\\ \dot{\xi}=r-y=r-\boldsymbol{C}\boldsymbol{x} & (5.125)\end{cases}$$

式中

$$\boldsymbol{A}=\begin{pmatrix}0 & 1 & 0 & 0\\ 20.601 & 0 & 0 & 0\\ 0 & 0 & 0 & 1\\ -0.4905 & 0 & 0 & 0\end{pmatrix},\quad \boldsymbol{B}=\begin{pmatrix}0\\ -1\\ 0\\ 0.5\end{pmatrix},\quad \boldsymbol{C}=(0\quad 0\quad 1\quad 0)$$

对于Ⅰ型伺服系统，得到用式（5.114）给出的状态误差方程为

$$\dot{\boldsymbol{e}}=\hat{\boldsymbol{A}}\boldsymbol{e}+\hat{\boldsymbol{B}}u_{\mathrm{e}} \tag{5.126}$$

式中

$$\hat{\boldsymbol{A}}=\begin{pmatrix}\boldsymbol{A} & 0\\ -\boldsymbol{C} & 0\end{pmatrix}=\begin{pmatrix}0 & 1 & 0 & 0 & 0\\ 20.601 & 0 & 0 & 0 & 0\\ 0 & 0 & 0 & 1 & 0\\ -0.4905 & 0 & 0 & 0 & 0\\ 0 & 0 & -1 & 0 & 0\end{pmatrix},\quad \hat{\boldsymbol{B}}=\begin{pmatrix}\boldsymbol{B}\\ 0\end{pmatrix}=\begin{pmatrix}0\\ -1\\ 0\\ 0.5\\ 0\end{pmatrix}$$

及由式（5.115）给出的控制输入为

$$u_{\mathrm{e}}=-\hat{\boldsymbol{K}}\boldsymbol{e}$$

式中

$$\hat{\boldsymbol{K}}=(\boldsymbol{K}\quad -k_1)=(k_1\quad k_2\quad k_3\quad k_4\quad -k_1)$$

现用极点配置方法确定所需的状态反馈增益矩阵$\hat{\boldsymbol{K}}$，即采用式（5.13）确定矩阵$\hat{\boldsymbol{K}}$。

下面首先介绍一种解析方法，然后再介绍 MATLAB 解法。

在进一步讨论前，必须检验矩阵 $\boldsymbol{P}$ 的秩，其中

$$\boldsymbol{P}=\begin{pmatrix}\boldsymbol{A} & \boldsymbol{B}\\ -\boldsymbol{C} & 0\end{pmatrix}$$

且矩阵 $\boldsymbol{P}$ 为

$$\boldsymbol{P}=\begin{pmatrix}\boldsymbol{A} & \boldsymbol{B}\\ -\boldsymbol{C} & 0\end{pmatrix}=\begin{pmatrix}0 & 1 & 0 & 0 & 0\\ 20.601 & 0 & 0 & 0 & -1\\ 0 & 0 & 0 & 1 & 0\\ -0.4905 & 0 & 0 & 0 & 0.5\\ 0 & 0 & -1 & 0 & 0\end{pmatrix} \tag{5.127}$$

易知，该矩阵的秩为 5。因此，由式（5.126）定义的系统是状态完全能控的，并可任意配置极点。相应由式（5.126）给出的系统的特征方程为

$$\begin{aligned}|s\boldsymbol{I}-\hat{\boldsymbol{A}}| &= \begin{vmatrix}s & -1 & 0 & 0 & 0\\ -20.601 & s & 0 & 0 & 0\\ 0 & 0 & s & -1 & 0\\ 0.4905 & 0 & 0 & s & 0\\ 0 & 0 & 1 & 0 & s\end{vmatrix}\\ &= s^3(s^2-20.601)\\ &= s^5-20.601s^3\\ &= s^5+a_1s^4+a_2s^3+a_3s^2+a_4s+a_5=0\end{aligned}$$

因此

$$a_1=0,\quad a_2=-20.601,\quad a_3=0,\quad a_4=0,\quad a_5=0$$

为了使设计的系统获得适当的响应速度和阻尼（例如，在小车的阶跃响应中，约有 4~5 s 的调整时间和 15%~16%的最大超调量），选择期望的闭环极点为 $s=\mu_i(i=1,2,3,4,5)$，其中

$$\mu_1=-1+\mathrm{j}\sqrt{3},\quad \mu_2=-1-\mathrm{j}\sqrt{3},\quad \mu_3=-5,\mu_4=-5,\mu_5=-5$$

这是一组可能的期望闭环极点，也可选其他的。因此，期望的特征方程为

$$\begin{aligned}&(s-\mu_1)(s-\mu_2)(s-\mu_3)(s-\mu_4)(s-\mu_5)\\ &=(s+1-\mathrm{j}\sqrt{3})(s+1+\mathrm{j}\sqrt{3})(s+5)(s+5)(s+5)\\ &=s^5+17s^4+109s^3+335s^2+550s+500\\ &=s^5+a_1^*s^4+a_2^*s^3+a_3^*s^2+a_4^*s+a_5^*=0\end{aligned}$$

于是

$$a_1^*=17,\quad a_2^*=109,\quad a_3^*=335,\quad a_4^*=550,\quad a_5^*=500$$

下一步求由式（5.4）给出的变换矩阵 $\boldsymbol{P}$

$$\boldsymbol{P}=\boldsymbol{Q}\boldsymbol{W}$$

这里 $\boldsymbol{Q}$ 和 $\boldsymbol{W}$ 分别由式（5.5）和式（5.6）得出，即

$$
\boldsymbol{Q}=(\hat{\boldsymbol{B}} \quad \hat{\boldsymbol{A}}\hat{\boldsymbol{B}} \quad \hat{\boldsymbol{A}}^2\hat{\boldsymbol{B}} \quad \hat{\boldsymbol{A}}^3\hat{\boldsymbol{B}} \quad \hat{\boldsymbol{A}}^4\hat{\boldsymbol{B}})=\begin{pmatrix} 0 & -1 & 0 & -20.601 & 0 \\ -1 & 0 & -20.601 & 0 & -(20.601)^2 \\ 0 & 0.5 & 0 & 0.4905 & 0 \\ 0.5 & 0 & 0.4905 & 0 & 10.1048 \\ 0 & 0 & -0.5 & 0 & -0.4905 \end{pmatrix}
$$

$$
\boldsymbol{W}=\begin{pmatrix} a_4 & a_3 & a_2 & a_1 & 1 \\ a_3 & a_2 & a_1 & 1 & 0 \\ a_2 & a_1 & 1 & 0 & 0 \\ a_1 & 1 & 0 & 0 & 0 \\ 1 & 0 & 0 & 0 & 0 \end{pmatrix}=\begin{pmatrix} 0 & 0 & -20.601 & 0 & 1 \\ 0 & -20.601 & 0 & 1 & 0 \\ -20.601 & 0 & 1 & 0 & 0 \\ 0 & 1 & 0 & 0 & 0 \\ 1 & 0 & 0 & 0 & 0 \end{pmatrix}
$$

于是

$$
\boldsymbol{P}=\boldsymbol{QW}=\begin{pmatrix} 0 & 0 & 0 & -1 & 0 \\ 0 & 0 & 0 & 0 & -1 \\ 0 & -9.81 & 0 & 0.5 & 0 \\ 0 & 0 & -9.81 & 0 & 0.5 \\ 9.81 & 0 & -0.5 & 0 & 0 \end{pmatrix}
$$

矩阵 $\boldsymbol{P}$ 的逆为

$$
\boldsymbol{P}^{-1}=\begin{pmatrix} 0 & -\dfrac{0.25}{(9.81)^2} & 0 & -\dfrac{0.5}{(9.81)^2} & \dfrac{1}{9.81} \\ -\dfrac{0.5}{9.81} & 0 & -\dfrac{1}{9.81} & 0 & 0 \\ 0 & -\dfrac{0.5}{9.81} & 0 & -\dfrac{1}{9.81} & 0 \\ -1 & 0 & 0 & 0 & 0 \\ 0 & -1 & 0 & 0 & 0 \end{pmatrix}
$$

参见式（5.13），矩阵$\hat{\boldsymbol{K}}$计算为

$$
\begin{aligned}
\hat{\boldsymbol{K}} &= (a_5^*-a_5 \quad a_4^*-a_4 \quad a_3^*-a_3 \quad a_2^*-a_2 \quad a_1^*-a_1)\boldsymbol{P}^{-1} \\
&= (500-0 \quad 550-0 \quad 335-0 \quad 109+20.601 \quad 17-0)\boldsymbol{P}^{-1} \\
&= (500 \quad 550 \quad 335 \quad 129.601 \quad 17)\boldsymbol{P}^{-1} \\
&= (-157.6336 \quad -35.3733 \quad -56.0652 \quad -36.7466 \quad 50.9684) \\
&= (k_1 \quad k_2 \quad k_3 \quad k_4 \quad -k_I)
\end{aligned}
$$

因此

$$
\boldsymbol{K}=(k_1 \quad k_2 \quad k_3 \quad k_4)=(-157.6336 \quad -35.3733 \quad -56.0652 \quad -36.7466)
$$

且

$$
k_I=-50.9684
$$

5.8.1 所设计系统的单位阶跃响应特性

确定了状态反馈增益矩阵 $\boldsymbol{K}$ 和积分增益常数 k_I，小车位置的阶跃响应可通过下列状态

方程求得，即

$$\begin{pmatrix} \dot{\boldsymbol{x}} \\ \dot{\xi} \end{pmatrix} = \begin{pmatrix} \boldsymbol{A} & \boldsymbol{0} \\ -\boldsymbol{C} & 0 \end{pmatrix} \begin{pmatrix} \boldsymbol{x} \\ \xi \end{pmatrix} + \begin{pmatrix} \boldsymbol{B} \\ 0 \end{pmatrix} u + \begin{pmatrix} \boldsymbol{0} \\ 1 \end{pmatrix} r \tag{5.128}$$

由于

$$u = -\boldsymbol{K}\boldsymbol{x} + k_{\mathrm{L}}\xi$$

式（5.128）可写为

$$\begin{pmatrix} \dot{\boldsymbol{x}} \\ \dot{\xi} \end{pmatrix} = \begin{pmatrix} \boldsymbol{A}-\boldsymbol{B}\boldsymbol{K} & \boldsymbol{B}k_{\mathrm{I}} \\ -\boldsymbol{C} & 0 \end{pmatrix} \begin{pmatrix} \boldsymbol{x} \\ \xi \end{pmatrix} + \begin{pmatrix} \boldsymbol{0} \\ 1 \end{pmatrix} r \tag{5.129}$$

图 5.11 画出了 $x_1(t)$、$x_2(t)$、$x_3(t)$、$x_4(t)$ 和 $\xi(t)[=x_5(t)]$ 对 t 的响应曲线。图中，作用在小车上的输入 $r(t)$ 为单位阶跃函数，即 $r(t)=1\,\mathrm{m}$。注意，$x_1=\theta$、$x_2=\dot{\theta}$、$x_3=x$ 和 $x_4=\dot{x}$。所有的初始条件均等于零。

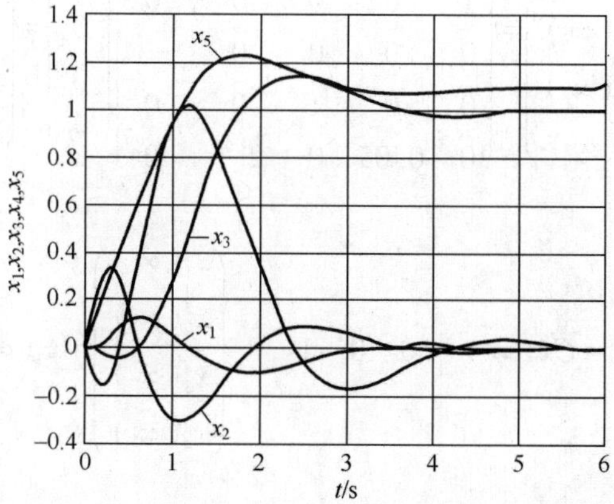

图 5.11　$x_1(t)$、$x_2(t)$、$x_3(t)$、$x_4(t)$ 和 $x_5(t)$ 对 t 的响应曲线

$x_3(t)[=x(t)]$ 的阶跃响应正如所希望的那样，调整时间约为 4.5 s，最大超调量约为 11.8%。在位置曲线［$x_3(t)$ 对 t 的曲线］上，有一点很有趣，即最初的 0.6 s 左右，小车向后移动，使得摆向前倾斜。然后，小车在正方向加速运动。

$x_3(t)$ 对 t 的响应曲线清晰地显示了 $x_3(\infty)$ 趋于 r。同样地，$x_1(\infty)=0$、$x_2(\infty)=0$、$x_4(\infty)=0$ 和 $\xi(\infty)=1.1$。这一结果由以下分析方法证实。在稳态时，由式（5.122）和式（5.125）可得

$$\begin{cases} \dot{\boldsymbol{x}}(\infty) = \boldsymbol{0} = \boldsymbol{A}x(\infty) + \boldsymbol{B}u(\infty) \\ \dot{\xi}(\infty) = 0 = r - \boldsymbol{C}\boldsymbol{x}(\infty) \end{cases}$$

将其合并为

$$\begin{pmatrix} \boldsymbol{0} \\ 0 \end{pmatrix} = \begin{pmatrix} \boldsymbol{A} & \boldsymbol{B} \\ -\boldsymbol{C} & 0 \end{pmatrix} \begin{pmatrix} \boldsymbol{x}(\infty) \\ u(\infty) \end{pmatrix} + \begin{pmatrix} \boldsymbol{0} \\ \mathrm{r} \end{pmatrix}$$

由于已求出矩阵

$$\begin{pmatrix} \boldsymbol{A} & \boldsymbol{B} \\ -\boldsymbol{C} & 0 \end{pmatrix}$$

的秩为 5，所以矩阵的逆存在。因此

$$\begin{pmatrix} \boldsymbol{x}(\infty) \\ u(\infty) \end{pmatrix} = \begin{pmatrix} \boldsymbol{A} & \boldsymbol{B} \\ -\boldsymbol{C} & 0 \end{pmatrix}^{-1} \begin{pmatrix} \boldsymbol{0} \\ -r \end{pmatrix}$$

参照式（5.127），可得

$$\begin{pmatrix} \boldsymbol{A} & \boldsymbol{B} \\ -\boldsymbol{C} & 0 \end{pmatrix}^{-1} = \begin{pmatrix} 0 & \dfrac{0.5}{9.81} & 0 & \dfrac{1}{9.81} & 0 \\ 1 & 0 & 0 & 0 & 0 \\ 0 & 0 & 0 & 0 & -1 \\ 0 & 0 & 1 & 0 & 0 \\ 0 & 0.05 & 0 & 2.1 & 0 \end{pmatrix}$$

因此

$$\begin{pmatrix} x_1(\infty) \\ x_2(\infty) \\ x_3(\infty) \\ x_4(\infty) \\ u(\infty) \end{pmatrix} = \begin{pmatrix} 0 & \dfrac{0.5}{9.81} & 0 & \dfrac{1}{9.81} & 0 \\ 1 & 0 & 0 & 0 & 0 \\ 0 & 0 & 0 & 0 & -1 \\ 0 & 0 & 1 & 0 & 0 \\ 0 & 0.05 & 0 & 2.1 & 0 \end{pmatrix} \begin{pmatrix} 0 \\ 0 \\ 0 \\ 0 \\ -r \end{pmatrix} = \begin{pmatrix} 0 \\ 0 \\ r \\ 0 \\ 0 \end{pmatrix}$$

从而

$$y(\infty) = \boldsymbol{C}\boldsymbol{x}(\infty) = (0 \quad 0 \quad 1 \quad 0) \begin{pmatrix} x_1(\infty) \\ x_2(\infty) \\ x_3(\infty) \\ x_4(\infty) \end{pmatrix} = x_3(\infty) = r$$

由于

$$\dot{\boldsymbol{x}}(\infty) = \boldsymbol{0} = \boldsymbol{A}\boldsymbol{x}(\infty) + \boldsymbol{B}u(\infty)$$

或

$$\begin{pmatrix} 0 \\ 0 \\ 0 \\ 0 \end{pmatrix} = \begin{pmatrix} 0 & 1 & 0 & 0 \\ 20.601 & 0 & 0 & 0 \\ 0 & 0 & 0 & 1 \\ -0.4905 & 0 & 0 & 0 \end{pmatrix} \begin{pmatrix} 0 \\ 0 \\ r \\ 0 \end{pmatrix} + \begin{pmatrix} 0 \\ -1 \\ 0 \\ 0.5 \end{pmatrix} u(\infty)$$

可得

$$u(\infty) = 0$$

由于 $u(\infty)=0$，故由式（5.125）可得

$$u(\infty) = 0 = -\boldsymbol{K}\boldsymbol{x}(\infty) + k_{\mathrm{I}}\xi(\infty)$$

从而

$$\xi(\infty) = \frac{1}{k_{\mathrm{I}}}[\boldsymbol{K}\boldsymbol{x}(\infty)] = \frac{1}{k_{\mathrm{I}}} k_3 x_3(\infty) = \frac{-56.0652}{-50.9684} r = 1.1r$$

因此，对 $r = 1$，可得

$$\xi(\infty) = 1.1$$

$\xi(t)$ 如图 5.11 所示。

应强调的是，在任意的设计问题中，如果响应速度和阻尼不十分满意，则必须修改所期

望的特征方程，并确定一个新的矩阵$\hat{\boldsymbol{K}}$。需要反复进行计算机仿真，直到获得满意的结果为止。

5.8.2 用 MATLAB 确定状态反馈增益矩阵和积分增益

以下 MATLAB 程序可用于设计倒立摆控制系统。注意，在程序中，用符号 A1、B1 和 KK 分别表示$\hat{\boldsymbol{A}}$、$\hat{\boldsymbol{B}}$和$\hat{\boldsymbol{K}}$，即

$$\mathrm{A1}=\hat{\boldsymbol{A}}=\begin{pmatrix}\boldsymbol{A} & 0\\ -\boldsymbol{C} & 0\end{pmatrix},\quad \mathrm{B1}=\hat{\boldsymbol{B}}=\begin{pmatrix}\boldsymbol{B}\\ 0\end{pmatrix},\quad \mathrm{KK}=\hat{\boldsymbol{K}}$$

```
%----- Design of an inverted pendulum control system ------
% * * * * * In this program we use Ackermann's formula for
%pole placement * * * * *
% * * * * * This program determines the state feedback gain matrix
%K=[k1  k2   k3   k4] and integral gain constant KI * * * * *

% * * * * * Enter matrices A, B, C, and D * * * * *
A=[0          1  0  0
   20.601     0  0  0
   0          0  0  1
   -0.4905    0  0  0];

B=[0;-1;0;0.5];
C=[0  0  1  0];
D=[0];

% * * * * * Enter matrices A1 and B1 * * * * *

A1=[A   zeros(4,1);-C   0];
B1=[B;0];

% * * * * * Define the controllability matrix Q * * * *

Q=[B1   A1*B1   A1^2*B1   A1^3*B1   A1^4*B1];

% * * * * Check the rank of matrix Q * * * * *

rank(Q)

ans=

   5
```

```
% * * * * Since the rank of Q is 5, the system is completely
%state controllable. Hence, arbitrary pole placement is
%possible * * * * *

% * * * * Enter the desired characteristic polynomial, which
%can be obtained by defining the following matrix J and
%entering statement poly(J) * * * * *
J=[-1+sqrt(3)*i         0           0    0    0
   0              -1-sqrt(3)*i      0    0    0
   0                    0          -5    0    0
   0                    0           0   -5   -5
   0                    0           0    0   -5];
JJ=poly(J)

JJ=

1.0000   17.0000   109.0000   335.0000   550.0000   500.0000

% * * * * Enter characteristic polynomial Phi * * * * *

Phi=polyvalm(poly(J),A1);

% * * * * * State feedback gain matrix K and integral gain constant
%KI can be determined from * * * * *

KK=[0  0  0  0  1]*(inv(Q))*Phi

KK=

-157.6336   -35.3733   -56.0652   -36.7466   50.9684

k1=KK(1), k2=KK(2), k3=KK(3), k4=KK4, KI=-KK(5)

k1=
   -157.6336

k2=
   -35.3733

k3=
   -56.0652

k4=
```

```
   -36.7466

KI =
   -50.9684
```

5.8.3 用 MATLAB 实现系统的单位阶跃响应特性

一旦确定了反馈增益矩阵 $\boldsymbol{K}$ 和积分增益常数 k_I，小车的位置对阶跃的响应就可通过求解式（5.129）求得，现将其重写为

$$\begin{pmatrix} \dot{\boldsymbol{x}} \\ \dot{\xi} \end{pmatrix} = \begin{pmatrix} \boldsymbol{A}-\boldsymbol{B}\boldsymbol{K} & \boldsymbol{B}k_I \\ -\boldsymbol{C} & 0 \end{pmatrix} \begin{pmatrix} \boldsymbol{x} \\ \xi \end{pmatrix} + \begin{pmatrix} \boldsymbol{0} \\ 1 \end{pmatrix} r \tag{5.130}$$

该系统的输出为 $x_3(t)$，即

$$y = (0 \quad 0 \quad 1 \quad 0 \quad 0) \begin{pmatrix} \boldsymbol{x} \\ \xi \end{pmatrix} + (0) r \tag{5.131}$$

将由式（5.130）和式（5.131）给出的系统矩阵（状态矩阵）、控制矩阵、输出矩阵及直接传输矩阵分别记为 AA、BB、CC 和 DD。

以下 MATLAB 程序可用于给出所设计系统的阶跃响应曲线。注意，为了求得对单位阶跃的响应，需输入命令

[y,x,t] = step(AA,BB,CC,DD)

```
%------ Step response of the designed system ------

% **** The following program is to obtain step response
%of the inverted pendulum system just designed *****

% ***** Enter necessary matrices *****

A=[0 1 0 0;20.601 0 0 0;0 0 0 1;-0.4905 0 0 0];
B=[0;-1;0;0.5];
C=[0 0 1 0];
D=[0];
K=[-157.6336 -35.3733 -56.0652 -36.7466];
KI=-50.9684;
AA=[A-B*K B*KI;-C 0];
BB=[0;0;0;0;1];
CC=[C 0];
DD=[0];

% **** Next, enter the following command ****

t=0:0.02:6;
[y,x,t]=step(AA,BB,CC,DD,1,t);
```

```
plot(t,x)
grid
title('Response Curves x1, x2, x3, x4, x5 versus t')
xlabel('t/s')
ylabel('x1, x2, x3, x4, x5')
text(1.3,0.04,'x1')
text(1.5,-0.34,'x2')
text(1.5,0.44,'x3')
text(2.33,0.26,'x4')
text(1.2,1.3,'x5')

% * * * * * The above response curves were presented in Figure 5.12 * * * * *

% * * * * * To obtain response curves x1 versus t, x2 versus t,
%x3 versus t, x4 versus t, and x5 versus t, separately, enter
%the following command * * * * *
x1=[1  0  0  0  0]*x';
x2=[0  1  0  0  0]*x';
x3=[0  0  1  0  0]*x';
x4=[0  0  0  1  0]*x';
x5=[0  0  0  0  1]*x';

subplot(3,2,1);
plot(t,x1);grid
title('x1 versus t')
xlabel('t/s')
ylabel('x1')

subplot(3,2,2);
plot(t,x2);grid
title('x2 versus t')
xlabel('t/s')
ylabel('x2')

subplot(3,2,3);
plot(t,x3);grid
title ('x3 versus t')
xlabel('t/s')
ylabel('x3')

subplot(3,2,4);
plot(t,x4);grid
title('x4 versus t')
```

```
xlabel('t/s')
ylabel('x4')

subplot(3,2,5);
plot(t,x5);grid
title('x5 versus t')
xlabel('t/s')
ylabel('x5')
```

图 5.12 给出了 x_1、x_2、x_3(=输出 y)、x_4对 t 和 x_5(=ξ)对 t 的响应曲线（在图 5.12 中，这些响应曲线均表示在同一个图上）。

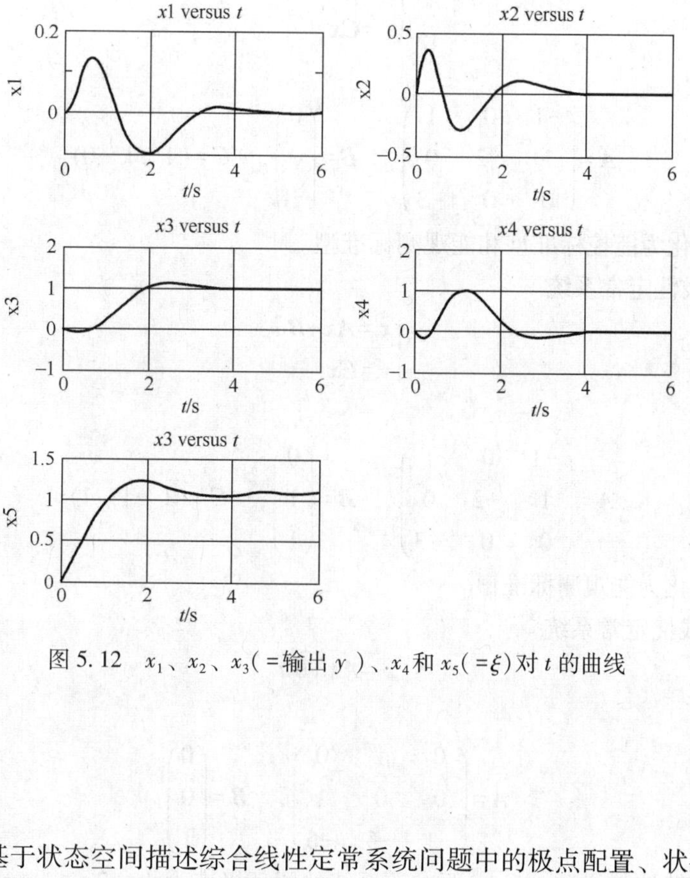

图 5.12　x_1、x_2、x_3(=输出 y)、x_4和 x_5(=ξ)对 t 的曲线

本章小结

本章讨论了基于状态空间描述综合线性定常系统问题中的极点配置、状态观测器的设计和伺服系统的设计。

系统的极点在一定程度上反映了系统的性能要求，如果通过某种控制策略能使闭环系统的极点与希望的极点重合，那么就可以保证闭环系统具有期望的性能。线性定常系统的极点配置就是在状态反馈控制率下，使得系统闭环极点与期望极点重合。线性定常系统极点任意配置的条件是系统状态完全能控，状态反馈可以获得比较好的闭环系统特性，但是如果系统的内部状态不可直接测量，就需要根据一定的等价指标重构系统的状态。实现状态重构的装置称为状态观测器。由于要求重构状态能快速地反映系统的真实状态，所以对系统观测器提出了一定的设计要求，这一要求通常也可与通过一组希望的观测器极点来体现。状态观测器极点任意配置的条件是控制对象状态完全能观测。当系统输出为 m 维时，还可以设计系统 $n-m$ 维降维观测器。

本章通过实例分别说明了 MATLAB 在线性多变量控制系统时间域综合中的若干应用，介绍了用 MATLAB 提供的函数实现线性系统的极点配置、状态观测器设计以及伺服系统的设计和控制系统的综合设计。

习题

5.1 给定线性定常系统

$$\begin{cases}\dot{x}=\boldsymbol{A}\boldsymbol{x}+\boldsymbol{B}u\\ y=\boldsymbol{C}\boldsymbol{x}\end{cases}$$

式中

$$\boldsymbol{A}=\begin{pmatrix}-1&0&1\\1&-2&0\\0&0&-3\end{pmatrix},\quad \boldsymbol{B}=\begin{pmatrix}0\\0\\1\end{pmatrix},\quad \boldsymbol{C}=(1\quad 1\quad 0)$$

试将该状态方程化为能控标准型和能观测标准型。

5.2 给定线性定常系统

$$\begin{cases}\dot{x}=\boldsymbol{A}\boldsymbol{x}+\boldsymbol{B}u\\ y=\boldsymbol{C}\boldsymbol{x}\end{cases}$$

式中

$$\boldsymbol{A}=\begin{pmatrix}-1&0&1\\1&-2&0\\0&0&-3\end{pmatrix},\quad \boldsymbol{B}=\begin{pmatrix}0\\1\\1\end{pmatrix},\quad \boldsymbol{C}=(1\quad 1\quad 1)$$

试将该状态方程化为能观测标准型。

5.3 给定线性定常系统

$$\dot{\boldsymbol{x}}=\boldsymbol{A}\boldsymbol{x}+\boldsymbol{B}\boldsymbol{u}$$

式中

$$\boldsymbol{A}=\begin{pmatrix}0&1&0\\0&0&1\\-1&-5&-6\end{pmatrix},\quad \boldsymbol{B}=\begin{pmatrix}0\\0\\1\end{pmatrix}$$

采用状态反馈控制律 $u=-\boldsymbol{K}\mathrm{x}$，要求该系统的闭环极点为 $s=-2\pm \mathrm{j}4$，$s=-10$。试确定状态反馈增益矩阵 $\boldsymbol{K}$。

5.4 试用 MATLAB 求解习题 5.3。

5.5 给定线性定常系统

$$\begin{pmatrix}\dot{x}_1\\ \dot{x}_2\end{pmatrix}=\begin{pmatrix}-1&1\\0&2\end{pmatrix}\begin{pmatrix}x_1\\x_2\end{pmatrix}+\begin{pmatrix}1\\0\end{pmatrix}u$$

试证明无论选择什么样的矩阵 $\boldsymbol{K}$，该系统均不能通过状态反馈控制 $u=-\boldsymbol{K}x$ 来稳定。

5.6 调节器系统被控对象的传递函数为

$$\frac{Y(s)}{U(s)}=\frac{10}{(s+1)(s+2)(s+3)}$$

定义状态变量为

$$x_1=y,\quad x_2=\dot{x}_1,\quad x_3=\dot{x}_2$$

利用状态反馈控制律 $u=-\boldsymbol{K}x$，要求闭环极点为 $s=\mu_i(\mathrm{i}=1,2,3)$，其中

$$\mu_1=-2+\mathrm{j}2\sqrt{2},\quad \mu_2=-2-\mathrm{j}2\sqrt{2},\quad \mu_3=-10$$

试确定必需的状态反馈增益矩阵 $\boldsymbol{K}$。

5.7 试用 MATLAB 求解习题 5.6。

5.8 给定线性定常系统

$$\begin{cases}\dot{\boldsymbol{x}}=\boldsymbol{A}\boldsymbol{x}+\boldsymbol{B}u\\ y=\boldsymbol{C}\boldsymbol{x}\end{cases}$$

式中

$$\boldsymbol{A}=\begin{pmatrix}-1 & 1\\ 1 & -2\end{pmatrix},\quad \boldsymbol{B}=\begin{pmatrix}0\\ 1\end{pmatrix},\quad \boldsymbol{C}=(1\quad 0)$$

试设计一个全维状态观测器。该观测器矩阵所期望的特征值为 $\mu_1=-5$, $\mu_2=-5$。

5.9 考虑习题 5.8 定义的系统。假设输出 y 是可以准确量测的。试设计一个最小阶观测器，该观测器矩阵所期望的特征值为 $\mu=-5$，即最小阶观测器所期望的特征方程为 $s+5=0$。

5.10 给定线性定常系统

$$\begin{cases}\dot{\boldsymbol{x}}=\boldsymbol{A}\boldsymbol{x}+\boldsymbol{B}u\\ y=\boldsymbol{C}\boldsymbol{x}\end{cases}$$

式中

$$\boldsymbol{A}=\begin{pmatrix}0 & 1 & 0\\ 0 & 0 & 1\\ -5 & -6 & 0\end{pmatrix},\quad \boldsymbol{B}=\begin{pmatrix}0\\ 0\\ 1\end{pmatrix},\quad \boldsymbol{C}=(1\quad 0\quad 0)$$

假设该系统的结构与图 5.2 所示的相同。试设计一个全维状态观测器，该观测器的期望特征值为 $\mu_1=-10$, $\mu_2=-10$, $\mu_3=-15$。

5.11 给定线性定常系统

$$\begin{cases}\begin{pmatrix}\dot{x}_1\\ \dot{x}_2\\ \dot{x}_3\end{pmatrix}=\begin{pmatrix}0 & 1 & 0\\ 0 & 0 & 1\\ 1.244 & 0.3965 & -3.145\end{pmatrix}\begin{pmatrix}x_1\\ x_2\\ x_3\end{pmatrix}+\begin{pmatrix}0\\ 0\\ 1.244\end{pmatrix}u\\ y=(1\quad 0\quad 0)\begin{pmatrix}x_1\\ x_2\\ x_3\end{pmatrix}\end{cases}$$

该观测器增益矩阵的一组期望的特征值为 $\mu_1=-5+\mathrm{j}5\sqrt{3}$, $\mu_2=-5-\mathrm{j}5\sqrt{3}$, $\mu_3=-10$。试设计一个全维观测器。

5.12 考虑习题 5.11 给出的同一系统。假设输出 y 可准确量测。试设计一个最小阶观

测器。该最小阶观测器所期望的特征值为 $\mu_1=-5+j5\sqrt{3}$，$\mu_2=-5-j5\sqrt{3}$。

5.13 考虑图 5.6 所示的Ⅰ型伺服系统。图中的矩阵 $\boldsymbol{A}$、$\boldsymbol{B}$ 和 $\boldsymbol{C}$ 为

$$\boldsymbol{A}=\begin{pmatrix}0 & 1 & 0\\ 0 & 0 & 1\\ 0 & -5 & -6\end{pmatrix},\quad \boldsymbol{B}=\begin{pmatrix}0\\ 0\\ 1\end{pmatrix},\quad \boldsymbol{C}=(1\quad 0\quad 0)$$

试确定反馈增益常数 k_1、k_2 和 k_3，使得闭环极点为 $s=-2\pm j4$，$s=-10$。试利用计算机对所设计的系统进行仿真，并求该系统单位阶跃响应的计算机解，绘出 $y(t)$ 对 t 的曲线。

5.14 考虑 5.4 节讨论的倒立摆系统。参见图 5.1 所示的原理图。假设

$$M=2\,\text{kg},\quad m=0.5\,\text{kg},\quad l=1\,\text{m}$$

定义状态变量为

$$x_1=\theta,\quad x_2=\dot{\theta},\quad x_3=x,\quad x_4=\dot{x}$$

输出变量为

$$y_1=\theta=x_1,\quad y_2=x=x_3$$

试推导该系统的状态空间表达式。

若要求闭环极点为

$$\mu_1=-4+j4,\quad \mu_2=-4-j4,\quad \mu_3=-20,\quad \mu_4=-20$$

试确定状态反馈增益矩阵 $\boldsymbol{K}$。

利用已求出的状态反馈增益矩阵 $\boldsymbol{K}$，用计算机仿真检验该系统的性能。试写出一个 MATLAB 程序，以求出该系统对任意初始条件的响应。对一组初始条件

$$x_1(0)=0,\quad x_2(0)=0,\quad x_3(0)=0,\quad x_4(0)=1\,\text{m/s}$$

试求 $x_1(t)$、$x_2(t)$、$x_3(t)$ 和 $x_4(t)$ 对 t 的响应曲线。

5.15 考虑 5.4 节讨论的倒立摆系统。假设 M、m 和 l 的值与 5.4 节中的相同。对于该系统，状态变量定义为

$$x_1=\theta,\quad x_2=\dot{\theta},\quad x_3=x,\quad x_4=\dot{x}$$

试求该系统的状态空间表达式。

假设采用状态反馈控制律 $u=-\boldsymbol{K}\boldsymbol{x}$，试设计一个稳定的控制系统。考虑以下两种情况下所期望的闭环极点

情况 1：$\mu_1=-1.3+j$，$\mu_2=-1.3-j$，$\mu_3=-20$，$\mu_4=-20$；

情况 2：$\mu_1=-2$，$\mu_2=-2$，$\mu_3=-10$，$\mu_4=-10$

试确定在这两种情况下的状态反馈增益矩阵 $\boldsymbol{K}$。再求设计出的系统对初始条件

$$\theta(0)=0.1\,\text{rad},\quad \dot{\theta}(0)=0,\quad x(0)=0\quad ,\dot{x}(0)=0$$

的响应，并比较这两种系统的响应。

5.16 考虑 5.4 节讨论的倒立摆系统。设计一个状态反馈增益矩阵 $\boldsymbol{K}$，其中已知 $\boldsymbol{K}=(k_1,k_2,k_3,k_4)$ 和积分增益常数 k_1。假设该系统所期望的闭环极点为 $\mu_1=-2$，$\mu_2=-2$，$\mu_3=\mu_4=\mu_5=-10$。试用 MATLAB 确定状态反馈增益矩阵 $\boldsymbol{K}$ 和积分增益常数 k_1。再求当单位阶跃输入作用于小车位置时的阶跃响应曲线。

第6章　最优控制

能对系统实行某种意义下的最优控制，是现代控制理论区别于经典控制理论的一个首要标志。经典控制理论设计系统的方法是建立在试凑的基础上，多是以满足系统在某种典型输入下的动态响应和稳态特性为目标，难以获得最优的性能，对于多输入多输出系统以及阶次较高的单输入输出系统，更难以得到满意的结果。随着科学技术的发展，出现了很多对性能要求很高的受控对象，它们要求得到某种意义下的最优控制，而各种最优控制方法，都是以现代控制理论为基础的。最优控制理论是现代控制理论的核心。它于20世纪50年代发展起来，现在已形成系统的理论。具体的最优是相对的，是相对于某些特定的性能指标而言的。所谓最优控制系统，就是在一定的具体条件下，在完成所要求的具体任务时，系统的某些性能指标具有最优值。根据系统的不同用途，可提出各种不同的性能指标。最优控制系统的设计，在于选择最优控制律，以使某一性能指标达到极值（极大或极小）。

经典控制理论采用输出反馈，但因为输出变量中不可能包含系统状态变量的全部信息，所以从理论上输出反馈不可能全面达到最优。现代控制理论中的最优是用全状态反馈实现的，所以具有更普遍的意义。

从数学的观点看，最优控制研究的问题是求解一类带有约束条件的泛函极值问题，本质上是一个变分学问题。最优控制问题既是学者们感兴趣的学术课题，也是工程师们设计控制系统时所追求的目标。一旦将最优控制应用于系统中，就会带来显著效益，因此最优控制能在各个领域中得到广泛应用。最优控制已经在航天、航海、导弹、电力系统、控制装置、生产设备和生产过程中得到了比较成功的应用，而且在经济系统和社会系统中也得到了广泛的应用。

本章介绍解决最优控制问题的主要方法：变分法、极小值原理、动态规划，以及线性二次型最优控制问题的解法和用 MATLAB 函数求解的方法。

6.1　最优控制问题的基本概念

已知系统的状态方程为

$$\begin{cases}\dot{\boldsymbol{x}}(t)=\boldsymbol{f}[\boldsymbol{x}(t),\boldsymbol{u}(t),t]\\ \boldsymbol{x}(t_0)=\boldsymbol{x}_0\end{cases} \tag{6.1}$$

式中，$\boldsymbol{x}(t)$为n维状态向量；$\boldsymbol{u}(t)$为p维控制向量；$\boldsymbol{f}[\boldsymbol{x}(t),\boldsymbol{u}(t),t]$是$\boldsymbol{x}(t)$、$\boldsymbol{u}(t)$和$t$的$n$维连续函数，且对$\boldsymbol{x}(t)$和$t$连续可微。$\boldsymbol{u}(t)$在$[t_0,\ t_f]$上分段连续，且$t_0$为系统的起始控制时刻，$t_f$为系统的终端控制时刻。

最优控制问题可以表述为在满足一定的约束条件下，寻找一个最优控制率$\boldsymbol{u}^*(t)$，使系统状态$\boldsymbol{x}(t)$从已知初始状态$\boldsymbol{x}(t_0)$转移到所要求的终端状态$\boldsymbol{x}(t_f)$，并且使性能指标

$$J=\theta[\boldsymbol{x}(t_f),t_f]+\int_{t_0}^{t_f}L[\boldsymbol{x}(t),\boldsymbol{u}(t),t]\mathrm{d}t \tag{6.2}$$

达到极值，J 中 $\boldsymbol{\theta}[\boldsymbol{x}(t_f),t_f]$ 和 $L[\boldsymbol{x}(t),\boldsymbol{u}(t),t]$ 是 $\boldsymbol{x}(t)$ 和 t 的连续可微函数。

6.1.1 目标函数

对于连续系统的最优控制问题，通用的性能指标有三种类型。

（1）积分型（拉格朗日型）

$$J=\int_{t_0}^{t_f}L[\boldsymbol{x}(t),\boldsymbol{u}(t),t]\mathrm{d}t \tag{6.3}$$

（2）终值型（迈耶尔型）

$$J=\theta[\boldsymbol{x}(t_f),t_f] \tag{6.4}$$

（3）复合型（波尔札型）

$$J=\theta[\boldsymbol{x}(t_f),t_f]+\int_{t_0}^{t_f}L[\boldsymbol{x}(t),\boldsymbol{u}(t),t]\mathrm{d}t \tag{6.5}$$

另外，还有几种常用的应用型性能指标。

（1）最小时间控制指标

$$J=\int_{t_0}^{t_f}\mathrm{d}t=t_f-t_0 \tag{6.6}$$

它要求设计一个快速控制系统，使系统在最短时间内从初态 $\boldsymbol{x}(t_0)$ 到终态 $\boldsymbol{x}(t_f)$。

（2）最少燃料控制性能指标

$$J=\int_{t_0}^{t_f}\sum_{j=1}^{m}|u_j(t)|\mathrm{d}t \tag{6.7}$$

（3）最小能量控制性能指标

$$J=\int_{t_0}^{t_f}\boldsymbol{u}^{\mathrm{T}}-(t)\boldsymbol{u}(t)\mathrm{d}t \tag{6.8}$$

（4）线性调节问题

对于线性系统，有限时间调节性能指标为

$$J=\frac{1}{2}\boldsymbol{x}^{\mathrm{T}}(t_f)\boldsymbol{P}\boldsymbol{x}(t_f)+\frac{1}{2}\int_{t_0}^{t_f}[\boldsymbol{x}^{\mathrm{T}}(t)\boldsymbol{Q}\boldsymbol{x}(t)+\boldsymbol{u}^{\mathrm{T}}(t)\boldsymbol{R}\boldsymbol{u}(t)]\mathrm{d}t \tag{6.9}$$

式中，$\boldsymbol{P}\geqslant\boldsymbol{0}$，$\boldsymbol{Q}\geqslant\boldsymbol{0}$，$\boldsymbol{R}=\boldsymbol{R}^{\mathrm{T}}>\boldsymbol{0}$。

无限时间调节性能指标为

$$J=\frac{1}{2}\int_{t_0}^{\infty}[\boldsymbol{x}^{\mathrm{T}}(t)\boldsymbol{Q}\boldsymbol{x}(t)+\boldsymbol{u}^{\mathrm{T}}(t)\boldsymbol{R}\boldsymbol{u}(t)]\mathrm{d}t \tag{6.10}$$

直观上看，当把求解时域放大到无穷时，好处是总能找到一个最优解，缺点是将问题复杂化了。

（5）线性跟踪（伺服）问题

对于线性系统，跟踪问题分状态跟踪和输出跟踪两类。状态跟踪是指系统的状态跟踪或尽可能接近理想状态；输出跟踪指系统的输出跟踪或尽可能接近理想输出。

$$J=\frac{1}{2}\boldsymbol{e}^{\mathrm{T}}(t_f)\boldsymbol{P}\boldsymbol{e}(t_f)+\frac{1}{2}\int_{t_0}^{t_f}[\boldsymbol{e}^{\mathrm{T}}(t)\boldsymbol{Q}\boldsymbol{e}(t)+\boldsymbol{u}^{\mathrm{T}}(t)\boldsymbol{R}\boldsymbol{u}(t)]\mathrm{d}t \tag{6.11}$$

无限时间线性跟踪器的一般性能指标为

$$J=\frac{1}{2}\int_{t_0}^{\infty}[\boldsymbol{e}^{\mathrm{T}}(t)\boldsymbol{Q}\boldsymbol{e}(t)+\boldsymbol{u}^{\mathrm{T}}(t)\boldsymbol{R}\boldsymbol{u}(t)]\mathrm{d}t \tag{6.12}$$

式中，对于状态跟踪器 $\boldsymbol{e}(t)=\boldsymbol{x}_{\mathrm{d}}(t)-\boldsymbol{x}(t)$，表示状态误差；而对于输出跟踪器 $\boldsymbol{e}(t)=\boldsymbol{y}_{\mathrm{d}}(t)-\boldsymbol{y}(t)$，表示跟踪误差。

线性调节问题和线性跟踪问题两类性能指标统称为线性二次型性能指标，是工程实践中应用最广的一类性能指标。

6.1.2 约束条件

一方面，在控制变量、控制变量的变化量甚至状态变量、输出变量上存在约束条件，使许多控制问题更加棘手。约束条件可能压缩了最优解空间的大小，导致在某一个时刻规划问题找不到最优解，即没有可行解；约束条件过多也可能使搜索最优解的计算机程序花费大量时间，在两次采样时间间隔内无法完成控制计算，造成失控现象。如何处理好约束条件，需要特别关注。存在约束条件时，一般无法得到最优控制问题的解析解，这时需要调用标准的解题器。另一方面，通过在目标函数或约束条件集合中适当增加一些约束条件，可能对提高稳定性有好处。

约束条件主要有以下几种。

（1）过程模型

$$\begin{cases}\dot{\boldsymbol{x}}(t)=f[\boldsymbol{x}(t),\boldsymbol{u}(t),t]\\ \boldsymbol{x}(t_0)=\boldsymbol{x}_0\end{cases}$$

（2）控制变量幅值上的约束

$$u_{\min}\leqslant u(t)\leqslant u_{\max}$$

（3）输出变量幅值上的约束

$$y_{\min}\leqslant y(t)\leqslant y_{\max}$$

（4）状态变量上的约束条件

$$x_{i,\min}\leqslant x_i(t)\leqslant x_{i,\min}$$

（5）操作变量变化增量上的约束

$$\Delta u_{\min}\leqslant \Delta u(t)\leqslant \Delta u_{\max}$$

（6）终端约束条件

$$\boldsymbol{x}(t_{\mathrm{f}})=\boldsymbol{0}$$

这些约束也可分为两类：硬约束和软约束。控制变量幅值及其变化量上的约束属于硬约束，它们是由受控过程的实际状况所决定的。例如，装在管道上的调节阀门，全开或全关时流经管路的流量出现最大或最小值，阀门开度变化也需要一定的时间，这些都是客观存在的条件。输出变量幅值上的约束属于软约束，反映了设计者对系统状态变化的期望限定。如果最优问题无法找到最优解，则这些软约束可以适当松弛变动。在约束条件下，一个最优控制问题是否有解、数值上能否搜索到全局最优解以及能否在规定的时间内找到解，都是最优控制研究中需要关注的问题。

6.2 变分法

从最优控制问题的提法可以看出，它实际上是一个求泛函极值的问题。而变分法是研究泛函极值的重要方法。

6.2.1 变分法的基本概念

1. 泛函

设 R 为一函数集合，若对于每一个函数 $x(t)\in R$，有一个实数 J 与之对应，则称 J 是定义在 R 上的泛函，记为 $J[x(t)]\in R$，R 称为 J 的容许函数集。

泛函是函数概念的一种扩充。如果对于某一类函数集合 $\{x(t)\}$ 中的每个函数 $x(t)$，因变量 J 都有一个确定的值与之对应，则称因变量 J 为这个宗量函数 $x(t)$ 的泛函数，简称泛函，记作 $J=J[x(t)]$。可见，若一个因变量的宗量不是独立自变量，而是另一些独立自变量的函数，该因变量则为这个宗量函数的泛函，因此，泛函可理解为“函数的函数”，其值由宗量函数的选取而定。

例 6.1 设一光滑曲线 $y(x)$，其长度在区间 $[x_0,x_1]$ 上定义为 $J=\int_{x_0}^{x_1}\sqrt{1+y'^2}\,\mathrm{d}x$，取 $x_0=0$，$x_1=1$，当 $y(x)=x$ 和 $y(x)=\dfrac{\mathrm{e}^x+\mathrm{e}^{-x}}{2}$ 时，求 J。

解 若 $y(x)=x$，则

$$J[y(x)]=J(x)=\int_0^1\sqrt{1+1}\,\mathrm{d}x=\sqrt{2}$$

若 $y(x)=\dfrac{\mathrm{e}^x+\mathrm{e}^{-x}}{2}$，则

$$J\left(\frac{\mathrm{e}^x+\mathrm{e}^{-x}}{2}\right)=\int_0^1\sqrt{1+\frac{(\mathrm{e}^x-\mathrm{e}^{-x})^2}{4}}\,\mathrm{d}x=\int_0^1\frac{\mathrm{e}^x+\mathrm{e}^{-x}}{2}\mathrm{d}x=\frac{\mathrm{e}-\mathrm{e}^{-1}}{2}$$

对于区间 $[x_0,x_1]$ 中不同的函数 $y(x)$，有不同曲线长度值 J，即 J 依赖于 $y(x)$，是定义在函数集合上 $[x_0,x_1]$ 的一个泛函，此时可以写成

$$J=J[y(x)] \tag{6.13}$$

当泛函中被积函数 F 包含自变量 t、未知函数 $x(t)$ 及导数 $\dot{x}(t)$ 时，即

$$J[x(t)]=\int_{t_0}^{t_f}F[t,x(t),\dot{x}(t)]\mathrm{d}t \tag{6.14}$$

则称该泛函为最简泛函，上面介绍的曲线长度泛函就是一个典型的最简泛函。

2. 泛函极值问题

泛函极小值问题可以定义为：若泛函 $J[y(x)]$ 在 $x_0(t)\in R$ 取得极小值，则对于任意一个与 $x_0(t)$ 接近的 $x(t)\in R$，都有 $J[x(t)]\geqslant J[x_0(t)]$。所谓接近，可以用距离 $d[x(t),x_0(t)]<\varepsilon$ 来度量，而距离可以定义为

$$d[x(t),x_0(t)]=\max_{t_0\leqslant t\leqslant t_f}\{|x(t)-x_0(t)|,|\dot{x}(t)-\dot{x}_0(t)|\} \tag{6.15}$$

与此类似可以定义泛函的极大值，其中 $x_0(t)$ 称为泛函的极值函数或极值曲线。

3. 泛函的变分

作为泛函的自变量，函数 $x(t)$ 在 $x_0(t)$ 的增量记为 $\delta x(t)=x(t)-x_0(t)$，也称函数的变分。

泛函的增量记为 $\Delta J=J[x_0(t)+\delta x(t)]-J[x_0(t)]$，也可表示为 $\Delta J=L[x_0(t)+\alpha\delta x(t)]+$

$r[x_0(t),\alpha\delta x(t)]$，式中，$L[x_0(t)+\alpha\delta x(t)]$为$\Delta J$的线性项，而$r[x_0(t),\ \alpha\delta x(t)]$是$\Delta J$的高阶项，则称$L$为泛函在$x_0(t)$的变分，记为$\delta J[x_0(t)]$。用$x(t)$代替$x_0(t)$，就有$\delta J[x(t)]$。

泛函变分还可以表示为对参数α的导数，即

$$\delta J[x(t)]=\frac{\partial}{\partial\alpha}J[x(t)+\alpha\delta x(t)]\mid_{\alpha=0} \tag{6.16}$$

因为当变分存在时，增量$\Delta J=J[x(t)+\alpha\delta x]-J[x(t)]=L[x(t),\alpha\delta x]+r[x(t),\alpha\delta x]$，其中，$L[x(t),\alpha\delta x]$是$\alpha\delta x$的线性连续函数，根据线性性质可得

$$L[x(t),\alpha\delta x]=\alpha L[x(t),\delta x] \tag{6.17}$$

$r[x(t),\alpha\delta x]$是$\alpha\delta x$的高阶无穷小项，从而可知

$$\lim_{\alpha\to 0}\frac{r[x(t),\alpha\delta x]}{\alpha}=\lim_{\alpha\to 0}\frac{r[x(t),\alpha\delta x]}{\alpha\delta x}\delta x=0 \tag{6.18}$$

所以

$$\frac{\partial}{\partial\alpha}J(x+\alpha\delta x)\mid_{\alpha=0}=\lim_{\alpha\to 0}\frac{J(x+\alpha\delta x)-J(x)}{\alpha} \tag{6.19}$$

4. 泛函极值的变分

若$J[x(t)]$在$x_0(t)$达到极值（极大或极小），则

$$\delta J\ [x_0(t)]=0 \tag{6.20}$$

证明 对任意给定的δx，$J(x_0+\alpha\delta x)$是变量α的函数，该函数在$\alpha=0$处达到极值。据函数极值的必要条件可知

$$\frac{\partial}{\partial\alpha}J(x+\alpha\delta x)\mid_{\alpha=0}=0 \tag{6.21}$$

由式（6.16），可得式（6.20），证毕。

5. 泛函极值的必要条件

对于式（6.14）表示的最简泛函，式中F具有二阶连续偏导数，容许函数S取满足端点条件如式（6.22）所示的固定端点的二阶可微函数。

$$x_0(t)=x_0,\quad x(t_f)=x_f \tag{6.22}$$

泛函极值的必要条件为当式（6.14）表示的泛函在$x(t)\in S$取得极值，则$x(t)$满足欧拉方程

$$\frac{\partial F}{\partial x}-\frac{\mathrm{d}}{\mathrm{d}t}\left(\frac{\partial F}{\partial\dot{x}}\right)=0 \tag{6.23}$$

式（6.23）也可写成

$$\frac{\partial F}{\partial x}-\frac{\partial^2 F}{\partial t\,\partial\dot{x}}-\frac{\partial^2 F}{\partial\dot{x}\,\partial x}\frac{\mathrm{d}x}{\mathrm{d}t}-\frac{\partial^2 F}{\partial\dot{x}^2}\frac{\mathrm{d}^2x}{\mathrm{d}t^2}=0 \tag{6.24}$$

它通常为关于$x(t)$的二阶微分方程，则通解中任意常数可通过端点条件式（6.22）确定。

6.2.2 变分法在最优控制中的应用

最优控制问题实质上是在状态方程的约束下求性能指标泛函的极值问题，因此当容许控制$\boldsymbol{u}$不受限制时，就可以用变分法求解。本节就性能指标泛函取不同类型时的最优控制问题，介绍变分法的应用。

1. 性能指标泛函为积分型

依据初端与终端的不同情况，分以下几种加以讨论。

(1) 初始时刻和终止时刻已定，初端和终端固定

设性能指标为

$$J[x_1(t),\cdots,x_n(t)] = \int_{t_0}^{t_1} F(t,x_1,\cdots,x_n,\dot{x}_1,\cdots,\dot{x}_n)\,\mathrm{d}t \tag{6.25}$$

在约束条件

$$\boldsymbol{G}(t,x_1,\cdots,x_n,\dot{x}_1,\cdots,\dot{x}_n)=\boldsymbol{0} \tag{6.26}$$

下取极值问题。其中 $\boldsymbol{G}$ 是 $m(m<n)$ 维向量，即

$$\begin{aligned}&\boldsymbol{G}(t,x_1,\cdots,x_n,\dot{x}_1,\cdots,\dot{x}_n)\\&=[g_1(t,x_1,\cdots,x_n,\dot{x}_1,\cdots,\dot{x}_n),\cdots,g_m(t,x_1,\cdots,x_n,\dot{x}_1,\cdots,\dot{x}_n)]^{\mathrm{T}}\end{aligned} \tag{6.27}$$

这类问题可通过多元函数条件极值的拉格朗日乘子法解决，引入拉格朗日乘子

$$\boldsymbol{\lambda}(t)=[\lambda_1(t),\cdots,\lambda_m(t)]^{\mathrm{T}} \tag{6.28}$$

定义辅助函数

$$\widetilde{F}(t,\boldsymbol{x},\dot{\boldsymbol{x}},\boldsymbol{\lambda})=F(t,\boldsymbol{x},\dot{\boldsymbol{x}})+\boldsymbol{\lambda}(t)\boldsymbol{G}(t,\boldsymbol{x},\dot{\boldsymbol{x}})=F(t,\boldsymbol{x},\dot{\boldsymbol{x}})+\sum_{i=1}^{m}\lambda_i(t)g_i(t,\boldsymbol{x},\dot{\boldsymbol{x}}) \tag{6.29}$$

则性能指标泛函变为

$$\widetilde{J}(\boldsymbol{x},\boldsymbol{\lambda})=\int_{t_0}^{t_1}\widetilde{F}(t,\boldsymbol{x},\dot{\boldsymbol{x}})\,\mathrm{d}t=\int_{t_0}^{t_1}F(t,\boldsymbol{x},\dot{\boldsymbol{x}})+\boldsymbol{\lambda}(t)\boldsymbol{G}(t,\boldsymbol{x},\dot{\boldsymbol{x}})\,\mathrm{d}t \tag{6.30}$$

从而可以将泛函条件极值问题转化为求泛函 $\widetilde{J}(t,\boldsymbol{x},\dot{\boldsymbol{x}},\boldsymbol{\lambda})$ 的极值问题，如果泛函条件极值问题式（6.25）和式（6.26）在 $\boldsymbol{x}(t)=[x_1(t),\cdots,x_n(t)]^{\mathrm{T}}\in\Omega$ 达到极值，则必存在向量 $\boldsymbol{\lambda}(t)=[\lambda_1(t),\cdots,\lambda_m(t)]^{\mathrm{T}}$，使 $\boldsymbol{x}(t)=[x_1(t),\cdots,x_n(t)]^{\mathrm{T}}$ 满足欧拉方程组

$$\frac{\partial\widetilde{F}}{\partial x_i}-\frac{\mathrm{d}}{\mathrm{d}t}\frac{\partial\widetilde{F}}{\partial\dot{x}_i}=0,\qquad i=1,2,\cdots,n \tag{6.31}$$

式中，$\boldsymbol{\Omega}=\{\boldsymbol{x}(t):x_i(t)\in[t_0,t_1],\boldsymbol{x}(t_0)=\boldsymbol{x}_0,\boldsymbol{x}(t_1)=\boldsymbol{x}_1,\boldsymbol{G}(t,\boldsymbol{x},\dot{\boldsymbol{x}})=\boldsymbol{0}\}$。

利用欧拉方程式（6.31）和约束条件式（6.26），可解出泛函条件极值问题的极值曲线 $\boldsymbol{x}(t)$ 和拉格朗日乘子 $\boldsymbol{\lambda}(t)$。

综上可见，变分在泛函研究中的作用相当于微分在函数研究中的作用。事实上，求泛函极大（小）值问题称为变分问题，求泛函极值的方法称为变分法。

定理 6.1 设 $f_0(t,\boldsymbol{x},\boldsymbol{u})$ 和 $f(t,\boldsymbol{x},\boldsymbol{u})$ 具有连续一阶偏导数。如果 $\boldsymbol{u}\in\mathbf{R}^m$ 使泛函 $J[\boldsymbol{u}(t)]=\int_{t_0}^{t_1}f_0(t,\boldsymbol{x},\boldsymbol{u})\,\mathrm{d}t$ 在状态约束条件 $\dot{\boldsymbol{x}}=f(t,\boldsymbol{x},\boldsymbol{u})$，$\boldsymbol{x}(t_0)=\boldsymbol{x}_0,\boldsymbol{x}(t_1)=\boldsymbol{x}_1$ 下达到最大值，则必存在函数 $\boldsymbol{\lambda}(t)$，使得 $\boldsymbol{x}(t)$，$\boldsymbol{u}(t)$，$\boldsymbol{\lambda}(t)$ 满足方程组

$$\begin{cases}\dfrac{\mathrm{d}\boldsymbol{\lambda}}{\mathrm{d}t}=-\dfrac{\partial H}{\partial\boldsymbol{x}}\\[2mm]\dfrac{\partial H}{\partial\boldsymbol{u}}=\boldsymbol{0}\\[2mm]\dfrac{\mathrm{d}x}{\mathrm{d}t}=f(t,\boldsymbol{x},\boldsymbol{u})\end{cases} \tag{6.32}$$

式中，$H(t,\boldsymbol{x},\boldsymbol{u},\boldsymbol{\lambda})=f_0[\boldsymbol{x}(t,\boldsymbol{x},\boldsymbol{u})+\boldsymbol{\lambda}(t)f(t,\boldsymbol{x},\boldsymbol{u})]$，称为哈密顿（Hamilton）函数。

例 6.2 求控制函数 $\boldsymbol{u}(t)$，使得性能指标泛函 $J[u(t)]=\int_0^2 u^2(t)\mathrm{d}t$ 在状态约束条件 $\dot{x}_1=x_2,\dot{x}_2=u,x_1(0)=1,x_2(0)=1,x_1(2)=0,x_2(2)=0$ 下达到极小值。

解 哈密顿函数为

$$H(t,x_1,x_2,u,\lambda_1,\lambda_2)=\frac{1}{2}u^2(t)+\lambda_1x_2+\lambda_2u$$

根据定理 6.1，有

$$\begin{cases}\dot{\lambda}_1=-\dfrac{\partial H}{\partial x_1}=0\\ \dot{\lambda}_2=-\dfrac{\partial H}{\partial x_2}=-\lambda_1\\ \dfrac{\partial H}{\partial u}=u+\lambda_2=0\\ \dot{x}_1=x_2\\ \dot{x}_2=u\end{cases}$$

求解上述方程组得

$$\begin{aligned}&\lambda_1(t)=c_1,\lambda_2(t)=-c_1t+c_2\\&u=c_1t-c_2\\&x_2=-\frac{1}{2}c_1t^2+c_2t+c_3\\&x_3=-\frac{1}{6}c_1t^3+\frac{1}{2}c_2t^2+c_3t+c_4\\&c_1=-3,c_2=\frac{7}{2},c_3=c_4=0\end{aligned}$$

可得

$$u(t)=-3t+\frac{7}{2}$$

（2）初始时刻和终止时刻以及初端固定，终端变动

设性能指标为

$$J[\boldsymbol{x}(t)]=\int_{t_0}^{t_1}F(t,\boldsymbol{x},\dot{\boldsymbol{x}})\mathrm{d}t \tag{6.33}$$

在 $\boldsymbol{x}^*(t)\in\Omega=\{\boldsymbol{x}(t)\mid\boldsymbol{x}(t)\in[t_0,t_1],\boldsymbol{x}(t_0)=\boldsymbol{x}_0\}$ 下达到极值，两端固定的泛函式（6.33）在 $\boldsymbol{x}^*(t)\in\Omega'=\{\boldsymbol{x}(t)\mid\boldsymbol{x}(t)\in C^2[t_0,t_1],\boldsymbol{x}(t_0)=\boldsymbol{x}_0,\boldsymbol{x}(t_1)=\boldsymbol{x}^*(t_1)\}$ 下也达到极值，于是 $\dot{\boldsymbol{x}}(t)$ 满足欧拉方程

$$\frac{\partial F}{\partial \boldsymbol{x}}-\frac{\mathrm{d}}{\mathrm{d}t}\frac{\partial F}{\partial \dot{\boldsymbol{x}}}=\boldsymbol{0} \tag{6.34}$$

则性能指标泛函的变分为

$$\delta J=\int_{t_0}^{t_1}\left(\frac{\partial F}{\partial \boldsymbol{x}}\delta \boldsymbol{x}-\frac{\mathrm{d}}{\mathrm{d}t}\frac{\partial F}{\partial \dot{\boldsymbol{x}}}\delta \dot{\boldsymbol{x}}\right)\mathrm{d}t=\int_{t_0}^{t_1}\left(\frac{\partial F}{\partial \boldsymbol{x}}-\frac{\mathrm{d}}{\mathrm{d}t}\frac{\partial F}{\partial \dot{\boldsymbol{x}}}\right)\delta \boldsymbol{x}\mathrm{d}t+\left[\frac{\partial F}{\partial \dot{\boldsymbol{x}}}\delta \boldsymbol{x}\right]\Bigg|_{t=t_0}^{t=t_1} \tag{6.35}$$

由欧拉方程和 $\delta J=0$ 以及 $\delta \boldsymbol{x}(t_0)=\boldsymbol{0}$ 可得，$\left.\frac{\partial F}{\partial \dot{\boldsymbol{x}}}\delta \boldsymbol{x}\right|_{t=t_1}=0$，由于 $\delta \boldsymbol{x}$ 的任意性，可知 $\dot{\boldsymbol{x}}(t)$ 还要满足

$$\left.\frac{\partial F}{\partial \dot{\boldsymbol{x}}}\right|_{t=t_1}=0 \tag{6.36}$$

一般称此条件为自由边界条件，从而 $\dot{\boldsymbol{x}}(t)$ 应满足下列定解问题：

$$\begin{cases}\dfrac{\partial F}{\partial \boldsymbol{x}}-\dfrac{\mathrm{d}}{\mathrm{d}t}\left(\dfrac{\partial F}{\partial \dot{\boldsymbol{x}}}\right)=\boldsymbol{0}\\ \boldsymbol{x}(t_0)=\boldsymbol{x}_0,\left.\dfrac{\partial F}{\partial \dot{\boldsymbol{x}}}\right|_{t=t_1}=\boldsymbol{0}\end{cases} \tag{6.37}$$

显然，如果初始时刻和终止时刻已定，两个端点的值未知，则 $\dot{\boldsymbol{x}}(t)$ 应满足下列定解问题：

$$\begin{cases}\dfrac{\partial F}{\partial \boldsymbol{x}}-\dfrac{\mathrm{d}}{\mathrm{d}t}\left(\dfrac{\partial F}{\partial \dot{\boldsymbol{x}}}\right)=\boldsymbol{0}\\ \left.\dfrac{\partial F}{\partial \dot{\boldsymbol{x}}}\right|_{t=t_0}=\boldsymbol{0},\left.\dfrac{\partial F}{\partial \dot{\boldsymbol{x}}}\right|_{t=t_1}=\boldsymbol{0}\end{cases} \tag{6.38}$$

定理 6.2 设 $\Phi(x)$，$f_0(t,\boldsymbol{x},\boldsymbol{u})$ $N_i(\boldsymbol{x})$ $(i=1,\cdots,r)$ 和 $f(t,\boldsymbol{x},\boldsymbol{u})$ 具有连续的一阶偏导数。如果 $\boldsymbol{u}\in\mathbf{R}^m$ 使泛函式（6.33）在状态约束 $\dot{\boldsymbol{x}}=f(\boldsymbol{x},\boldsymbol{u})$，$\boldsymbol{x}(t_0)=\boldsymbol{x}_0$ 和终端约束 $N_i[x_1(t_1),\cdots,x_n(t_1)]=0(i=1,\cdots,r,r<n)$ 下取极值，则必存在函数 $\boldsymbol{\lambda}(t)$ 满足以下条件。

（1）$\boldsymbol{\lambda}(t)$ 满足辅助方程

$$\frac{\mathrm{d}\boldsymbol{\lambda}}{\mathrm{d}t}=-\frac{\partial H}{\partial \boldsymbol{x}} \tag{6.39}$$

和边界条件

$$\boldsymbol{\lambda}(t_1)=\frac{\partial}{\partial \boldsymbol{x}(t_1)}\left[\sum_{i=1}^{r}\mu_i N_i[\boldsymbol{x}(t_1)]\right] \tag{6.40}$$

（2）控制函数 $\boldsymbol{u}(t)$ 满足方程

$$\frac{\partial H}{\partial \boldsymbol{u}}=\boldsymbol{0} \tag{6.41}$$

（3）
$$H(\boldsymbol{x},\boldsymbol{u},\boldsymbol{\lambda})=H[\boldsymbol{x}(t_1),\boldsymbol{u}(t_1),\boldsymbol{\lambda}(t_1)]\equiv c \tag{6.42}$$

例 6.3 设被控系统的状态方程为

$$\dot{\boldsymbol{x}}(t)=\begin{pmatrix}0&1\\0&0\end{pmatrix}\boldsymbol{x}(t)+\begin{pmatrix}0\\1\end{pmatrix}u(t)$$

设初始状态为 $x(0)=\boldsymbol{0}$，终端状态约束曲线为 $x_1(1)+x_2(1)-1=0$，求使性能泛函 $J[u(t)]=\frac{1}{2}\int_0^1 u^2(t)\mathrm{d}t$ 取极小时的最优控制 $u^*(t)$ 和最优轨迹 $\boldsymbol{x}^*(t)$。

解 系统为 2 阶，故引入 2 维拉格朗日乘子向量 λ，构造哈密顿函数

$$H(\boldsymbol{x},u)=\frac{1}{2}u^2+\lambda_1x_2+\lambda_2u$$

由定理 6.2 条件（1）可得

$$\begin{cases}\dfrac{d\lambda_1}{dt}=-\dfrac{\partial H}{\partial x_1}=0\\ \dfrac{d\lambda_2}{dt}=-\dfrac{\partial H}{\partial x_2}=-\lambda_1\end{cases}$$

即

$$\lambda_1=c_1,\quad \lambda_2=-c_1t+c_2$$

由定理 6.2 条件（2）有

$$\frac{\partial H}{\partial u}=u+\lambda_2=0$$

即

$$u=-\lambda_2=c_1t-c_2$$

将上式代入状态方程，求解得

$$\begin{cases}x_1=\dfrac{1}{6}c_1t^3-\dfrac{1}{2}c_2t^2+c_3t+c_4\\ x_2=\dfrac{1}{2}c_1t^2-c_2t+c_3\end{cases}$$

由初始条件 $x_1(0)=0$，$x_2(0)=0$ 可得出 $c_3=c_4=0$，由终端约束 $x_1(1)+x_2(1)=1$ 得

$$\frac{1}{2}c_1-c_2+\frac{1}{6}c_1-\frac{1}{2}c_2=1$$

即

$$\frac{2}{3}c_1-\frac{3}{2}c_2=1$$

由定理 6.2 条件（1）得

$$\lambda_1(1)=-\mu,\quad \lambda_2(1)=-\mu$$

因此有

$$c_1=-c_1+c_2$$

由此可以确定出 $c_1=-\dfrac{3}{7},c_2=-\dfrac{6}{7}$。于是所求的最优控制函数为 $u(t)=\dfrac{3}{7}t-\dfrac{6}{7}$，相应的最优轨线为

$$\begin{cases}x_1=-\dfrac{1}{14}t^3+\dfrac{3}{7}t^2\\ x_2=-\dfrac{3}{14}t^2+\dfrac{6}{7}t\end{cases}$$

2. 性能指标泛函为混合型

混合型性能指标泛函可以表示为

$$J[\boldsymbol{x}(t)]=\theta[t_1,\boldsymbol{x}(t_1)]+\int_{t_0}^{t_1}F(t,\boldsymbol{x},\dot{\boldsymbol{x}})\,dt \tag{6.43}$$

在初始时刻已定和初端固定的前提下，下面针对终止时刻 t_1 已定和不定两种情况加以讨论。

(1) 终止时刻 t_1 已定，终端自由

在终止时刻已定的情况下，式（6.43）可写成

$$J[\boldsymbol{x}(t)] = \theta[\boldsymbol{x}(t_1)] + \int_{t_0}^{t_1} F(t,\boldsymbol{x},\dot{\boldsymbol{x}})\mathrm{d}t \tag{6.44}$$

设 $\boldsymbol{x}(t)\in\Omega$ 是使泛函式（6.44）达到极值的函数，当终端固定在 $\boldsymbol{x}(t_1)=\boldsymbol{x}_1$（定值），终端性能指标 $\theta[\boldsymbol{x}_1(t)]=\theta(\boldsymbol{x}_1)$ 是常数，则 $\boldsymbol{x}(t)$ 应满足欧拉方程组

$$\frac{\partial F}{\partial \boldsymbol{x}}-\frac{\mathrm{d}}{\mathrm{d}t}\left(\frac{\partial F}{\partial \dot{\boldsymbol{x}}}\right)=\boldsymbol{0} \tag{6.45}$$

下面推导终端边界条件，对任意 $\bar{\boldsymbol{x}}(t)\in\Omega$，令 $\boldsymbol{\eta}(t)=\delta\boldsymbol{x}(t)=\bar{\boldsymbol{x}}(t)-\boldsymbol{x}(t)$，用 $\bar{\boldsymbol{x}}_\alpha=\boldsymbol{x}+\alpha\boldsymbol{\eta}(t)$ 代入式（6.44）得到关于 α 的函数 $G(\alpha)$，即

$$G(\alpha)=J(\bar{\boldsymbol{x}}_\alpha)=\theta[\boldsymbol{x}(t_1)+\alpha\boldsymbol{\eta}(t_1)]+\int_{t_0}^{t_1}F(t,\boldsymbol{x}+\alpha\boldsymbol{\eta},\dot{\boldsymbol{x}}+\alpha\dot{\boldsymbol{\eta}})\mathrm{d}t \tag{6.46}$$

由于 $\boldsymbol{x}(t)\in\Omega$ 是使泛函式（6.44）达到极值的函数，故函数 $G(\alpha)$ 在 $\alpha=0$ 时达到极值，于是

$$\frac{\mathrm{d}}{\mathrm{d}t}G(\alpha)\mid_{\alpha=0}=0$$

$$\int_0^{t_1}\left(\frac{\partial F}{\partial \boldsymbol{x}}\boldsymbol{\eta}+\frac{\partial F}{\partial \dot{\boldsymbol{x}}}\frac{\mathrm{d}\boldsymbol{\eta}}{\mathrm{d}t}\right)\mathrm{d}t+\frac{\partial\theta[\boldsymbol{x}(t_1)]}{\partial \boldsymbol{x}(t_1)}\boldsymbol{\eta}(t_1)=0 \tag{6.47}$$

对式（6.47）积分中的第二项分部积分，而且有 $\boldsymbol{\eta}(t_0)=\boldsymbol{0}$，得

$$\int_{t_0}^{t_1}\left[\frac{\partial F}{\partial \boldsymbol{x}}+\frac{\mathrm{d}}{\mathrm{d}t}\left(\frac{\partial F}{\partial \dot{\boldsymbol{x}}}\right)\right]\boldsymbol{\eta}(t)\mathrm{d}t+\left\{\frac{\partial F}{\partial \dot{\boldsymbol{x}}}\bigg|_{t=t_1}+\frac{\partial\theta[\boldsymbol{x}(t_1)]}{\partial \boldsymbol{x}(t_1)}\right\}\boldsymbol{\eta}(t_1)=0 \tag{6.48}$$

由 $\boldsymbol{\eta}(t)=\delta\boldsymbol{x}(t)=\bar{\boldsymbol{x}}(t)-\boldsymbol{x}(t)$ 和 $\boldsymbol{\eta}(t_1)$ 的任意性，得到终端边界条件

$$\frac{\partial F}{\partial \dot{\boldsymbol{x}}}\bigg|_{t=t_1}=-\frac{\partial\theta[\boldsymbol{x}(t_1)]}{\partial \boldsymbol{x}(t_1)} \tag{6.49}$$

于是 $\boldsymbol{x}(t)$ 应满足下列定解问题

$$\begin{cases}\dfrac{\partial F}{\partial \boldsymbol{x}}-\dfrac{\mathrm{d}}{\mathrm{d}t}\left(\dfrac{\partial F}{\partial \dot{\boldsymbol{x}}}\right)=\boldsymbol{0}\\ \boldsymbol{x}(t_0)=\boldsymbol{x}_0,\ \dfrac{\partial F}{\partial \dot{\boldsymbol{x}}}\bigg|_{t=t_1}=-\dfrac{\partial\theta[\boldsymbol{x}(t_1)]}{\partial \boldsymbol{x}(t_1)}\end{cases} \tag{6.50}$$

(2) 终止时刻 t_1 已定，终端有约束

设在初始时刻 t_0、$\boldsymbol{x}(t_0)=\boldsymbol{x}_0$ 和终止时刻 t_1 已定，终端满足约束

$$N_i[x_1(t_1),\cdots,x_n(t_1)]=0,\quad i=1,\cdots,r,r<n \tag{6.51}$$

的条件下，混合型性能指标泛函

$$J[\boldsymbol{x}(t)]=\theta[\boldsymbol{x}(t_1)]+\int_{t_0}^{t_1}F(t,\boldsymbol{x},\dot{\boldsymbol{x}})\mathrm{d}t$$

在

$$\boldsymbol{x}(t)=[x_1(t),x_2(t),\cdots,x_n(t)]$$

达到极值。类似前面的讨论，可知 $\boldsymbol{x}(t)=[x_1(t),x_2(t),\cdots,x_n(t)]$ 满足欧拉方程组

$$\frac{\partial F}{\partial x_i}-\frac{\mathrm{d}}{\mathrm{d}t}\left(\frac{\partial F}{\partial \dot{x}_i}\right)=0,\quad i=1,2,\cdots,n$$

为推导终端边界条件，引入拉格朗日乘子$\mu_1,\mu_2,\cdots,\mu_r$，将具有终端约束的泛函极值问题式（6.44）、式（6.51）化为无终端约束的泛函极值问题式

$$\tilde{J}[\boldsymbol{x}(t)]=\theta[\boldsymbol{x}(t_1)]+\sum_{i=1}^{r}\mu_i N_i[\boldsymbol{x}(t_1)]+\int_{t_0}^{t_1}F(t,\boldsymbol{x},\dot{\boldsymbol{x}}) \tag{6.52}$$

式中，$\mu_1,\mu_2,\cdots,\mu_r$是待定的常数。由式（6.49）可得到终端边界条件

$$\left.\frac{\partial F}{\partial \dot{x}_i}\right|_{t=t_1}=-\theta_{x_i}\mid_{t=t_1}-\sum_{j=1}^{r}\mu_j\left.\frac{\partial N_j}{\partial x_i}\right|_{t=t_1},\quad i=1,2,\cdots,n \tag{6.53}$$

式（6.51）和式（6.53）是由$n+r$个含有$n+r$个未知数的方程构成的方程组，一般地，它能确定$n+r$个未知数$x_1(t_1)$，$x_1(t_2)$，$\cdots,x_1(t_n)$和μ_1,μ_2，$\cdots,\mu_r$，于是，$\boldsymbol{x}(t)=[x_1(t),x_2(t),\cdots,x_n(t)]$应满足下列定解问题：

$$\begin{cases}\dfrac{\partial F}{\partial \boldsymbol{x}}-\dfrac{\mathrm{d}}{\mathrm{d}t}\left(\dfrac{\partial F}{\partial \dot{\boldsymbol{x}}}\right)=\boldsymbol{0}\\ \boldsymbol{x}(t_0)=\boldsymbol{x}_0\\ \left.\dfrac{\partial F}{\partial \dot{\boldsymbol{x}}}\right|_{t=t_1}=-\dfrac{\partial\theta[\boldsymbol{x}(t_1)]}{\partial \boldsymbol{x}(t_1)}-\sum_{i=1}^{r}\mu_i\dfrac{\partial N_i[\boldsymbol{x}(t_1)]}{\partial \boldsymbol{x}(t_1)}\\ N_1[x_1(t_1),x_2(t_1),\cdots,x_n(t_1)]=0,\quad i=1,2,\cdots,r,r<n\end{cases} \tag{6.54}$$

（3）终止时刻t_1不定，终端自由

设在初始时刻t_0和初端$\boldsymbol{x}(t_0)=\boldsymbol{x}_0$已定，终止时刻$t_1$不定，终端自由的条件下，混合型性能指标泛函式（6.43）在时刻t_1和$\boldsymbol{x}(t)$达到极值，则对固定的$t_1=t_1^*$，终端自由的混合型性能指标泛函式（6.43）也应在$\boldsymbol{x}(t)$达到极值。于是，$\boldsymbol{x}(t)$满足欧拉方程和终端边界条件式（6.49）。显然，对给定的函数$\boldsymbol{x}(t)$，函数式（6.45）在$t_1=t_1^*$时取极值

$$G(t)=\theta[t,\boldsymbol{x}(t)]+\int_0^t F[\tau,\boldsymbol{x}(\tau),\dot{\boldsymbol{x}}(\tau)]\mathrm{d}t \tag{6.55}$$

从而

$$\left.\frac{\mathrm{d}G(t)}{\mathrm{d}t}\right|_{t=t_1}=0 \tag{6.56}$$

即有

$$\left.\left[\frac{\partial\theta}{\partial t}+\frac{\partial\theta}{\partial \boldsymbol{x}}\frac{\mathrm{d}\boldsymbol{x}}{\mathrm{d}t}+F\left(t,\boldsymbol{x}(t),\frac{\mathrm{d}x}{\mathrm{d}t}\right)\right]\right|_{t=t_1}=0 \tag{6.57}$$

于是$\boldsymbol{x}(t)$应满足下述定解问题：

$$\begin{cases}\dfrac{\partial F}{\partial \boldsymbol{x}}-\dfrac{\mathrm{d}}{\mathrm{d}t}\left(\dfrac{\partial F}{\partial \dot{\boldsymbol{x}}}\right)=\boldsymbol{0}\\ \boldsymbol{x}(t_0)=\boldsymbol{x}_0\\ \left.\dfrac{\partial F}{\partial \dot{\boldsymbol{x}}}\right|_{t=t_1^*}=-\dfrac{\partial\theta[\dot{\boldsymbol{x}}(t_1^*)]}{\partial \boldsymbol{x}(t_1)}\\ \left.\left[\dfrac{\partial\theta}{\partial t}+\dfrac{\partial\theta}{\partial \boldsymbol{x}}\dfrac{\mathrm{d}\boldsymbol{x}}{\mathrm{d}t}+F\left(t,\boldsymbol{x},\dfrac{\mathrm{d}x}{\mathrm{d}t}\right)\right]\right|_{t=t_1^*}=0\end{cases} \tag{6.58}$$

（4）终止时刻 t_1 不定，终端有约束

设在初始时刻 t_0 和初端 $\boldsymbol{x}(t_0)=\boldsymbol{x}_0$ 已定，终止时刻 t_1 不定，终端满足约束条件

$$N_i[x_1(t_1),\cdots,x_n(t_1)]=0,\quad i=1,\cdots,r,r<n \tag{6.59}$$

下，混合型性能指标泛函式（6.44）在时刻 t_1^* 和 $\boldsymbol{x}(t)$ 达到极值，则对固定的 $t_1=t_1^*$，终端有约束的混合型性能指标泛函式（6.44）也应在 $\boldsymbol{x}(t)$ 达到极值。于是，$\boldsymbol{x}(t)$ 满足欧拉方程和终端边界条件式（6.49）。类似地推导可得

$$\left[\left(\frac{\partial\theta}{\partial t}+\sum_{i=1}^{r}\mu_i\frac{\partial N_i}{\partial t}\right)+\left(\frac{\partial\theta}{\partial \boldsymbol{x}}+\sum_{i=1}^{r}\mu_i\frac{\partial N_i}{\partial \boldsymbol{x}}\right)\frac{\mathrm{d}\boldsymbol{x}}{\mathrm{d}t}+F\left(t,\boldsymbol{x},\frac{\mathrm{d}\boldsymbol{x}}{\mathrm{d}t}\right)\right]\Bigg|_{t=t_1^*}=0 \tag{6.60}$$

将式（6.53）代入式（6.60）得

$$\left[\left(\frac{\partial\theta}{\partial t}+\sum_{i=1}^{r}\mu_i\frac{\partial N_i}{\partial t}\right)+\frac{\partial F}{\partial \dot{\boldsymbol{x}}}+F\left(t,\boldsymbol{x},\frac{\mathrm{d}x}{\mathrm{d}t}\right)\right]\Bigg|_{t=t_1^*}=0 \tag{6.61}$$

式中，$\mu_1,\mu_2,\cdots,\mu_r$ 为拉格朗日乘子。于是，$\boldsymbol{x}(t)=[x_1(t),x_2(t),\cdots,x_n(t)]$ 应满足下列定解问题：

$$\begin{cases}\dfrac{\partial F}{\partial \boldsymbol{x}}-\dfrac{\mathrm{d}}{\mathrm{d}t}\left(\dfrac{\partial F}{\partial \dot{\boldsymbol{x}}}\right)=\boldsymbol{0}\\ \boldsymbol{x}(t_0)=\boldsymbol{x}_0\\ \dfrac{\partial F}{\partial \dot{\boldsymbol{x}}}\Bigg|_{t=t_1^*}=-\dfrac{\partial\theta}{\partial \boldsymbol{x}}-\sum\limits_{i=1}^{r}\mu_i\dfrac{\partial N_i}{\partial \boldsymbol{x}(t)}\Bigg|_{t=t_1^*}\\ \left[\left(\dfrac{\partial\theta}{\partial t}+\sum\limits_{i=1}^{r}\mu_i\dfrac{\partial N_i}{\partial t}\right)+\dfrac{\partial F}{\partial \dot{\boldsymbol{x}}}\dfrac{\mathrm{d}\boldsymbol{x}}{\mathrm{d}t}+F\left(t,\boldsymbol{x},\dfrac{\mathrm{d}x}{\mathrm{d}t}\right)\right]\Bigg|_{t=t_1^*}=0\\ N_i[x_1(t),x_2(t),\cdots,x_n(t)]\big|_{t=t_1^*}=0,\quad i=1,2,\cdots,r\end{cases} \tag{6.62}$$

6.3 极小值原理

如前所述，在用经典变分法求解最优控制问题时，假定控制变量 $u(t)$ 不受任何限制，即容许控制集合可以看成整个 r 维控制空间开集，控制变分 δu 是任意的，同时还要求哈密顿函数 H 对 u 连续可微，在这种情况下，应用变分法求解最优控制问题是行之有效的。但是，在实际工程问题中，控制变量往往受到一定限制，当最优控制解（如时间最小问题）落在控制集的边界上时，方程一般不成立，从而就不能用古典变分法来求解了。针对经典变分法应用条件过严的局限性，庞特里亚金等发展了经典变分原理，在 1956~1958 年间创立了极小值原理。极小值原理由变分法引申而来，它的结论与经典变分法的结论有许多相似之处，这一方法当控制变量 $u(t)$ 受闭集约束时是行之有效的，并且不要求哈密顿函数 H 对 $u(t)$ 连续可微，是控制变量 $u(t)$ 受限制时求解最优控制问题的有力工具，而且极小值原理也可用于解决控制不受约束的最优控制问题，因此，其是解决最优控制问题的更一般的方法。

6.3.1 极小值原理在连续系统中的应用

设连续系统动态方程为

$$\dot{\boldsymbol{x}}(t)=f[x(t),\boldsymbol{u}(t),t] \tag{6.63}$$

其边界条件可以为固定、自由或受轨线约束几种情况，控制变量$\boldsymbol{u}(t)$属于有界闭集U，即

$$\boldsymbol{u}(t)\in U\subset \mathbf{R}^{n} \tag{6.64}$$

性能指标为

$$J=\theta[\boldsymbol{x}(t_{\mathrm{f}}),t_{\mathrm{f}}]+\int_{t_0}^{t_{\mathrm{f}}}F[\boldsymbol{x}(t),\boldsymbol{u}(t),t]\,\mathrm{d}t \tag{6.65}$$

采用极小值原理求解使性能指标J达到极小的最优控制$\boldsymbol{u}^{*}(t)$及最优状态轨线时必须满足三个条件。

1）正则方程

$$\dot{\boldsymbol{x}}^{*}(t)=\frac{\partial H}{\partial \lambda} \tag{6.66}$$

$$\dot{\boldsymbol{\lambda}}^{*}(t)=-\frac{\partial H}{\partial \boldsymbol{x}} \tag{6.67}$$

式中，H为哈密顿函数；$\boldsymbol{\lambda}$为辅助变量，与在变分法中的作用相同。

2）实现最优控制时，哈密顿函数为极小值，即

$$\min_{\boldsymbol{u}\in U}H[\dot{\boldsymbol{x}}^{*}(t),\boldsymbol{u}(t),\boldsymbol{\lambda}^{*}(t),t]=H[\dot{\boldsymbol{x}}^{*}(t),\boldsymbol{u}^{*}(t),\boldsymbol{\lambda}^{*}(t),t] \tag{6.68}$$

或

$$H[\dot{\boldsymbol{x}}^{*}(t),\boldsymbol{u}^{*}(t),\boldsymbol{\lambda}^{*}(t),t]\leqslant \underset{\boldsymbol{u}\in U}{H}[\dot{\boldsymbol{x}}^{*}(t),\boldsymbol{u}(t),\boldsymbol{\lambda}^{*}(t),t] \tag{6.69}$$

当$\boldsymbol{u}(t)$不受边界限制时，则式（6.69）与$\dfrac{\partial H}{\partial \boldsymbol{u}}$等效。

3）根据不同的边界情况，$\boldsymbol{x}^{*}(t)$及$\boldsymbol{\lambda}^{*}(t)$满足相应的边界条件及横截条件，它们与变分法中所应满足的边界条件及横截条件完全相同。

另外，极小值原理还应满足以下条件，当哈密顿函数不显含变量t时，其沿最优轨线保持为常数，即

$$H[\boldsymbol{x}^{*}(t),\boldsymbol{u}(t),\boldsymbol{\lambda}^{*}(t),t]=c,\quad t\in[t_0,t_{\mathrm{f}}] \tag{6.70}$$

当终端时刻t_{f}自由时

$$H[\boldsymbol{x}^{*}(t),\boldsymbol{u}(t),\boldsymbol{\lambda}^{*}(t),t]=c,\quad t\in[t_0,t_{\mathrm{f}}] \tag{6.71}$$

例 6.4　设线性受控系统状态方程为$\dot{\boldsymbol{x}}(t)=\boldsymbol{A}\boldsymbol{x}(t)+\boldsymbol{B}\boldsymbol{u}(t),\boldsymbol{x}(t_0)=\boldsymbol{x}_0,\boldsymbol{x}(t_{\mathrm{f}})=\boldsymbol{x}_{\mathrm{f}},\boldsymbol{x}(t)$为$n$维状态向量，$\boldsymbol{u}(t)$为$m$维控制向量，并受$|\boldsymbol{u}|\leqslant M$不等式约束，试寻找最优控制规律，使性能指标泛函$J=\int_{t_0}^{t_{\mathrm{f}}}\mathrm{d}t=t_{\mathrm{f}}-t_0$为极小。

解　应用极小值原理，哈密顿函数为

$$H(\boldsymbol{x},\boldsymbol{u},t)=1+\boldsymbol{\lambda}^{\mathrm{T}}(t)\boldsymbol{A}\boldsymbol{x}(t)+\boldsymbol{\lambda}^{\mathrm{T}}(t)\boldsymbol{B}\boldsymbol{u}(t)$$

正则方程为

$$\dot{\boldsymbol{x}}^{*}(t)=\boldsymbol{A}\boldsymbol{x}^{*}(t)+\boldsymbol{B}\boldsymbol{u}^{*}(t)$$

$$\dot{\boldsymbol{\lambda}}^{*}(t)=-\boldsymbol{A}^{\mathrm{T}}\boldsymbol{\lambda}^{*}(t)$$

根据极小值原理可得

$$1+\boldsymbol{\lambda}^{*\mathrm{T}}(t)\boldsymbol{A}\boldsymbol{x}^{*}(t)+\boldsymbol{\lambda}^{*\mathrm{T}}(t)\boldsymbol{B}\boldsymbol{u}^{*}(t)\leqslant 1+\boldsymbol{\lambda}^{*\mathrm{T}}(t)\boldsymbol{A}\boldsymbol{x}^{*}(t)+\boldsymbol{\lambda}^{*\mathrm{T}}(t)\boldsymbol{B}\boldsymbol{u}(t)$$

$$\boldsymbol{\lambda}^{*\mathrm{T}}(t)\boldsymbol{B}\boldsymbol{u}^{*}(t)\leqslant \boldsymbol{\lambda}^{*\mathrm{T}}(t)\boldsymbol{B}\boldsymbol{u}(t)$$

将 $\boldsymbol{B}$ 表示成如下形式：

$$\boldsymbol{B}=(b_1,b_2,\cdots,b_n)$$

式中，b_i为矩阵 $\boldsymbol{B}$ 的第 i 列数组，从而

$$\boldsymbol{\lambda}^{*\mathrm{T}}(t)\boldsymbol{B}\boldsymbol{u}(t)=\sum_{i=1}^{m}\boldsymbol{\lambda}^{*\mathrm{T}}(t)b_iu_i(t)$$

设各控制分量互相独立，则可得

$$\boldsymbol{\lambda}^{*\mathrm{T}}(t)b_iu_i^*(t)\leqslant\boldsymbol{\lambda}^{*\mathrm{T}}(t)b_iu_i(t)$$

由此最优控制规律为

$$u_i^*(t)=\begin{cases}+M,\ \forall\,\boldsymbol{\lambda}^{*\mathrm{T}}(t)b_i<0\\-M,\ \forall\,\boldsymbol{\lambda}^{*\mathrm{T}}(t)b_i>0,i=0,1,\cdots,m\\\inf\forall\,\boldsymbol{\lambda}^{*\mathrm{T}}(t)b_i=0\end{cases}$$

6.3.2 极小值原理在离散系统中的应用

设离散系统状态方程为

$$\boldsymbol{x}(k+1)=f[\boldsymbol{x}(k),\boldsymbol{u}(k),k],\quad k=0,1,\cdots,N-1 \tag{6.72}$$

式中，$\boldsymbol{x}(k)$为 n 维状态向量；$\boldsymbol{u}(k)$为 m 维控制向量。设初始状态 $\boldsymbol{x}(0)=\boldsymbol{x}_0$，终端状态 $\boldsymbol{x}(N)$自由。控制变量受限制，即

$$\boldsymbol{u}(k)\in U \tag{6.73}$$

系统的性能指标为

$$J=\theta[\boldsymbol{x}(N),N]+\sum_{k=0}^{N-1}F[\boldsymbol{x}(k),\boldsymbol{u}(k),k] \tag{6.74}$$

要求寻找使性能 J 为极小的最优控制序列 $\boldsymbol{u}^*(k)$。

首先，用拉格朗日乘子法建立增广性能指标泛函

$$\begin{aligned}J&=\theta[\boldsymbol{x}(N),N]+\sum_{k=0}^{N-1}F[\boldsymbol{x}(k),\boldsymbol{u}(k),k]+\boldsymbol{\lambda}^{\mathrm{T}}(k+1)\{F[\boldsymbol{x}(k),\boldsymbol{u}(k),k]-\boldsymbol{x}(k+1)\}\\&=\theta[\boldsymbol{x}(N),N]+\sum_{k=0}^{N-1}F[\boldsymbol{x}(k),\boldsymbol{u}(k),\boldsymbol{\lambda}(k+1),k]-\sum_{k=0}^{N-1}\boldsymbol{\lambda}^{\mathrm{T}}(k+1)\boldsymbol{x}(k+1)\end{aligned} \tag{6.75}$$

式（6.75）最后一项可表示成

$$\sum_{k=0}^{N-1}\boldsymbol{\lambda}^{\mathrm{T}}(k+1)\boldsymbol{x}(k+1)=\sum_{k=0}^{N}\boldsymbol{\lambda}^{\mathrm{T}}(k)\boldsymbol{x}(k)=\sum_{k=0}^{N-1}\boldsymbol{\lambda}^{\mathrm{T}}(k)\boldsymbol{x}(k)+\boldsymbol{\lambda}^{\mathrm{T}}(N)\boldsymbol{x}(N)-\boldsymbol{\lambda}^{\mathrm{T}}(0)\boldsymbol{x}(0) \tag{6.76}$$

将式（6.76）代入式（6.75），得

$$J_{\mathrm{a}}=\theta[\boldsymbol{x}(N),N]+\sum_{k=0}^{N-1}\{H[\boldsymbol{x}(k),\boldsymbol{u}(k),k]-\boldsymbol{\lambda}^{\mathrm{T}}(k)\boldsymbol{x}(k)\}-\boldsymbol{\lambda}^{\mathrm{T}}(N)\boldsymbol{x}(N)-\boldsymbol{\lambda}^{\mathrm{T}}(0)\boldsymbol{x}(0) \tag{6.77}$$

求 J_{a}的一阶变分，得

$$\delta J_a=\left\{\frac{\partial\theta[\boldsymbol{x}(N),N]}{\partial\boldsymbol{x}(N)}-\boldsymbol{\lambda}(N)\right\}^{\mathrm{T}}\delta\boldsymbol{x}(N)+\sum_{k=0}^{N-1}\left\{\frac{\partial H[\boldsymbol{x}(k),\boldsymbol{u}(k),\boldsymbol{\lambda}(k+1),k]}{\partial\boldsymbol{x}(k)}-\boldsymbol{\lambda}(k)\right\}^{\mathrm{T}}\delta\boldsymbol{x}(k)+$$
$$\sum_{k=0}^{N-1}\left\{\frac{\partial H[\boldsymbol{x}(k),\boldsymbol{u}(k),\boldsymbol{\lambda}(k+1),k]}{\partial\boldsymbol{x}(k)}-\boldsymbol{\lambda}(k+1)\right\}^{\mathrm{T}}\delta\boldsymbol{x}(k+1) \tag{6.78}$$

当控制变量受限制时，性能指标 J_a 达到极小值的必要条件为

$$\delta J_a\geqslant 0 \tag{6.79}$$

所以使 J 取极小时必须满足下面几个条件：

1）正则方程

$$\boldsymbol{x}^*(k+1)=\frac{\partial H[\boldsymbol{x}^*(k),\boldsymbol{u}^*(k),\boldsymbol{\lambda}^*(k+1),k]}{\partial\boldsymbol{\lambda}(k+1)}=f[\boldsymbol{x}^*(k),\boldsymbol{u}^*(k),k] \tag{6.80}$$

$$\boldsymbol{\lambda}^*(k)=\frac{\partial H[\boldsymbol{x}^*(k),\boldsymbol{u}^*(k),\boldsymbol{\lambda}^*(k+1),k]}{\partial\boldsymbol{\lambda}(k)} \tag{6.81}$$

2）哈密顿函数取极小值，即

$$H[\dot{\boldsymbol{x}}^*(k),\boldsymbol{u}^*(k),\boldsymbol{\lambda}^*(k+1),k]\leqslant \underset{\boldsymbol{u}\in U}{H}[\dot{\boldsymbol{x}}^*(k),\boldsymbol{u}(k),\boldsymbol{\lambda}^*(k+1),k] \tag{6.82}$$

3）$\boldsymbol{x}^*(0)$ 及 $\boldsymbol{\lambda}^*(N)$ 满足以下边界条件及横截条件：

$$\boldsymbol{x}^*(0)=\boldsymbol{x}_0,\boldsymbol{\lambda}^*(N)=\frac{\partial\theta[\boldsymbol{x}^*(N),N]}{\partial\boldsymbol{x}(N)} \tag{6.83}$$

同理，对不同的边界情况，只需选取相应的边界条件及横截条件，条件 1）、2）不变。当控制变量不受限制时，条件 2）变为

$$\frac{\partial H[\boldsymbol{x}^*(k),\boldsymbol{u}^*(k),\boldsymbol{\lambda}^*(k+1),k]}{\partial\boldsymbol{u}(k)}=\boldsymbol{0} \tag{6.84}$$

例 6.5 设离散系统状态方程为

$$x(k+1)=\begin{pmatrix}1 & 0.1\\0 & 1\end{pmatrix}\boldsymbol{x}(k)+\begin{pmatrix}0\\0.1\end{pmatrix}u(k)$$

式中，$\boldsymbol{x}(k)$ 为二维状态向量；$u(k)$ 为一维控制标量。设初始状态 $\boldsymbol{x}(0)=\begin{pmatrix}1\\0\end{pmatrix}$，$\boldsymbol{x}(2)=\begin{pmatrix}0\\0\end{pmatrix}$，试用极小值原理求最优控制序列，使性能指标 $J=\frac{1}{2}\sum_{k=0}^{1}u^2(k)$ 取极小值。

解 构造哈密顿函数，即

$$H(k)=0.05u^2(k)+\lambda_1(k+1)[x_1(k)+0.1x_2(k)]+\lambda_2(k+1)[x_2(k)+0.1u(k)]$$

式中，$\lambda_1(k+1)$、$\lambda_2(k+1)$ 为待定拉格朗日乘子序列。

由伴随方程有

$$\begin{cases}\lambda_1(k)=\dfrac{\partial H}{\partial x_1(k)}=\lambda_1(k+1)\\[2ex]\lambda_2(k)=\dfrac{\partial H}{\partial x_2(k)}=0.1\lambda_1(k+1)+\lambda_2(k+1)\end{cases}$$

所以

$$\lambda_1(0)=\lambda_1(1),\quad \lambda_2(0)=0.1\lambda_1(1)+\lambda_2(1)$$
$$\lambda_1(1)=\lambda_1(2),\quad \lambda_2(1)=0.1\lambda_1(2)+\lambda_2(2)$$

由极值条件

$$\frac{\partial^2 H}{\partial u^2(k)}=0.1>0$$

故 $u(k)=-\lambda_2(k+1)$ 时，可使 $H(k)$ 最小。分别令 $k=0$，$k=1$，得

$$u(0)=-\lambda_2(1),\quad u(1)=-\lambda_2(2)$$

将 $u(k)$ 表达式代入状态方程，得

$$\begin{cases}x_1(k+1)=x_1(k)+0.1x_2(k)\\ x_2(k+1)=x_2(k)-0.1\lambda_2(k+1)\end{cases}$$

分别令 $k=0$，$k=1$，得

$$x_1(1)=x_1(0)+0.1x_2(0),\quad x_2(1)=x_2(0)+0.1\lambda_2(0)$$
$$x_1(2)=x_1(1)+0.1x_2(1),\quad x_2(2)=x_2(1)+0.1\lambda_2(2)$$

由已知边界条件

$$\boldsymbol{x}(0)=\begin{pmatrix}1\\0\end{pmatrix},\boldsymbol{x}(2)=\begin{pmatrix}0\\0\end{pmatrix}$$

得最优解为

$$u^*(0)=-100,\quad u^*(1)=100$$

$$\boldsymbol{x}^*(0)=\begin{pmatrix}1\\0\end{pmatrix},\quad \boldsymbol{x}^*(1)=\begin{pmatrix}1\\-10\end{pmatrix},\quad \boldsymbol{x}^*(2)=\begin{pmatrix}0\\0\end{pmatrix}$$

$$\boldsymbol{\lambda}^*(0)=\begin{pmatrix}2000\\3000\end{pmatrix},\quad \boldsymbol{\lambda}^*(1)=\begin{pmatrix}2000\\100\end{pmatrix},\quad \boldsymbol{\lambda}^*(2)=\begin{pmatrix}2000\\-100\end{pmatrix}$$

6.4 动态规划法

动态规划是美国数学家贝尔曼于20世纪50年代末为研究多级决策问题提出的，又称为贝尔曼规划。动态规划法是一种分段（步）最优化方法，其中心思想是将一个多级决策问题化为多个一级决策问题，使其求解简化，它既可用来求解约束条件下的函数极值问题，也可用于求解约束条件下的泛函极值问题。与极小值原理一样，动态规划法是控制变量限制在一定闭集内时求解最优控制问题的有效数学方法。

本节主要介绍动态规划法在离散及连续系统的最优控制中的应用。

6.4.1 动态规划法在连续系统中的应用

动态规划法主要应用最优性原理推导出连续系统性能泛函极小时应满足的哈密顿-雅可比方程（这是一个一阶非线性偏微分方程），解该方程后，可得连续形式的最优控制即最优决策。

设连续系统状态方程为

$$\dot{\boldsymbol{x}}(t)=f[\boldsymbol{x}(t),\boldsymbol{u}(t),t],\quad \boldsymbol{x}(t_0)=\boldsymbol{x}_0,\quad \boldsymbol{u}(t)\in U \tag{6.85}$$

性能指标为

$$J=\theta[\boldsymbol{x}(t_{\mathrm{f}}),t_{\mathrm{f}}]+\int_{t_0}^{t_{\mathrm{f}}}F[\boldsymbol{x}(t),\boldsymbol{u}(t),t]\mathrm{d}t \tag{6.86}$$

求最优控制 $\boldsymbol{u}^*(t)$，使 J 为最小。

我们知道，当性能指标泛函取极小值时，可获得最优控制 $\boldsymbol{u}^*(t)$ 及最优轨线 $\boldsymbol{x}^*(t)$，它们都为系统初始状态 $x(0)$ 及初始时刻 t_0 的函数，以 $J^*(\boldsymbol{x}_0,t_0)$ 表示性能指标泛函取极小值，则可写成

$$J^*(\boldsymbol{x}_0,t_0)=J(\boldsymbol{x}^*,t^*)=\min_{\boldsymbol{u}\in U}J(\boldsymbol{x},t) \tag{6.87}$$

式中，$\boldsymbol{u}^*(t)$ 与 $\boldsymbol{x}^*(t)$ 的关系受系统状态方程约束。将性能指标泛函的表示式代入，则

$$J^*(\boldsymbol{x}_0,t_0)=\min_{\boldsymbol{u}\in U}\{\theta[\boldsymbol{x}(t_{\mathrm{f}}),t_{\mathrm{f}}]+\int_{t_0}^{t_{\mathrm{f}}}F[\boldsymbol{x}(t),\boldsymbol{u}(t),t]\mathrm{d}t\} \tag{6.88}$$

显然

$$J^*[\boldsymbol{x}(t_{\mathrm{f}}),t_{\mathrm{f}}]=\theta[\boldsymbol{x}(t_{\mathrm{f}}),t_{\mathrm{f}}] \tag{6.89}$$

设时刻 t 在区间 $[t_0,\ t_{\mathrm{f}}]$ 内，则根据最优性原理，从 t_0 到 t_{f} 这一段过程必须构成最优过程，这一段过程的性能指标极小值可表示为

$$J^*[\boldsymbol{x}(t),t]=\min_{\boldsymbol{u}\in U}\left\{\theta[\boldsymbol{x}(t_{\mathrm{f}}),t_{\mathrm{f}}]+\int_{t}^{t_{\mathrm{f}}}F[\boldsymbol{x}(\tau),\boldsymbol{u}(\tau),\tau]\mathrm{d}\tau\right\} \tag{6.90}$$

将 $[t,\ t_{\mathrm{f}}]$ 这段最优过程分成两步，第一步由 t 到 $t+\Delta$，Δ 是一很小的时间间隔，第二步由 $t+\Delta$ 至 t_{f}，于是有

$$J^*[\boldsymbol{x}(t),t]=\min_{\boldsymbol{u}\in U}\left\{\theta[\boldsymbol{x}(t_{\mathrm{f}}),t_{\mathrm{f}}]+\int_{t}^{t+\Delta}F[\boldsymbol{x}(\tau),\boldsymbol{u}(\tau),\tau]\mathrm{d}\tau+\int_{t+\Delta}^{t_{\mathrm{f}}}F[\boldsymbol{x}(\tau),\boldsymbol{u}(\tau),\tau]\mathrm{d}\tau\right\} \tag{6.91}$$

根据最优性原理，从 $t+\Delta$ 到 t_{f} 这一段过程也应当构成最优过程，其性能指标极小值可表示为

$$J^*[\boldsymbol{x}(t+\Delta),t+\Delta]=\min_{\boldsymbol{u}\in U}\left\{\theta[\boldsymbol{x}(t_{\mathrm{f}}),t_{\mathrm{f}}]+\int_{t+\Delta}^{t_{\mathrm{f}}}F[\boldsymbol{x}(\tau),\boldsymbol{u}(\tau),\tau]\mathrm{d}\tau\right\} \tag{6.92}$$

这样，式（6.91）就变成

$$J^*[\boldsymbol{x}(t),t]=\min_{\boldsymbol{u}\in U}\left\{\int_{t}^{t+\Delta}F[\boldsymbol{x}(\tau),\boldsymbol{u}(\tau),\tau]\mathrm{d}\tau+J^*[x(t+\Delta),t+\Delta]\right\} \tag{6.93}$$

因为 Δ 很小，式（6.93）可写成

$$J^*[\boldsymbol{x}(t),t]=\min_{\boldsymbol{u}\in U}\{F[\boldsymbol{x}(\tau),\boldsymbol{u}(\tau),\tau]+J^*[\boldsymbol{x}(t+\Delta),t+\Delta]\} \tag{6.94}$$

将式（6.94）中 $J^*[x(t+\Delta),t+\Delta]$ 用泰勒级数展开，即

$$J^*[\boldsymbol{x}(t+\Delta),t+\Delta]=J^*[\boldsymbol{x}(t),t]+\left[\frac{\partial J^*}{\partial \boldsymbol{x}}\right]^{\mathrm{T}}\frac{\mathrm{d}\boldsymbol{x}}{\mathrm{d}t}\Delta+\frac{\partial J^*}{\partial t}\Delta+\Sigma(\Delta^2) \tag{6.95}$$

式中，$\Sigma(\Delta^2)$ 为二次及二次以上各项。将式（6.94）代回到式（6.93）得

$$J^*[\boldsymbol{x}(t),t]=\min_{\boldsymbol{u}\in U}\left\{F(\boldsymbol{x},\boldsymbol{u},t)\Delta+J^*[\boldsymbol{x}(t),t]+\left[\frac{\partial J^*}{\partial \boldsymbol{x}}\right]^{\mathrm{T}}\dot{\boldsymbol{x}}\Delta+\frac{\partial J^*}{\partial t}\Delta+\Sigma(\Delta^2)\right\} \tag{6.96}$$

由于 $J^*[\boldsymbol{x}(t),t]$ 不是 $\boldsymbol{u}$ 的函数，从而 $\dfrac{\partial J^*}{\partial t}$ 亦不是 u 的函数，因此不受最小化运算的影响，可从最小化运算符号析出，于是有

$$J^*[\boldsymbol{x}(t),t]=\frac{\partial J^*}{\partial t}\Delta+J^*[\boldsymbol{x}(t),t]+\min_{\boldsymbol{u}\in U}\left\{F(\boldsymbol{x},\boldsymbol{u},t)\Delta+\left[\frac{\partial J^*}{\partial \boldsymbol{x}}\right]^{\mathrm{T}}\dot{\boldsymbol{x}}\Delta+\Sigma(\Delta^2)\right\} \tag{6.97}$$

简化式（6.97），并以 Δ 除之，再取 Δ →0，则

$$-\frac{\partial J^*}{\partial t}=\min_{\boldsymbol{u}\in U}\left\{F(\boldsymbol{x},\boldsymbol{u},t)+\left[\frac{\partial J^*}{\partial \boldsymbol{x}}\right]^{\mathrm{T}}f(\boldsymbol{x},\boldsymbol{u},t)\right\} \tag{6.98}$$

定义

$$H\left(\boldsymbol{x},\boldsymbol{u},\frac{\partial J^*}{\partial \boldsymbol{x}},t\right)=F(\boldsymbol{x},\boldsymbol{u},t)+\left[\frac{\partial J^*}{\partial \boldsymbol{x}}\right]^{\mathrm{T}}f(\boldsymbol{x},\boldsymbol{u},t) \tag{6.99}$$

则

$$-\frac{\partial J^*}{\partial t}=\min_{\boldsymbol{u}\in U}H\left(\boldsymbol{x},\boldsymbol{u},\frac{\partial J^*}{\partial \boldsymbol{x}},t\right) \tag{6.100}$$

若求出最优控制 $\boldsymbol{u}^*(t)$，则有

$$-\frac{\partial J^*}{\partial t}=\min_{\boldsymbol{u}\in U}H\left(\boldsymbol{x},\boldsymbol{u}^*,\frac{\partial J^*}{\partial \boldsymbol{x}},t\right) \tag{6.101}$$

式（6.101）称为哈密顿-雅可比方程，当 $\boldsymbol{u}$ 不受限制时，可由

$$\frac{\partial H}{\partial \boldsymbol{u}}=\boldsymbol{0} \tag{6.102}$$

即

$$\frac{\partial F(\boldsymbol{x},\boldsymbol{u},t)}{\partial \boldsymbol{u}}+\left[\frac{\partial f(\boldsymbol{x},\boldsymbol{u},t)}{\partial \boldsymbol{u}}\right]^{\mathrm{T}}\frac{\partial J^*}{\partial \boldsymbol{x}}=\boldsymbol{0} \tag{6.103}$$

解得 $\boldsymbol{u}^*(t)$。显然它是 $\boldsymbol{x}$、$\frac{\partial J^*}{\partial t}$、$t$ 的函数，记作

$$\boldsymbol{u}^*(t)=\boldsymbol{u}^*\left(\boldsymbol{x},\frac{\partial J^*}{\partial \boldsymbol{x}},t\right) \tag{6.104}$$

将式（6.103）代入式（6.100），并根据边界条件 $J^*[\boldsymbol{x}(t_f),t_f]=\theta[\boldsymbol{x}(t_f),t_f]$ 解出 $J^*[\boldsymbol{x}(t_f),t_f]$，然后将其代入式（6.103），解出最优控制 $u^*[\boldsymbol{x}(t_f),t_f]$，这是一个状态反馈控制规律，由此可以实现闭环最优控制，最后将 $\boldsymbol{u}^*$ 代入系统状态方程，可解出 $\boldsymbol{x}^*(t)$。

例 6.6 设系统状态方程为 $\begin{cases}\dot{x}_1=x_2\\ \dot{x}_2=u\end{cases}$，初始状态为 $x_1(0)=1$，$x_2(0)=0$，u 不受约束，性能指标 $J=\int_0^\infty\left(2x_1^2+\frac{1}{2}u^2\right)\mathrm{d}t$，试求 $u^*(t)$，使 J 最小。

解 根据式（6.102）、式（6.104）可得

$$-\frac{\partial J^*}{\partial t}=\min_{u\in U}\left\{2x_1^2+\frac{1}{2}u^2+\left(\frac{\partial J^*}{\partial x_1},\frac{\partial J^*}{\partial x_2}\right)\begin{pmatrix}x_2\\ u\end{pmatrix}\right\}=\min_{u\in U}\left\{2x_1^2+\frac{1}{2}u^2+\frac{\partial J^*}{\partial x_1}+x_2,\frac{\partial J^*}{\partial x_2}u\right\}$$

因为 u 不受约束，则可根据 $\frac{\partial H}{\partial u}=0$ 来求

$$u^*=\frac{\partial J^*}{\partial x_2}$$

因为系统是时不变的，且性能指标的被积函数不是时间显函数，故 $\frac{\partial J^*}{\partial t}=0$，将以上代

入哈密顿-雅可比方程，得

$$2x_1^2+\frac{\partial J^*}{\partial x_1}x_2-\frac{1}{2}\left(\frac{\partial J^*}{\partial x_2}\right)^2=0$$

为解此偏微分方程，设 $J^*(x)=a_1x_1^2+2a_2x_1x_2+a_3x_2^2$，代入上式，得

$$(1-a_2^2)x_1^2+(a_1-2a_2a_3)x_1x_2+(a_2-a_3^2)x_2^2=0$$

因而

$$1-a_2^2=0,\quad a_1-2a_2a_3=0,\quad a_2-a_3^2=0$$

解得

$$a_1=2,\quad a_2=1,\quad a_3=1$$

$$J^*(x)=2x_1^2+2x_1x_2+2x_2^2$$

$$\frac{\partial J^*}{\partial x_2}=2x_1+2x_2$$

$$u^*=-2x_1-2x_2$$

6.4.2　动态规划法在离散系统中的应用

设离散系统状态方程为

$$\boldsymbol{x}(k+1)=f[\boldsymbol{x}(k),\boldsymbol{u}(k),k],\quad k=0,1,\cdots,N-1 \tag{6.105}$$

式中，$x(k)$为 n 维状态向量；$u(k)$为 m 维控制向量。设初始状态 $x(0)$，控制约束条件为 $\boldsymbol{u}(k)\in U$，系统的性能指标为

$$J=\theta[\boldsymbol{x}(N),N]+\sum_{k=0}^{N-1}F[\boldsymbol{x}(k),\boldsymbol{u}(k),k] \tag{6.106}$$

设 $J[\boldsymbol{x}(k),\boldsymbol{u}(k)]$为每一步转移中的性能指标，采用动态规划法寻找一个最优控制序列 $\boldsymbol{u}^*(k)$，使性能泛函 J 取极值。

动态规划法解离散系统最优控制问题可以归结为一个典型的多阶段最优决策问题，它可以通过逐段做出决策，选择最优控制，完成从初始状态 $x(0)$到终态 $x(N)$的转移，并使性能泛函取极值。通常由下面几步完成。

(1) 一段决策过程

系统初始状态 $\boldsymbol{x}(0)$在 $\boldsymbol{u}(0)$作用下转移至 $\boldsymbol{x}(1)$，即 $\boldsymbol{x}(1)=f[\boldsymbol{x}(0),\boldsymbol{u}(0)]$，则第一段的性能指标可以表示为

$$J_1=J[\boldsymbol{x}(0),\boldsymbol{u}(0)]$$

通过选择控制 $\boldsymbol{u}(0)$，使性能指标最小。

(2) 二段决策过程

系统在 $\boldsymbol{u}(1)$作用下由 $\boldsymbol{x}(1)$转移到 $\boldsymbol{x}(2)=f[\boldsymbol{x}(1),\boldsymbol{u}(1)]$，转移中的性能指标为 $J[\boldsymbol{x}(1),\boldsymbol{u}(1)]$，则两步转移的总性能指标为

$$J_2=J[\boldsymbol{x}(0),\boldsymbol{u}(0)]+J[\boldsymbol{x}(1),\boldsymbol{u}(1)] \tag{6.107}$$

式中，$\boldsymbol{x}(0)$已知，而 $\boldsymbol{x}(1)=f[\boldsymbol{x}(0),\boldsymbol{u}(0)]$，因此 J_2 中，只有 $\boldsymbol{u}(0)$及 $\boldsymbol{u}(1)$未知。通过选择 $\boldsymbol{u}(0)$及 $\boldsymbol{u}(1)$，可使 J_2 极小。

依次类推，系统状态由 $\boldsymbol{x}(0)$作为起点进行 N 段转移，则 N 段转移的总性能指标为

$$J_N = J[\boldsymbol{x}(0),\boldsymbol{u}(0)] + J[\boldsymbol{x}(1),\boldsymbol{u}(1)] + \cdots + J[\boldsymbol{x}(N-1),\boldsymbol{u}(N-1)] = \sum_{k=0}^{N-1} J[\boldsymbol{x}(k),\boldsymbol{u}(k)] \tag{6.108}$$

要求适当选择$\{\boldsymbol{u}(0),\boldsymbol{u}(1),\cdots,\boldsymbol{u}(N-1)\}$使性能指标 J_N 达最小，从而构成 N 段决策问题。根据最优性原理，对 N 段最优决策过程，不论第一段 $\boldsymbol{u}(0)$怎样选定，第二段以后的控制序列，对于 $\boldsymbol{u}(0)$和 $\boldsymbol{x}(0)$产生的状态 $\boldsymbol{x}(1)=f[\boldsymbol{x}(0),\boldsymbol{u}(0)]$作为起点，一定会构成 $N-1$ 段最优过程。如果用 $J_N^*[\boldsymbol{x}(0)]$表示 N 段过程的性能指标的极小值，$J_{N-1}^*[\boldsymbol{x}(1)]$表示 $N-1$ 段过程性能指标的极小值，则可以列写出 N 段决策过程的函数方程为

$$J_N^*[x(0)] = \min_{u(0)}\{J[\boldsymbol{x}(0),\boldsymbol{u}(0)] + J_{N-1}^*\{f[\boldsymbol{x}(0),\boldsymbol{u}(0)]\}\} \tag{6.109}$$

由此可见，第一段决策实质上是函数

$$J[\boldsymbol{x}(0),\boldsymbol{u}(0)] + J_{N-1}^*\{f[\boldsymbol{x}(0),\boldsymbol{u}(0)]\} \tag{6.110}$$

对第一段的控制决策 $\boldsymbol{u}(0)$求极值的问题。求解递推方程式（6.110），就可解得最优控制决策$\{\boldsymbol{u}(0),\boldsymbol{u}(1),\cdots,\boldsymbol{u}(N-1)\}$。

例 6.7 设离散系统状态方程为 $\boldsymbol{x}(k+1)=\boldsymbol{x}(k)+\boldsymbol{u}(k)$，$k=0,1,\cdots,N-1$，初始条件为 $\boldsymbol{x}(0)$，控制变量 $\boldsymbol{u}$ 不受限制，性能指标为 $J_N = \frac{1}{2}c\boldsymbol{x}^2(N) + \frac{1}{2}\sum_{k=1}^{N-1}\boldsymbol{u}^2(k)$，求最优控制 $\boldsymbol{u}^*(k)$，使 J 达到最小。

解 为简单起见，设 $N=2$，从而成为一个二段决策最优控制问题，需要确定最优控制 $\boldsymbol{u}^*(0)$，$\boldsymbol{u}^*(1)$，最优轨线 $\boldsymbol{x}^*(0)$，$\boldsymbol{x}^*(1)$，$\boldsymbol{x}^*(2)$和最优性能 J^*。

性能指标泛函可表示成

$$J_2 = \frac{1}{2}c\boldsymbol{x}^2(2) + \frac{1}{2}\boldsymbol{u}^2(0) + \frac{1}{2}\boldsymbol{u}^2(1)$$

首先考虑由状态 $\boldsymbol{x}(1)$出发到达 $\boldsymbol{x}(2)$的一步，如采用控制 $\boldsymbol{u}(1)$，则有

$$\boldsymbol{x}(2) = \boldsymbol{x}(1) + \boldsymbol{u}(1)$$

$$J_1 = \frac{1}{2}c\boldsymbol{x}^2(2) + \frac{1}{2}\boldsymbol{u}^2(1)$$

或

$$J_1 = \frac{1}{2}c[\boldsymbol{x}(1)+\boldsymbol{u}(1)]^2 + \frac{1}{2}\boldsymbol{u}^2(1) = J_1[\boldsymbol{x}(1)+\boldsymbol{u}(1)]$$

求最优控制 $\boldsymbol{u}(1)$使 J_1为极小，则有

$$\frac{\partial J_1}{\partial \boldsymbol{u}(1)} = c[\boldsymbol{x}(1)+\boldsymbol{u}(1)] + \boldsymbol{u}(1) = 0$$

解得

$$\boldsymbol{u}^*(1) = \frac{c\boldsymbol{x}(1)}{1+c}$$

可见 $\boldsymbol{u}^*(1)$为 $\boldsymbol{x}(1)$的函数。相应的最优性能指标及 $\boldsymbol{x}^*(2)$为

$$J_1^* = \frac{c}{2}\frac{\boldsymbol{x}^2(1)}{1+c}$$

$$\boldsymbol{x}^*(2) = \frac{\boldsymbol{x}(1)}{1+c}$$

再考虑倒数第二步，即由初始状态 $\boldsymbol{x}(0)$ 出发到达 $\boldsymbol{x}(1)$ 的一步，如采用控制 $\boldsymbol{u}(0)$，则有

$$\boldsymbol{x}(1)=\boldsymbol{x}(0)+\boldsymbol{u}(0)$$

$$J_2^* \min_{\boldsymbol{u}(0)}\left\{\frac{1}{2}\boldsymbol{u}^2(0)+J_1^*\right\}=\min_{\boldsymbol{u}(0)}\left\{\frac{1}{2}\boldsymbol{u}^2(0)+\frac{c}{2}\ \frac{\boldsymbol{x}^2(1)}{1+c}\right\}$$

$$=\min_{\boldsymbol{u}(0)}\left\{\frac{1}{2}\boldsymbol{u}^2(0)+\frac{c}{2}\ \frac{[\boldsymbol{x}(0)+\boldsymbol{u}(0)]^2}{1+c}\right\}$$

令

$$\frac{\partial}{\partial \boldsymbol{u}(0)}\left\{\frac{1}{2}\boldsymbol{u}^2(0)+\frac{c}{2}\ \frac{[\boldsymbol{x}(0)+\boldsymbol{u}(0)]^2}{1+c}\right\}=0$$

有

$$\boldsymbol{u}^*(0)=\frac{c\boldsymbol{x}(0)}{1+2c}$$

相应的最优性能指标及 $\boldsymbol{x}^*(1)$ 为

$$J_2^*=\frac{c}{2}\ \frac{\boldsymbol{x}^2(0)}{1+c}$$

$$\boldsymbol{x}^*(1)=\frac{1+c}{1+2c}\boldsymbol{x}(0)$$

最后的最优控制为

$$\boldsymbol{u}^*(0)=\frac{c\boldsymbol{x}(0)}{1+2c},\quad \boldsymbol{u}^*(1)=\frac{c\boldsymbol{x}(0)}{1+2c}$$

最优轨线为

$$\boldsymbol{x}^*(0)=\boldsymbol{x}(0),\quad \boldsymbol{x}^*(1)=\frac{1+c}{1+2c}\boldsymbol{x}(0),\quad \boldsymbol{x}^*(2)=\frac{1}{1+2c}\boldsymbol{x}(0)$$

最优性能指标为

$$J^*=\frac{c}{2}\ \frac{\boldsymbol{x}^2(0)}{1+c}$$

6.5 线性二次型最优控制问题

考虑如下的线性定常系统：

$$\dot{\boldsymbol{x}}=\boldsymbol{A}\boldsymbol{x}+\boldsymbol{B}\boldsymbol{u} \tag{6.111}$$

式中，$\boldsymbol{x}\in\mathbf{R}^n,\boldsymbol{u}\in\mathbf{R}^r,\boldsymbol{A}\in\mathbf{R}^{n\times n},\boldsymbol{B}\in\mathbf{R}^{n\times r}$。

在设计控制系统时，我们感兴趣的是选择向量 $\boldsymbol{u}(t)$，使得给定的性能指标达到极小。可以证明，当二次型性能指标的积分限由零变化到无穷大时，如

$$J=\int_0^{\infty} L(\boldsymbol{x},\boldsymbol{u})\,\mathrm{d}t$$

式中，$L(\boldsymbol{x},\boldsymbol{u})$ 是 $\boldsymbol{x}$ 和 $\boldsymbol{u}$ 的二次型函数或 Hermite 函数，将得到线性控制律，即 $\boldsymbol{u}(t)=-\boldsymbol{K}\boldsymbol{x}(t)$。

这里，线性状态反馈矩阵 $\boldsymbol{K}\in\mathbf{R}^{r\times n}$，从而有

$$\begin{pmatrix} u_1 \\ u_2 \\ \vdots \\ u_r \end{pmatrix} = -\begin{pmatrix} k_{11} & k_{12} & \cdots & k_{1n} \\ k_{21} & k_{22} & \cdots & k_{2n} \\ \vdots & \vdots & & \vdots \\ k_{r1} & k_{r2} & \cdots & k_{rn} \end{pmatrix} \begin{pmatrix} x_1 \\ x_2 \\ \vdots \\ x_n \end{pmatrix}$$

因此，基于二次型性能指标的最优控制系统和最优调节器系统的设计归结为确定矩阵 $\boldsymbol{K}$ 的各元素。采用二次型最优控制方法的一个优点是除了系统不可控的情况外，所设计的系统将是稳定的。在设计二次型性能指标为极少的控制系统时，需要求解以下黎卡提方程：

$$\dot{\boldsymbol{P}}(t)+\boldsymbol{P}(t)\boldsymbol{A}(T)-\boldsymbol{P}(t)\boldsymbol{B}(t)\boldsymbol{R}^{-1}(t)\boldsymbol{B}^{\mathrm{T}}(t)\boldsymbol{P}(t)+\boldsymbol{Q}(t)+\boldsymbol{A}^{\mathrm{T}}(t)\boldsymbol{P}(t)=\boldsymbol{0}$$

MATLAB 有一条命令 lpr，它能给出连续时间黎卡提方程的解，并能确定最优反馈增益矩阵。本章在采用二次型性能指标设计控制系统时，将应用 MATLAB 进行分析和计算。

考虑由式（6.111）描述的系统，性能指标为

$$J=\int_0^{\infty}(\boldsymbol{x}^{\mathrm{H}}\boldsymbol{Q}\boldsymbol{x}+\boldsymbol{u}^{\mathrm{H}}\boldsymbol{R}\boldsymbol{u})\,\mathrm{d}t \tag{6.112}$$

式中，$\boldsymbol{Q}$ 为正定（或正半定）Hermite 或实对称矩阵；$\boldsymbol{R}$ 为正定 Hermite 或实对称矩阵；$\boldsymbol{u}$ 为无约束的向量。最优控制系统使性能指标达到极小，该系统是稳定的。解决此类问题有许多不同的方法，这里介绍一种基于李雅普夫诺夫第二法的解法。

注意，下面在讨论二次型最优控制问题时，将采用复二次型性能指标（Hermite 性能指标），而不采用实二次型性能指标，这是因为复二次型性能指标包含作为特例的实二次型性能指标。对于含有实向量和实矩阵的系统，式（6.112）与性能指标

$$J=\int_0^{\infty}(\boldsymbol{x}^{\mathrm{T}}\boldsymbol{Q}\boldsymbol{x}+\boldsymbol{u}^{\mathrm{T}}-\boldsymbol{R}\boldsymbol{u})\,\mathrm{d}t$$

是相同的。

6.5.1 基于李雅普诺夫第二法的控制系统最优化

在经典控制理论中，稳定性问题是首先设计出控制系统，再判断系统的稳定性；与此不同的是，李雅普诺夫第二法先用公式表示出稳定性条件，再在这些约束条件下设计系统。如果能用李雅普诺夫第二法作为最优控制器设计的基础，就能保证系统正常工作，也就是说，系统输出将能连续地朝所希望的状态转移。因此，所设计出的系统具有固有稳定特性的结构（注意，如果系统是不可控制的，不能采用二次型最优控制）。

对于一大类控制系统，在李雅普诺夫函数和用来综合最优控制系统的二次型性能指标之间可找到一个直接的关系式。下面用李雅普诺夫方法来解简单情况下的最优化问题，该问题通称为参数最优化问题。

6.5.2 参数最优问题的李雅普诺夫第二法的解法

下面讨论李雅普诺夫函数和二次型性能指标之间的直接关系，并利用这种关系求解参数最优问题。考虑如下的线性系统：

$$\dot{\boldsymbol{x}}=\boldsymbol{A}\boldsymbol{x}$$

式中，$\boldsymbol{A}$ 的所有特征值均具有负实部，即原点 $\boldsymbol{x}=\boldsymbol{0}$ 是渐近稳定的（称矩阵 $\boldsymbol{A}$ 为稳定矩阵）。假设矩阵 $\boldsymbol{A}$ 包括一个（或几个）可调参数。要求性能指标

$$J=\int_0^{\infty}\boldsymbol{x}^{\mathrm{H}}\boldsymbol{Q}\boldsymbol{x}\mathrm{d}t$$

达到极小，式中，$\boldsymbol{Q}$ 为正定（或正半定）Hermite 或实对称矩阵。因而该问题变为确定几个可调参数值，使得性能指标达到极小。

在求解该问题时，利用李雅普诺夫函数是很有效的。假设

$$\boldsymbol{x}^{\mathrm{H}}\boldsymbol{Q}\boldsymbol{x}=-\frac{\mathrm{d}}{\mathrm{d}t}(\boldsymbol{x}^{\mathrm{H}}\boldsymbol{P}\boldsymbol{x})$$

式中，$\boldsymbol{P}$ 是一个正定的 Hermite 或实对称矩阵，因此可得

$$\boldsymbol{x}^{\mathrm{H}}\boldsymbol{Q}\boldsymbol{x}=-\dot{\boldsymbol{x}}^{\mathrm{H}}\boldsymbol{P}\boldsymbol{x}-\boldsymbol{x}^{\mathrm{H}}\boldsymbol{P}\dot{\boldsymbol{x}}=-\boldsymbol{x}^{\mathrm{H}}\boldsymbol{A}^{\mathrm{H}}\boldsymbol{P}\boldsymbol{x}-\boldsymbol{x}^{\mathrm{H}}\boldsymbol{P}\boldsymbol{A}\boldsymbol{x}=-\boldsymbol{x}^{\mathrm{H}}(\boldsymbol{A}^{\mathrm{H}}\boldsymbol{P}+\boldsymbol{P}\boldsymbol{A})\boldsymbol{x}$$

根据李雅普诺夫第二法可知，如果 $\boldsymbol{A}$ 是稳定矩阵，则对给定的 $\boldsymbol{Q}$，必存在一个 $\boldsymbol{P}$，使得

$$\boldsymbol{A}^{\mathrm{H}}\boldsymbol{P}+\boldsymbol{P}\boldsymbol{A}=-\boldsymbol{Q} \tag{6.113}$$

因此，可由该方程确定 $\boldsymbol{P}$ 的各元素。

性能指标 J 可按

$$J=\int_0^{\infty}\boldsymbol{x}^{\mathrm{H}}\boldsymbol{Q}\boldsymbol{x}\mathrm{d}t=-\boldsymbol{x}^{\mathrm{H}}\boldsymbol{P}\boldsymbol{x}\Big|_0^{\infty}=-\boldsymbol{x}^{\mathrm{H}}(\infty)\boldsymbol{P}\boldsymbol{x}(\infty)+\boldsymbol{x}^{\mathrm{H}}(0)\boldsymbol{P}\boldsymbol{x}(0)$$

计算。由于 $\boldsymbol{A}$ 的所有特征值均有负实部，可得 $\boldsymbol{x}(\infty)\to\boldsymbol{0}$，所以

$$J=\boldsymbol{x}^{\mathrm{H}}(0)\boldsymbol{P}\boldsymbol{x}(0) \tag{6.114}$$

因而性能指标 J 可依据初始条件 $\boldsymbol{x}(0)$ 和 $\boldsymbol{P}$ 求得，而 $\boldsymbol{P}$ 与 $\boldsymbol{A}$ 和 $\boldsymbol{Q}$ 的关系取决于式（6.113）。例如，如果欲调整系统的参数，使得性能指标 J 达到极小，则可对讨论中的参数，用 $\boldsymbol{x}^{\mathrm{H}}(0)\boldsymbol{P}\boldsymbol{x}(0)$ 取极小值来实现。由于 $\boldsymbol{x}(0)$ 是给定的初始条件，$\boldsymbol{Q}$ 也是给定的，所以 $\boldsymbol{P}$ 是 $\boldsymbol{A}$ 的各元素的函数。因此求 J 为极小，将使得可调参数达到最优值。

应强调的是，参数最最优值通常与初始条件 $\boldsymbol{x}(0)$ 有关。然而，如果 $\boldsymbol{x}(0)$ 只含一个不等于零的分量，例如 $x_1(0)\neq 0$，而其余的初始分量均等于零，那么参数最优值与 $x_1(0)$ 的数值无关（见例 6.8）。

例 6.8 研究图 6.1 所示的控制系统。确定阻尼 $\xi>0$ 的值，使得系统在单位阶跃输入 $r(t)=1(t)$ 作用下，性能指标

$$J=\int_{0+}^{\infty}(e^2+\mu\dot{e}^2)\mathrm{d}t,\quad \mu>0$$

达到极小。式中，e 为误差信号，并且 $e=r-c$。假设系统开始时是静止的。

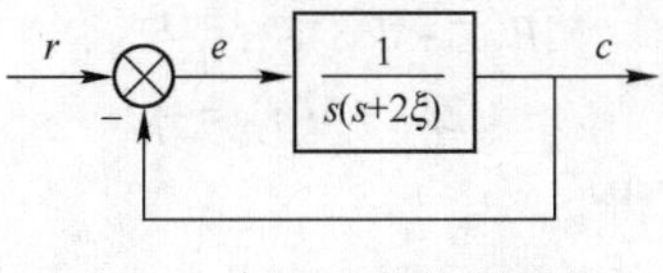

图 6.1 例 6.8 的控制系统

解 由图 6.1 可得

$$\frac{C(s)}{R(s)}=\frac{1}{s^2+2\xi s+1}$$

或

$$\ddot{c}+2\xi\dot{c}+c=r$$

依据误差信号 e 的形式，可得

$$\ddot{e}+2\xi\dot{e}+e=\ddot{r}+2\xi\dot{r}$$

由于输入 $r(t)$ 是单位阶跃函数，所以 $\dot{r}(0_+)=0$，$\ddot{r}(0_+)=0$。因此，对于 $t\geqslant 0$，有

$$\ddot{e}+2\xi\dot{e}+e=0,\quad e(0_+)=1,\quad \dot{e}(0_+)=0$$

定义如下状态变量：

$$x_1=e,\quad x_2=\dot{e}$$

则状态方程为

$$\dot{\boldsymbol{x}}=\boldsymbol{A}\boldsymbol{x}+\boldsymbol{B}u$$

式中

$$\boldsymbol{A}=\begin{pmatrix}0 & 1\\ -1 & -2\xi\end{pmatrix}$$

性能指标 J 可写为

$$\begin{aligned}J&=\int_{0+}^{\infty}(e^2+\mu\dot{e}^2)\,\mathrm{d}t=\int_{0+}^{\infty}(x_1^2+\mu x_2^2)\,\mathrm{d}t\\&=\int_{0+}^{\infty}(x_1\quad x_2)\begin{pmatrix}1 & 0\\ 0 & \mu\end{pmatrix}\begin{pmatrix}x_1\\ x_2\end{pmatrix}\mathrm{d}t\\&=\int_{0+}^{\infty}\boldsymbol{x}^{\mathrm{T}}\boldsymbol{Q}\boldsymbol{x}\,\mathrm{d}t\end{aligned}$$

式中

$$\boldsymbol{x}=\begin{pmatrix}x_1\\ x_2\end{pmatrix}=\begin{pmatrix}e\\ \dot{e}\end{pmatrix},\quad \boldsymbol{Q}=\begin{pmatrix}1 & 0\\ 0 & \mu\end{pmatrix}$$

由于 $\boldsymbol{A}$ 是稳定矩阵，所以参照式（6.4），J 的值为

$$J=\boldsymbol{x}^{\mathrm{T}}(0_+)\boldsymbol{P}\boldsymbol{x}(0_+)$$

式中的 $\boldsymbol{P}$ 由下式确定

$$\boldsymbol{A}^{\mathrm{T}}\boldsymbol{P}+\boldsymbol{P}\boldsymbol{A}=-\boldsymbol{Q}\tag{6.115}$$

式（6.115）可写为

$$\begin{pmatrix}0 & -1\\ 1 & -2\xi\end{pmatrix}\begin{pmatrix}p_{11} & p_{12}\\ p_{12} & p_{22}\end{pmatrix}+\begin{pmatrix}p_{11} & p_{12}\\ p_{12} & p_{22}\end{pmatrix}\begin{pmatrix}0 & 1\\ -1 & -2\xi\end{pmatrix}=\begin{pmatrix}-1 & 0\\ 0 & -\mu\end{pmatrix}$$

上式可化为以下 3 个方程：

$$-2p_{12}=-1$$

$$p_{11}-2\xi p_{12}-p_{22}=0$$

$$2p_{12}-4\xi p_{22}=-\mu$$

对 p_{ij} 求解以上 3 个方程，可得

$$\boldsymbol{P}=\begin{pmatrix}p_{11} & p_{12}\\ p_{12} & p_{22}\end{pmatrix}=\begin{pmatrix}\xi+\dfrac{1+\mu}{4\xi} & \dfrac{1}{2}\\ \dfrac{1}{2} & \dfrac{1+\mu}{4\xi}\end{pmatrix}$$

于是性能指标 J 为

$$\begin{aligned}J&=\boldsymbol{x}^{\mathrm{T}}(0_+)\boldsymbol{P}\boldsymbol{x}(0_+)\\&=\left(\xi+\frac{1+\mu}{4\xi}\right)x_1^2(0_+)+x_1(0_+)x_2(0_+)+\frac{1+\mu}{4\xi}x_2^2(0_+)\end{aligned}$$

将初始条件 $x_1(0_+)=1$，$x_2(0_+)=0$ 代入上式，可得

$$J=\xi+\frac{1+\mu}{4\xi}$$

求 J 对 ξ 的极小值，可令 $\partial J/\partial\xi=0$，即

$$\frac{\partial J}{\partial\xi}=1-\frac{1+\mu}{4\xi^2}=0$$

可得

$$\xi=\frac{\sqrt{1+\mu}}{2}$$

因此，ξ 的最优值是 $\sqrt{1+\mu}/2$。若 $\mu=1$，则 ξ 的最优值为 $\sqrt{2}/2$，即 0.707。

6.5.3 二次型最优控制问题

现在来研究最优控制问题。已知系统方程为

$$\dot{\boldsymbol{x}}=\boldsymbol{Ax}+\boldsymbol{Bu} \tag{6.116}$$

确定最优控制向量

$$\boldsymbol{u}(t)=-\boldsymbol{Kx}(t) \tag{6.117}$$

的矩阵 $\boldsymbol{K}$，使得性能指标

$$J=\int_0^\infty(\boldsymbol{x}^{\mathrm{H}}\boldsymbol{Qx}+\boldsymbol{u}^{\mathrm{H}}\boldsymbol{Ru})\mathrm{d}t \tag{6.118}$$

达到极小。式中，$\boldsymbol{Q}$ 是正定（或正半定）Hermite 或实对称矩阵；$\boldsymbol{R}$ 是正定 Hermite 或实对称矩阵。注意，式（6.118）右边的第二项是考虑到控制信号的能量损耗而引进的。矩阵 $\boldsymbol{Q}$ 和 $\boldsymbol{R}$ 确定了误差和能量损耗的相对重要性。在此，假设控制向量 $\boldsymbol{u}(t)$ 是不受约束的。

正如下面讲到的，由式（6.117）给出的线性控制律是最优控制律。所以，若能确定矩阵 $\boldsymbol{K}$ 中的未知元素，使得性能指标达极小，则 $\boldsymbol{u}(t)=-\boldsymbol{Kx}(t)$ 对任意初始状态 $\boldsymbol{x}(0)$ 而言均是最优的。图 6.2 所示为该最优控制系统的结构框图。

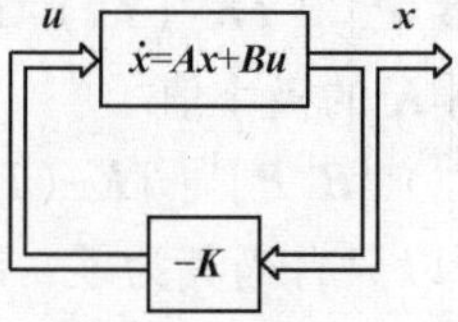

图 6.2 最优控制系统的结构框图

现求解最优控制问题。将式（6.117）代入式（6.116），可得

$$\dot{\boldsymbol{x}}=\boldsymbol{Ax}-\boldsymbol{BKx}=(\boldsymbol{A}-\boldsymbol{BK})\boldsymbol{x}$$

在以下推导过程中，假设 $\boldsymbol{A}-\boldsymbol{BK}$ 是稳定矩阵，$\boldsymbol{A}-\boldsymbol{BK}$ 的所有特征值均具有负实部。

将式（6.117）代入式（6.118），可得

$$\begin{aligned}J&=\int_0^\infty(\boldsymbol{x}^{\mathrm{H}}\boldsymbol{Qx}+\boldsymbol{x}^{\mathrm{H}}\boldsymbol{K}^{\mathrm{H}}\boldsymbol{RKx})\mathrm{d}t\\&=\int_0^\infty\boldsymbol{x}^{\mathrm{H}}(\boldsymbol{Q}+\boldsymbol{K}^{\mathrm{H}}\boldsymbol{RK})\boldsymbol{x}\mathrm{d}t\end{aligned}$$

依照解参数最优化问题时的讨论，取

$$\boldsymbol{x}^{\mathrm{H}}(\boldsymbol{Q}+\boldsymbol{K}^{\mathrm{H}}\boldsymbol{R}\boldsymbol{K})\boldsymbol{x}=-\frac{\mathrm{d}}{\mathrm{d}t}(\boldsymbol{x}^{\mathrm{H}}\boldsymbol{P}\boldsymbol{x})$$

式中，$\boldsymbol{P}$ 是正定的 Hermite 或实对称矩阵。于是

$$\boldsymbol{x}^{\mathrm{H}}(\boldsymbol{Q}+\boldsymbol{K}^{\mathrm{H}}\boldsymbol{R}\boldsymbol{K})\boldsymbol{x}=-\dot{\boldsymbol{x}}^{\mathrm{H}}\boldsymbol{P}\boldsymbol{x}-\boldsymbol{x}^{\mathrm{H}}\boldsymbol{P}\dot{\boldsymbol{x}}=-\boldsymbol{x}^{\mathrm{H}}[(\boldsymbol{A}-\boldsymbol{B}\boldsymbol{K})^{\mathrm{H}}\boldsymbol{P}+\boldsymbol{P}(\boldsymbol{A}-\boldsymbol{B}\boldsymbol{K})\boldsymbol{x}]$$

比较上式两端，并注意到方程对任意 $\boldsymbol{x}$ 均应成立，这就要求

$$(\boldsymbol{A}-\boldsymbol{B}\boldsymbol{K})^{\mathrm{H}}\boldsymbol{P}+\boldsymbol{P}(\boldsymbol{A}-\boldsymbol{B}\boldsymbol{K})=-(\boldsymbol{Q}+\boldsymbol{K}^{\mathrm{H}}\boldsymbol{R}\boldsymbol{K}) \tag{6.119}$$

根据李雅普诺夫第二法可知，如果 $\boldsymbol{A}-\boldsymbol{B}\boldsymbol{K}$ 是稳定矩阵，则必存在一个满足式（6.119）的正定矩阵 $\boldsymbol{P}$。

因此，该方法由式（6.119）确定 $\boldsymbol{P}$ 的各元素，并检验其是否为正定的（注意，这里可能不止一个矩阵 $\boldsymbol{P}$ 满足该方程。如果系统是稳定的，则总存在一个正定的矩阵 $\boldsymbol{P}$ 满足该方程。这就意味着，如果解此方程并能找到一个正定矩阵 $\boldsymbol{P}$，该系统就是稳定的。满足该方程的其他矩阵 $\boldsymbol{P}$ 不是正定的，必须丢弃）。

性能指标可计算为

$$J=\int_0^{\infty}\boldsymbol{x}^{\mathrm{H}}(\boldsymbol{Q}+\boldsymbol{K}^{\mathrm{H}}\boldsymbol{R}\boldsymbol{K})\boldsymbol{x}\mathrm{d}t=-\boldsymbol{x}^{\mathrm{H}}\boldsymbol{P}\boldsymbol{x}\Big|_0^{\infty}=-\boldsymbol{x}^{\mathrm{H}}(\infty)\boldsymbol{P}\boldsymbol{x}(\infty)+\boldsymbol{x}^{\mathrm{H}}(0)\boldsymbol{P}\boldsymbol{x}(0)$$

由于假设 $\boldsymbol{A}-\boldsymbol{B}\boldsymbol{K}$ 的所有特征值均具有负实部，所以 $\boldsymbol{x}(\infty)\to\boldsymbol{0}$。因此

$$J=\boldsymbol{x}^{\mathrm{H}}(0)\boldsymbol{P}\boldsymbol{x}(0) \tag{6.120}$$

于是，性能指标 J 可根据初始条件 $\boldsymbol{x}(0)$ 和 $\boldsymbol{P}$ 求得。

为求二次型最优控制问题的解，可按下列步骤操作：由于所设的 $\boldsymbol{A}$ 是正定 Hermite 或实对称矩阵，可将其写为

$$\boldsymbol{R}=\boldsymbol{T}^{\mathrm{H}}\boldsymbol{T}$$

式中，$\boldsymbol{T}$ 是非奇异矩阵。于是，式（6.119）可写为

$$(\boldsymbol{A}^{\mathrm{H}}-\boldsymbol{K}^{\mathrm{H}}\boldsymbol{B}^{\mathrm{H}})\boldsymbol{P}+\boldsymbol{P}(\boldsymbol{A}-\boldsymbol{B}\boldsymbol{K})+\boldsymbol{Q}+\boldsymbol{K}^{\mathrm{H}}\boldsymbol{T}^{\mathrm{H}}\boldsymbol{T}\boldsymbol{K}=\boldsymbol{0}$$

上式也可写为

$$\boldsymbol{A}^{\mathrm{H}}\boldsymbol{P}+\boldsymbol{P}\boldsymbol{A}+[\boldsymbol{T}\boldsymbol{K}-(\boldsymbol{T}^{\mathrm{H}})^{-1}\boldsymbol{B}^{\mathrm{H}}\boldsymbol{P}]^{\mathrm{H}}[\boldsymbol{T}\boldsymbol{K}-(\boldsymbol{T}^{\mathrm{H}})^{-1}\boldsymbol{B}^{\mathrm{H}}\boldsymbol{P}]-\boldsymbol{P}\boldsymbol{B}\boldsymbol{R}^{-1}\boldsymbol{B}^{\mathrm{H}}\boldsymbol{P}+\boldsymbol{Q}=\boldsymbol{0}$$

求 J 对 $\boldsymbol{K}$ 的极小值，即求下式对 $\boldsymbol{K}$ 的极小值

$$\boldsymbol{x}^{\mathrm{H}}[\boldsymbol{T}\boldsymbol{K}-(\boldsymbol{T}^{\mathrm{H}})^{-1}\boldsymbol{B}^{\mathrm{H}}\boldsymbol{P}]^{\mathrm{H}}[\boldsymbol{T}\boldsymbol{K}-(\boldsymbol{T}^{\mathrm{H}})^{-1}\boldsymbol{B}^{\mathrm{H}}\boldsymbol{P}]\boldsymbol{x}$$

由于上面的表达式不为负值，所以只有当其为零，即当

$$\boldsymbol{T}\boldsymbol{K}=(\boldsymbol{T}^{\mathrm{H}})^{-1}\boldsymbol{B}^{\mathrm{H}}\boldsymbol{P}$$

时，才存在极小值。因此

$$\boldsymbol{K}=\boldsymbol{T}^{-1}(\boldsymbol{T}^{\mathrm{H}})^{-1}\boldsymbol{B}^{\mathrm{H}}\boldsymbol{P}=\boldsymbol{R}^{-1}\boldsymbol{B}^{\mathrm{H}}\boldsymbol{P} \tag{6.121}$$

式（6.121）给出了最优矩阵 $\boldsymbol{K}$。所以，当二次型最优控制问题的性能指标由式（6.118）定义时，其最优控制律是线性的，并由

$$\boldsymbol{u}(t)=-\boldsymbol{K}\boldsymbol{x}(t)=-\boldsymbol{R}^{-1}\boldsymbol{B}^{\mathrm{H}}\boldsymbol{P}\boldsymbol{x}(t)$$

给出。式（6.11）中的矩阵 $\boldsymbol{P}$ 必须满足式（6.9），即满足下列退化方程

$$\boldsymbol{A}^{\mathrm{H}}\boldsymbol{P}+\boldsymbol{P}\boldsymbol{A}-\boldsymbol{P}\boldsymbol{B}\boldsymbol{R}^{-1}\boldsymbol{B}^{\mathrm{H}}\boldsymbol{P}+\boldsymbol{Q}=\boldsymbol{0} \tag{6.122}$$

式（6.122）称为退化矩阵黎卡提方程，其设计步骤如下：

1）求解退化矩阵黎卡提式（6.122），以求出矩阵 $\boldsymbol{P}$。如果存在正定矩阵 $\boldsymbol{P}$（某些系统

可能没有正定矩阵 $\boldsymbol{P}$），那么系统是稳定的，即矩阵 $\boldsymbol{A}-\boldsymbol{BK}$ 是稳定矩阵。

2）将矩阵 $\boldsymbol{P}$ 代入式（6.121），求得的矩阵 $\boldsymbol{K}$ 就是最优矩阵。

下面例6.9是建立在这种方法基础上的设计例子。注意。如果矩阵 $\boldsymbol{A}-\boldsymbol{BK}$ 是稳定的，则此方法总能给出正确的结果。

确定最优反馈增益矩阵 $\boldsymbol{K}$ 还有另一种方法，其设计步骤如下：

1）由作为 $\boldsymbol{K}$ 的函数的式（6.119）确定矩阵 $\boldsymbol{P}$。

2）将矩阵 $\boldsymbol{P}$ 代入式（6.120），于是性能指标成为 $\boldsymbol{K}$ 的一个函数。

3）确定 $\boldsymbol{K}$ 的各元素，使得性能指标为极小。这可通过令 $\partial J/\partial k_{ij}$ 等于零，并解出 k_{ij} 的最优值来实现 J 对 $\boldsymbol{K}$ 各元素 k_{ij} 为极小。

这种设计方法的详细说明见例6.11和例6.12。当元素 k_{ij} 的数目较多时，该方法很不便。

如果性能指标由输出向量的形式给出，而不是由状态向量的形式给出，即

$$J=\int_0^{\infty}(\boldsymbol{y}^{\mathrm{H}}\boldsymbol{Q}\boldsymbol{y}+\boldsymbol{u}^{\mathrm{H}}\boldsymbol{R}\boldsymbol{u})\,\mathrm{d}t$$

则可用输出方程

$$\boldsymbol{y}=\boldsymbol{C}\boldsymbol{x}$$

来修正性能指标，使得 J 为

$$J=\int_0^{\infty}(\boldsymbol{x}^{\mathrm{H}}\boldsymbol{C}^{\mathrm{H}}\boldsymbol{Q}\boldsymbol{C}\boldsymbol{x}+\boldsymbol{u}^{\mathrm{H}}\boldsymbol{R}\boldsymbol{u})\,\mathrm{d}t \tag{6.123}$$

且仍可用本节介绍的设计步骤来求最优矩阵 $\boldsymbol{K}$。

例6.9 研究如图6.3所示的控制系统。假设控制信号为

$$u(t)=-\boldsymbol{K}\boldsymbol{x}(t)$$

试确定最优反馈增益矩阵 $\boldsymbol{K}$，使得下列性能指标达到极小：

$$J=\int_0^{\infty}(\boldsymbol{x}^{\mathrm{T}}\boldsymbol{Q}\boldsymbol{x}+u^2)\,\mathrm{d}t$$

式中

$$\boldsymbol{Q}=\begin{pmatrix}1 & 0\\ 0 & \mu\end{pmatrix},\quad \mu\geqslant 0$$

解 由图6.3可看出，被控对象的状态方程为

$$\dot{\boldsymbol{x}}=\boldsymbol{A}\boldsymbol{x}+\boldsymbol{B}u$$

式中

$$\boldsymbol{A}=\begin{pmatrix}0 & 1\\ 0 & 0\end{pmatrix},\quad \boldsymbol{B}=\begin{pmatrix}0\\ 1\end{pmatrix}$$

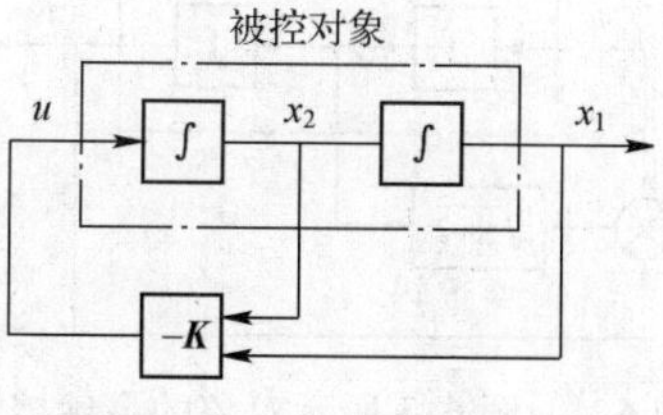

图6.3 例6.9的控制系统

以下说明退化矩阵黎卡提代数方程如何应用于最优控制系统的设计。求解式（6.122），将其重写为

$$A^{H}P+PA-PBR^{-1}B^{H}P+Q=0$$

注意到A为实矩阵，Q为实对称矩阵，P为实对称矩阵。因此，上式可写为

$$\begin{pmatrix}0&0\\1&0\end{pmatrix}\begin{pmatrix}p_{11}&p_{12}\\p_{12}&p_{22}\end{pmatrix}+\begin{pmatrix}p_{11}&p_{12}\\p_{12}&p_{22}\end{pmatrix}\begin{pmatrix}0&1\\0&0\end{pmatrix}-$$

$$\begin{pmatrix}p_{11}&p_{12}\\p_{12}&p_{22}\end{pmatrix}\begin{pmatrix}0\\1\end{pmatrix}(1)(0\quad 1)\begin{pmatrix}p_{11}&p_{12}\\p_{12}&p_{22}\end{pmatrix}+\begin{pmatrix}1&0\\0&\mu\end{pmatrix}=\begin{pmatrix}0&0\\0&0\end{pmatrix}$$

该方程可简化为

$$\begin{pmatrix}0&0\\p_{11}&p_{12}\end{pmatrix}+\begin{pmatrix}0&p_{11}\\0&p_{12}\end{pmatrix}-\begin{pmatrix}p_{12}^{2}&p_{12}p_{22}\\p_{12}p_{22}&p_{22}^{2}\end{pmatrix}+\begin{pmatrix}1&0\\0&\mu\end{pmatrix}=\begin{pmatrix}0&0\\0&0\end{pmatrix}$$

由上式可得到下面3个方程：

$$1-p_{12}^{2}=0$$

$$p_{11}-p_{12}p_{22}=0$$

$$\mu+2p_{12}-p_{22}^{2}=0$$

将这3个方程联立，解出p_{11}、p_{12}、p_{22}，且要求P为正定的，可得

$$P=\begin{pmatrix}p_{11}&p_{12}\\p_{12}&p_{22}\end{pmatrix}=\begin{pmatrix}\sqrt{\mu+2}&1\\1&\sqrt{\mu+2}\end{pmatrix}$$

参照式（6.11），最优反馈增益矩阵K为

$$\begin{aligned}K&=R^{-1}B^{H}P\\&=(1)(0\quad 1)\begin{pmatrix}p_{11}&p_{12}\\p_{12}&p_{22}\end{pmatrix}\\&=(p_{12}\quad p_{22})\\&=(1\quad \sqrt{\mu+2})\end{aligned}$$

因此，最优控制信号为

$$u=-Kx=-x_1-\sqrt{\mu+2}\,x_2 \tag{6.124}$$

注意，由式（6.14）给出的控制律对任意初始状态在给定的性能指标下都能得出最优结果。图6.4是该系统的框图。

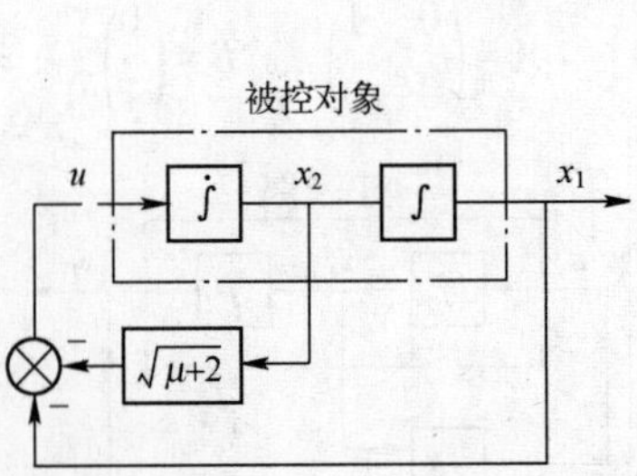

图6.4　图6.3所示对象的最优控制

6.6 二次型最优控制问题的 MATLAB 解法

在 MATLAB 中，命令

lqr(A,B,Q,R)

可解连续时间的线性二次型调节器问题，并可解与其有关的黎卡提方程。该命令可计算最优反馈增益矩阵 $\boldsymbol{K}$，并且产生使性能指标

$$J=\int_0^{\infty}(\boldsymbol{x}^{\mathrm{H}}\boldsymbol{Q}\boldsymbol{x}+\boldsymbol{u}^{\mathrm{H}}\boldsymbol{R}\boldsymbol{u})\mathrm{d}t$$

在约束方程

$$\dot{\boldsymbol{x}}=\boldsymbol{A}\boldsymbol{x}+\boldsymbol{B}\boldsymbol{u}$$

条件下达到极小的反馈控制律

$$\boldsymbol{u}=-\boldsymbol{K}\boldsymbol{x}$$

另一个命令

[K,P,E]=lqr(A,B,Q,R)

也可计算相关的矩阵黎卡提方程

$$\boldsymbol{0}=\boldsymbol{P}\boldsymbol{A}+\boldsymbol{A}^{\mathrm{H}}\boldsymbol{P}-\boldsymbol{P}\boldsymbol{B}\boldsymbol{R}\boldsymbol{B}^{\mathrm{H}}\boldsymbol{P}+\boldsymbol{Q}$$

的唯一正定解 $\boldsymbol{P}$。如果 $\boldsymbol{A}-\boldsymbol{B}\boldsymbol{K}$ 为稳定矩阵，则总存在这样的正定矩阵。利用这个命令能求闭环极点或 $\boldsymbol{A}-\boldsymbol{B}\boldsymbol{K}$ 的特征值。

对于某些系统，无论选择什么样的 $\boldsymbol{K}$，都不能使 $\boldsymbol{A}-\boldsymbol{B}\boldsymbol{K}$ 为稳定矩阵，在此情况下，这个矩阵黎卡提方程不存在正定矩阵。对此情况，命令

K=lqr(A,B,Q,R)

[K,P,E]=lqr(A,B,Q,R)

不能求解。

例 6.10 考虑由下式确定的系统：

$$\begin{pmatrix}\dot{x}_1\\ \dot{x}_2\end{pmatrix}=\begin{pmatrix}-1 & 1\\ 0 & 2\end{pmatrix}\begin{pmatrix}x_1\\ x_2\end{pmatrix}+\begin{pmatrix}1\\ 0\end{pmatrix}u$$

证明：无论选择什么样矩阵 $\boldsymbol{K}$，该系统都不可能通过状态反馈控制

$$u=-\boldsymbol{K}\boldsymbol{x}$$

来稳定（注意，该系统是状态不能控的）。

证明 定义

$$\boldsymbol{K}=(k_1 \quad k_2)$$

则

$$\begin{aligned}\boldsymbol{A}-\boldsymbol{B}\boldsymbol{K}&=\begin{pmatrix}-1 & 1\\ 0 & 2\end{pmatrix}-\begin{pmatrix}1\\ 0\end{pmatrix}(k_1 \quad k_2)\\ &=\begin{pmatrix}-1-k_1 & 1-k_2\\ 0 & 2\end{pmatrix}\end{aligned}$$

因此特征方程为

$$|s\boldsymbol{I}-\boldsymbol{A}+\boldsymbol{BK}|=\begin{vmatrix} s+1+k_1 & -1+k_2 \\ 0 & s-2 \end{vmatrix}$$

$$=(s+1+k_1)(s-2)=0$$

闭环极点为

$$s=-1-k_1, \quad s=2$$

由于极点 $s=2$ 在 s 右半平面，所以无论选择什么样的矩阵 $\boldsymbol{K}$，该系统都是不稳定的。因此，二次型最优控制方法不能用于该系统。

假设在二次型性能指标中的 $\boldsymbol{Q}$ 和 $\boldsymbol{R}$ 为

$$\boldsymbol{Q}=\begin{pmatrix} 1 & 0 \\ 0 & 1 \end{pmatrix}, \quad \boldsymbol{R}=[1]$$

并且写出以下 MATLAB 程序。所得的 MATLAB 解为

$$\boldsymbol{K}=(\text{NaN} \quad \text{NaN})$$

其中 NaN 表示“不是一个数”。每当二次型最优控制问题的解不存在时，MATLAB 将显示矩阵 $\boldsymbol{K}$ 由 NaN 组成。

```
%——Design of quadratic optimal regulator system——

% ***** Determination of feedback gain matrix K for quadratic
%optimal control *****

% ***** Enter state matrix A and control matrix B *****

A=[-1 1;0 2]
B=[1;0];

% ***** Enter matrices Q and R of the quadratic performance
%index *****

Q=[1 0;0 1];
R=[1];

% ***** To obtain optimal feedback gain matrix K,enter the
%following command *****

K=lqr(A,B,Q,R)

Warning:Matrix is singular to working precision.

K=

NaN    NaN
```

```
% ***** If we enter the command [K,P,E]=lqr(A,B,Q,R). then *****

[K,P,E]=lqr(A,B,Q,R)

Warning;Matrix is singular to working precision.

K=
   NaN    NaN

P=

   -Inf   -Inf
   -Inf   -Inf

E=

   -2.0000
   -1.4142
```

例 6.11 考虑下式定义的系统

$$\dot{\boldsymbol{x}}=\boldsymbol{Ax}+\boldsymbol{B}u$$

式中

$$\boldsymbol{A}=\begin{pmatrix}0&1\\0&-1\end{pmatrix},\quad \boldsymbol{B}=\begin{pmatrix}0\\1\end{pmatrix}$$

性能指标 J 为

$$J=\int_0^{\infty}(\boldsymbol{x}^{\mathrm{H}}\boldsymbol{Qx}+\boldsymbol{u}^{\mathrm{H}}\boldsymbol{Ru})\mathrm{d}t$$

这里

$$\boldsymbol{Q}=\begin{pmatrix}1&0\\0&1\end{pmatrix},\quad \boldsymbol{R}=(1)$$

假设采用下列控制 u

$$u=-\boldsymbol{Kx}$$

试确定最优反馈增益矩阵 $\boldsymbol{K}$。

解 最优反馈增益矩阵 $\boldsymbol{K}$ 可通过求解下列关于正定矩阵 $\boldsymbol{P}$ 的黎卡提方程得到

$$\boldsymbol{A}^{\mathrm{H}}\boldsymbol{P}+\boldsymbol{PA}-\boldsymbol{PBR}^{-1}\boldsymbol{B}^{\mathrm{H}}\boldsymbol{P}+\boldsymbol{Q}=\boldsymbol{0}$$

其结果为

$$\boldsymbol{P}=\begin{pmatrix}2&1\\1&1\end{pmatrix}$$

将该矩阵 $\boldsymbol{P}$ 代入下列方程，即可求得最优矩阵 $\boldsymbol{K}$ 为

$$\boldsymbol{K}=\boldsymbol{R}^{-1}\boldsymbol{B}^{\mathrm{H}}\boldsymbol{P}$$

$$=(1)(0\quad 1)\begin{pmatrix}2&1\\1&1\end{pmatrix}=(1\quad 1)$$

因此，最优控制信号为

$$u=-\boldsymbol{K}\boldsymbol{x}=-x_1-x_2$$

利用以下 MATLAB 程序也能求解该问题。

```
%——Design of quadratic optimal regulator system

% ***** Determination of feedback gain matrix K for quadratic
%optimal control *****

% ***** Enter state matrix A and control matrix B *****

A=[0 1;0 -1];
B=[0;1];

% ***** Enter matrices Q and R of the quadratic performance
%index *****

Q=[1 0;0 1];
R=[1];

%The optimnal feedbck gain matrix K (if such matrix K
% exists)can be obtained by entering the following command *****

K=lqr(A,B,Q,R)

K=

   1.0000     1.0000
```

例 6.12 考虑下列系统：

$$\dot{\boldsymbol{x}}=\boldsymbol{A}\boldsymbol{x}+\boldsymbol{B}u$$

式中

$$\boldsymbol{A}=\begin{pmatrix}0 & 1 & 0\\ 0 & 0 & 1\\ -35 & -27 & -9\end{pmatrix},\quad \boldsymbol{B}=\begin{pmatrix}0\\ 0\\ 1\end{pmatrix}$$

性能指标 J 为

$$J=\int_0^{\infty}(\boldsymbol{x}^{\mathrm{H}}\boldsymbol{Q}\boldsymbol{x}+\boldsymbol{u}^{\mathrm{H}}\boldsymbol{R}\boldsymbol{u})\,\mathrm{d}t$$

式中

$$\boldsymbol{Q}=\begin{pmatrix}1 & 0 & 0\\ 0 & 1 & 0\\ 0 & 0 & 1\end{pmatrix},\quad \boldsymbol{R}=(1)$$

求黎卡提方程的正定矩阵 $\boldsymbol{R}$、最优反馈增益矩阵 $\boldsymbol{K}$ 和矩阵 $\boldsymbol{A}-\boldsymbol{B}\boldsymbol{K}$ 的特征值。

解 利用以下 MATLAB 程序，可求解该问题。

```
%--------Design of quadratic optimal regulator system-------
% ***** Determination of feedback gain matrix K for quadratic
 ***** Enter state matrix A and control matrix B *****
A=[0  0;0   0   1;-35   -27   -9];
B=[0;0;1]
% ****** Enter matrices Q and R of the quadratic performance
%index *****
Q=[1   0    0;0   1  0;0   0   1];
R=[1];
% ****** The optimal feedback gain matrix K, solution P of Riccati
%equation,and closed-loop poles(that is,the eigenvalues
%of A-BK)can be obtained by entering the following
%command *****
[K,P,E]=[qr(A,B,Q,R)]
K=
         0.0143          0.1107          0.0676
P=
         4.2625          2.4957          0.0143
         2.4957          2.8150          0.1107
         0.0143          0.1107          0.0676
E=
         -5.0958
         -0.9859+1.7110i
         -1.9859-1.7110i
```

例 6.13 系统的状态空间表达式为

$$\begin{cases}\dot{\boldsymbol{x}}=\boldsymbol{Ax}+\boldsymbol{Bu}\\ y=\boldsymbol{Cx}+\boldsymbol{Du}\end{cases}$$

式中

$$\boldsymbol{A}=\begin{pmatrix}0 & 1 & 0\\ 0 & 0 & 1\\ 0 & -2 & -3\end{pmatrix},\quad \boldsymbol{B}=\begin{pmatrix}0\\ 0\\ 1\end{pmatrix},\quad \boldsymbol{C}=(1\quad 0\quad 0),\quad \boldsymbol{D}=(0)$$

假设控制信号 u 为

$$u=k_1(r-x_1)-(k_2x_2+k_3x_3)=k_1r-(k_1x_1+k_2x_2+k_3x_3)$$

如图 6.5 所示。在确定最优控制律时，假设输入为零，即 $r=0$。

确定状态反馈增益矩阵 $\boldsymbol{K}$($\boldsymbol{K}=(k_1\quad k_2\quad k_3)$)，使得性能指标

$$J=\int_0^{\infty}(\boldsymbol{x}^{\mathrm{H}}\boldsymbol{Qx}+\boldsymbol{u}^{\mathrm{H}}\boldsymbol{Ru})\,\mathrm{d}t$$

达到极小。这里

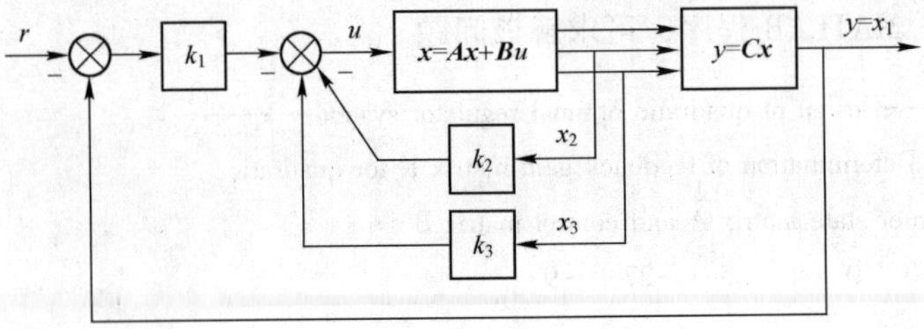

图 6.5　例 6.13 系统结构图

$$\boldsymbol{Q}=\begin{pmatrix} q_{11} & 0 & 0 \\ 0 & q_{22} & 0 \\ 0 & 0 & q_{33} \end{pmatrix},\quad R=1,\quad \boldsymbol{x}=\begin{pmatrix} x_1 \\ x_2 \\ x_3 \end{pmatrix}=\begin{pmatrix} y \\ \dot{y} \\ \ddot{y} \end{pmatrix}$$

解　为了得到快速响应，q_{11}与q_{22}、q_{33}和R相比必须充分大。在该例中，重选

$$q_{11}=100,\quad q_{22}=q_{33}=1,\quad R=0.01$$

为了利用 MATLAB 求解，可使用命令

K=lqr(A,B,Q,R)

由以下 MATLAB 程序，可得到该例题的解。

```
%--------Design of quadratic optimal control system ——

% *****We shall determine the optimal feedback gain matrix K that
% minimizes the performance index J *****
A=[0  1  0;0  0  1;0  -2  -3];
B=[0;0;1]

% *****Enter matrices Q and R of the quadratic performance
%index J *****

Q=[100  0  0;0  1  0;0  0  1];
R=[0.01];

% *****To obtain the optimal state feedback gain matrix K,
%enter the following command *****

K=lqr(A,B,Q,R)

K=

100.0000    53.1200    11.6711

k1=K(1),k2=K(2),k3=K(3)

k1=
```

```
      100.0000
  k2=

      53.1200

  k3=
      11.6711
```

采用确定的矩阵 $\boldsymbol{K}$ 来研究所设计的系统对阶跃输入的响应特性。所设计的系统的状态方程为

$$\begin{aligned}\dot{\boldsymbol{x}} &= \boldsymbol{A}\boldsymbol{x}+\boldsymbol{B}u\\ &= \boldsymbol{A}\boldsymbol{x}+\boldsymbol{B}(-\boldsymbol{K}\boldsymbol{x}+k_1 r)\\ &= (\boldsymbol{A}-\boldsymbol{B}\boldsymbol{K})\boldsymbol{x}+\boldsymbol{B}k_1 r\end{aligned}$$

输出方程为

$$y=\boldsymbol{C}\boldsymbol{x}=(1\quad 0\quad 0)\begin{pmatrix}x_1\\x_2\\x_3\end{pmatrix}$$

为求对单位阶跃输入的响应，使用下列命令：

[y,x,t]=step(AA,BB,CC,DD)

式中

$$AA=A-BK, BB=Bk_1, CC=C, DD=D$$

以下 MATLAB 程序可求出该系统对单位阶跃的响应。

```
%--------Unit-step response of designed system ——

% ***** Using the optimal feedback gain matrix K determined in the previous
%MATLAB program,we shall obtain the unit-step response
% of the designed system  *****

% ***** Note that matrices A,B,and K are given as follows *****

A=[0  1  0;0  0  1;0  -2  -3];
B=[0;0;1]
K=[100.0000    53.1200   11.6711];
k1=K(1);k2=K(2);k3=K(3);

% ***** The state equation for the designed system is
%xdot=(A-BK)x+Bk1r and the output equation is
%y=Cx+Du,where matrices C and D are given by *****

C=[1  0  0];
D=[0];
```

```
% ***** Define the state matrix,control matrix, output matrix,
%and direct transmission matrix of the designed systems as AA,
%BB,CC,and DD *****

AA=A-B*K;
BB=B*k1;
CC=C;
DD=D;

% ***** To obtain the unit-step response curves for the first eight
%seconds,enter the following command *****

t=0:0.01:8;
[y,x,t]=step(AA,BB,CC,DD,1,t);

% ***** To plot the unit-step response curve y(=xl) versus t,
%enter the following command *****

plot(t,y)
grid
title('Unit-Step Response of Quadratic Optimal Control System')
ylabel('Output y=xl')

% ***** To plot curves x1,x2,x3 versus t on one diagram, enter
%the following command *****

plot(t,x)
grid
title('Response Curves x1,x2,x3,versus t')
xlabel('t/s')
ylabel('x1,x2,x3')
text(2.6,1.35,'x1')
text(1.2,1.5,'x2')
text(0.6,3.5,'x3')
```

下面总结线性二次型最优控制问题的 MATLAB 解法：

1）给定任意初始条件 $\boldsymbol{x}(t_0)$，最优控制问题就是找到一个容许的控制向量 $\boldsymbol{u}(t)$，使状态转移到所期望的状态空间区域上，使性能指标 J 达到极小。为了使最优控制向量 $\boldsymbol{u}(t)$ 存在，系统必须是状态完全能控的。

2）根据定义，使所选的性能指标达到极小（或者根据情况达到极大）的系统是最优的。在多数实际应用中，虽然对于控制器在“最优性”方面不会再提出任何要求，但是在定性方面，还应特别指出，这就是基于二次型性能指标的设计，应能构成稳定的控制系统。

3）基于二次型性能指标的最优控制规律具有如下特性，即它是状态变量的线性函数。这意味着，必须反馈所有的状态变量。这要求所有状态变量都能用于反馈。如果不是所有状态变量都能用于反馈，则需要使用状态观测器来估计不可测量的状态变量，并利用这些估值产生最优控制信号。

4）当按照时域法设计最优控制系统时，还需研究频率响应特性，以补偿噪声的影响。系统的频率响应特性必须具备这种特性，即在预料元件会产生噪声和谐振的频率范围区，系统应有较大的衰减效应（为了补偿噪声的影响，在某些情况下，必须修改最优方案而接受次最优性能或修改性能指标）。

5）如果在式（6.118）给定的性能指标 J 中，积分上限是有限值，则可证明最优控制向量仍是状态变量的线性函数，只是系数随时间变化（因此，最优控制向量的确定包含最优时变矩阵的确定）。

本章小结

最优控制是现代控制理论的重要组成部分，是系统设计的一种方法。它研究的中心问题是如何选择控制信号以保证控制系统的性能在某种意义下最优。

本章首先通过实例介绍了最优控制问题的数学描述方法，然后从工程的观点，介绍了解决最优问题的 3 种基本方法：变分法、极小值原理和动态规划法。由于线性二次型问题的最优解具有统一的解析式，且可得到一个简单的线性状态反馈控制律，可以利用状态线性反馈构成闭环最优控制，易于工程实现，因此在实际工程中得到广泛应用，因此，线性二次型最优调节器的设计问题是本章的重点。本章还介绍了 MATLAB 在线性二次型最优控制问题中的应用。

习题

6.1 已知一阶线性系统的状态方程为

$$\dot{x}_1=x_1+u$$

初始状态 $x_1(0)=1$，试寻求一最优状态反馈控制把系统控制到终端状态 $x_1(t_r)=0$，并使下面的性能指标为最小。

$$J=\int_0^{t_r}(x_1^2+u^2)\,\mathrm{d}t$$

6.2 已知一阶线性系统的状态方程为

$$\dot{x}_1=0.5x_1+u$$

试证明

$$u^*(t)=\frac{1}{2}\frac{1-\mathrm{e}^t\mathrm{e}^{-T}}{1+\mathrm{e}^t\mathrm{e}^{-T}}x_1(t)$$

是使性能指标

$$J=\int_0^{\mathrm{T}}\left(\frac{1}{4}\mathrm{e}^{-t}x_1^2+\mathrm{e}^{-t}u^2\right)\mathrm{d}t$$

为极小值的最优控制。

6.3 某角度调节系统的简化方程为

$$\ddot{\theta} = M$$

试求最优控制 $u^*(t)$，使性能指标

$$J = \int_0^{\infty} e^{2t}(M^2 + \theta^2)\,dt$$

达到极小。

6.4 已知二阶线性系统的状态方程为

$$\begin{cases}\dot{x}_1 = x_2\\ \dot{x}_2 = u\end{cases}$$

试求最优控制，使

$$J = \frac{1}{2}\int_0^{\infty}(x_1^2 + 2x_1x_2 + 4x_2^2 + u^2)\,dt$$

为极小。

6.5 设一阶系统

$$\dot{x} = u,\quad x(0) = x_0$$

指标泛函 $J = \frac{1}{2}\int_0^T (x^2 + u^2)\,dt$，试求 $u(x,t)$，使泛函 J 有极小值。

6.6 设一阶系统

$$\dot{x} = -x + u,\quad x(0) = 2$$

其中 $|u(t)| \leqslant 1$，试确定 $u(t)$ 使 $J = \int_0^t (2x - u)\,dt$ 有极小值。

参 考 文 献

[1] 田卫华，王艳，李丽霞．现代控制理论［M］．北京：人民邮电出版社，2012.
[2] 王宏华，王时胜．现代控制理论［M］．2 版．北京：电子工业出版社，2013.
[3] 张嗣瀛，高立群．现代控制理论［M］．2 版．北京：清华大学出版社，2017.
[4] 贾立，邵定国，沈天飞．现代控制理论［M］．上海：上海大学出版社，2013.
[5] 刘豹，唐万生．现代控制理论［M］．3 版．北京：机械工业出版社，2011.
[6] 谢克明，李国勇．现代控制理论［M］．北京：清华大学出版社，2007.
[7] 俞立．现代控制理论［M］．北京：清华大学出版社，2007.
[8] 赵光宙．现代控制理论［M］．北京：机械工业出版社，2009.
[9] 孙炳达，梁慧冰．现代控制理论基础［M］．3 版．北京：机械工业出版社，2014.
[10] 张莲，胡晓倩，彭滔，等．现代控制理论［M］．2 版．北京：清华大学出版社，2016
[11] 施颂椒，陈学中，杜秀华．现代控制理论基础［M］．2 版．北京：高等教育出版社，2009.
[12] 袁德成，攀立萍，等．现代控制理论［M］．北京：清华大学出版社，2007.
[13] 董景新，等．现代控制理论与方法概论［M］．北京：清华大学出版社，2007.
[14] 高立群，郑艳．井元伟．现代控制理论习题集［M］．北京：清华大学出版社，2007.
[15] 郑大钟．线性系统理论［M］．2 版．北京：清华大学出版社，2002.
[16] 李国勇，等．现代控制理论习题集［M］．北京：清华大学出版社，2011.